Gottfried Tinhofer

Methoden der angewandten Graphentheorie

Springer-Verlag Wien GmbH

Wiss. Rat Dr. G. Tinhofer
Institut für Statistik
und Unternehmensforschung
Technische Universität München
Bundesrepublik Deutschland

ISBN 978-3-211-81358-4   ISBN 978-3-7091-2301-0 (eBook)
DOI 10.1007/978-3-7091-2301-0
Softcover reprint of the hardcover 1st edition 1976

Mit 56 Abbildungen

Library of Congress Cataloging in Publication Data

Tinhofer, Gottfried.
   Methoden der angewandten Graphentheorie.

   Includes index.
   1. Graph theory. I. Title.
QA166.T6   511'.5   76-22770

Vorwort

Graphentheoretische Begriffe dienen immer häufiger und in immer mehr naturwissenschaftlichen oder technischen Disziplinen zur übersichtlichen Darstellung komplexer Zusammenhänge. In nahezu allen Bereichen der angewandten Mathematik und Informatik bedient man sich heute graphentheoretischer Modelle und verwendet mit Erfolg Ergebnisse aus der Graphentheorie. Außerdem hat sich die Graphentheorie, bedingt durch ihre vielseitige Verwendbarkeit, in den letzten Jahren mit einer Schnelligkeit entwickelt, die immer öfter eine Umschau über den Stand der Entwicklung notwendig macht. Derzeit erscheinen jährlich etliche hundert Arbeiten über graphentheoretische Probleme.

Dieses Buch setzt sich mit den Methoden auseinander, die derzeit zur Bewältigung graphentheoretischer Probleme vorliegen. In einem ersten Teil werden die Probleme vorgestellt und unter verschiedene Problemtypen eingereiht. Dabei spielen die Begriffe Untergraph und Bewertung eines Graphen eine tragende Rolle. In Hinblick auf eine möglichst einheitliche Darstellung aller Probleme werden zum Beispiel Wege, Bahnen, Komponenten und ähnliche Begriffe als Untergraphen eingeführt. Dies ist in der bisherigen Literatur nicht üblich, trägt aber nach Meinung des Autors wesentlich zur Übersichtlichkeit der Beziehungen zwischen den einzelnen Begriffen bei, da diese Beziehungen durch eine Struktur ausgedrückt werden, die in der Mathematik bestens bekannt ist.

Der zweite Teil befaßt sich mit algebraischen Methoden. Dazu gehören die Darstellung von Eigenschaften von Graphen durch Eigenschaften von Matrizen und Determinanten sowie die Behandlung graphentheoretischer Probleme mit Hilfe von Kalkülen in Booleschen Algebren.

Der dritte Teil behandelt kombinatorische Methoden. Dazu gehören Verfahren der ganzzahligen Optimierung, die Mehrstufenverfahren bei der Suche nach optimalen Bahnen von gegebenen Startpunkten zu gegebenen Zielen sowie eine Reihe von problemorientierten Methoden, die sich nur schwer unter ein allgemeines Verfahrensschema einordnen lassen.

Der zweite und der dritte Teil sind nach Methoden gegliedert. Sie sollen trotz der rund zwanzig Algorithmen, deren Beschreibung sie enthalten, keine Algorithmensammlung darstellen. Eher stellen sie einen Versuch der Beschreibung dessen dar, was einzelne Verfahren gemeinsam haben und aus welchem Verfahrensschema sie stammen. Das Verfahrensschema gestattet dann meist eine weit größere Zahl von Realisierungen, als bisher in Gebrauch stehen. Diese Tatsache sollte ein Anstoß für weitergehende Untersuchungen sein.

Zum Verständnis des Inhalts dieses Buches benötigt man keine mathematischen Kenntnisse spezieller Art. Der Inhalt sollte daher bereits für Studenten verständlich sein, die eine mathematische Grundausbildung in Analysis und linearer Algebra besitzen.

An dieser Stelle danke ich Herrn Univ.-Prof. Dr. R. Albrecht in Innsbruck, der mich zum Schreiben dieses Buches ermuntert und seiner Veröffentlichung die Wege geöffnet hat. Dank gebührt auch Herrn Dipl.-Math. G. Wehr in München und besonders Herrn Dr. P. Mitter in Innsbruck, die Teile des Manuskripts kritisch lasen und mich auf Unzulänglichkeiten aufmerksam machten. Außerdem danke ich Frau B. Altrichter für die sorgfältige Herstellung der Zeichnungen.

München, im Juni 1976 G. Tinhofer

Inhaltsverzeichnis

VIII

Dritter Teil. Kombinatorische Methoden

1. Mathematische Programme   145

2. Mehrstufige Programme. Optimale Bahnen   193

3. Problemorientierte Methoden   215

Verzeichnis der verwendeten Symbole

(X, K)	Graph mit der Knotenmenge X und der Kantenmenge K
$p_1(k)$	Anfangsknoten der Kante k
$p_2(k)$	Endknoten der Kante k
$p(k)$	Menge der mit der Kante k inzidenten Knoten
$p(W)$	Menge der mit mindestens einer Kante k aus W inzidenten Knoten
N	Menge der natürlichen Zahlen
N_0	Menge der natürlichen Zahlen und der Null
Z	Menge der ganzen Zahlen
R	Menge der reellen Zahlen
$\bar{R}$	Menge der reellen Zahlen und des Symbols ∞ : Für ∞ werden die folgenden Rechenregeln benötigt: $$a + \infty = \infty + a = \infty, \; \infty \geqslant a \text{ für alle } a \in \bar{R}$$
$\bar{Z}$	Menge der ganzen Zahlen und des Symbols ∞
$N(x)$	Menge der Nachfolger des Knoten x
$V(x)$	Menge der Vorgänger des Knoten x
$T(x)$	Menge der Nachbarn des Knoten x
$d^+(x)$	äußerer Halbgrad des Knoten x
$d^-(x)$	innerer Halbgrad des Knoten x
$d(x)$	Grad des Knoten x
X_W	Für $W \subset K$: Knotenmenge des von W erzeugten Untergraph $\mathbf{G}_W$ von (X, K). Es gilt $X_W = p(W)$
K_Y	Für $Y \subset X$: Kantenmenge des von Y erzeugten Untergraph $\mathbf{G}_Y$ von (X, K). Es gilt $K_Y = (Y \times Y \times N) \cap K$
$\mathbf{G}_W$	Für $W \subset K$: Von W erzeugter Untergraph (X_W, W) von (X, K)
$\mathbf{G}_Y$	Für $Y \subset X$: Von Y erzeugter Untergraph (Y, K_Y) von (X, K)
$U_\mathbf{G}$	Menge der Untergraphen von $\mathbf{G}$
$U_\mathbf{G}(X)$	Menge der von Knotenmengen erzeugten Untergraphen von $\mathbf{G}$
$U_\mathbf{G}(K)$	Menge der von Kantenmengen erzeugten Untergraphen von $\mathbf{G}$
$M(\mathbf{G})$	Adjazenzmatrix von $\mathbf{G}$
$M^*(\mathbf{G})$	Reduzierte Adjazenzmatrix von $\mathbf{G}$
$G(A)$	Zur Matrix A assoziierter Graph
$B(\mathbf{G})$	Knoten-Kanten Inzidenzmatrix von $\mathbf{G}$
$C(\mathbf{G})$	Kreis-Kanten-Inzidenzmatrix von $\mathbf{G}$
$D(\mathbf{G})$	Schnitt-Kanten-Inzidenzmatrix von $\mathbf{G}$
m_{ij}	Multiplizität des Paares (i, j) in $\mathbf{G}$ = Anzahl der Kanten mit i als Anfangs- und j als Endknoten

X

n	Anzahl der Knoten von $\mathbf{G}$
m	Anzahl der Kanten von $\mathbf{G}$
μ	zyklomatische Zahl von $\mathbf{G}$
I_t	Für $t \in N$: Intervall $\{1, 2, \ldots, t\}$.

Erster Teil. Probleme

1. Grundbegriffe

1.1 Gerichtete Graphen

Ein *gerichteter Graph* ist ein System $G := (X, K, a, b)$ von zwei Mengen X und K und zwei Abbildungen $a : K \to X$ und $b : K \to X$. Die Menge X soll endlich sein. Ihre Elemente nennt man *Knoten*. Die Menge K soll ebenfalls endlich sein. Ihre Elemente nennt man *Kanten*. Die Abbildungen a und b heißen *Inzidenzabbildungen*. Sie ordnen jeder Kante $k \in K$ von G je einen Knoten $a(k) \in X$ und $b(k) \in X$ zu. $a(k)$ heißt *Anfangsknoten*, $b(k)$ heißt *Endknoten* der *Kante k*. Beide Knoten heißen mit der Kante *k inzident*.

In der einschlägigen Literatur befaßt man sich auch mit ungerichteten Graphen. Dieser Begriff ist jedoch für die Zwecke unseres Buches entbehrlich. Wir betrachten nur gerichtete Graphen und lassen daher in der Folge das Attribut „gerichtet" weg. *Graph* bedeutet also in Hinkunft *gerichteter Graph*.

Die Grundbegriffe der Graphentheorie sind somit die Begriffe X, K, a und b. Als Axiome dienen:

> (G1) X ist eine endliche Menge.
> (G2) K ist eine endliche Menge.
> (G3) a und b sind Abbildungen von K in X.
> (G4) Ist X die leere Menge ϕ, so gilt auch $K = \phi$.

Eine Abbildung $f : K \to X$ von einer Menge K in eine Menge X ist mengentheoretisch definiert durch eine Tripel (K, X, F), wobei F eine funktionale Relation zwischen K und X ist. Die Grenzfälle $X = \phi$ oder $K = \phi$ bieten daher keinerlei Schwierigkeiten.

Jede Interpretation der Grundbegriffe durch konkrete Mengen und Abbildungen liefert ein konkretes Exemplar aus der Menge der Graphen. Ist $X = K = \phi$, so sprechen wir vom *Nullgraphen* und bezeichnen ihn durch G_ϕ.

Weitere Beispiele für Graphen sind:

Beispiel 1.1.1. X sei die Menge der im Spieljahr 1972/73 der deutschen Bundesliga angehörenden Fußballvereine, K die Menge der im Herbstdurchgang 1972 ausgetragenen und nicht unentschieden verlaufenen Meisterschaftsspiele. $a(k)$ bezeichne den Verein der Siegermannschaft, $b(k)$ den Verein der Verlierermannschaft des Spiels k.

Beispiel 1.1.2. X sei die Menge der Kreuzungen eines Straßensystems, K die Menge der Fahrbahnen dieses Straßensystems. Eine Straße besteht im allgemeinen aus mehreren Fahrbahnen. Jede Fahrbahn ist nur in einer Richtung befahrbar. Der Anfangsknoten einer Fahrbahn ist die Kreuzung, von der sie ausgeht, der Endknoten die Kreuzung, in die sie einmündet. In diesem Beispiel existieren verschiedene Kanten mit gleichen Anfangs- und Endknoten.

Beispiel 1.1.3. X sei eine endliche und nicht leere Menge von Theoremen aus einer mathematischen Theorie, z. B. der Gruppentheorie. K bestehe aus allen Paaren $(x, y) \in X \times X$, die so beschaffen sind, daß sich x aus y durch logisches Schließen herleiten läßt. Für eine Kante $k := (x, y) \in K$ sei $a(k) := x$ und $b(k) := y$. Der Endknoten der Kante k ist also das dazugehörige Ausgangstheorem, der Anfangsknoten das daraus abgeleitete Theorem.

Die folgenden Beispiele sind für die weitere Einführung wesentlich. Der Leser möge sie daher nicht übergehen.

Beispiel 1.1.4. X sei eine beliebige endliche und nicht leere Menge, N die Menge der natürlichen Zahlen und K eine beliebige Teilmenge von $X \times X \times N$. $p_1 : K \to X$ und $p_2 : K \to X$ seien die Projektionen von K auf die erste und zweite Komponente dieses kartesischen Produkts. Das System $\mathbf{G} := (X, K, p_1, p_2)$ ist ein gerichteter Graph.

Beispiel 1.1.5. X sei eine endliche und nicht leere Teilmenge eines topologischen Raumes T und F eine endliche Menge von topologischen Abbildungen des abgeschlossenen Intervalls $I := [0,1]$ in T. Für $f \in F$ sei $f(I) \cap X = \{f(0), f(1)\}$, für $f \in F$ und $g \in F$ sei $f(I) \cap g(I) \subset X$. Ferner setzen wir $K := \{f(I) \mid f \in F\}$ und definieren die Abbildungen a und b durch $a(f(I)) := f(0)$ und $b(f(I)) := f(1)$. Ein so durch $\mathbf{G} := (X, K, a, b)$ gegebener Graph heißt *topologischer Graph*. Ein topologischer Graph besteht demnach aus einer endlichen Punktmenge X eines topologischen Raumes T, den Knoten, und einer endlichen Menge von offenen oder geschlossenen Jordankurven dieses Raumes, den Kanten. Die Endpunkte der offenen Kurven

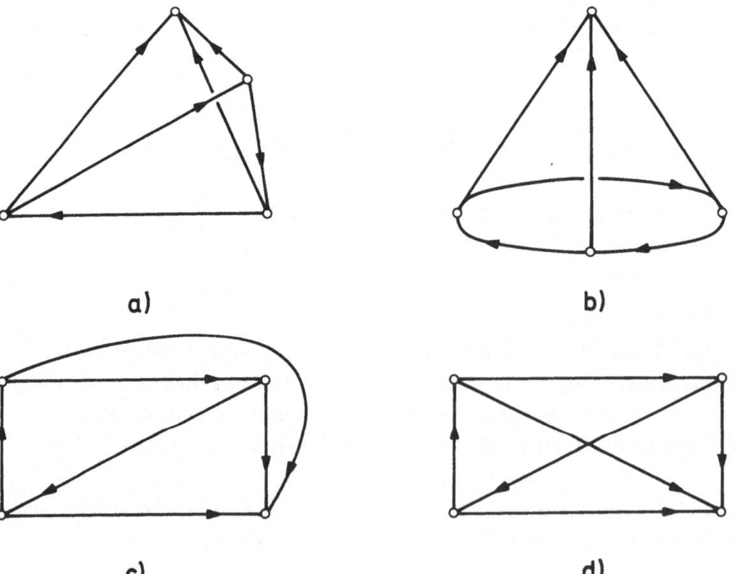

a) b)

c) d) Fig. 1

liegen in X, während der übrige Teil X nicht trifft. Die geschlossenen Kurven haben mit X genau einen Punkt gemeinsam. Verschiedene Kurven schneiden sich höchstens in Punkten von X. Der Zunahme der Parameterwerte entspricht auf den Kurven eine positive Richtung.

Ist T der mit der euklidischen Metrik versehene Raum R^n der n-tupel von reellen Zahlen, so heißt der wie oben definierte Graph *geometrischer Graph*. Beispiele für geometrische Graphen zeigen die Fig. 1 a—c. Die Pfeile weisen in Richtung wachsender Parameterwerte, also vom Anfangs- zum Endknoten. Die Fig. 1a und 1b sind räumlich zu denken, es soll sich dabei also um geometrische Graphen im R^3 handeln.

Geometrische Graphen spielen in der Graphentheorie eine bedeutende Rolle. Kaum minder wichtig ist jedoch ein Typ von Graphen, den man erhält, wenn man in der Definition von Beispiel 2 die Bedingung $f(I) \cap g(I) \subset X$ fallen läßt. Man gestattet so, daß sich die als Kanten eingeführten Jordankurven auch außerhalb von X schneiden. Ein derartiger Graph soll *Skizze* heißen. Eine Skizze im R^2 soll *ebene Skizze* genannt werden. Fig. 1d liefert ein Beispiel für eine ebene Skizze. Der Schnittpunkt der Diagonalen gehört nicht zu X.

1.2 Homomorphismen. Die Darstellungssätze

Es sei $\mathbf{G} := (X, K, a, b)$ ein Graph. Wir bilden die disjunkte Vereinigung $X + K$ der beiden Mengen X und K und erweitern die Abbildungen a und b durch

$$\overline{a}(u) := \begin{cases} u & u \in X \\ a(u) & u \in K \end{cases}$$

$$\overline{b}(u) := \begin{cases} u & u \in X \\ b(u) & u \in K \end{cases}$$

zu zwei Abbildungen $\overline{a}$ und $\overline{b}$ von $X + K$ in $X + K$. Ist $\mathbf{G}' := (X', K', a', b')$ ein weiterer Graph, so seien die entsprechenden Erweiterungen von a' und b' durch $\overline{a}'$ und $\overline{b}'$ bezeichnet.

Nun können wir definieren:

$\mathbf{G}'$ heißt *homomorph zu* $\mathbf{G}$ bzw. *homomorphes Bild von* $\mathbf{G}$, wenn eine surjektive Abbildung $h : X + K \to X' + K'$ existiert mit $\overline{a}'(h(u)) = h(\overline{a}(u))$ und $\overline{b}'(h(u)) = h(\overline{b}(u))$ für alle $u \in X + K$. h heißt auch *Homomorphismus von* $\mathbf{G}$ *auf* $\mathbf{G}'$.

Aus der Definition folgt:

Ist $u \in X$, so gilt $\overline{a}'(h(u)) = \overline{b}'(h(u)) = h(u)$. h führt daher die Elemente von X in Elemente von X' über. Die Einschränkung von h auf X ist demnach eine Abbildung $h|_X : X \to X'$ von X in X'. Ist $h(u) \in X'$, so gilt $h(\overline{a}(u)) = h(\overline{b}(u)) = h(u)$. Eine Kante $u \in K$, die bei h in einen Knoten $h(u) \in X'$ übergeht, hat daher dasselbe Bild wie ihr Anfangsknoten $\overline{a}(u) = a(u)$ und ihr Endknoten $\overline{b}(u) = b(u)$. Bei einem Homomorphismus können also Kanten „verschwinden", indem man ihre Anfangs- und Endknoten identifiziert. Ein homomorphes Bild $\mathbf{G}'$ eines Graphen $\mathbf{G}$ kann man daher als Vereinfachung von $\mathbf{G}$ betrachten, bei der gewisse Knoten nicht mehr unterscheidbar und gewisse Kanten nicht mehr erkennbar sind, während die restliche Struktur erhalten bleibt. Es verhält sich dabei ähnlich wie bei der Photographie eines Gegenstandes, bei der zwar einige Erkennungsmerkmale wie Farbe, wahre Größe, Dicke usw. nicht mehr aufscheinen, insgesamt aber doch noch so viele wesentliche Züge vorhanden sind, daß das Photomodell als Urbild erkennbar bleibt. Natürlich gibt es auch schlechte Photographien, bei denen nichts mehr zu erkennen ist. In diesem Sinne gibt es jedoch auch „schlechte" homomorphe Bilder. Zum Beispiel ist der Graph, der nur aus einem einzigen Knoten besteht und keine Kanten besitzt, homomorphes Bild jedes von G_ϕ verschiedenen Graphen, wie man sich an Hand der Definition leicht klar macht. Er läßt allerdings keinen Schluß auf die Urbilder mehr zu.

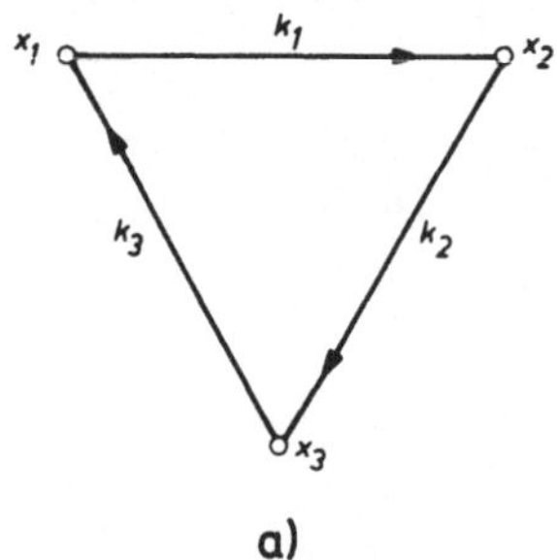

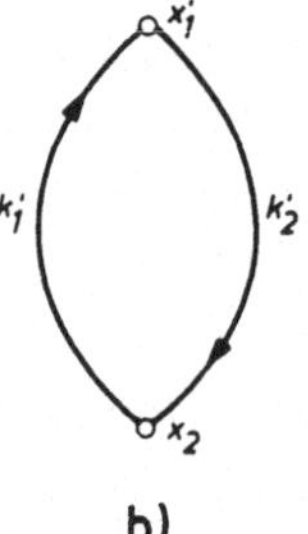

Fig. 2

In Fig. 2 ist der geometrische Graph von Fig. b homomorphes Bild des geometrischen Graphen von Fig. a. Der dazu gehörige Homomorphismus ist: $h(x_1) := h(x_2) := x_1', h(x_3) = x_2'; h(k_1) := x_1', h(k_2) := k_2', h(k_3) := k_1'$.

Soll G' ein exaktes Bild von G sein, also mehr oder weniger ein Duplikat des einen Exemplars G, so muß die Beziehung zwischen den Knoten und Kanten von G und den entsprechenden Elementen von G' eineindeutig sein. Man gelangt so zum Begriff isomorpher Graphen:

Zwei Graphen G und G' heißen *isomorph*, wenn ein bijektiver Homomorphismus von G auf G' existiert.

Bei einem Isomorphismus setzt sich daher h nach den Bemerkungen in Anschluß an die Definition des Homomorphismus aus zwei bijektiven Abbildungen $h|_X : X \to X$ und $h|_K : K \to K'$ zusammen. Dabei entsprechen sich Anfangs- und Endknoten einander zugeordneter Kanten. Zum Beispiel sind der räumliche geometrische Graph in Fig. 3a und die ebene Skizze in Fig. 3b zueinander isomorph.

Der Isomorphiebegriff definiert eine reflexive, symmetrische und transitive Relation auf der Menge der Graphen, eine Äquivalenzrelation also. Die dazu gehörigen Äquivalenzklassen nennt man auch *Isomorphieklassen.*

Eines der Ziele der Graphentheorie ist die Klassifikation der Graphen auf Grund ihrer Zugehörigkeit zu den einzelnen Isomorphieklassen. Insbesondere sollte von jeder Isomorphieklasse ein möglichst einfacher Repräsentant angegeben werden. Von diesem Ziel ist man heute noch recht weit entfernt. Bisher fehlt nämlich ein brauchbares Verfahren, die Isomorphie zweier Graphen nachzuweisen. Das heißt, es fehlt ein mit vernünftigem Arbeitsaufwand überprüfbares Kriterium für die

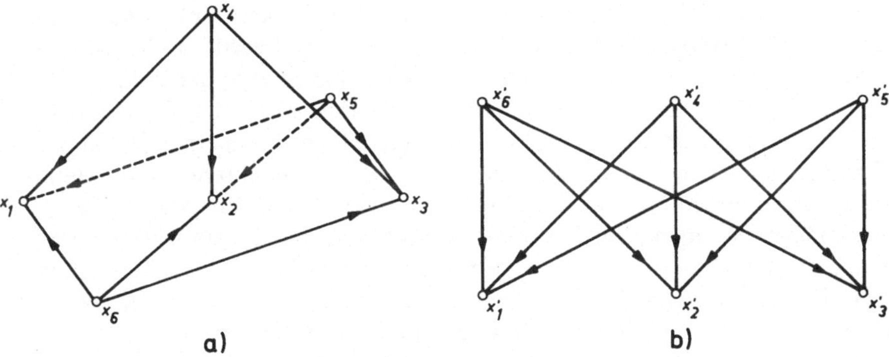

Isomorphie zweier beliebig vorgegebener Graphen. Trotzdem ist der Isomorphiebegriff von unschätzbarem Wert, und zwar auf Grund der sogenannten Darstel-
lungssätze.

Satz 1.2.1. *Erster Darstellungssatz. Jeder Graph* $\mathbf{G} : = (X, K, a, b)$ *ist isomorph zu
einem geometrischen Graphen* $\mathbf{G}'$ *im* R^3.

Beweis. Es sei $n : = |X|$ und $m : = |K|$. Wir wählen auf einer beliebigen Geraden g
im Raum n verschiedene Punkte x_1', x_2', . . ., x_n' und fassen sie zu einer Menge X'
zusammen. Den Elementen von X ordnen wir auf irgendeine Weise eineindeutig die
Elemente von X' zu. Dies geschehe durch die Abbildung $h_1 : X \to X'$. Hierauf wählen
wir m verschiedene Ebenen durch die Gerade g, eine für jede Kante k aus K. In der
für k reservierten Ebene beschreiben wir eine beliebige Jordankurve k', die in $h_1(a(k))$
beginnt und in $h_1(b(k))$ endet. Es gilt demnach $a'(k') = h_1(a(k))$ und $b'(k') = h_1(b(k))$.
Diese Konstruktion führen wir für jede Kante aus K durch und erhalten so eine
Menge K' von Jordankurven, sowie zwei Abbildungen $a' : K' \to X'$ und $b' : K' \to X'$.
Die Zuordnung der Kanten aus K zu den Elementen von K' ist eineindeutig. Die
entsprechende Abbildung heiße $h_2 : K \to K'$. h_1 und h_2 definieren nun, wie man
leicht erkennt, einen Isomorphismus h von $\mathbf{G}$ auf den geometrischen Graphen
$\mathbf{G}' : = (X', K', a', b')$.

Der erste Darstellungssatz besagt, daß man jeden Graphen im R^3 „zeichnen" kann.
Der Beweis des Satzes zeigt, daß zur Charakterisierung eines geometrischen Graphen
nur wesentlich ist, welche Knotenpaare durch Kanten „verbunden" sind, wobei es
noch auf die Richtung der Kanten und deren Anzahl ankommt. Die Form der Kanten bzw. Jordankurven ist unwesentlich. So sind z. B. die beiden geometrischen
Graphen der Fig. 1a und 1b isomorph. Sie unterscheiden sich nur durch die Form
der Kanten.

Ein Darstellungssatz wie Satz 1.2.1 mit R^2 anstelle von R^3 existiert nicht. Natürlich gibt es Graphen, die sich in der Ebene zeichnen lassen, die also zu einem ebenen
geometrischen Graphen isomorph sind. Solche Graphen heißen *plättbar*. Der Graph
von Fig. 1a ist von dieser Art. Er ist isomorph zu dem ebenen geometrischen Graphen
von Fig. 1c. Der Graph von Fig. 3a dagegen ist nicht plättbar. Es gibt somit nicht
plättbare Graphen.

Um den ersten Darstellungssatz und den Begriff der Plättbarkeit ranken sich in der Graphentheorie eine stattliche Anzahl von Theoremen und Begriffen, die jedoch zum Inhalt dieses Buches wenig Beziehung haben. Hier geht es in der Folge um rechentechnische Methoden an Hand graphentheoretischer Modelle. Zu solchen Untersuchungen muß man einen Graphen nicht unbedingt durch einen geometrischen Graphen darstellen können. Es genügt auch eine ebene Skizze, wenn räumliche Vorstellungen helfend in die Gedankengänge eingreifen sollen. Numerische Rechnungen überträgt man ohnedies meist einem Computer. Einem Computer aber kann man einen Graphen nicht aufzeichnen. Hier benötigt man andere Darstellungsmethoden. Für theoretische Überlegungen sind jedoch Skizzen von großem Wert. Von entsprechender Wichtigkeit ist daher auch der folgende Satz:

Satz 1.2.2. *Zweiter Darstellungssatz. Jeder Graph* $G := (X, K, a, b)$ *ist isomorph zu einer ebenen Skizze.*

Beweis. Der Beweis erfolgt analog zum Beweis von Satz 1.2.1. Nur nimmt man hier anstelle von m verschiedenen Ebenen nur eine einzige, da sich die verwendeten Jordankurven beliebig schneiden dürfen.

Dieser Satz ist es unter anderem, der den Begriff des Graphen als Modell für abstrakte Zusammenhänge so fruchtbar werden ließ. Er erlaubt die Verbindung von abstrakten Begriffen und Relationen mit bekannten räumlichen Vorstellungen, die bereits durch die Bezeichnung der Elemente von X und K zum Ausdruck kommt.

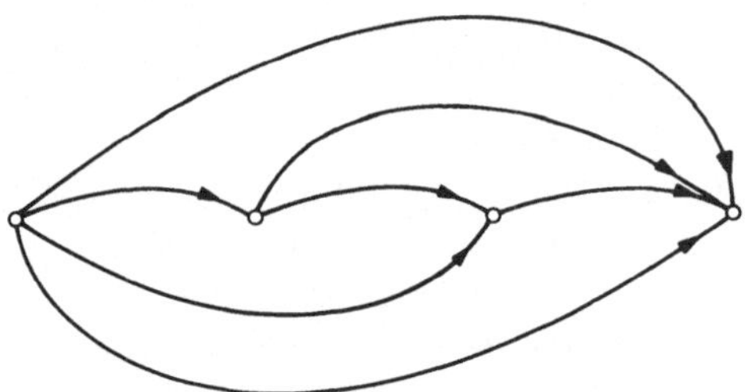

Fig. 4

Die im Beweis zu Satz 1.2.2 benützte Konstruktion liefert natürlich nicht immer die beste Skizze. Für den Graph aus Fig. 1a wäre dies die Skizze in Fig. 4. Die ebene Skizze in Fig. 1a ist dazu isomorph. Sie ist darüber hinaus übersichtlicher, da sie dem Betrachter nicht ein „Hintereinander" der den vier Knoten entsprechenden Objekte oder Begriffe vortäuscht.

Für numerische Zwecke ist der Inhalt des folgenden Satzes besonders wertvoll. Er liefert eine Handhabe für eine analytische Beschreibung eines Graphen. Zur Formulierung des Satzes benötigen wir noch einige Definitionen.

Es sei G ein Graph. Für beliebige Knotenpaare x und y aus G setzen wir $M(x, y) :=$ $:= \{k \mid k \in K, (a(k), b(k)) = (x, y)\}$ und $m(x, y) := |M(x, y)|$. $m(x, y)$ heißt *Multiplizität des Knotenpaares* (x, y) *in* G. $M(x, y)$ bedeutet die Menge jener Kanten von G, die x als Anfangsknoten und y als Endknoten haben. Diese Menge kann natürlich leer sein.

In Beispiel 1.1.3 wurden Graphen (X, K, p_1, p_2) beschrieben, deren Kantenmenge in $X \times X \times N$ enthalten sind und deren Inzidenzabbildungen die Projektionen
von K auf die beiden ersten Komponenten von $X \times X \times N$ sind. Es sei $\mathbf{G}$ ein derartiger
Graph und $p_3 : K \to N$ die Projektion von K auf N. Gilt für jedes Knotenpaar (x, y)
von $\mathbf{G}$ mit $M(x, y) \neq \phi$ zusätzlich, daß $p_3(M(x, y))$ ein Intervall der Form $[1, m(x, y)]$
ist, so heiße $\mathbf{G}$ ein *Graph in Normalform*. Man kann diesen Sachverhalt so auffassen,
daß die Kanten, die „von x nach y verlaufen", von 1 bis $m(x, y)$ numeriert sind.

Der angekündigte Satz lautet nun:

Satz 1.2.3. *Dritter Darstellungssatz. Jeder Graph* $\mathbf{G}$ *ist isomorph zu einem Graphen*
$\mathbf{G}'$ *in Normalform.*

Beweis. Es sei $\mathbf{G} : = (X, K, a, b)$. Wir numerieren die Elemente aller nicht leeren
Mengen $M(x, y)$ irgendwie von 1 bis $m(x, y)$ durch. Dies entspricht der Angabe
einer Abbildung $g : K \to N$. Hierauf setzen wir $X' : = X$ und

$$K' : = \bigcup_{k \, \in \, K} \{(a(k), b(k), g(k))\}.$$

Der Graph $\mathbf{G}' : = (X', K', p_1, p_2)$ ist in Normalform und isomorph zu $\mathbf{G}$. Der Isomorphismus wird beschrieben durch die identische Abbildung $h_1 : = id_X$ und die
Abbildung $h_2(k) : = (a(k), b(k), g(k))$, die zusammen eine bijektive Abbildung
$h : X + K \to X' + K'$ definieren. h ist ein Homomorphismus von $\mathbf{G}$ auf $\mathbf{G}'$.

Jeder zu $\mathbf{G}$ isomorphe Graph in Normalform heiße *Normaldarstellung* von $\mathbf{G}$.

Dieser Darstellungssatz besagt insbesondere, daß man auf die Angabe der Inzidenz-
funktionen a und b eines Graphen verzichten kann, wenn man die Kantenmenge K
entsprechend darstellt. Zur Angabe von K benötigt man die Mengen $M(x, y)$. Diese
sind ihrerseits durch x, y und $m(x, y)$ bestimmt, da es, wie der Beweis des Satzes
zeigt, auf die Art der Numerierung innerhalb von $M(x, y)$ nicht ankommt. Schließlich ist also eine Graph $\mathbf{G}$ (bis auf Isomorphismen) bereits gegeben, wenn seine
Knotenmenge X und die Abbildung $m : X \times X \to N_0$, deren Bildwerte die Multiplizitäten der Knotenpaare sind, gegeben sind, da dadurch eine Normaldarstellung
bestimmt ist. Unter N_0 werde die Menge der nicht negativen ganzen Zahlen verstanden. Der dritte Darstellungssatz macht somit graphentheoretische Probleme
einer numerischen Behandlung zugänglicher.

Sofern keine weitere Vereinbarung getroffen wird, nehmen wir in Hinkunft einen
Graphen stets in Normalform gegeben an. Dazu genügt die Angabe von X und K.
Wir schreiben daher in der Folge auch nur $\mathbf{G} : = (X, K)$.

1.3 Spezielle Graphen

Die Anwesenheit einer Kante zwischen zwei Knoten x und y eines Graphen drückt
eine Beziehung zwischen den Objekten oder Begriffen aus, die durch diese Knoten
symbolisiert werden, eine Bindung von x an y oder eine Abhängigkeit des einen
Objekts vom anderen. Dementsprechend kann man die Multiplizität $m(x, y)$ eines
Knotenpaares als Maß für die Intensität dieser Beziehung werten. Derselbe Sachverhalt könnte auch wiedergegeben werden, indem man einen Graphen konstruiert,
in dem von einem Knoten x nach einem Knoten y höchstens eine Kante verläuft,

10

diese Kante jedoch mit dem „Gewicht" $m(x, y)$ versieht. In diesem Fall bezeichnet man die Abbildung $m : X \times X \to N_0$ als (ganzzahlige) Bewertung der Kanten von **G**. Es wird allerdings nötig sein, den Begriff der Bewertung allgemeiner zu fassen. Wir kommen in Abschnitt 1.5 darauf zurück.

Zwei Kanten k und h aus derselben Menge $M(x, y)$ heißen *parallel.* k und h sind also dann parallel, wenn sie dieselben Anfangs- und Endknoten haben. Eine Kante, deren Anfangs- und Endknoten derselbe ist, heißt *Schlinge.* In Fig. 5a sind die Kanten k, h und l parallel, ebenso die Kanten i und j. i und j sind Schlingen. Ein Graph (X, K) ohne parallele Kanten heißt eine *Relation.* In einem derartigen Graphen gilt $0 \leqslant m(x, y) \leqslant 1$. Die dritte Komponente t aller Kanten (x, y, t) einer Normaldarstellung von **G** ist daher stets 1. Man kann somit darauf verzichten und die Kantenmenge K von **G** durch eine Teilmenge von $X \times X$ beschreiben. Daher stammt der Name Relation.

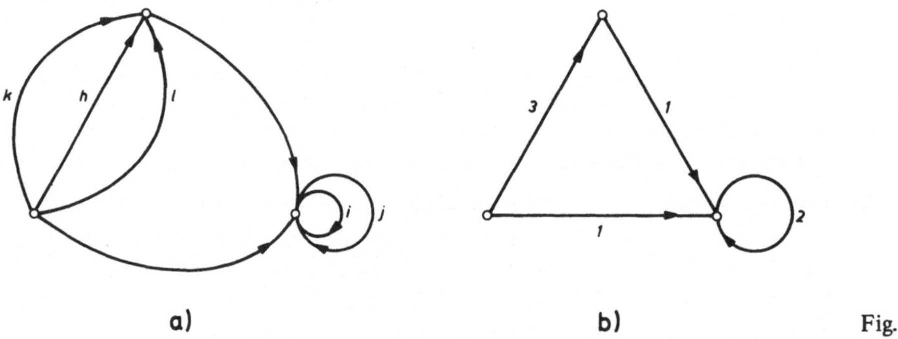

a)   b)   Fig. 5

In Fig. 5b wurde der Graph 5a durch eine Relation mit Kantenbewertung ersetzt. Die Information über die innere Struktur der aus drei Elementen bestehenden Knotenmenge ist in beiden Fällen gleich groß.

Ein Graph ohne parallele Kanten und ohne Schlingen heißt *einfacher* oder *schlichter Graph* oder *Digraph.*

In diesem Zusammenhang sei an einige Eigenschaften von Relationen erinnert. Eine Relation (X, K) heißt *symmetrisch*, wenn aus $(x, y) \in K$ auch $(y, x) \in K$ folgt, sie heißt *antisymmetrisch*, wenn aus $(x, y) \in K \wedge x \neq y$ folgt $(y, x) \notin K$. Eine Relation heißt *reflexiv*, wenn für alle $x \in X$ gilt $(x, x) \in K$. Sie heißt *irreflexiv*, wenn für kein x gilt $(x, x) \in K$. Eine Relation heißt *vollständig*, wenn aus $(x, y) \notin K$ und $x \neq y$ folgt $(y, x) \in K$. Eine Relation heißt *transitiv*, wenn aus $(x, y) \in K$ und $(y, z) \in K$ folgt $(x, z) \in K$.

Bei einer symmetrischen Relation treten Kanten zwischen verschiedenen Knoten nur paarweise auf, eine Kante in jeder Richtung (Fig. 6a). Bei antisymmetrischen Relationen existiert zwischen verschiedenen Knoten höchstens eine Kante (Fig. 6b). Bei einer reflexiven Relation besitzt jeder Knoten eine Schlinge (Fig. 6c). In einer irreflexiven Relation existiert keine Schlinge (Fig. 6d). In einer vollständigen Relation sind zwei verschiedene Knoten durch mindestens eine Kante verbunden (Fig. 6c, e). In einer transitiven Relation (Fig. 6e) wird jede Folge von zwei Kanten (x, y), (y, z) durch eine „direkte" Kante (x, z) abgekürzt.

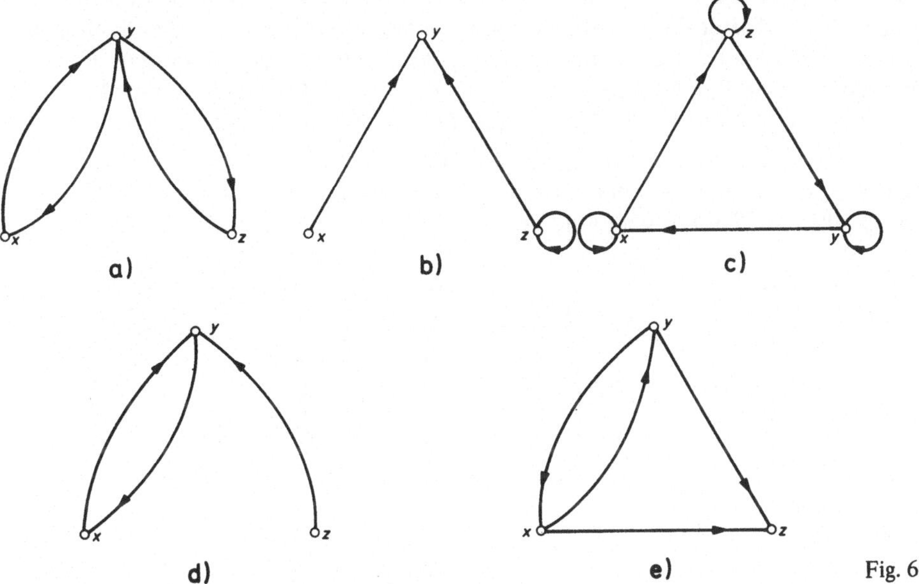

a)   b)   c)

d)   e)   Fig. 6

Wir erweitern nun den Anwendungsbereich dieser Attribute auf beliebige Graphen. Ein Graph $G := (X, K)$ heiße *reflexiv*, wenn $m(x, x) \neq 0$ für alle Knoten x. Er heiße *irreflexiv*, wenn $m(x, x) = 0$ für alle Knoten x. G heiße *symmetrisch*, wenn für alle Knotenpaare $m(x, y) = m(y, x)$ gilt. G heiße *antisymmetrisch*, wenn für alle Knotenpaare (x, y) mit $x \neq y$ gilt $m(x, y)m(y, x) = 0$. G heiße *vollständig*, wenn $m(x, y) + m(y, x) \neq 0$ für alle Paare verschiedener Knoten x und y. Schließlich heiße G transitiv, wenn $m(x, z) \geqslant \mathrm{Min}\ \{m(x, y), m(y, z)\}$.

Zu jedem Graph $G := (X, K)$ existiert ein „kleinster" symmetrischer Graph $G_{SH} := (X, K_{SH})$ mit $K \subset K_{SH}$. Man überzeugt sich leicht, daß K_{SH} gegeben ist durch

$$K_{SH} := K \cup \bigcup_{(y, x, i)\epsilon K} \{(y, x, i)\}.$$

G_{SH} heißt *symmetrische Hülle* von G.

1.4 Knotengrade. Nachfolger und Vorgänger

Es sei $G := (X, K)$ ein Graph und $x \in X$. Die Zahl $d^+(x) := \sum_{y \epsilon X} m(x, y)$ heißt

äußerer Halbgrad oder *Ausgangsvalenz* des Knoten x in G. Die Zahl $d^-(x) :=$
$:= \sum_{y \epsilon X} m(y, x)$ heißt *innerer Halbgrad* oder *Eingangsvalenz* des Knoten x in G.

Die Zahl $d(x) := d^+(x) + d^-(x)$ heißt *Grad* oder *Valenz* des Knoten x in G.

Die drei verschiedenen Grade d^+, d^- und d sind Abbildungen von X in die Menge der nicht negativen ganzen Zahlen N_0. $d^+(x)$ gibt die Anzahl der vom Knoten x

auslaufenden Kanten an, $d^-(x)$ die Anzahl der im Knoten x einlaufenden Kanten. Der Grad $d(x)$ bedeutet die Anzahl aller mit x inzidenten Kanten, wobei Schlingen in $d^+(x)$ und in $d^-(x)$ aufscheinen und in $d(x)$ also doppelt gezählt werden. Für die drei Knoten von Fig. 6b zum Beispiel gilt: $d^+(x) = 1, d^-(x) = 0, d(x) = 1;$ $d^+(y) = 0, d^-(y) = 2, d(y) = 2; d^+(z) = 2, d^-(z) = 1, d(z) = 3.$

Knoten mit $d^-(x) < d^+(x)$ heißen *Quellen*, Knoten mit $d^+(x) < d^-(x)$ heißen *Senken*. Knoten mit $d(x) = 0$ heißen *isolierte Knoten*. Der Knoten x in Fig. 6b ist eine Quelle, der Knoten y ist eine Senke.

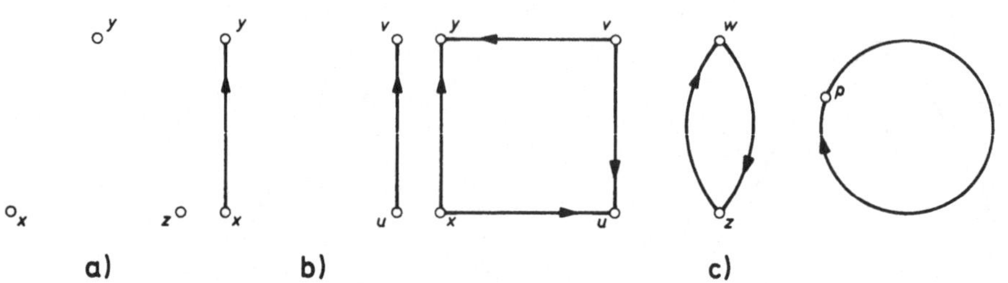

a)   b)   c)   Fig. 7

Ist $d(x) = r$ für alle Knoten x eines Graphen **G**, so heißt **G** *regulär vom Grade r*. In Fig. 7 sind sämtliche Graphen regulär. Der Graph in Fig. 7a besteht nur aus isolierten Knoten. Er ist regulär vom Grad 0. Der Graph in Fig. 7b setzt sich aus zwei nicht verbundenen Kanten und deren Anfangs- und Endknoten zusammen und ist daher regulär vom Grad 1. Schließlich besteht der Graph in Fig. 7c aus drei Teilen, von denen jeder nur Knoten mit dem Grad 2 enthält. Hier handelt es sich um einen regulären Graphen vom Grad 2.

Für die Gesamtzahl $m := |K|$ der Kanten eines Graphen (X, K) gilt:

$$2m = \sum_{x \in X} d(x),$$

da in der Summe rechts jede Kante genau zweimal gezählt wird. Für reguläre Graphen vom Grad r folgt daraus mit $n := |X|$: $2m = nr$. Reguläre Graphen von ungeradem Grad besitzen daher eine gerade Anzahl von Knoten.

Es sei **G** $:= (X, K)$ ein Graph und x und y zwei seiner Knoten. y heißt *Nachfolger* von x, wenn x Anfangsknoten und y Endknoten einer Karte aus K ist, d. h., wenn eine natürliche Zahl t existiert mit $(x, y, t) \in K$. Ist y Nachfolger von x, so heißt x *Vorgänger* von y. Die Menge der Nachfolger eines Knoten x bezeichnen wir durch $N(x)$, die Menge seiner Vorgänger durch $V(x)$. Zwei Knoten x und y heißen *benachbart*, wenn $y \in N(x) \cup V(x)$. Die Menge aller *Nachbarn* von x bezeichnen wir durch $T(x)$. Es gilt also $T(x) := V(x) \cup N(x)$. Bei dieser Definition ist ein Knoten x nur dann zu sich selbst benachbart, wenn er mit einer Schlinge inzidiert.

Durch N, V und T sind drei Abbildungen von X in die Potenzmenge $P(X)$ von X gegeben: die *Nachfolgerabbildung* $N : X \to P(X)$, die *Vorgängerabbildung* $V : X \to P(X)$ und die *Nachbarabbildung* $T : X \to P(X)$. In Fig. 7b sind die Knoten x und y und die Knoten u und v benachbart. y ist Nachfolger von x, u ist Vorgänger von v. Der

Knoten p in Fig. 7c ist sein eigener Vorgänger und sein eigener Nachfolger. Er ist zu sich selbst benachbart.

Ist **G** ein parallelkantenfreier Graph, so ist **G** durch die Angabe von X und einer der beiden Abbildungen N oder V festgelegt. Denn durch X und N z. B. sind auch die Multiplizitäten $m(x, y)$ für sämtliche Paare $(x, y) \in X \times X$ gegeben. Es gilt $m(x, y) = 1$ genau dann, wenn $y \in N(x)$, $m(x, y) = 0$ genau dann, wenn $y \notin N(x)$.

1.5 Untergraphen. Bewertete Graphen. Problemtypen der angewandten Graphentheorie

Es sei **G** : $= (X, K)$ ein Graph. Ein Graph **G**$'$: $= (X', K')$ heißt *Untergraph* von **G**, wenn $X' \subset X$ und $K' \subset K$. Die Teilmengenrelation $\subset$ ist so zu verstehen, daß Gleichheit nicht ausgeschlossen ist. Ist **G**$'$ Untergraph von **G**, so schreiben wir einfach **G**$' \subset$ **G**. Ist $X' = X$, $K' \subset K$, so heißt der Untergraph **G**$'$: $= (X', K')$ *Teilgraph* von **G**. Einen Untergraphen von **G** erhält man, indem man zunächst einen Teil der Knoten mit allen in diesen beginnenden oder endenden Kanten entfernt und hierauf gegebenenfalls Kanten streicht. Einen Teilgraphen erhält man, indem man alle Knoten beibehält und nur Kanten wegläßt.

Es sei **G** : $= (X, K)$, $Y \subset X$ und K_Y : $= K \cap (Y \times Y \times N)$. Der Untergraph **G**$_Y$: $= : = (Y, K_Y)$ heißt *von Y erzeugt*. Er besteht aus den Knoten von Y und allen Kanten von **G**, die Knoten aus Y verbinden. Ferner sei $H \subset K$ und X_H : $= p_1(H) \cup p_2(H)$. Der Untergraph **G**$_H$: $= (X_H, H)$ heißt *von H erzeugt*. Er besteht aus den Kanten von H und nur jenen Knoten von **G**, die mit mindestens einer Kante aus H inzidieren.

Es seien **G**$_1$: $= (X_1, K_1)$ und **G**$_2$: $= (X_2, K_2)$ Untergraphen von **G**. **G**$_1$ und **G**$_2$ heißen *knotendisjunkt*, wenn $X_1 \cap X_2 = \phi$. Sie heißen *kantendisjunkt*, wenn $K_1 \cap K_2 = \phi$. Die *Vereinigung* **G**$_1 \cup$ **G**$_2$ von **G**$_1$ und **G**$_2$ ist der Untergraph $(X_1 \cup X_2, K_1 \cup K_2)$. Der *Durchschnitt* **G**$_1 \cap$ **G**$_2$ von **G**$_1$ und **G**$_2$ ist der Untergraph $(X_1 \cap X_2, K_1 \cap K_2)$.

Es sei **G** : $= (X, K)$ ein Graph und U_G : $= \{G' \mid G' \subset G\}$ die Menge aller seiner Untergraphen. $f : U_G \to H$ sei eine Abbildung von U_G in eine Halbordnung H. Dann heißt f eine *Bewertung von* **G**, und das Tripel **BG** : $= (X, K, f)$ heißt *bewerteter Graph*. Ist H der durch Hinzunahme des Elements ∞ erweiterte Raum $\bar{R}$: $= R \cup \{\infty\}$ der reellen Zahlen mit der üblichen Ordnung, so sprechen wir von einer *numerischen Bewertung*. Eine numerische Bewertung heißt *additiv*, wenn

$$f(\mathbf{G}_1 \cup \mathbf{G}_2) = f(\mathbf{G}_1) + f(\mathbf{G}_2) - f(\mathbf{G}_1 \cap \mathbf{G}_2) \text{ und } f(\mathbf{G}_\phi) = 0.$$

Eine Abbildung $g : K \to \bar{R}$ heißt auch *Kantenbewertung*, eine Abbildung $g : X \to \bar{R}$ *Knotenbewertung*.

Beispiel. Eine additive numerische Bewertung erhält man sehr oft auf die folgende Art. Es sei $g : K \to \bar{R}$ eine Kantenbewertung. Wir betrachten die Erweiterung $\bar{g} : P(K) \to \bar{R}$ von g auf die Potenzmenge $P(K)$ von $K : A \subset K \to \bar{g}(A) : = \sum_{k \in A} g(k)$.

Durch $f_g((X', K')) : = \bar{g}(K')$ ist dann eine additive numerische Bewertung $f_g : U_G \to \bar{R}$ definiert.

14

Es sei $G := (X, K)$ ein Graph und $m : X \times X \to N_0$ seine Multiplizitätenfunktion.
Wir konstruieren von G ausgehend einen parallelkantenfreien Graphen $G' := (X', K')$,
indem wir setzen:

$$X' := X, \; K' := \bigcup_{k \in K} \{(p_1(k), p_2(k))\}.$$

m ist eine Kantenbewertung für G'. Man vergleiche dazu die Bemerkungen zu Beginn von Abschnitt 1.3.

Die beiden folgenden Bewertungen werden ebenfalls häufig gebraucht: die Abbildung $f_X : U_G \to P(X)$, die jedem Untergraphen (X', K') von (X, K) seine Knotenmenge X' zuordnet, $f_X((X', K')) := X'$, und die Abbildung $f_K : U_G \to P(K)$, die jedem Untergraph seine Kantenmenge K' zuordnet, $f_K((X', K')) := K'$.

Wir kommen nun zur Beschreibung der Problemtypen der angewandten Graphentheorie. Zu diesem Zweck erinnern wir zunächst noch an den Begriff eines Optimierungsproblems: Es sei U eine Menge, H eine Halbordnung und $f : U \to H$ eine Abbildung von U in H, die sogenannte *Zielfunktion*. Für eine Teilmenge $H' \subset H$ bedeute Min $\{H'\}$ bzw. Max $\{H'\}$ die Menge der minimalen bzw. maximalen Elemente von H' bezüglich der von H auf H' induzierten partiellen Ordnung. Das heißt, es gelte

$$\text{Min}\{H'\} := \{x \mid y \in H' \wedge y \leq x \Rightarrow y = x\},$$
$$\text{Max}\{H'\} := \{x \mid y \in H' \wedge y \geq x \Rightarrow y = x\}.$$

Ferner sei Z eine gegebene Eigenschaft auf U oder mit anderen Worten eine gegebene Teilmenge von U. Die Elemente von Z nennen wir *zulässige Elemente*, Z selbst heißt *Zulässigkeitsbereich*. Bei einem *Optimierungsproblem* wird die Bestimmung jener zulässigen Elemente $z \in X$ gefordert, deren Bilder bei f im Bildbereich $f(Z)$ minimal (*Minimierungsproblem*) oder maximal (*Maximierungsproblem*) sind. Man hat demnach die Mengen $\bar{f}^1(\text{Min } f(Z))$ oder $\bar{f}^1(\text{Max } f(Z))$ zu bilden. Abkürzend bezeichnen wir diese Mengen durch Min(f, Z) oder Max(f, Z).

In Kurzform lautet dann die Beschreibung eines Optimierungsproblems:

$$[f : U \to H, Z, \text{Extr}],$$

wobei je nach Problemtyp Extr durch Min oder Max zu ersetzen ist. Die beiden ersten Komponenten dieses Tripels beziehen sich auf Gegebenes: die Zielfunktion f und den Zulässigkeitsbereich Z. Allerdings ist Z meist durch ein System von Bedingungen an die Elemente von U bestimmt. Die Schwierigkeiten bei der Lösung eines Optimierungsproblems beginnen daher in der Regel bereits bei der expliziten Angabe von Z. Die dritte Komponente des Tripels stellt eine Aufforderung zur Bildung einer weiteren Teilmenge von U dar, nämlich der Menge Extr (f, Z). In manchen Fällen betrachtet man das Problem bereits als gelöst, wenn ein Element dieser Menge bekannt ist.

Ein Großteil der Probleme im Zusammenhang mit graphentheoretischen Vorstellungen sind Optimierungsprobleme. Dies soll in Kapitel 2 an Hand ausreichender Beispiele verdeutlicht werden. Stets gehen wir dabei von einem bewerteten Graphen

BG : $= (X, K, f)$ aus. An die Stelle von U tritt die Menge der Untergraphen U_G, Zielfunktion ist die Bewertungsfunktion f. Als Zulässigkeitsbereich Z kommt meist eine Menge von Untergraphen mit gewissen Eigenschaften in Frage, zum Beispiel Wege oder Kreise, oder zusammenhängende Untergraphen (siehe die folgenden Abschnitte, wo diese Begriffe erklärt werden).

Wir betrachten daher in der Folge das Optimierungsproblem $[f : U_G \to H, Z, \text{Extr}]$ als Grundtyp graphenbezogener Probleme. Dementsprechend befassen wir uns daher in den folgenden Kapiteln in der Hauptsache mit Methoden zur Lösung von Problemen solcher Art.

Wenn aber auch in der angewandten Graphentheorie das Optimierungsproblem an erster Stelle steht, so begegnet man doch häufig auch Problemen, die keine Extremalprobleme sind oder sich nur sehr schwer und umständlich als solche deuten ließen. Wir bringen daher anschließend eine Zusammenstellung der häufigsten Problemtypen, wobei wir das Optimierungsproblem als Typ 1 nochmals anführen. Die in den dargebotenen Beispielen angeführten Begriffe findet man erst in späteren Abschnitten erklärt. Wir verweisen dabei auf die entsprechende Nummer. Der mit diesen Begriffen noch nicht vertraute Leser wird daher zunächst die weiteren Paragraphen bis einschließlich 2.9 lesen und hierauf an diese Stelle zurückkehren.

Problemtypen der angewandten Graphentheorie:

Typ 1. *Optimierungsprobleme.*

Gegeben ist ein bewerteter Graph **BG** $:= (X, K, f)$ und eine Eigenschaft $Z \subset U_G$. Gesucht wird die Menge Extr (f, Z).

Beispiele. Bestimmung von Wegen und Kreisen (2.1), Bahnen und Zykeln (2.2), Komponenten, starken Komponenten, Blöcken (2.3), Gerüsten, Minimalgerüsten (2.4).

Typ 2. *Nachweis einer Eigenschaft.*

Gegeben ist ein Graph G, eine Eigenschaft $E \subset U_G$ und ein Untergraph $G' \subset G$. Gefordert wird die Entscheidung, ob $G' \in E$ oder nicht.

Beispiele. Nachweis des Zusammenhangs (2.3), der Separabilität (2.3), der Azyklizität (2.2), der Baumstruktur (2.4).

Typ 3. *Erzeugung einer Eigenschaft.*

Gegeben ist ein Graph G und die Beschreibung einer Eigenschaft $E \subset U_G$. Gefordert wird eine Liste aller Elemente von E.

Beispiele. Angabe aller gerichteten Teilbäume (2.4), aller Gerüste (2.4), aller (1,1)-Faktoren (2.8), aller maximalen stabilen Untergraphen (2.9).

Typ 4. *Klassifizierung in U_G.*

Gegeben ist ein Graph G und eine ausschöpfende Menge von sich gegenseitig ausschließenden Eigenschaften E_i, $1 \leq i \leq s$, auf U_G. Das heißt, es gilt $\bigcup\limits_{i=1}^{s} E_i = U_G$ und $E_i \cap E_j = \phi$ für $i \neq j$. Ferner ist ein Untergraph G' gegeben. Gesucht ist der Index i mit $G' \in E_i$.

Beispiele. Bestimmung der chromatischen Zahl (2.9), des Ranges (2.3), der zyklomatischen Zahl (2.5), der Zahl der inneren und der äußeren Stabilität (2.9).

Typ 5. *Vergleich von Graphen.*

Gegeben sind zwei Graphen G und G''. Gefordert wird die Entscheidung, ob G'' zu einem Untergraph von G' isomorph ist (Isomorphieproblem).

Typ 6. *Operationen auf U_G.*

Gegeben ist ein Graph G und eine Abbildung $f : U_G \rightarrow U_G$, ferner ein Untergraph G'. Gesucht wird $f(G')$.

Beispiele. Bildung der transitiven Hülle, eines Kerns (2.9), des reduzierten Graphen (2.3).

Die beiden Problemtypen 2 und 3 stehen in enger Beziehung zum Typ 1. Die Schwierigkeit bei der Lösung eines Optimierungsproblems kann bereits bei der expliziten Darstellung des Zulässigkeitsbereichs Z beginnen. Lösungswege für derartige Probleme enthalten daher in der Regel auch Aufgaben vom Typ 2 und 3.

2. Spezielle Untergraphen

2.1 Kantenzüge, Wege, Kreise

Wir betrachten in diesem und in den folgenden Abschnitten wichtige Typen von Untergraphen und damit zusammenhängende Begriffe.

Es sei G: $= (X, K)$ ein Graph. Die Menge $\{p_1(k), p_2(k)\}$ der mit einer Kante k inzidenten Knoten bezeichnen wir in Hinkunft durch $p(k)$. Ist $H \subset K$ eine Kantenmenge, so schreiben wir ferner $p(H)$ für $p_1(H) \cup p_2(H)$. Zwei Kanten k_1 und k_2 sollen *adjazent* heißen, wenn $p(k_1) \cap p(k_2) \neq \phi$ gilt. Die dabei möglichen Fälle sind in Fig. 8 dargestellt.

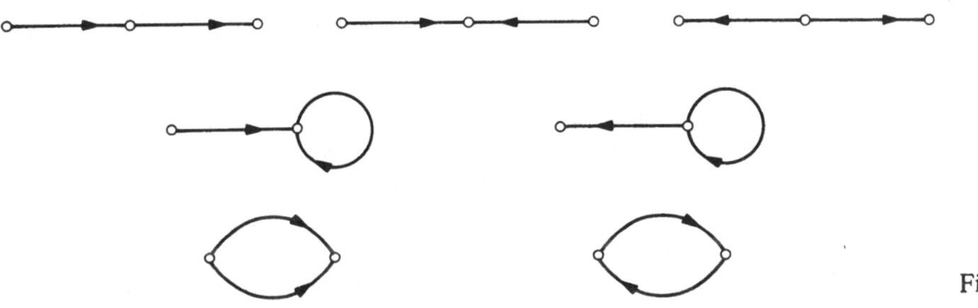

Fig. 8

Es sei W eine Teilmenge von K mit $|W| = w > 0$. Der von W erzeugte Untergraph $G_W = (X_W, W)$ heißt *geschlossener Kantenzug in G der Länge w*, wenn er folgende Eigenschaften besitzt:

a) Es existiert eine Anordnung $(k_1, k_2, \ldots, k_w, k_1)$ der Kanten von W derart, daß zwei aufeinanderfolgende Kanten adjazent sind.

b) Jeder Knoten $x \in X_W$ besitzt einen geraden Grad in G_W.

Ferner sei V eine weitere Teilmenge von K mit $|V| = v > 0$. Der von V erzeugte Untergraph $G_V = (X_V, V)$ heißt *offener Kantenzug in G zwischen a und b der Länge v*, wenn er folgende Eigenschaften besitzt:

a) Es existiert eine Anordnung $(k_1, k_2, \ldots, k_v)$ der Kanten von V derart, daß $a \in p(k_1)$, $b \in p(k_v)$ und daß je zwei aufeinanderfolgende Kante adjazent sind.

b) a und b sind die einzigen Knoten von X_V, die in G_V ungeraden Grad besitzen.

Fig. 9a zeigt ein Beispiel für einen geschlossenen Kantenzug, Fig. 9b ein Beispiel für einen offenen Kantenzug. Allfällige weitere Kanten in dem betrachteten Graphen sind strichliert angedeutet.

Ist G selbst ein geschlossener Kantenzug, so heißt G *Eulerscher Graph*. Eine dazugehörige Kantenanordnung heißt *Eulersche Linie*.

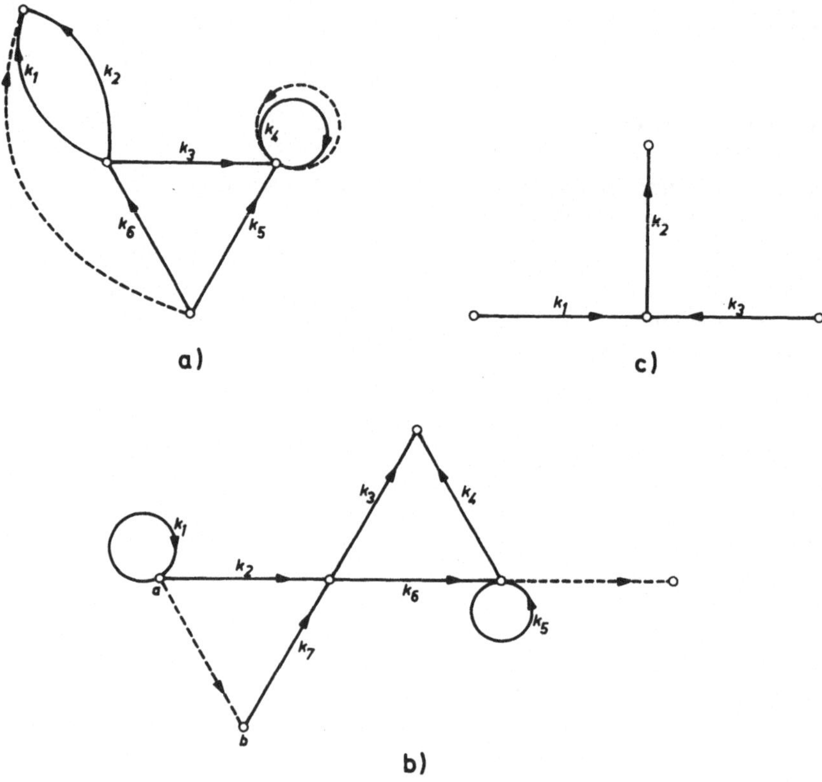

a)

c)

b)

Fig. 9

Kantenzüge erlauben mit Hilfe räumlicher Vorstellungen recht anschauliche Deutungen. Man stelle sich dabei eine Kante (x, y, t) als Wegverbindung zwischen ihrem Anfangsknoten x und ihrem Endknoten y dar. Die Richtung der Kante spielt dabei keine Rolle. Das heißt, der gedachte Weg soll in beiden Richtungen passierbar sein. Es läßt sich somit y von x oder x von y aus erreichen, indem man sich längs der Kante fortbewegt. Begeht man nun in einem offenen Kantenzug zwischen a und b der Reihe nach die Kanten in der bestehenden Anordnung, so gelangt man vom Knoten a zum Knoten b. Dabei ist nicht ausgeschlossen, daß man auf seiner Wanderung mehrmals zum selben Knoten gelangt. Jedoch wird jede Kante nur ein einziges Mal begangen. Kehrt man die Fortbewegungsrichtung und die Anordnung der Kanten um und beginnt bei b, so gelangt man schließlich zum Knoten a. Dies erklärt die in der Definition gebrauchte Ausdrucksweise „Zwischen a und b". Ein Kantenzug zwischen a und b ist auch ein Kantenzug zwischen b und a.

Auch einen geschlossenen Kantenzug kann man durchwandern, wobei es gleichgültig ist, bei welcher Kante man beginnt. Mit $(k_1, \ldots, k_w, k_1)$, erfüllt nämlich auch jede Anordnung $(k_i, k_{i+1}, \ldots, k_w, k_1, \ldots, k_{i-1}, k_i), 1 \leqslant i \leqslant w$, die Bedingung a) der Definition. In jedem Fall kommt man bei einem geschlossenen Kantenzug wieder zum Ausgangspunkt zurück.

Auf die Bedingungen b) kann man nicht verzichten. Der Graph in Fig. 90 ist kein offener Kantenzug zwischen a und b, obwohl die Kantenanordnung (k_1, k_2, k_3) die Bedingung a) erfüllt.

Es sei $G_W = (X_W, W)$ ein geschlossener Kantenzug in G. Existiert kein echter Untergraph $G' \subset G_W$, der ebenfalls geschlossener Kantenzug in G ist, so heißt G_W ein *Kreis in G der Länge w*. Ferner sei $G_V = (X_V, V)$ ein offener Kantenzug zwischen a und b. Existiert kein echter Untergraph $G'' \subset G_V$, der ebenfalls offener Kantenzug zwischen a und b ist, so heißt G_V *Weg zwischen a und b der Länge v*. Fig. 10a zeigt ein Beispiel für einen Kreis, Fig. 10b ein Beispiel für einen Weg.

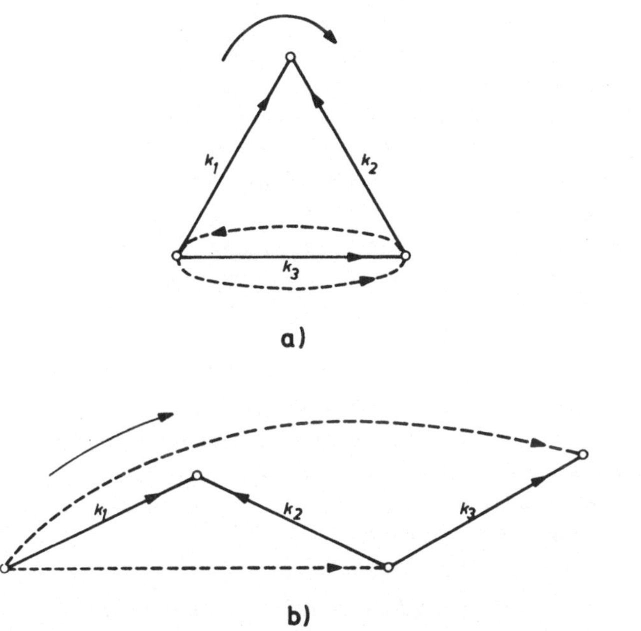

Fig. 10

Die Menge der offenen Kantenzüge zwischen zwei festen Knoten a und b ist als Teilmenge von U_G durch die Relation $\subset$ partiell geordnet. Die Wege zwischen a und b sind die minimalen Elemente dieser Ordnung. Für die Menge der geschlossenen Kantenzüge gilt dasselbe. Hier sind die Kreise die minimalen Elemente. Unmittelbar daraus folgt:

Satz 2.1.1. *Jeder geschlossene Kantenzug in G enthält einen Kreis in G. Jeder offene Kantenzug in G zwischen a und b enthält einen Weg in G zwischen a und b.*

Auch mit Hilfe der Knotengrade lassen sich Kreise und Wege charakterisieren:

Satz 2.1.2. *Ein geschlossener Kantenzug* G_W *ist genau dann ein Kreis, wenn jeder Knoten* $x \in X_W$ *den Grad 2 in* G_W *besitzt. Ein offener Kantenzug* G_V *zwischen* a *und* b *ist genau dann ein Weg, wenn die Knoten* a *und* b *den Grad 1 und alle übrigen Knoten* $x \in X_V$ *den Grad 2 in* G_V *haben.*

Beweis. Es sei G_W ein Kreis, $x_0 \in X_W$ und der Grad von x_0 in G_W ungleich 2. Dieser Grad kann nicht 0 sein, da sonst G_W nicht von W erzeugt wäre. Also ist der Grad gleich einer geraden Zahl $d > 2$. Wir konstruieren nun eine Menge $W' \subset W$, $W' \neq W$, die einen geschlossenen Kantenzug $G_{W'} \subset G_W$ erzeugt, und erhalten damit den gewünschten Widerspruch zur Minimalität von G_W. Zur Konstruktion von W' gehen wir so vor:

Wir nehmen eine mit x_0 inzidente Kante aus W und nennen sie k_1'. Da die Kantenmenge W von G_W keine Schlinge enthalten kann, ist der zweite mit k_1' inzidente Knoten von x_0 verschieden. Er heiße x_1'. Da x_1' in G_W geraden Grad besitzt, existiert in W eine von k_1' verschiedene Kante k_2', die mit x_1' inzidiert. Der zweite mit k_2' inzidente Knoten heiße x_2'. Dasselbe Argument wie bei x_1' liefert eine von k_1' und k_2' verschiedene Kante k_3' und einen Knoten x_3'. Auf diese Weise fahren wir fort und erhalten eine Folge von verschiedenen Kanten $(k_1', k_2', \ldots, k_s')$ und eine Folge von verschiedenen Knoten $(x_1', x_2', \ldots, x_s')$. Wäre nämlich $x_s' = x_i'$, $1 \leq i \leq s$, der erste Knoten, der bereits einmal in die Folge aufgenommen wurde, so hätte man in $W' := \{k_{i+1}', \ldots, k_s'\}$ eine echte Teilmenge von W, die einen geschlossenen Kantenzug erzeugt im Widerspruch zur Minimalität von G_W. Da nur endlich viele Knoten vorhanden sind, muß für einen Index $s > 1$ schließlich $x_s = x_0$ werden. Es sei s der erste Index mit dieser Eigenschaft. Dann ist $W' := \{k_1', k_2', \ldots, k_s'\}$ eine echte Teilmenge von W, die einen geschlossenen Kantenzug erzeugt. W' enthält nämlich mindestens zwei Kanten von W nicht, da der Grad von x_0 in G_W, gleich 2 ist. $G_{W'}$ ist somit ein echter Untergraph von G_W, und damit folgt von neuem ein Widerspruch zur Minimalität von G_W.

Nun sei G_W ein geschlossener Kantenzug, in dem jeder Knoten den Grad 2 besitzt. Ist G_W kein Kreis, so enthält er einen Kreis G_W, mit $W' \neq W$. Daraus folgt auch $X_{W'} \neq X_W$. Nun indiziert jeder Knoten aus X_W, nur mit Kanten aus W', jeder Knoten aus $X_W - X_W$, nur mit Kanten aus $W - W'$. Zwei Kanten $k' \in W'$ und $k'' \in W - W'$ sind daher stets nicht adjazent. Damit ist aber im Gegensatz zur Annahme G_W kein geschlossener Kantenzug. Also ist G_W selbst ein Kreis.

Den zweiten Teil des Satzes beweist man auf analogem Wege.

Satz 2.1.3. G_W *und* $G_{W'}$ *seien verschiedene geschlossene Kantenzüge in* G *und es gelte* $G_{W'} \subset G_W$. *Dann ist* $G_{W-W'}$ *Vereinigung von kantendisjunkten Kreisen.*

Beweis. Der Grad eines Knoten $x \in X_{W-W'}$ in G_W ist gleich der Summe seiner Grade in $G_{W'}$ und $G_{W-W'}$. Jeder Knoten von $G_{W-W'}$ hat daher einen geraden Grad ≥ 2. Wir konstruieren nun ähnlich wie beim Beweis von Satz 2.1.2 eine Menge $V_1 \subset W - W'$, die einen Kreis erzeugt. Dazu sei k_1 eine beliebige Kante von $W - W'$ mit $p(k_1) = \{x_0, x_1\}$. Da der Grad von x_1 in $G_{W-W'}$ gerade ist, existiert für $x_0 \neq x_1$ eine mit x_1 inzidente Kante k_2, die von k_1 verschieden ist. Der zweite mit k_2 inzidente Knoten heiße x_2. Ist $x_2 \neq x_0$, so existiert eine von k_1 und k_2 verschiedene mit x_2 inzidente Kante k_3. Der zweite mit k_3 inzidente Knoten heiße x_3. Auf diese Weise fortfahrend erhalten wir eine Folge $(k_1, k_2, \ldots, k_s)$ und eine Folge $(x_0, x_1, \ldots, x_x)$, die dann abbrechen sollen, wenn zum ersten Mal der neu hinzukommende Knoten x_s gleich x_t mit $0 \leqslant t < s$ wird. Wie man leicht erkennt, muß dieser Fall einmal eintreten. Die Menge $V_1 := \{k_t, \ldots, k_s\}$ erzeugt einen Kreis in G. Ist $V_1 \neq W-W'$, so setzen wir das Verfahren mit $W-W'-V_1$ anstelle von $W-W'$ fort. Dies liefert schließlich eine Folge von paarweise disjunkten Kantenmengen $V_1, V_2, \ldots, V_p$, die alle einen Kreis in G erzeugen. Ferner gilt $\mathbf{G}_{W-W'} = \bigcup_{j=1}^{p} \mathbf{G}_{V_j}$. Auf analogem Wege beweist man:

Satz 2.1.4. *$\mathbf{G}_W$ und $\mathbf{G}_{W'}$ seien verschiedene offene Kantenzüge in G zwischen a und b mit $\mathbf{G}_{W'} \subset \mathbf{G}_W$. Dann ist $\mathbf{G}_{W-W'}$ Vereinigung von kantendisjunkten Kreisen in G.*

Aus Satz 2.1.3 folgt insbesondere:

Korrollar 2.1.5. *Ein Eulerscher Graph G läßt sich als Vereinigung von kantendisjunkten Kreisen darstellen.*

Für manche Darstellungen benötigt man den Begriff der *Orientierung eines Weges oder eines Kreises*. Es sei G ein Graph und $\mathbf{G}_V$ ein Weg zwischen a und b in G. $(k_1, \ldots, k_v)$ sei eine dazu gehörige Kantenanordnung mit $a \in p(k_1)$ und $b \in p(k_v)$. Dann ist durch $(k_1, \ldots, k_v)$ eine der möglichen Orientierungen von $\mathbf{G}_V$, nämlich die *Orientierung von a nach b festgelegt*. In den Anwendungen dieses Begriffes kommt es meist auf die Orientierung einer zu $\mathbf{G}_V$ gehörenden Kante relativ zur Orientierung von $\mathbf{G}_V$ an. Da mit Ausnahme von a und b jeder Knoten von $\mathbf{G}_V$ den Grad 2 in $\mathbf{G}_V$ hat, wird durch $p(k_i) \cap p(k_{i+1})$ für $1 \leqslant i \leqslant v-1$ genau ein Knoten x_i bestimmt. Setzen wir noch $x_0 := a$ und $x_v := b$, so folgt aus der Kantenanordnung $(k_1, \ldots, k_v)$ eine eindeutig bestimmte Knotenanordnung $(x_0, x_1, \ldots, x_v)$. Wir sagen, die Kante k_i habe dieselbe Orientierung wie der orientierte Weg $\mathbf{G}_V$, wenn $k_i = (x_{i-1}, x_i, t)$ gilt (für ein passendes t). Im Falle $k_i = (x_i, x_{i-1}, t)$ heiße k_i entgegengesetzt zu $\mathbf{G}_V$ orientiert. Mit anderen Worten: k_i hat dieselbe Orientierung (Richtung) wie $\mathbf{G}_V$, wenn man im Falle einer Wanderung von a nach b längs $\mathbf{G}_V$ die Kante k_i bei ihrem Anfangsknoten betritt und bei ihrem Endknoten verläßt.

Im Falle eines Kreises gilt Ähnliches. Auch hier folgt bei $w > 1$ aus einer Kantenanordnung $(k_1, \ldots, k_w, k_1)$ mit $x_i = p(k_i) \cap p(k_{i+1})$ für $1 \leqslant i \leqslant w-1$ und $p(k_1) = \{x_0, x_1\}$ und $p(k_w) = \{x_{w-1}, x_0\}$ eine Knotenanordnung $(x_0, x_1, \ldots, x_{w-1}, x_0)$ und damit eine Orientierung von $\mathbf{G}_W$ gemäß der gegebenen Reihenfolge der Knoten. Bei einer Umkehr der Kantenanordnung erhält man die umgekehrte Orientierung. Eine Kante k_i hat dieselbe Orientierung wie $\mathbf{G}_V$, wenn $k_i = (x_{i-1}, x_i, t)$ gilt (für ein passendes t). Im Falle $k_i = (x_i, x_{i-1}, t)$ nennt man k_i entgegengesetzt orientiert.

In den Figuren von Fig. 10 sind die durch die Kantenfolgen (k_1, k_2, k_3) gegebenen Orientierungen durch Richtungspfeile angedeutet. In Fig.10a hat die Kante k_1 dieselbe Orientierung wie der entsprechende Kreis, die beiden Kanten k_2 und k_3 sind entgegengesetzt orientiert. In Fig. 10b haben die Kanten k_1 und k_3 dieselbe Orientierung wie der angegebene Weg, die Kante k_2 ist entgegengesetzt orientiert.

Die Bestimmung von Wegen und Kreisen in G ist ein Problem vom Typ 1 aus Abschnitt 1.5.

Es sei $U_{\mathbf{GKZ}}$ die Menge aller geschlossenen Kantenzüge von $\mathbf{G} := (X, K)$ und $f_X : U_{\mathbf{G}} \to P(K)$ die durch $f_K((X', K')) = K'$ definierte Bewertung von G. Dann erhält man die Kreise von G als Lösung des Optimierungsproblems $[f_K, U_{\mathbf{GKZ}}, \text{Min}]$.

Es sei ferner $U_{\mathbf{OKZ}\,(a,b)}$ die Menge aller offenen Kantenzüge in G zwischen a und b.

$g : K \to \bar{R}$ sei eine beliebige Kantenbewertung und f_g die dazu gehörige Bewertung von G. Die Größe $f_g(G_W) = \sum_{k \in W} g(k)$ nennt man in bezug auf räumliche Vorstellungen auch die *Länge* von G_W. Dies ist ein etwas allgemeinerer Längenbegriff, als er in der Definition eines Kantenzuges zum Ausdruck kommt. Gilt $g(k) = 1$ für alle Kanten k, so erhalten wir in $f_g(G_W) = |W|$ wieder den ursprünglich eingeführten Längenbegriff. Die Lösung des Optimierungsproblems $[f_g, U_{OKZ(a,b)}, \text{Min}]$ liefert uns die „kürzesten" Kantenzüge zwischen zwei gegebenen Knoten a und b. Existieren in G Kreise G_W mit $f_g(G_W) \leq 0$, also Kreise mit nicht positiver Länge, so müssen die Elemente von Min $(f_g, U_{OKZ(a,b)})$ nicht unbedingt Wege zwischen a und b sein. Ist jedoch $g(k) > 0$ für sämtliche Kanten $k \in K$, so enthält diese Menge nur Wege. In diesem Fall spricht man vom *Problem der kürzesten Wege zwischen a und b.*

Die Länge eines kürzesten Weges zwischen a und b nennt man den *Abstand* von a und b in G. Wir bezeichnen diese Zahl durch $l(a, b)$. Existiert in G kein Weg zwischen a und b, so sei $l(a, b) = \infty$. Ferner gelte $l(a, a) = 0$ für alle Knoten a. Dann ist durch $l : X \times X \to \bar{R}$ eine Metrik auf X gegeben.

Falls keine weiteren Vereinbarungen getroffen werden, so verstehen wir unter der Länge eines Weges oder eines Kreises weiterhin die Anzahl seiner Kanten.

2.2 Bogenzüge, Bahnen, Zykeln

Ein Graph G heißt *pseudosymmetrisch im Knoten x*, wenn $d^+(x) = d^-(x)$ gilt, d. h. wenn x weder Quelle noch Senke ist. G heißt *pseudosymmetrisch* schlechthin, wenn G in jedem Knoten pseudosymmetrisch ist. In einem pseudosymmetrischen Graphen „kommen in jedem Knoten ebensoviele Kanten an" wie „davon auslaufen". Eine symmetrische Relation ist ein Beispiel für einen pseudosymmetrischen Graphen. Weitere Beispiele folgen nun. Es sei $G = (X, K)$ ein Graph und $W \subset K$ mit $|W| = w > 0$. Der von W erzeugte Untergraph G_W heißt *geschlossener Bogenzug in G der Länge w*, wenn er die folgenden Eigenschaften besitzt:

Es existiert eine Anordnung $(k_1, \ldots, k_w)$ der Kanten von W mit
$p_2(k_i) = p_1(k_{i+1})$ für $1 \leq i \leq w-1$ und $p_2(k_w) = p_1(k_1)$.

Ferner sei $V \subset K$ und $|V| = v > 0$. Der von V erzeugte Untergraph G_V heißt *offener Bogenzug von a nach b*, wenn er folgende Eigenschaft besitzt:

Es existiert eine Anordnung $(k_1, \ldots, k_v)$ der Kanten von V mit
$a = p_1(k_1)$, $b = p_2(k_v)$ und $p_2(k_i) = p_1(k_{i+1})$ für $1 \leq i \leq v-1$.

Fig. 11a zeigt ein Beispiel für einen geschlossenen Bogenzug, Fig. 11b ein Beispiel für einen offenen Bogenzug von a nach b.

Ist G selbst ein geschlossener Bogenzug, so ist G pseudosymmetrisch. Es sei $G_W = (X_W, W)$ ein geschlossener Bogenzug von G. Existiert kein echter Untergraph $G' \subset G_W$ der ebenfalls geschlossener Bogenzug in G ist, so heißt G_W *Zykel in G der Länge w*. Ferner sei $G_V = (X_V, V)$ ein offener Bogenzug von a nach b. Existiert kein echter Untergraph $G'' \subset G_V$, der ebenfalls offener Bogenzug von a nach

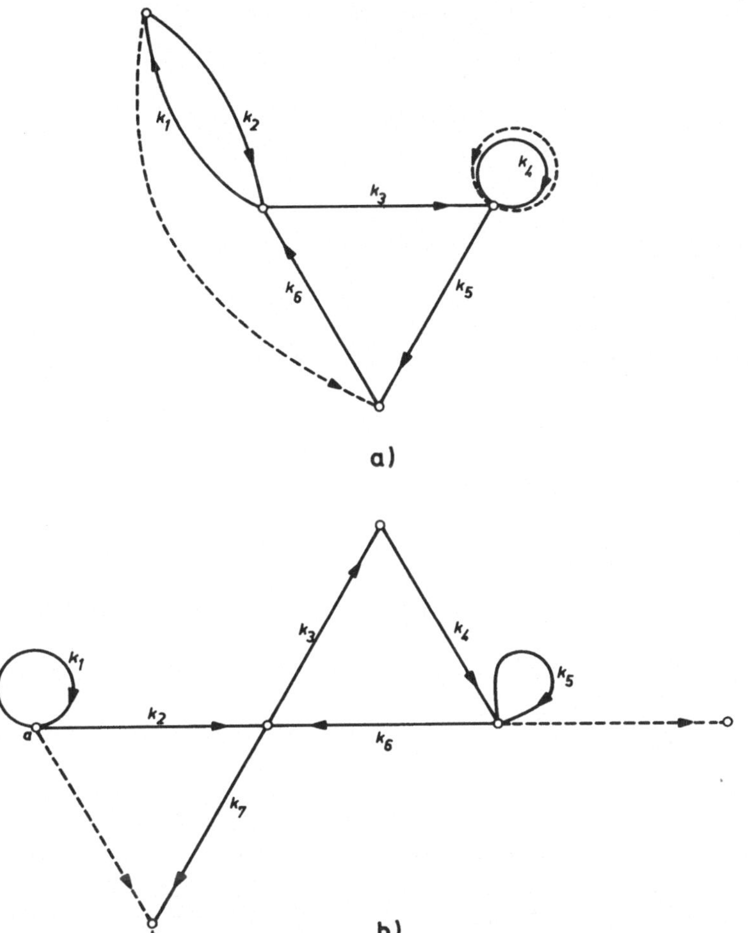

Fig. 11

b ist, so heißt $\mathbf{G}_V$ eine *Bahn der Länge v von a nach b.*

Fig. 12a zeigt ein Beispiel für einen Zykel, Fig. 12b ein Beispiel für eine Bahn.
Die Menge der offenen Bogenzüge von einem festen Knoten a nach einem festen Knoten b ist als Teilmenge von U_G durch die Relation $\subset$ ebenfalls partiell geordnet. Die Bahnen von a nach b sind die minimalen Elemente dieser Ordnung. Für die Menge der geschlossenen Bogenzüge gilt dasselbe. Hier sind die Zykeln die minimalen Elemente. Unmittelbar daraus folgt:

Satz 2.2.1. *Jeder geschlossene Bogenzug in G enthält einen Zykel. Jeder offene Bogenzug von a nach b enthält eine Bahn von a nach b.*

Wieder lassen sich Zykeln und Bahnen durch die Knotengrade charakterisieren:

Satz 2.2.2. *Ein geschlossener Bogenzug* $\mathbf{G}_W$ *ist genau dann ein Zykel, wenn* $\mathbf{G}_W$ *pseudosymmetrisch und regulär vom Grad 2 ist. Ein offener Bogenzug* $\mathbf{G}_V$ *von a nach b ist genau dann eine Bahn von a nach b, wenn* $d^-(a) = d^+(b) = 0$, $d^+(a) = d^-(b) = 1$ *und* $d^+(x) = d^-(x) = 1$ *für sämtliche übrigen Knoten* $x \in X_V$ *gilt.*

Der Beweis dieses Satzes verläuft analog zum Beweis von Satz 2.1.2 und bleibt dem Leser überlassen.

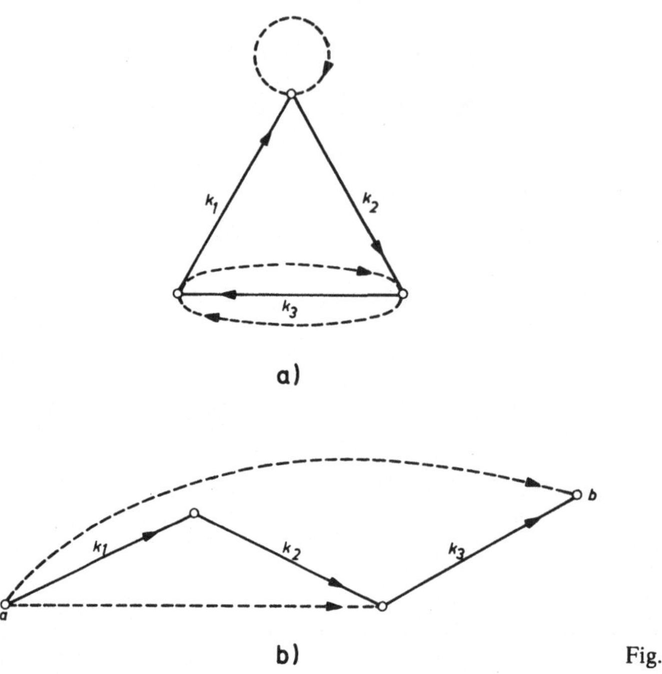

Fig. 12

Satz 2.2.3. G_W *und* $G_{W'}$ *seien verschiedene geschlossene Bogenzüge in* G *und es gelte* $G_{W'} \subset G_W$. *Dann ist* $G_{W-W'}$ *Vereinigung von kantendisjunkten Zykeln.*

Auch hier verläuft der Beweis analog zum Beweis von Satz 2.1.3 und bleibt daher dem Leser überlassen. Analog beweist man auch die beiden folgenden Sätze:

Satz 2.2.4. G_W *und* $G_{W'}$ *seien verschiedene offene Bogenzüge in* G *von a nach b und* $G_{W'} \subset G_W$. *Dann ist* $G_{W-W'}$ *Vereinigung von kantendisjunkten Zykeln.*

Korollar 2.2.5. *Ein geschlossener Bogenzug* G *läßt sich als Vereinigung von kantendisjunkten Zykeln darstellen.*

Von besonderer Wichtigkeit sind schließlich die beiden letzten Sätze dieses Abschnitts:

Satz 2.2.6. *Jeder pseudosymmetrische Graph* G $:= (X, K)$ *ohne isolierte Knoten ist Vereinigung von kantendisjunkten Zykeln.*

Beweis. Wir zeigen zwei Tatsachen: Jeder pseudosymmetrische Graph G ohne isolierte Knoten enthält einen Zykel G_V. Ist $V \neq K$, so ist der Untergraph G_{K-V} pseudosymmetrisch und enthält ebenfalls keine isolierten Knoten. Daraus folgt dann die Behauptung des Satzes.

Es sei $x_1 \in X$ ein beliebiger Knoten. Da $d(x_1) \geq 2$, existiert eine Kante k_1 mit $x_1 = p_1(k_1)$. Es gelte $x_2 = p_2(k_1)$. Ist $x_2 = x_1$, so haben wir bereits einen Zykel (eine Schlinge). Ist $x_2 \neq x_1$, so existiert wegen der Pseudosymmetrie eine Kante k_2 mit $x_2 = p_1(k_2)$. Mit $x_3 = p_2(k_2)$ anstelle von x_2 wiederholen wir den eben durchgeführten Schluß. Das Verfahren wird solange fortgesetzt, bis man im Schritt s eine Kante k_s erhält, deren Endknoten x_{s+1} bereits unter den Knoten $x_1, \ldots, x_s$ vorkommt. Es sei dies zum ersten Mal für $x_{s+1} = x_i$, $1 \leqslant i \leqslant s$, der Fall. Dann gilt für den aus $V = \{k_i, k_{i+1}, \ldots, k_s\}$ erzeugten Untergraphen: $X_V = \{x_i, x_{i+1}, \ldots, x_{s+1}\}$. G_V ist daher in jedem Knoten pseudosymmetrisch vom Grad 2. G_V ist somit ein Zykel. Da ferner die Halbgrade $d^+(x)$ und $d^-(x)$ eines Knoten x in G gleich der Summe der entsprechenden Halbgrade in G_V und G_{K-V} sind, ist auch G_{K-V} pseudosymmetrisch. Da schließlich nach Voraussetzung $G = G_K$ gilt, hat auch G_{K-V} keine isolierten Knoten.

Satz 2.2.7. *Es sei* G $: = (X, K)$ *ein Graph ohne isolierten Knoten.* Q *bedeute die Menge seiner Quellen,* S *die Menge seiner Senken und* T *die Menge seiner Knoten, in denen* G *pseudosymmetrisch ist. Dann gilt*

$$\sum_{x \in Q} (d^+(x) - d^-(x)) = \sum_{x \in S} (d^-(x) - d^+(x)).$$

Ferner existiert eine Darstellung von G *als Vereinigung von Zykeln und* $w = \sum_{x \in Q}$
$(d^+(x) - d^-(x))$ *Bahnen von Knoten aus* Q *nach Knoten aus* S. *Sämtliche Bahnen und Zykeln sind paarweise kantendisjunkt.*

Beweis. Zunächst gilt $\sum_{x \in X} d^+(x) = \sum_{x \in X} d^-(x)$. Daraus folgt

$$\sum_{x \in Q} (d^+(x) - d^-(x)) + \sum_{x \in S} (d^+(x) - d^-(x)) + \sum_{x \in T} (d^+(x) - d^-(x)) = 0.$$

Da die letzte Summe 0 ergibt, haben wir

$$\sum_{x \in Q} (d^+(x) - d^-(x)) = \sum_{x \in S} (d^-(x) - d^+(x)).$$

Nun erweitern wir G durch Hinzunahme neuer Kanten zu einem pseudosymmetrischen Graphen G', was auf Grund der eben bewiesenen Gleichheit der beiden Summen möglich ist. Dazu sind w weitere Kanten notwendig, die in Knoten von S beginnen und in Knoten von Q enden müssen. Der Graph G' ist nach Satz 2.2.6 Vereinigung von kantendisjunkten Zykeln. Entfernt man aus diesen Zykeln die neu hinzugenommenen Kanten, so entstehen genau w Bahnen von Knoten aus Q nach Knoten aus S. Zykeln, die keine derartigen Kanten enthalten, bleiben unverändert. Die Vereinigung dieser Bahnen und Zykeln ergibt G.

Ein Graph G ohne Zykeln heißt *zykelfrei* oder *azyklisch*.

Die Bestimmung von Zykeln und Bahnen von gegebenen Knoten a nach gegebenen Knoten b ist wieder ein Problem vom Typ 1 aus Abschnitt 1.5.

Es sei U_{GBZ} die Menge aller geschlossenen Bogenzüge in G. f_K sei die schon in Abschnitt 2.1 betrachtete Bewertung von G. Dann erhält man die Zykeln von G durch die Lösung des Optimierungsproblems $[f_K, U_{\text{GBZ}}, \text{Min}]$. Es sei ferner $U_{\text{OBZ}(a,b)}$ die Menge aller offenen Bogenzüge von a nach b. $g : K \to \bar{R}$ sei eine beliebige Kantenbewertung und f_g die dazu gehörige Bewertung von G. Für einen Bogenzug G_W ist dann $f_g(G_W)$ wieder ein allgemeineres Maß für seine „Länge". Mit $g(k) = 1$ für alle Kanten $k \in K$ erhalten wir wieder den ursprünglichen Längenbegriff. Die Lösung des Optimierungsproblems $[f_g, U_{\text{OBZ}(a,b)}, \text{Min}]$ liefert uns die „kürzesten" Bogenzüge von

a nach b. Existieren in G Zykeln G_W mit $f_g(G_W) \leqslant 0$, also Zykeln mit nicht positiver Länge, so müssen die Elemente von Min $(f_g, U_{OBZ(a,b)})$ nicht unbedingt Bahnen von a nach b sein. Ist jedoch $g(k) > 0$ für sämtliche Kanten $k \in K$, so erhält diese Menge nur Bahnen. In diesem Fall spricht man vom *Problem der kürzesten Bahnen von a nach b*.

Will man anstelle „kürzester" Bogenzüge die „längsten" Bogenzüge von a nach b ermitteln, so ist in der Formulierung des Problems Min(f_g, U_{OBZ}) durch Max(f_g, U_{OBZ}) zu ersetzen.

Wie im Falle von Wegen und Kreisen verstehen wir, falls keine weiteren Vereinbarungen getroffen werden, unter der Länge einer Bahn oder eines Zykels weiterhin die Anzahl der darin enthaltenen Kanten.

Beispiel 2.2.1. Netzpläne.

Bewertete Digraphen eignen sich unter anderem in hervorragender Weise zur Darstellung zeitlicher Abläufe in Großprojekten wie etwa die Planung und Errichtung eines Staudamms, eines Stahlwerks oder einer Untergrundbahn. Dabei entsprechen die Kanten des zugeordneten Graphen G den einzelnen Tätigkeiten oder Teilaufgaben, die zur Durchführung des Gesamtprojekts notwendig sind. Eine Kantenfolge (x, y), (y, z) bedeutet, daß die Tätigkeit (x, y) beendet sein muß, ehe die Tätigkeit (y, z) beginnen kann. Die Knoten von G bezeichnet man als Ereignisse, sie entsprechen dem Beginn bzw. dem Ende einzelner Gruppen von Tätigkeiten. Außerdem erhält der Graph G eine Bewertung, indem man jeder Kante die zur Bewältigung der ihr entsprechenden Teilaufgabe erforderliche Zeit zuordnet. G enthält ferner genau einen Knoten x_1 ohne Vorgänger, das Anfangsereignis, das dem Projektbeginn entspricht, und genau einen Knoten x_n ohne Nachfolger, das Endereignis, das dem Projektende entspricht. Der so bestimmte bewertete Digraph wird als Netzplan bezeichnet. Er hat aus logischen Gründen zykelfrei zu sein. Andernfalls gäbe es Tätigkeiten, die erst nach ihrer Beendigung begonnen werden könnten.

Eine längste Bahn in G vom Anfangsereignis x_1 zum Endereignis x_n heißt *kritische Bahn*. Ihre Länge gibt den frühesten Zeitpunkt für das Projektende an. Eine Tätigkeit heißt *kritisch*, wenn sie mindestens einer kritischen Bahn angehört.
Eine längste Bahn von x_1 nach den übrigen Knoten x_i, $i \neq n$, gibt den frühestmöglichen Termin t_i für das Eintreten des Ereignisses x_i an. Erst zu diesem Zeitpunkt können die Teilaufgaben mit den Anfangsknoten x_i begonnen werden. Eine längste Bahn von x_i nach x_n gibt den spätestmöglichen Termin s_i für das Eintreten des Ereignisses x_i an, der zu keiner Verzögerung des Projektendes führt. Die Differenz $s_i - t_i$ heißt *Schlupf* des Ereignisses x_i. Ereignisse, die einer kritischen Bahn angehören, besitzen keinen Schlupf. Kritische Tätigkeiten müssen sofort begonnen und ohne Verzögerung beendet werden.

In der Praxis interessiert man sich für die Größen s_i und t_i. Diese gewinnt man als Lösung des oben angeführten Problems der längsten Bahnen von Knoten aus G zu anderen Knoten aus G.

2.3 Zusammenhang. Weitere Zerlegungssätze

In den beiden letzten Abschnitten wurden recht einfache Graphen betrachtet: Wege, Bahnen, Kreise und Zykeln. Außerdem wurde in Satz 2.2.7 eine Zerlegung beliebiger Graphen in Bahnen und Zykeln gefunden. Man könnte daher die beiden letzten Graphentypen als Grundbausteine ansehen, aus denen sich jeder Graph aufbauen läßt. Diese „Bauweise" ist manchmal sehr nützlich, manchmal jedoch nicht zweckentsprechend, da die Zerlegung zu „fein" ist. Wir geben daher noch andere Zerlegungsarten an.

Zunächst erklären wir den Begriff des Zusammenhangs. Zu diesem Zweck benötigen wir zwei Hilfssätze.

Satz 2.3.1. *Es sei* G_W *ein Weg zwischen* x *und* y *und* G_V *ein Weg zwischen* y *und* z *in* $G = (X, K)$. *Ist* $x \neq z$, *dann enthält* $G_{W \cup V}$ *einen Weg zwischen* x *und* z.

Beweis. Es seien $(k_1, \ldots, k_w)$ und $(h_1, \ldots, h_v)$ die zu G_W und G_V gehörenden Kantenanordnungen. Wegen Satz 2.1.2 inzidieren je zwei aufeinanderfolgende Kanten in beiden Anordnungen mit genau einem gemeinsamen Knoten. G_W und G_V legen somit eindeutige Anordnungen $(x = x_0, x_1 \ldots, x_{w-1}, x_w = y)$ und $(y = y_0, y_1, \ldots, y_{v-1}, y_v = z)$ der Knoten von X_W und X_V fest. Es sei $x_i, i \geqslant 0$ der erste Knoten von X_W, der auch zu X_V gehört, beispielsweise gelte $x_i = y_j$. Wir betrachten die Folge $(x_0, \ldots, x_i, y_{j+1}, \ldots, y_v)$. Sie definiert eindeutig eine Folge $(k_1, \ldots, k_i, h_{j+1}, \ldots, h_v)$ von Kanten aus $W \cup V$, in der keine Kante öfter als einmal vorkommt. Die Menge $U : = \{k_1, \ldots, k_i, h_{j+1}, \ldots, h_v\}$ erzeugt, wie man leicht erkennt, einen Weg zwischen x und z.

Die Vereinigung zweier Wege zwischen x und y und y und z ist im allgemeinen kein Weg, wie Fig. 13 zeigt. Dasselbe gilt für Bahnen.

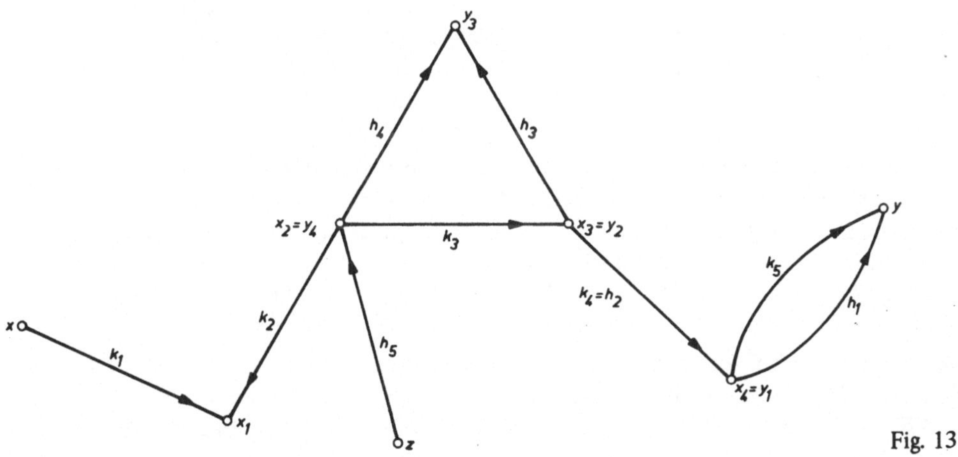

Fig. 13

Satz 2.3.2. *Es sei* G_W *eine Bahn von* x *nach* y *und* G_V *eine Bahn von* y *nach* z *in* $G : = (X, K)$. *Ist* $x \neq z$, *dann enthält* $G_{W \cup V}$ *eine Bahn von* x *nach* z.

Der Beweis erfolgt analog zum Beweis des vorangehenden Satzes. Es sei nun wieder $G : = (X, K)$ ein Graph und S die folgende Relation auf X:

$$(x, y) \in S \leftrightarrow x = y \text{ oder es existiert ein Weg zwischen } x \text{ und } y \text{ in } G.$$

S ist eine Äquivalenzrelation. Auf Grund der Definition ist S reflexiv. Ein Weg G_W zwischen x und y ist auch ein Weg zwischen y und x. Die dazu gehörige Kantenordnung ergibt sich aus $(k_1, \ldots, k_w)$ einfach durch Umkehrung der Reihenfolge. S ist daher symmetrisch. Schließlich ist S transitiv. Aus $(x, y) \in S$ und $(y, z) \in S$ folgt $(x, z) \in S$ mit Hilfe von Satz 2.3.1.

Sind $X_1, \ldots, X_p$ die Äquivalenzklassen von X bezüglich S, so heißen die von diesen Mengen erzeugten Untergraphen $G_{X_1}, \ldots, G_{X_p}$ *Zusammenhangskomponenten* oder kurz *Komponenten von* G. Besteht der Graph G nur aus einer einzigen Komponente, so heißt er *zusammenhängend*. Jede Komponente von G ist ein zusammenhängener Untergraph.

Zwischen Knoten verschiedener Äquivalenzklassen X_i und X_j existieren keine Wege in G. Da eine Kante allein ebenfalls einen Weg zwischen ihrem Anfangs- und ihrem Endknoten erzeugt, gehören die zwei mit einer Kante inzidenten Knoten stets derselben Äquivalenzklasse an. Daraus folgt $K = \overset{p}{\underset{i=1}{\cup}} K_{X_i}$, und wir haben:

Satz 2.3.3. *Jeder Graph* G *ist Vereinigung seiner Komponenten.*

Beweis. Es gilt $G_{X_i} = (X_i, K_{X_i})$ und $\overset{p}{\underset{i=1}{\cup}} G_{X_i} = (\overset{p}{\underset{i=1}{\cup}} X_i, \overset{p}{\underset{i=1}{\cup}} K_{X_i}) = (X, K)$.

Damit haben wir nun bereits eine der angekündigten Zerlegungen in „gröbere" Bestandteile gefunden.

In Fig. 7 besteht jeder der drei geometrischen Graphen aus mehreren Komponenten. In Fig. 7a bildet jeder isolierte Knoten für sich allein eine Komponente. Der Graph in Fig. 7b besitzt zwei Komponenten, von denen jede aus zwei Knoten und einer Kante besteht. Der Graph in Fig. 7c besitzt wieder drei Komponenten. Sämtliche Graphen in allen übrigen bisherigen Abbildungen sind zusammenhängend.

Ist p die Anzahl der Komponenten von G, so heißt die Zahl $r = |X| - p$ der *Rang* von G. Der Rang eines Graphen ist stets nicht negativ. $r = 0$ gilt genau dann, wenn G der Nullgraph ist oder nur aus isolierten Knoten besteht.

Die Bestimmung des Rangs eines Graphen ist eine Aufgabe vom Typ 4. Wir fassen dazu G als Teilgraph eines Graphen $\bar{G}$ auf, der aus G dadurch entsteht, daß man sämtliche noch nicht verbundenen Knotenpaare von G durch mindestens eine Kante verbindet. $\bar{G}$ hat dann als zusammenhängender Graph den Rang $|X| - 1$. Für $0 \leqslant i \leqslant |X| - 1$ sei E_i die Menge der Untergraphen von $\bar{G}$, deren Rang gleich i ist. Die Frage lautet dann: Für welches i gilt $G \in E_i$?

Der Nachweis, ob G zusammenhängend ist oder nicht, ist eine Aufgabe vom Typ 2. Es sei $E \in U_{\bar{G}}$ die Menge aller zusammenhängenden Untergraphen von $\bar{G}$. Dann ist $G \in E$ nachzuweisen. Die Bestimmung der Komponenten von G dagegen ist wieder ein Problem vom Typ 1. Es sei U_{zh} die Menge aller zusammenhängenden Untergraphen von G und $f_X((X', K')) := X'$ die im folgenden stets durch $f_X : U_G \to P(X)$ bezeichnete Bewertung von G. Dann erhält man die Komponenten von G als Lösung des Optimierungsproblems $[f_X, U_{zh}, \text{Max}]$.

Wir erwähnen noch einen Satz über die Komponenten von Untergraphen. Der leichte Beweis sei dem Leser überlassen.

Satz 2.3.4. *Es sei* G $:= (X, K)$ *ein Graph mit den Komponenten* $G_{X_1}, \ldots, G_{X_p}$. G$' := (X', K')$ *sei ein Untergraph von* G. *Dann ist für* $X' \cap X_j \neq \phi$ *der Untergraph* $G'_{X' \cap X_j}$ *Vereinigung von Komponenten von* G$'$, *und es gilt* $G' = \underset{X' \cap X_j \neq \phi}{\cup} G'_{X' \cap X_j}$.

Die beiden Zerlegungssätze 2.3.3 und 2.3.4 haben für numerische Probleme die folgende Bedeutung. Es sei $[f, Z, \text{Min}]$ ein Problem vom Typ 1 und f eine additive Bewertung von **G**. $\mathbf{G}_{X_i}$, $1 \le i \le p$, seien die Komponenten von **G**. Wir bilden die Spuren von **Z** auf diesen Komponenten, d. h. die Mengen $Z_i = \{\mathbf{G}' \cap \mathbf{G}_{X_i} \mid \mathbf{G}' \in Z\}$. In der Praxis kommt es nun häufig vor, daß sämtliche Z_i in Z enthalten sind und darüber hinaus jede Vereinigung der Form $\overset{p}{\underset{i=1}{\cup}} \mathbf{G}'_i$ mit $\mathbf{G}'_i$ beliebig aus Z_i ein Element aus Z ergibt. Nach Satz 2.3.4 haben wir für $\mathbf{G}' \in Z$:

$$f(\mathbf{G}') = f(\underset{X' \cap X_j \ne \phi}{\cup} \mathbf{G}'_{X' \cap X_j}) = \underset{X' \cap X_j \ne \phi}{\Sigma} f(\mathbf{G}'_{X' \cap X_j}).$$

Ist $\mathbf{G}' \in \text{Min}(f, Z)$ und $X' \cap X_j \ne \phi$, so folgt $\mathbf{G}'_{X' \cap X_j} \in \text{Min}(f, Z_j)$. Sucht man daher zuerst die Mengen $\text{Min}(f, Z_j)$, $1 \le j \le p$, so kann man daraus durch Vereinigungsbildung die Menge $\text{Min}(f, Z)$ konstruieren. Die Zerlegung von **G** in seine Komponen-

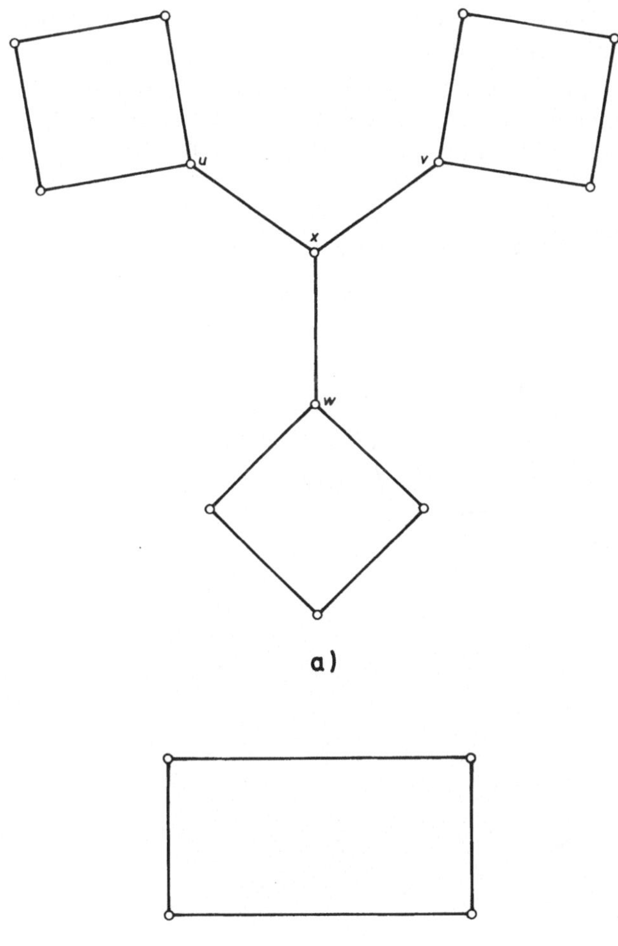

b)

Fig. 14

ten gestattet daher unter Umständen eine Art Dekompositionsverfahren zur Lösung eines Problems vom Typ 1. Bei Problemen anderer Typen gelten ähnliche Überlegungen.

Es sei $G := (X, K)$ ein Graph und x einer seiner Knoten. x heißt *Artikulation* von G, wenn $G_{X-\{x\}}$ mehr Komponenten als G besitzt. G heißt *separabel*, wenn mindestens eine Artikulation vorhanden ist.

Fig. 14a zeigt einen zusammenhängenden Graph mit vier Artikulationen x, u, v und w. $G_{X-\{x\}}$ besitzt drei Komponenten, $G_{X-\{u\}}$, $G_{X-\{v\}}$ und $G_{X-\{w\}}$ je zwei. Der einfache Graph in Fig. 14b ist nicht separabel. Eine Artikulation bedeutet einen in Bezug auf den Zusammenhang besonders empfindlichen Punkt des Graphen. Stellt G wie in Beispiel 2 von Abschnitt 1.1 das Straßennetz einer Stadt dar und ist die Kreuzung x eine Artikulation von G, so wird z. B. der Verkehr zwischen gewissen Stadtteilen vollkommen unterbunden, wenn diese Kreuzung etwa auf Grund eines Verkehrsunfalls unpassierbar wird.

Der Nachweis der Separabilität eines gegebenen Graphen G ist eine Aufgabe vom Typ 2. Es sei E die Menge der separablen Untergraphen des wie oben aus G konstruierten Graphen $\bar{G}$. Dann lautet die Frage: Ist $G \in E$?

Es sei wieder $G := (X, K)$ ein Graph, U_{ns} die Menge seiner zusammenhängenden und nicht separablen Untergraphen und $Y \subset X$. Der von Y erzeugte Untergraph G_Y heißt ein *Block* von G, wenn er die beiden folgenden Eigenschaften besitzt:

    a) $G_Y \in U_{ns}$

    b) Für jede echte Obermenge U von Y gilt $G_U \notin U_{ns}$.

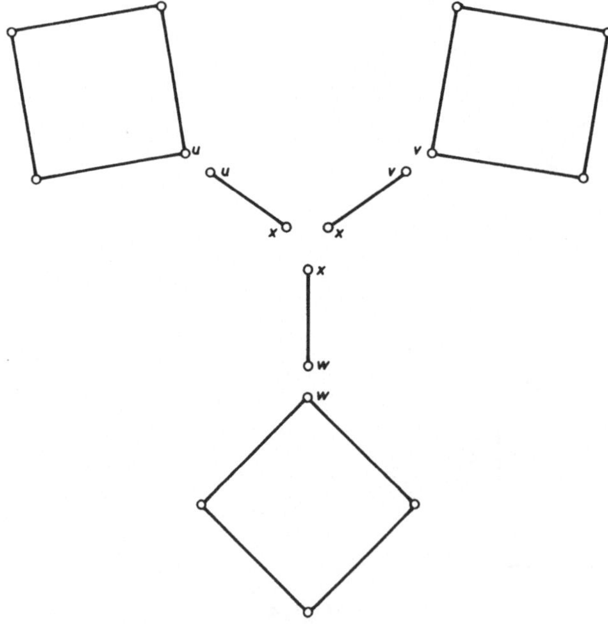

Fig. 15

Die Blöcke sind demnach die maximalen Elemente in der Menge U_{ns}. Sie werden erzeugt durch die maximalen Elemente der Menge $\{Y \mid Y \subset X, G_Y \in U_{ns}\}$. Ist $f_X : U_G \to P(X)$ die Bewertung von G, die jedem Untergraph $G' := (X', K')$ seine Knotenmenge X' zuordnet, so erhält man die Blöcke eines Graphen G als Lösung des Optimierungsproblems $[f_X, U_{ns}, \text{Max}]$. Die Bestimmung von Blöcken ist demnach eine Aufgabe vom Typ 1.

Fig. 15 zeigt die sechs verschiedenen Blöcke des Graphen aus Fig. 14a.

Den Aufbau eines Graphen G durch seine Blöcke beschreiben die folgenden Sätze.

Satz 2.3.5. *Zwei verschiedene Blöcke G_Y und G_Z eines Graphen haben höchstens einen gemeinsamen Knoten x. Dieser Knoten ist Artikulation von G.*

Beweis. Es sei $V = Y \cap Z \neq \phi$. Dann ist $G_Y \cup G_Z$ zusammenhängend. Eine Artikulation u dieses Graphen muß zu V gehören. Andernfalls wäre u entweder Artikulation von G_Y oder von G_Z. Enthält V mehr als einen Knoten, so kann keiner davon Artikulation von $G_Y \cup G_Z$ sein, denn dieser Untergraph bleibt nach Entfernung eines solchen Knoten zusammenhängend. Andererseits ist jede Artikulation von $G_{Y \cup Z}$ auch Artikulation von $G_Y \cup G_Z$. Damit wäre $G_{Y \cup Z}$ ein zusammenhängender und nicht separabler Graph, der von einer echten Obermenge von Y erzeugt wird. Somit wäre G_Y im Widerspruch zur Annahme kein Block. Also gilt $|V| = 1$. Ist $x \in V$ nicht Artikulation von G, dann existiert in $G_{X-\{x\}}$ ein Weg G_W zwischem einem Knoten $a \in Y - \{x\}$ und einem Knoten $b \in Z - \{x\}$. $G_W \cup G_Y \cup G_Z$ ist zusammenhängend und besitzt keine Artikulation, damit ist wieder $G_{W \cup Y \cup Z}$ ein zusammenhängender und nicht separabler Untergraph, der von einer echten Obermenge von Y erzeugt wird. Es folgt demnach wieder ein Widerspruch. Also ist x eine Artikulation von G.

Satz 2.3.6. *Jeder Knoten x von G gehört zu mindestens einem Block von G. Jede Kante k von G gehört zu genau einem Block von G.*

Beweis. Jeder Knoten x bzw. jede Menge $p(k)$ gehört zu mindestens einer maximalen Menge Y' aus $\{Y \mid Y \subset X, G_Y \in U_{ns}\}$. Damit gehört x bzw. k zum Block $G_{Y'}$. Würde k zu einem weiteren Block G_Z gehören, so hätten $G_{Y'}$ und G_Z zwei Knoten gemeinsam im Widerspruch zu Satz 2.3.5.

Mit dem Beweis des letzten Satzes haben wir eine weitere Zerlegungsart in „gröbere" kantendisjunkte Bestandteile gefunden. Wir formulieren diese Aussage nochmals als Zerlegungssatz:

Satz 2.3.7. *Es seien $G_{Y_1}, \ldots, G_{Y_t}$ die Blöcke des Graphen G.*
Dann gilt $G = \bigcup\limits_{i=1}^{t} G_{Y_i}$.

Wir betrachten nun einen weiteren Zusammenhangsbegriff. Es sei G ein Graph und S' die folgende Relation in X:

> $(x, y) \in S' \leftrightarrow x = y$ *oder es existieren Bahnen von x nach y und von y nach x in G.*

S' ist wieder eine Äquivalenzrelation. Die Reflexivität folgt aus der Definition, ebenso die Symmetrie. Ist $(x, y) \in S'$ und $(y, z) \in S'$ und sind alle drei Knoten verschieden, so existieren nach Satz 2.3.2 eine Bahn von x nach z und eine Bahn von z nach x. Also gilt auch $(x, z) \in S'$, und S' ist transitiv.

Sind $X_1, \ldots, X_q$ die Äquivalenzklassen bezüglich S', so heißen die von diesen Mengen erzeugten Untergraphen $G_{X_1}, \ldots, G_{X_q}$ *starke Zusammenhangskomponenten* oder kurz *starke Komponenten von* G. Besteht der Graph G nur aus einer einzigen starken Komponente, so heißt er *stark zusammenhängend.* Jede starke Komponente ist stark zusammenhängend.

Der geometrische Graph in Fig. 13 besitzt acht starke Komponenten, von denen jede die Form $(\{x\}, \phi)$ hat. Es bildet nämlich jeder Knoten für sich allein eine starke Komponente. Würde man die Richtung der Kante h_4 umkehren, so wäre der Untergraph $(\{x_2, y_2, y_3\}, \{k_3, h_3, h_4\})$ stark zusammenhängend und daher eine starke Komponente von G.

Das Beispiel in Fig. 13 zeigt, daß der Begriff des starken Zusammenhangs kein Analogon zu Satz 2.3.3 erlaubt. Nicht jeder Graph ist Vereinigung seiner starken Komponenten. Zwar gehört natürlich jeder Knoten genau einer starken Komponente an. Aber es gibt im allgemeinen Kanten, die zu keiner starken Komponente gehören. Folglich müssen Kanten zwischen Knoten aus verschiedenen Äquivalenzklassen existieren. Eine Einschränkung besteht jedoch: Sind X_i und X_j verschiedene Äquivalenzklassen und gibt es eine Kante k mit $p_1(k) \in X_i$ und $p_2(k) \in X_j$, so schließt dies die Existenz einer Kante k' mit $p_1(k') \in X_j$ und $p_2(k') \in X_i$ aus. Von den zwischen G_{X_i} und G_{X_j} verlaufenden Kanten haben also alle dieselbe Richtung, von G_{X_i} nach G_{X_j} oder umgekehrt.

Starke Komponenten G_{X_i} vom Typ aus Fig. 16a mit $N(X_i) \subset X_i$, die man auf keiner Kante „verlassen" kann, sollen *Endkomponenten* heißen. Starke Komponenten G_{X_j} vom Typ aus Fig. 16b mit $V(X_j) \subset X_j$, die man durch keine Kante „betreten" kann, sollen *Anfangskomponenten* heißen.

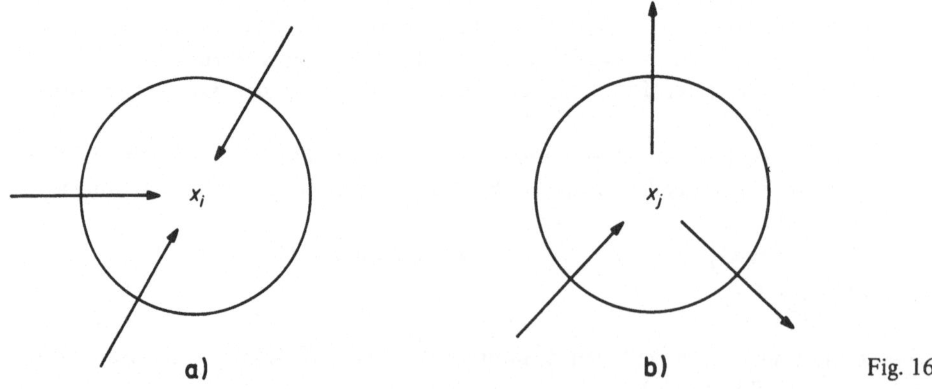

Fig. 16

Beispiel 2.3.1. Ein System S (physikalischer, biologischer oder ökonomischer Natur) sei einer endlichen Anzahl von Zuständen $x_1, x_2, \ldots, x_n$ fähig. Die Übergangsmöglichkeiten von einem Zustand in einen anderen sollen durch einen Graph dargestellt werden. Wir ordnen dazu S einen Graphen G: $= (X, K)$ zu, dessen Knotenmenge $X := \{x_1, x_2, \ldots, x_n\}$ die Zustände von S repräsentiert. Die Existenz einer Kante $(x_i, x_j) \in K$ drücke die Möglichkeit eines Übergangs vom Zustand x_i in den Zustand

x_j aus. Bei $(x_i, x_j) \notin K$ sei ein Übergang von x_i nach x_j unmöglich. Die Endkomponenten von G besitzen die folgende Besonderheit: Nimmt S einmal einen Zustand in einer solchen Komponente an, so bleibt S solange innerhalb dieser Komponente, als die Systembedingungen unverändert bleiben, d. h. solange, als das System nicht durch äußere Einflüsse verändert wird. Eine Endkomponente von G beschreibt also eine Art Gleichgewichtsniveau von S.

$G_{X_1}, \ldots, G_{X_q}$ seien die starken Komponenten eines Graphen $G : = (X, K)$.

Wir konstruieren von G ausgehend einen neuen einfachen Graphen $G_r : = (X_r, K_r)$ und setzen dazu:

$$X_r : = \{G_{X_1}, \ldots, G_{X_q}\},$$

$$K_r : = \bigcup_{i, j=1}^{p} \{(G_{X_i}, G_{X_j}) \mid i \neq j, \; \exists \, k(k \in K \wedge p_1(k) \in X_i \wedge p_2(k) \in X_j)\}.$$

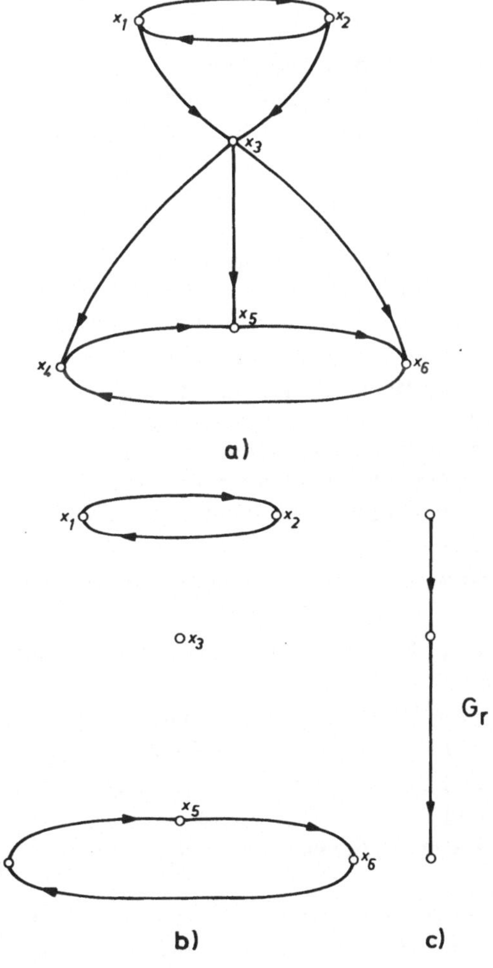

Fig. 17

Der Graph G_r heißt *der zu G gehörige reduzierte Graph*. Seine Knoten sind die starken Komponenten von **G**. G_r enthält genau dann eine Kante (G_{X_i}, G_{X_j}), wenn $(X_i \times X_j) \cap K \neq \phi$.

Der zykelfreie Graph G_r ist homomorphes Bild von **G**. Man kann sich den reduzierten Graph so entstanden denken, daß man die starken Komponenten von **G** zu einem einzigen Knoten „zusammenzieht" und im Falle paralleler Kanten zwischen den so erhaltenen Knoten alle Kanten bis auf eine streicht.
Der Graph in Fig. 17a besitzt drei starke Komponenten, die in Fig. 17b dargestellt sind. Davon ist die erste eine Anfangskomponente, die dritte eine Endkomponente. Fig. 17c zeigt den dazugehörigen reduzierten Graphen.

Es sei U_{szh} die Menge aller stark zusammenhängenden Untergraphen von **G**. Dann erhalten wir die starken Komponenten von **G** durch die Lösung des Optimierungsproblems $[f_X, U_{szh}, \text{Max}]$. Die Bestimmung der starken Komponenten ist daher eine Aufgabe vom Typ 1.

2.4 Bäume und Gerüste. Arboreszenzen

Es sei **G** ein Graph und E eine Eigenschaft auf U_G, d. h. eine Teilmenge von U_G. Ein Element $G' \in E$ heißt *kritisch* in bezug auf die Eigenschaft E, wenn kein echter Untergraph von G' ebenfalls zu E gehört. Die kritischen Elemente von E sind daher die minimalen Elemente von E bezüglich der Ordnungsrelation $\subset$, die von U_G auf E induziert wird.

Ein Element $G' \in E$ heißt *kantenkritisch* in bezug auf die Eigenschaft E, wenn kein echter Teilgraph (siehe die Definition in 1.5) von G' zu E gehört. Ein kritischer Graph ist natürlich auch kantenkritisch. Die Umkehrung gilt jedoch nicht. Ist G' ein Teilgraph von **G**, so schreiben wir abkürzend $G' < G$. Die kantenkritischen Elemente von E sind damit die minimalen Elemente bezüglich der Ordnungsrelation $<$.
Es sei nun **G** ein beliebiger Graph und E sei die Menge U_{zTG} seiner zusammenhängenden Teilgraphen. Die kantenkritischen Graphen bezüglich dieser Eigenschaften verdienen besondere Beachtung. Man nennt sie *Bäume*. Ein *Baum* ist somit ein zusammenhängender Graph, der keinen zusammenhängenden echten Teilgraphen enthält. Mit anderen Worten: Entfernt man eine Kante eines Baumes, so zerfällt er in zwei Zusammenhangskomponenten.

Bäume lassen sich auf verschiedene Art und Weise charakterisieren. Wir benötigen dazu die beiden folgenden Hilfssätze:

Satz 2.4.1. *Es sei G ein Graph, G_W ein Kreis in G, $k \in W$, $|W| > 1$ und $p(k) = \{a, b\}$. Dann ist $G_{W-\{k\}}$ ein Weg zwischen a und b.*
Beweis. Aus der Anordnung $(k_1, \ldots, k_{j-1}, k_j = k, k_{j+1}, \ldots, k_w, k_1)$ der Kanten von W erhält man in $(k_{j+1}, \ldots, k_w, k_1, \ldots, k_{j-1})$ eine entsprechende Anordnung der Kanten von $W-\{k\}$. Ferner besitzen die Knoten a und b in $G_{W-\{k\}}$ den Grad 1, sämtliche übrigen Knoten von $p(W)$ den Grad 2.

Satz 2.4.2. *G_W und G_V seien verschiedene Wege zwischen a und b in G. Dann enthält $G_{W \cup V}$ einen Kreis in G.*
Beweis. $(k_1, \ldots, k_w)$ und $(h_1, \ldots, h_v)$ seien die entsprechenden Kantenanordnungen von G_W und G_V, $(a, x_1, \ldots, x_{w-1}, b)$ und $(a, y_1, \ldots, y_{v-1}, b)$ die dazugehöri-

gen Knotenanordnungen. Sind alle x_i von allen y_j verschieden, so ist $G_{W \cup V}$ selbst ein Kreis. Andernfalls sei x_t der erste Knoten, der auch zu $p(V) - \{a, b\}$ gehört, und es gelte $x_t = y_u$. Dann erzeugt $\{(k_1, \ldots, k_t, h_u, h_{u-1}, \ldots, h_1\}$ einen Kreis.

Im Anschluß an den Inhalt von Satz 2.4.1 erwähnen wir noch die folgende ebenso leicht beweisbare Tatsache: Ist G_W ein Weg zwischen a und b in G und $k \notin W$ eine Kante mit $p(k) = \{a, b\}$, so ist $G_{W \cup \{k\}}$ ein Kreis in G.

Nach diesen Vorbereitungen kehren wir wieder zum Begriff des Baumes zurück. Es gilt:

Satz 2.4.3. *Ein zusammenhängender Graph G ist genau dann ein Baum, wenn er eine der folgenden Eigenschaften besitzt:*
1) *Kein echter Teilgraph G′ von G ist zusammenhängend.*
2) *G enthält keinen Kreis.*
3) *Zwischen je zwei Knoten a und b von G existiert genau ein Weg in G.*

Beweis. Die erste Eigenschaft wurde zu Beginn dieses Abschnitts zur Definition eines Baumes benutzt. Die Äquivalenz der beiden weiteren Eigenschaften mit der ersten folgt nun leicht mit Hilfe von Satz 2.4.1 und Satz 2.4.2.

Satz 2.4.4. *Ein Baum G mit $|X| > 1$ besitzt mindestens zwei Knoten vom Grad 1. Derartige Knoten heißen Endknoten.*

Beweis. In G existiert ein Weg mit maximaler Kantenzahl. Es sei dies ein Weg G_W zwischen den Knoten x und y. Dann gilt $d(x) = 1$ in G. Wäre dies nicht der Fall, so existierte ein Knoten $u \notin X_W$ und eine Kante k mit $p(k) = \{x, u\}$ und $G_{W \cup \{k\}}$ wäre ein Weg zwischen u und y mit mehr Kanten als G_W im Widerspruch zur Annahme. Genauso schließt man auf $d(y) = 1$.

Die Eigenschaft 2) in Satz 2.4.3 schließt die Existenz von parallelen Kanten und Schleifen aus. Ein Baum ist daher stets ein Digraph. Ist G nicht zusammenhängend und ist jede Komponente von G ein Baum, so heißt G ein *Wald*.

Wir geben noch eine weitere Charakterisierung von Bäumen durch die Anzahl ihrer Knoten und Kanten an.

Satz 2.4.5. *Ein zusammenhängender Graph G ist genau dann ein Baum, wenn $|K| = |X| - 1$.*

Beweis. Der Beweis wird durch vollständige Induktion über die Anzahl $|X|$ der Knoten von G geführt. Für $|X| = 1$ existiert nur der eine Baum $(\{x\}, \phi)$. In diesem Fall stimmt die Behauptung. Wir nehmen an, der Satz gelte für alle Graphen mit $|X| = n \geq 1$ Knoten. Es sei G ein zusammenhängender Graph mit $|X| = n + 1$. G ist genau dann ein Baum, wenn G einen Endknoten x mit $d(x) = 1$ besitzt und der von $X - \{x\}$ erzeugte Untergraph $G_{X-\{x\}}$ wieder ein Baum ist. $G_{X-\{x\}}$ besitzt um genau eine Kante weniger als G. Auf Grund der Induktionsannahme gilt daher $|K| - 1 = n - 1 = |X| - 1 - 1$, also $|K| = |X| - 1$.

Es sei nun G ein zusammenhängender Graph. Ein Teilgraph $G' := (X', K')$ von G, der ein Baum ist, heißt *Teilbaum* oder *spannender Baum* oder *Gerüst* von G. Ein Gerüst ist ein minimales Element in der Menge U_{zTG} der zusammenhängenden Teilgraphen von G. Die Bestimmung von Gerüsten ist somit ein Optimierungsproblem, also ein Problem vom Typ 1 aus Abschnitt 1.5. Man wähle dazu wieder die Zielfunktion $f_K : U_G \to P(K)$, die jedem Untergraph G' seine Kantenmenge K' als

Bild zuordnet. Dann ergibt sich die Menge der Gerüste eines Graphen **G** als Lösung von $[f_K, U_{zT\mathbf{G}}, \text{Min}]$.

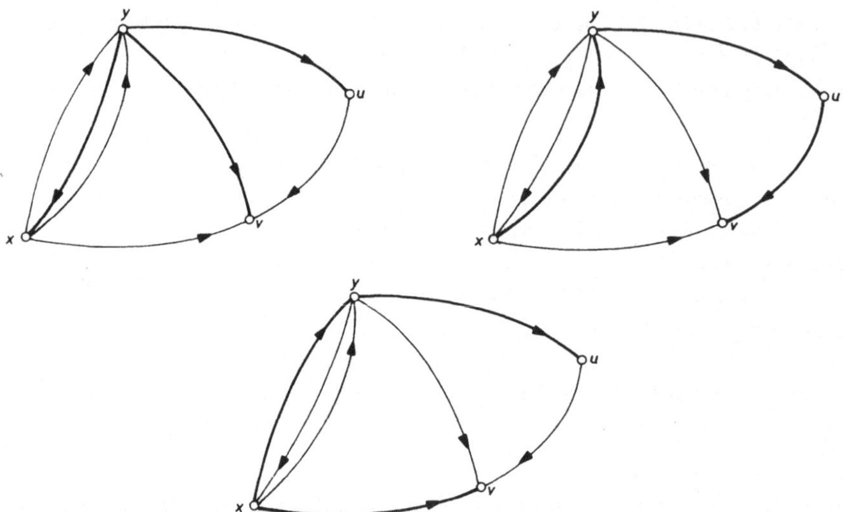

Fig. 18

Fig. 18 zeigt drei verschiedene Gerüste eines Graphen mit vier Knoten.

Es sei $g : K \to \bar{R}$ eine Kantenbewertung und f_g die dadurch bestimmte Bewertung von **G**. Für ein Gerüst $\mathbf{G}' := (X', K') < \mathbf{G}$ nennt man dann $f_g(\mathbf{G}') = \sum_{k \in K} g(k)$ wieder in Anlehnung an räumliche Vorstellungen die Länge von $\mathbf{G}'$. Bei gegebenen bewerteten zusammenhängenden Graphen **G** sind die *Gerüste minimaler Länge*, kurz die *Minimalgerüste*, von Interesse. Das Problem ihrer Bestimmung ist ebenfalls ein Optimierungsproblem vom Typ 1. Ist $U_{\mathbf{GR}}$ die Menge der Gerüste von **G**, so erhält man die Minimalgerüste als Lösung von $[f_g, U_{\mathbf{GR}}, \text{Min}]$.

Die Menge $U_{\mathbf{GR}}$ kann unter Umständen sehr groß sein. In einem vollständigen Digraphen mit $n > 1$ Knoten zum Beispiel, in dem je zwei Knoten durch genau eine Kante verbunden sind, existieren n^{n-2} verschiedene Gerüste.

Beispiel 2.4.1. n Orte sollen durch ein Telephonnetz miteinander verbunden werden. Die Kosten für die Erstellung einer direkten Verbindung zwischen den Orten x_i und x_j seien g_{ij}. Ein Telephonnetz, in dem je zwei Orte direkt verbunden sind, entspricht einem vollständigen Digraph. Die Richtung der Kanten ist dabei unwesentlich. Ein Gerüst in diesem vollständigen Digraph entspricht einer Realisierung des Netzes ohne überflüssigen Direktverbindungen. Da ein Gerüst zwischen je zwei Knoten einen Weg enthält, stehen noch sämtliche Orte untereinander in Verbindung. Die $n^2 - n$ Werte g_{ij} bilden eine Kantenbewertung. Ein Minimalgerüst bezüglich dieser Bewertung bedeutet ein Telephonnetz, dessen Erstellung minimale Kosten verursacht, und damit die ökonomischste Lösung des Problems.

Es sei **G** ein Baum mit der folgenden Eigenschaft: Es existiert ein Knoten x mit $d^-(x) = 0$ und für alle übrigen Knoten y gilt $d^-(y) = 1$. Ein derartiger Graph heißt *gerichteter Baum mit der Wurzel x* oder kurz *gerichteter Baum.* Auch die Bezeichnungen *Wurzelbaum* oder *Arboreszenz* sind üblich.

Die Knoten y mit $d^+(y) = 0$ heißen weiterhin Endknoten. Gilt für alle übrigen Knoten $d^+(y) = n$, so spricht man von einem *n-ären gerichteten Baum.* Besondere Bedeutung haben die *binären* gerichteten Bäume mit $d^+(y) = 2$ für alle Nichtendknoten y.

Die Knoten eines gerichteten Baumes zerfallen in mehrere Niveaus, je nach dem Abstand von der Wurzel x, den sie besitzen. Die Wurzel x selbst bildet das 0-te Niveau. Das i-te Niveau wird von den Knoten y mit $l(x, y) = i$ gebildet. Diesen Umstand kann man bei der Erstellung einer Skizze eines gerichteten Baumes hervorheben, indem man sämtliche Knoten desselben Niveaus auf gleicher Höhe zeichnet, wie es in Fig. 19a durchgeführt wurde. Auf diese Weise eignen sich Wurzelbäume ausgezeichnet zur Beschreibung einer hierarchischen Struktur zwischen Begriffen oder Individuen. In Fig. 19a wird eine derartige Struktur durch die Benennung der einzelnen Niveaus erklärt. Fig. 19b zeigt einen einzelnen Ast aus der Hierarchie.

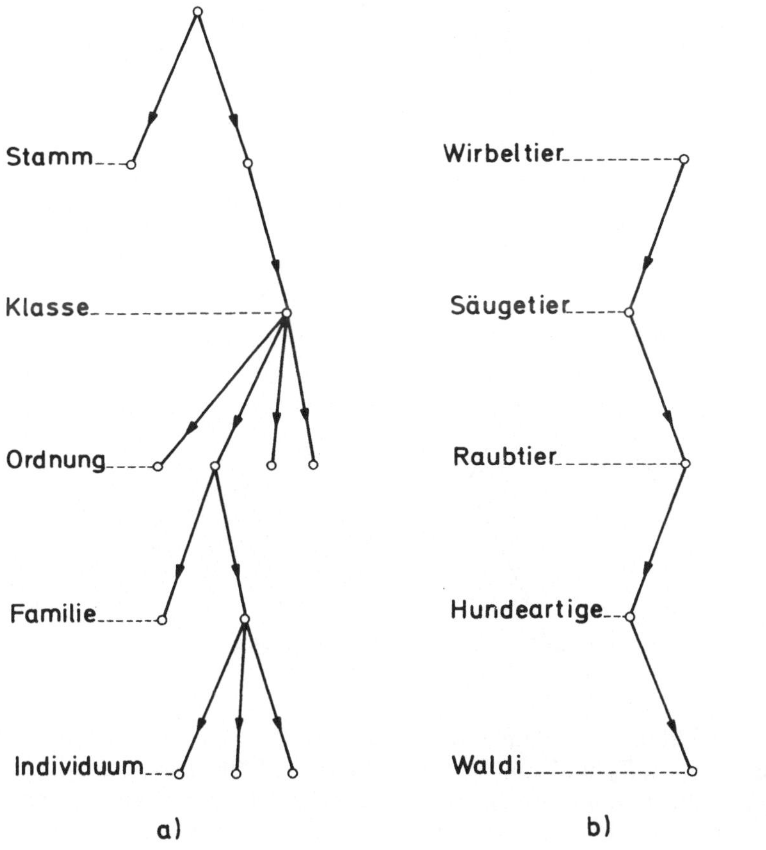

Fig. 19

Darüber hinaus verwendet man gerichtete Bäume auch zur übersichtlichen Darstellung komplexer Zusammenhänge von nicht hierarchischer Struktur. Wir betrachten dazu zwei Beispiele.

Beispiel 2.4.2. Ein häufiges rechentechnisches Problem ist die Darstellung und Verarbeitung arithmetischer oder logischer Ausdrücke. Wir betrachten z. B. den Ausdruck $(a + b) \cdot c^2 \cdot (a + d)$. In sogenannter polnischer Notation lautet er $\cdot + ab \cdot c \cdot c + ad$. Beide Zeichenfolgen bedeuten dasselbe. Die zweite Reihe ist jedoch für die Darstellung des Ausdrucks in einem Rechenautomaten wesentlich geeigneter, da sie implizit bereits einen Verarbeitungsablauf angibt. Die Anschaulichkeit, die beim Übergang zur polnischen Notation verloren geht, gewinnt man wieder, indem man dem Ausdruck einen gerichteten Baum zuordnet, dessen Endknoten mit den Variablen a, b, c, d und dessen übrige Knoten mit den Operationssymbolen $\cdot$ und $+$ markiert sind. Die Größen a, b, c, d stellen die Operanden für die Operationen im übergeordneten Niveau dar, die Ergebnisse dieser Operationen die Operanden im nächsten Niveau usw. (siehe Fig. 20).

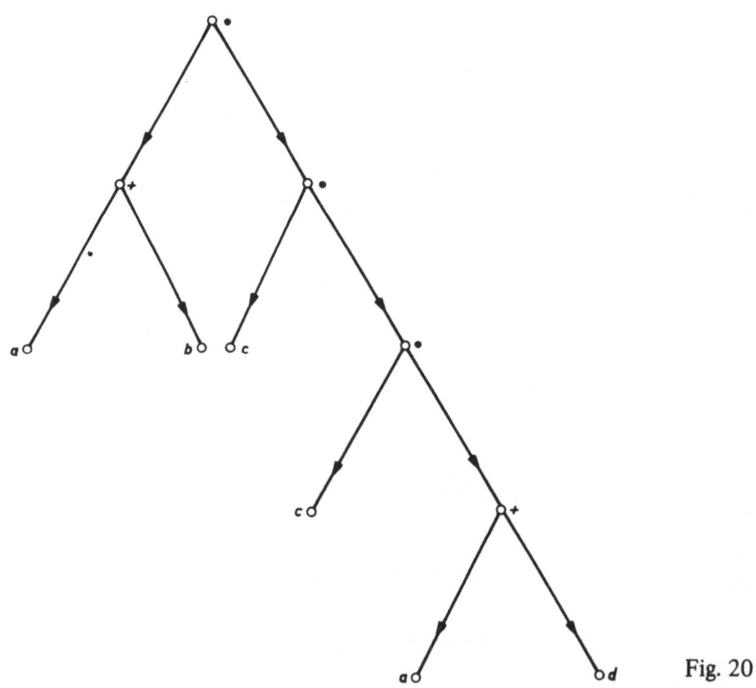

Fig. 20

Beispiel 2.4.3. Wir betrachten ein System von Bedingungen $B_1, \ldots, B_p$, ein System von Entscheidungen $E_1, \ldots, E_q$ und eine Vorschrift f, die in Abhängigkeit davon, welche Bedingungen erfüllt sind und welche nicht, die Wahl einer Entscheidung verlangt. Bedeutet B_i, daß die i-te Bedingung erfüllt ist, und $\bar{B}_i$, daß dies nicht zutrifft,

so wird der Sachverhalt durch eine Abbildung $f : \prod\limits_{i=1}^{p} \{B_i, \bar{B}_i\} \to E := \{E_1, \ldots, E_q\}$

beschrieben. Dieser Sachverhalt läßt sich auch durch den gerichteten Baum in Fig. 21 übersichtlich darstellen. Die Endknoten dieses Baumes geben die Bildwerte von f an, die Argumentswerte sind an Hand der Kanten abzulesen, die auf der (einzigen) Bahn vom Knoten x zum betreffenden Endknoten aufscheinen.

Die Bestimmung eines gerichteten Teilbaumes in einem zusammenhängenden Graphen G ist eine Aufgabe vom Typ 3. Diese Aufgabe kann durch eine Reihe von Aufgaben vom Typ 1 ersetzt werden. Ein gerichteter Teilbaum mit der Wurzel x existiert genau dann, wenn G zu sämtlichen übrigen Knoten y eine Bahn von x nach y enthält. Wir nehmen diesen Fall als gegeben an und setzen ferner eine positive Kantenbewertung voraus. Für $y \in X - \{x\}$ sei G_{W_y} eine kürzeste Bahn von x

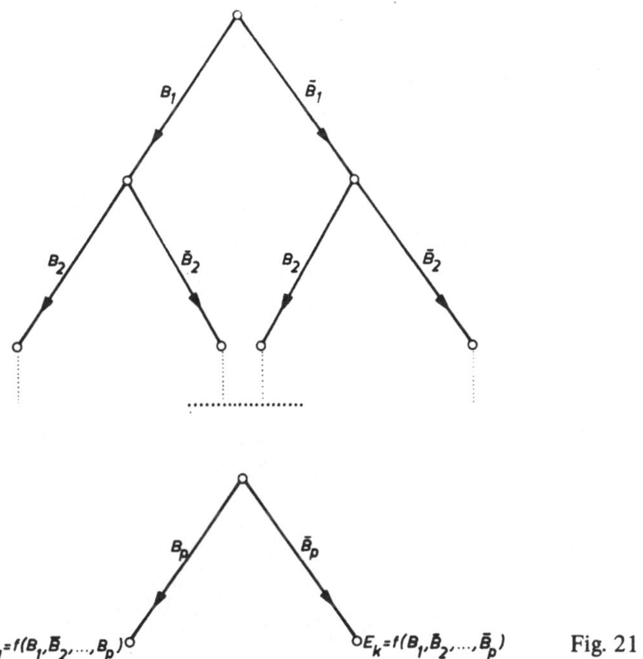

Fig. 21

nach y im Sinne von Abschnitt 2.2. Dann läßt sich aus $\bigcup_{y \in X - \{x\}} G_{W_y}$ ein gerichteter Teilbaum von G mit der Wurzel x dadurch gewinnen, daß man für alle Knoten y von allen Kanten mit gemeinsamen Endknoten y willkürlich eine auswählt und alle anderen entfernt.

2.5 Kobäume und Schnitte

Es sei G ein Graph und $G' := (X', K')$ ein Untergraph von G. Der von $K - K'$ erzeugte Untergraph $G_{K-K'} = (X_{K-K'}, K - K')$ heißt der *zu G' gehörige Kograph.*

Ist $G' < G$ ein Gerüst, so heißt der zu G' gehörige Kograph auch *Kobaum.* Die Kanten eines Kobaumes heißen *Sehnen.*

Satz 2.5.1. *Ist* $G' < G$ *ein Gerüst von* G *und* k *eine Kante seines Kobaumes, so enthält der Graph* $G' \cup G_{\{k\}}$ *genau einen Kreis.*

Beweis. k ist entweder eine Schlinge oder es gilt $p(k) = \{a, b\}$ mit $a \neq b$. Da G' einen Weg G_W zwischen a und b enthält, enthält $G' \cup G_{\{k\}}$ den Kreis $G_{W \cup \{k\}}$. Jeder weitere Kreis G_V von $G' \cup G_{\{k\}}$ müßte k enthalten. $G_{V-\{k\}}$ würde dann einen weiteren Weg zwischen a und b liefern. Also enthält $G' \cup G_{\{k\}}$ genau einen Kreis.

Adjungiert man zu einem gegebenen Gerüst G' eines zusammenhängenden Graphen der Reihe nach alle Sehnen des dazugehörenden Kobaums, so erhält man ein System von $\mu = |K| - |X| + 1$ verschiedenen Kreisen von G. Dieses durch G' eindeutig bestimmte System von Kreisen heißt ein *Fundamentalsystem von Kreisen in* G. Die Anzahl μ der Kreise eines Fundamentalsystems ist vom gewählten Gerüst unabhängig.

Ist G nicht zusammenhängend, so kann man jede Komponente davon getrennt behandeln. Ein Gerüst G_i' der Komponente G_{X_i} bestimmt dort ein Fundamentalsystem von $|K_{X_i}| - |X_i| + 1$ Kreisen. Die Vereinigung $\overset{p}{\underset{i=1}{\cup}} G_i'$ aller Gerüste der einzelnen Komponenten ergibt einen Wald als Teilgraphen von G. Die Sehnen des dazugehörigen Kowaldes bestimmen eindeutig ein System von $\mu = \overset{p}{\underset{i=1}{\Sigma}} (|K_{X_i}| - |X_i| + 1) = |K| - |X| + p$ Kreisen in G, das wieder als Fundamentalsystem in G bezeichnet wird. Die Zahl μ ist unabhängig von der Wahl der einzelnen Gerüste in den verschiedenen Komponenten. Sie heißt *zyklomatische Zahl* des Graphen G.

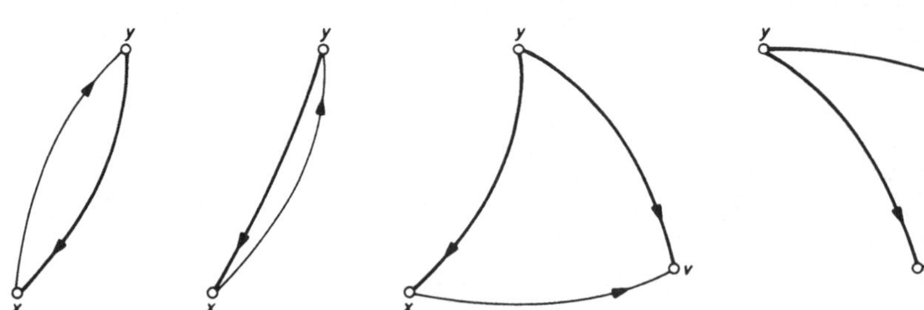

Fig. 22

Fig. 22 zeigt das zum ersten Gerüst des Graphen in Fig. 18 gehörige Fundamentalsystem von Kreisen. Die Sehnen sind dünn eingezeichnet.

Die Bestimmung der zyklomatischen Zahl eines Graphen G ist ein Problem vom Typ 4. Man vergleiche dazu die Bemerkungen zur Bestimmung des Ranges r von G in Abschnitt 2.3. Die Bestimmung eines Fundamentalsystems von Kreisen in G läuft auf die Bestimmung eines Gerüstes in den einzelnen Komponenten von G hinaus. Der Begriff Fundamentalsystem läßt sich algebraisch deuten. Wir kommen darauf im nächsten Kapitel zurück.

Für einen Graphen $G := (X, K)$ gelte $P := \{G_W \mid W \neq \phi$ und Rang $(X, K-W) <$ $<$ Rang $G\} \subset U_G$. Die Elemente der Menge P werden somit von jenen Kantenmengen erzeugt, deren Entfernung aus G eine Vermehrung der Komponenten bewirkt.

Die erzeugenden Kantenmengen heißen daher auch *trennende Kantenmengen*. Ein minimales Element von P bezüglich $\subset$ heißt *Minimalschnitt* von G. Ein Minimalschnitt ist notwendig in einer einzigen Komponente von G enthalten. Nach Entfernung seiner Kanten reduziert sich daher der Rang von G um 1.

Die Bestimmung eines Minimalschnitts von G ist ein Problem vom Typ 1. Man erhält die Minimalschnitte als Lösung des Optimierungsproblems $[f_K, P, \mathrm{Min}]$.

Jede Vereinigung von kantendisjunkten Minimalschnitten heißt ein *Schnitt von* G. Ein Minimalschnitt ist natürlich ebenfalls ein Schnitt. Auf Grund des im folgenden beschriebenen Zusammenhangs zwischen den Begriffen Schnitt, Kreis, Baum und Kobaum wird ein Schnitt häufig auch als *Kokreis* bezeichnet. Ein Kokreis ist jedoch im allgemeinen kein Kograph im Sinne der Definition vom Beginn dieses Abschnitts.

Satz 2.5.2. *Es sei* (X_1, X_2) *eine Partition der Knotenmenge* X *eines Graphen* G *mit* $W = K - K_{X_1} - K_{X_2} \neq \phi$. *Dann ist* G_W *ein Schnitt.*

Beweis. $G_{X_{1i}}$ sei eine Komponente von G_{X_1}. Wir setzen $V_i := (X_{1i} \times X_2) \cap K \cup$ $\cup (X_2 \times X_{1i}) \cap K$. G_{V_i} gehört für $V_i \neq \phi$ offenbar zu P und enthält demnach einen Minimalschnitt $G_{V_i'}$, der X_{1i} mit den Knotenmengen $X_{2i_1}, X_{2i_2}, \ldots, X_{2i_p}$ gewisser Komponenten von G_{X_2} verbindet. Ist $V_i - V_i' \neq \phi$, so gehört $G_{V_i - V_i'}$ zu P und enthält einen weiteren Minimalschnitt $G_{V_i''}$. Wiederholung dieses Schlusses liefert eine Darstellung von G_{V_i} als Vereinigung endlich vieler kantendisjunkter Minimalschnitte. Damit ist auch G_W eine derartige Vereinigung.

Satz 2.5.3. *Ist* G_W *ein Schnitt von* G, *so existiert eine Partition* (X_1, X_2) *von* X *mit* $W = K - K_{X_1} - K_{X_2}$.

Beweis. Es gelte $G_W = \bigcup\limits_{j=1}^{s} G_{V_j}$, wobei die G_{V_j} Minimalschnitte sind. Damit existiert zu jedem j eine Komponente $G_{X_{i(j)}}$ mit $G_{V_j} \subset G_{X_{i(j)}}$. Nach Wegnahme der Kantenmenge V_j zerfällt $G_{X_{i(j)}}$ in zwei Komponenten $G_{X_{1i(j)}}$ und $G_{X_{2i(j)}}$. Wir setzen

$$X_1 = \bigcup\limits_{j=1}^{s} X_{1i(j)} \cup \bigcup\limits_{j=s+1}^{p} X_{i(j)}; \quad X_2 = \bigcup\limits_{j=1}^{s} X_{2i(j)}.$$

Dann gilt $W = K - K_{X_1} - K_{X_2}$.

Die Schnitte eines Graphen G entsprechen somit eineindeutig den Partitionen (X_1, X_2) von X mit $K - K_{X_1} - K_{X_2} \neq \phi$. Wir werden daher in der Folge die beiden Begriffe öfters in derselben Bedeutung verwenden und einfach vom Schnitt (X_1, X_2) sprechen. Ist G selbst ein Schnitt, so heißt G *paarer* oder *zweifach teilbarer* Graph. In einem paaren Graphen existiert eine Zerlegung der Knotenmenge X in zwei nicht leere Teilmengen X_1 und X_2 derart, daß $K \subset X_1 \times X_2 \cup X_2 \times X_1$. Ein Beispiel für einen paaren Graph bietet Fig. 3.

Auch einem Schnitt kann man eine Orientierung zuordnen, indem man (X_1, X_2) als geordnete Partition auffaßt, bei der es auf die Reihenfolge der Angabe der beiden Partitionsmengen ankommt. (X_2, X_1) ist dann der entgegengesetzt orientierte Schnitt. Von einer Kante k eines orientierten Schnitts (X_1, X_2) sagt man, sie habe dieselbe Orientierung wie dieser, wenn $p_1(k) \in X_1$ und $p_2(k) \in X_2$. Gilt umgekehrt $p_1(k) \in X_2$ und $p_2(k) \in X_1$, so heißt k entgegengesetzt orientiert. Eine Schlinge kann zu keinem Minimalschnitt und daher auch zu keinem Schnitt gehören.

Satz 2.5.4. *Es sei* **G′** *ein Gerüst von* **G**, **G″** *der dazugehörige Kobaum und* k *eine Kante von* **G′**. *Dann enthält der Untergraph* **G″** ∪ **G** $_{\{k\}}$ *genau einen Minimalschnitt von* **G**.

Beweis. Da **G′** ein Baum ist, zerfällt **G′** nach Wegnahme von k in zwei Komponenten $\mathbf{G}_{X_1}$ und $\mathbf{G}_{X_2}$. Die Menge $W = K - K_{X_1} - K_{X_2}$ enthält k und ist also nicht leer. Die Partition (X_1, X_2) der Knoten von **G** definiert somit einen Schnitt $\mathbf{G}_W$ der mit **G′** nur die Kante k gemeinsam hat. Ein weiterer Schnitt kann auf Grund der beiden vorangehenden Sätze in **G″** ∪ **G** $_{\{k\}}$ nicht existieren, da k die Partition (X_1, X_2) eindeutig festlegt. Im übrigen ist $\mathbf{G}_W$ ein Minimalschnitt.

Nimmt man der Reihe nach die Kanten eines gegebenen Gerüst **G′** eines zusammenhängenden Graphen **G** und bestimmt die dadurch festgelegten Minimalschnitte, so erhält man ein System von $r = |X| - 1$ verschiedenen Schnitten. Dieses durch **G′** eindeutig bestimmte System heißt *Fundamentalsystem von Schnitten in* **G**. Die Anzahl r der Schnitte eines Fundamentalsystems ist vom gewählten Gerüst unabhängig und gleich dem Rang von **G**.

Ist **G** nicht zusammenhängend, so kann man jede Komponente davon getrennt behandeln. Ein Gerüst $\mathbf{G}'_i$ bestimmt in einer Komponente $\mathbf{G}_{X_i}$ ein Fundamentalsystem von $|X_i| - 1$ Schnitten. Die Vereinigung $\bigcup\limits_{i=1}^{p} \mathbf{G}'_i$ aller Gerüste für die einzelnen Komponenten ergibt einen Wald als Teilgraph von **G**. Die Kanten dieses Waldes bestimmen eindeutig ein System von $r = \sum\limits_{i=1}^{p} (|X_i| - 1) = |X| - p$ Schnitten in **G**, das wieder als Fundamentalsystem in **G** bezeichnet wird. Die Zahl r ist unabhängig von der Wahl der einzelnen Gerüste in den verschiedenen Komponenten von **G** und gleich dem Rang von **G**.

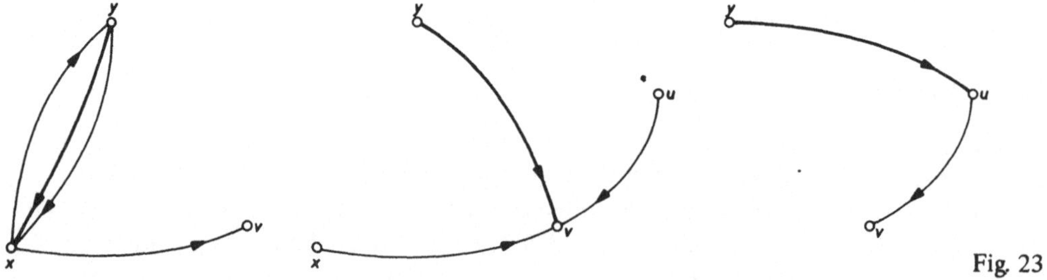

Fig. 23

Fig. 23 zeigt das zum ersten Gerüst des Graphen in Fig. 18 gehörende Fundamentalsystem von Schnitten. Die Kanten des Gerüsts sind stark ausgezogen.

Ein Minimalschnitt, der nur eine einzige Kante enthält, heißt *Brücke*. Eine Brücke stellt das Analogon zu einer Artikulation dar. In einem Kommunikationsnetz, in dem eine Brücke zerstört wird, geraten gewisse Teile vollständig außer Verbindung. Die Analogie ist jedoch nicht vollkommen. Eine Artikulation kann mehrere Komponenten eines Graphen „zusammenhalten", eine Brücke verbindet stets nur zwei Komponenten, Im übrigen stellt jede Brücke auch einen Block in **G** dar.

2.6 Der Mengersche Graphensatz

Die beiden letzten Abschnitte befaßten sich in der Hauptsache mit dem Begriff des Zusammenhangs eines Graphen und den Problemen, die sich aus dem Erhalt oder der Beseitigung dieser Eigenschaft ergeben. Wir schließen diesen Fragenkreis mit der Formulierung des Mengerschen Graphensatzes ab, der als einer der anwendungsreichsten Sätze der Graphentheorie gelten darf.

Der Mengersche Graphensatz vergleicht die Mächtigkeiten der minimalen Elemente einer Eigenschaft $E_1 \subset A$ in einer Menge A mit den Mächtigkeiten der maximalen Elemente einer Eigenschaft $E_2 \subset B$ in einer Menge B, wobei zwischen den Größen A und B natürlich eine gewisse Beziehung besteht. Der Satz ist auf Grund seiner Struktur typisch für eine Reihe von ähnlichen Sätzen: dem Satz von König über die maximalen 1-regulären Teilgraphen eines Graphen G[9], dem Satz von Dilworth [4], dem Satz von Ford-Fulkerson (Abschnitt 2.7), dem Satz von König-Egervary (Abschnitt 1.5 von Teil 2).

Wir erinnern nochmals an die Begriffe Artikulation, Brücke und trennende Kantenmenge. Dazu gehört auch der Begriff einer trennenden Knotenmenge. Eine Teilmenge $Y \subset X$ der Knotenmenge X eines Graphen G heißt *trennende Knotenmenge* oder *Artikulationsmenge*, wenn der von $X - Y$ erzeugte Untergraph G_{X-Y} mehr Komponenten hat als G. Eine Artikulation bildet eine einelementige Artikulationsmenge und stellt daher einen Spezialfall dar. Sind a und b zwei verschiedene Knoten von G, so heißt eine Teilmenge Y von X schließlich *a und b trennende Knotenmenge*, wenn G_{X-Y} keinen Weg zwischen a und b enthält.

Bezeichnet bei gegebenem a und b das Symbol $T_{a,b}$ die Menge aller a und b trennenden Knotenmengen, so heißt

$$t(a, b) = \underset{Y \in T_{a,b}}{\text{Min}} \ |Y|$$

die *Trennungszahl* von a und b. Dieser Zahl stellen wir die sogenannte Verbindungszahl $w(a, b)$ von a und b gegenüber. Sie bedeutet die maximale Anzahl von kreuzungsfreien Wegen zwischen a und b in G, das heißt also, die maximale Anzahl von Wegen zwischen a und b, die nur die beiden Endpunkte gemeinsam haben. Nun gilt:

Satz 2.6.1 *(Mengerscher Graphensatz). Sind a und b zwei verschiedene nicht benachbarte Knoten eines Graphen* G, *so ist die Trennungszahl t(a, b) gleich der Verbindungszahl w(a, b).*

Die a und b trennenden Knotenmengen bilden eine Eigenschaft E_1 auf $P(X)$. Die Trennungszahl ist die kleinste unter den Mächtigkeiten der minimalen Elemente in E_1. Die Mengen kreuzungsfreier Wege zwischen a und b bilden eine Eigenschaft E_2 auf $P(U_G)$. Die Verbindungszahl ist die größte unter den Mächtigkeiten der maximalen Elemente von E_2.

Satz 2.6.1 erlaubt eine anschauliche Deutung. Es sei G der Graph aus Beispiel 1.1.2, der das Straßensystem einer Stadt darstellt. Zur Erfassung des Verkehrsaufkommens zwischen nicht direkt verbundenen Plätzen a und b der Stadt sollen längs der verbindenden Straßenzüge Kontrollen errichtet werden. Der Mengersche Satz besagt, daß die Mindestanzahl solcher Kontrollen gleich der maximalen Anzahl kreuzungsfreier Wege ist, die a und b verbinden.

44

Der Beweis von Satz 2.6.1 ist etwas aufwendig. Wir verweisen daher auf die Arbeit [10] und geben nur eine rohe Beweisskizze an. Zunächst gilt stets $t(a, b) \geqslant w(a, b)$. Denn jede a und b trennende Knotenmenge muß von jedem Weg eines kreuzungsfreien Wegesystems mindestens einen Knoten enthalten. Außerdem läßt sich zeigen: Ein System von n kreuzungsfreien Wegen zwischen a und b bestimmt entweder eine a und b trennende Knotenmenge mit n Elementen oder man kann ausgehend von diesem System ein System von $n + 1$ kreuzungsfreien Wegen zwischen a und b konstruieren. Mit dem Nachweis dieser Tatsache ist dann der Beweis für Satz 2.6.1 erbracht.

Es sei n eine ganze Zahl $\geqslant 0$. Ein Digraph mit mindestens zwei Knoten heißt *n-fach zusammenhängend*, wenn $w(a, b) \geqslant n$ gilt für je zwei verschiedene Knoten a und b von G. Der Digraph $(\{x\}, \phi)$ heißt *einfach zusammenhängend*. Das Maximum aller Zahlen n, für die G n-fach zusammenhängend ist, heißt *Zusammenhangszahl von* G.

Ein mindestens einfach zusammenhängender Graph ist offenbar auch zusammenhängend im Sinne der Definition von Abschnitt 2.3.

2.7 Flüsse in Digraphen

Es sei G : = (X, K) ein Digraph. Z bedeute die Menge der ganzen Zahlen. Eine Kantenbewertung $f : K \to Z$ heißt *Fluß in* G.

Flußprobleme spielen in zahlreichen Anwendungen eine bedeutende Rolle. Entsprechend groß ist auch die Aufmerksamkeit, die man dem Problem der Bestimmung von Flüssen mit bestimmten Eigenschaften in gegebenen Digraphen in der Literatur schenkte.

Der Begriff des Flusses irgendeiner meßbaren Größe hat seit langer Zeit in den verschiedenen Wissenschaften zur Beschreibung von Modellen komplexer Zusammenhänge Bedeutung erlangt. Dabei handelt es sich z. B. um den Fluß einer physikalischen Größe — von Energie oder von elektrisch geladenen Teilchen — oder um den Fluß von Gütermengen — von Lebensmitteln, Rohstoffen oder von Öl und anderen Brennstoffen — längs vorgegebener Transportwege oder um den Fluß irgendeiner hypothetischen Substanz, die als Hilfsgröße zur Formulierung eines kombinatorischen Problems dient.

Deuten wir einen Digraphen als Leitungs- oder Transportwegsystem, so erlangt der Wert eines Flusses f in G auf der Kante k die Bedeutung eines numerischen Maßes für die pro Zeiteinheit längs k transportierte Substanzmenge.

Jeder Fluß $f : K \to Z$ gibt Anlaß zu einer Partition der Menge X in drei Teilmengen Q, S und T, je nach der Größe des Ausdrucks

$$W(f, x) = \sum_{y \in N(x)} f(x, y) - \sum_{y \in V(x)} f(y, x); \ x \in X.$$

$W(f, x)$ heißt *Ergiebigkeit des Knoten* x (beim Fluß f). Wir erinnern daran, daß in einem Digraph eine Kante $k \in K$ durch ihren Anfangsknoten und ihren Endknoten bestimmt ist. Wir beschreiben daher in diesem Abschnitt eine Kante öfters als geordnetes Paar (x, y) von Knoten. Ferner schreiben wir der Kürze halber $f(x, y)$ anstelle von $f((x, y))$. Nun setzen wir

$$Q : = \{x \mid x \in X, W(f, x) > 0\},$$
$$S : = \{x \mid x \in X, W(f, x) < 0\},$$
$$T : = \{x \mid x \in X, W(f, x) = 0\},$$

und nennen die Elemente von Q *Quellen*, die Elemente von S *Senken* und die Elemente von T *Zwischenknoten*. Quellen sind Knoten, für die die Summe der Flußwerte auf den auslaufenden Kanten größer ist als die Summe der Flußwerte auf den einlaufenden Kanten. Entsprechendes gilt sinngemäß für Senken und Zwischenknoten. Gilt $f(x, y) = 1$ für sämtliche Kanten aus K, so fallen die Quellen und Senken bezüglich f mit den Quellen und Senken aus Abschnitt 1.3 zusammen. Wenn Q und S leere Mengen sind, so heißt f eine *Zirkulation in* **G**. Meist benötigt man nur den Fall, daß Q nur einen Knoten q und S nur einen Knoten s enthält. In diesem Fall spricht man von einem *Fluß von q nach s mit dem Wert w* $: = W(f, q)$. Eine Zirkulation gilt als Fluß von q nach s mit Wert 0. Da für jeden Fluß f in G die Beziehung $\sum_{x \in X} W(f, x) = 0$ gilt, haben wir $W(f, s) = -W(f, q) = -w$.

Fig. 24 zeigt der Reihe nach eine Quelle, eine Senke, einen Zwischenknoten und einen einfachen Digraphen mit einem Fluß von q nach s vom Wert 3, der nach Hinzufügen einer weiteren Kante (s, q) mit der Bewertung 3 in eine Zirkulation übergeht.

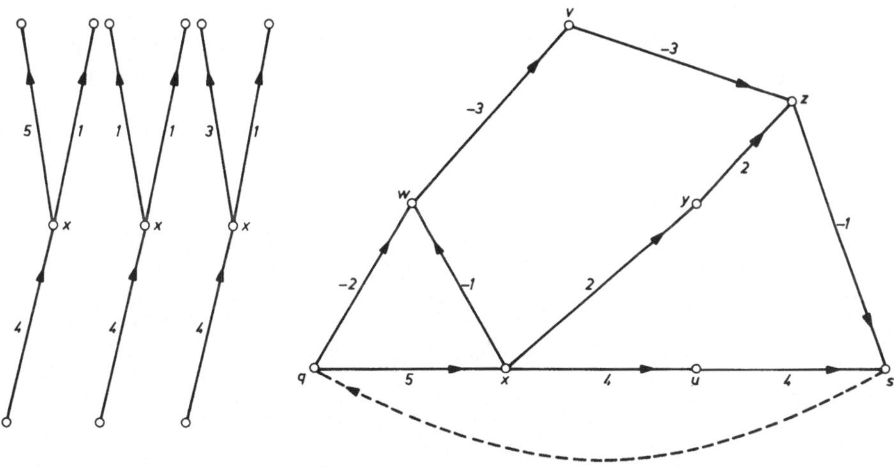

Fig. 24

Ist f ein Fluß von q nach s in G und a eine nicht negative Zahl, so ist auch af ein derartiger Fluß. Ist a eine negative Zahl, so ist af ein Fluß von s nach q in G. Sind f_1 und f_2 zwei Flüsse von q nach s, so ist auch $f_1 + f_2$ ein derartiger Fluß. Zwei Flüsse f_1 und f_2 von q nach s heißen *konform*, wenn für alle Kanten $k \in K$ gilt $f_1(k)f_2(k) \geqslant 0$.

In den meisten Problemen der Praxis wird ein Fluß gesucht, der unteren und oberen Schranken $a : K \to N_0$ und $b : K \to \bar{N}_0$ genügen soll. $\bar{N}_0$ bedeute die Menge der nicht negativen ganzen Zahlen einschließlich ∞. Falls keine andere Vereinbarung getroffen wird, verstehen wir unter einem Fluß f in Hinkunft stets einen Fluß von

q nach s. Ein Fluß f heißt *zulässig*, wenn seine Werte auf den einzelnen Kanten zwischen den entsprechenden Werten von a und b liegen. Wir beschreiben diesen Sachverhalt durch $a \leqslant f \leqslant b$. (Für zwei Funktionen g und h gelte $g \leqslant h$ genau dann, wenn $g(x) \leqslant h(x)$ für jedes Argument x gilt.) Das Problem besteht dann meist darin, einen zulässigen Fluß f mit maximalem Wert w zu finden. Dieses Problem gehört zunächst zu keiner der in Abschnitt 1.5 aufgezählten Problemtypen. Die bekannten Verfahren zu seiner Lösung bauen jedoch auf die Lösung einer Folge von Teilaufgaben auf, von denen jede eine Aufgabe vom Typ 1 ist.

Ein weiterer Problemkreis befaßt sich mit sogenannten kostenminimalen Flüssen. Dazu ist neben a und b eine weitere Kantenbewertung $c : K \to R$ gegeben, deren Wert $c(x, y)$ auf der Kante (x, y) die Bedeutung der Transportkosten für eine Flußeinheit längs dieser Kante hat. Die Gesamtkosten für f ergeben sich dann in der Summe $cf = \sum\limits_{(x,y) \in K} c(x, y)\, f(x, y)$. Gesucht wird ein zulässiger Fluß, für den die Gesamtkosten minimal sind. Dieses Problem ist zwar ein Optimierungsproblem, aber kein Problem vom Typ 1. Jedoch gewinnt man auch die Lösung dieses Problems durch die Lösung einer Folge von Teilaufgaben, die ihrerseits wieder Aufgaben vom Typ 1 sind.

Beispiel 2.7.1. Ein Konsistenzproblem.

Ein Projekt zerfalle in n Teilprojekte $p_1, p_2, \ldots, p_n$. Zur Bewältigung des Gesamtprojekts stehen m verschiedene Hilfsmittelquellen $h_1, h_2, \ldots, h_m$ zur Verfügung. Von der ersten Quelle seien s_1 Einheiten verfügbar, von der zweiten s_2 Einheiten usw. Zur Bewältigung des Teilprojekts p_1 benötigt man r_1 Einheiten, zur Bewältigung von p_2 dagegen r_2 Einheiten, usw. Wir konstruieren nun den folgenden Digraph.

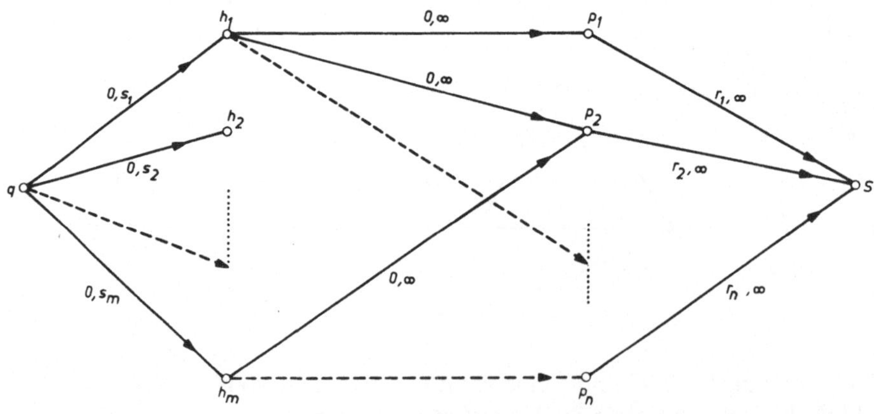

Fig. 25

Wie in Fig. 25 ordnen wir jeder Hilfsmittelquelle h_i einen gleichnamigen Knoten zu und verbinden diesen mit einer fiktiven Quelle q. Außerdem werde jedem Teilprojekt p_j ein gleichnamiger Knoten zugeordnet und dieser mit einer fiktiven Senke s verbunden. Für $1 \leqslant i \leqslant m$ und $1 \leqslant j \leqslant n$ sei (h_i, p_j) eine gerichtete Kante mit der unteren Schranke 0 und der oberen Schranke ∞, falls die Hilfsmittelquelle h_i für das Teilprojekt p_j herangezogen werden kann. Andernfalls soll diese Kante fehlen. Die unteren Schranken für die Kanten (q, h_i) bzw. (p_j, s) seien 0 bzw. r_j, die oberen Schranken seien s_i bzw. ∞.

In dem so konstruierten Digraph betrachten wir nun zulässige Flüsse irgendeiner fiktiven Substanz. Ein Fluß f_{js} auf einer Kante (p_j, s) soll bedeuten, daß f_{js} Einheiten an Hilfsmitteln für das Teilprojekt p_j zur Verfügung stehen. Für einen zulässigen Fluß gilt $f_{js} \geqslant r_j$. Die Anzahl der für p_j eingesetzten Hilfsmittel ist also ausreichend. Ein Fluß f_{ij} auf einer Kante (h_i, p_j) soll bedeuten, daß von der Quelle h_i f_{ij} Einheiten des Hilfsmittels für das Teilprojekt p_j zur Verfügung gestellt werden. Da h_i ein Zwischenknoten ist, bedeutet ein Flußwert f_{qi} in einer Kante (q, h_i), daß von der Quelle h_i insgesamt f_{qi} Einheiten vergeben werden. Für einen zulässigen Fluß gilt $f_{qi} \leqslant s_i$. Die Hilfsmittelquelle h_i wird daher nur im Rahmen der Möglichkeiten belastet. Existiert kein zulässiger Fluß, so läßt sich das Gesamtprojekt mit den verfügbaren Hilfsmitteln nicht bewältigen.

Beispiel 2.7.2. Ein Zuordnungsproblem.

Wir bleiben bei dem obigen Beispiel, deuten das Modell jedoch etwas anders. Die h_i sollen nun die verschiedenen Zweige eines Industriekonzerns bedeuten, die jährlich einen gewissen Gewinn liefern, von dem s_i Einheiten (etwa Millionen DM) zu Investititonszwecken verwendet werden sollen. Die Knoten p_j sollen wieder gewisse Projekte bedeuten, in die investiert werden kann. Zur Bewältigung des Projekts p_j $(1 \leqslant j \leqslant n)$ sind jedoch Investitionen von mindestens r_j Einheiten notwendig. Zusätzlich zu den bereits in Fig. 25 gemachten Angaben über obere und untere Schranken rechnen wir nun den Kanten (q, h_i) und (p_j, s) die Kosten 0 zu. Angenommen, eine Investition von einer Einheit in das Projekt p_j bringe dem Zweig h_i den Gewinn von c_{ij} Einheiten. Diese Zahlen seien die „Kosten" für die Kanten (h_i, p_j). Gesucht ist nun eine Investititonsverteilung für sämtliche Industriezweige h_i in die einzelnen Projekte, die einen maximalen Gesamtgewinn des Konzerns liefern.

In diesem Beispiel wird ein kostenmaximaler zulässiger Fluß gesucht. Durch Übergang von c_{ij} zu $-c_{ij}$ kommt man wieder auf ein Minimierungsproblem zurück. Das Problem wird gelöst durch einen zulässigen Fluß in dem Digraph von Fig. 25, der

für die Summe $\sum\limits_{i=1}^{m} \sum\limits_{j=1}^{n} (-c_{ij}) f_{ij}$ den kleinsten Wert ergibt.

Beispiel 2.7.3. Ein Transportproblem.

Wir betrachten nochmals den Digraph aus Fig. 25. Diesmall sollen die p_j stellvertretend für die n Produktionsstätten einer Rohstoffverarbeitungsindustrie stehen, während die h_i die Lagerplätze der Rohstofflieferanten bedeuten sollen. Der Lagerplatz h_i $(1 \leqslant i \leqslant m)$ soll insgesamt s_i Einheiten des Rohstoffs liefern können. An der Produktionsstätte p_j $(1 \leqslant j \leqslant n)$ werden r_j Einheiten benötigt. Ein zulässiger Fluß in dem Digraph von Fig. 25 bestimmt durch seine Werte auf den Kanten (h_i, p_j), wieviel Rohstoffeinheiten vom Lager h_i zur Produktionsstätte p_j geliefert werden sollen, damit man allen Anforderungen gerecht wird. Wenn c_{ij} die Transportkosten pro Einheit von h_i nach p_j sind, so ordnen wir diese Kosten der Kante (h_i, p_j) zu. Den Kanten (q, h_i) und (p_j, s) entsprechen die Kosten $c_{qi} = c_{js} = 0$. Unter allen zulässigen Flüssen wird jener gesucht, für den die Gesamttransportkosten $\sum\limits_{i=1}^{m} \sum\limits_{j=1}^{n} c_{ij} f_{ij}$ minimal sind.

48

Beispiel 2.7.4. Ein allgemeineres Transportproblem.

Die bisherigen Beispiele waren stets mit Digraphen verbunden, bei denen, abgesehen von q und s, die Knoten ihrer Bedeutung nach in zwei Gruppen zerfielen. Es gibt jedoch auch Beispiele mit allgemeinen Digraphen. Nehmen wir wieder an, daß von gewissen Lieferplätzen h_i $(1 \leqslant i \leqslant m)$ aus gewisse Produktionsstätten p_j $(1 \leqslant j \leqslant n)$ mit Rohstoffen versorgt werden. Der Bedarf an der Produktionsstätte p_j soll wieder durch r_j Einheiten gegeben sein, während der Lieferplatz h_i insgesamt s_i Einheiten zur Verfügung stellen kann. Nun soll im allgemeinen keine direkte Verbindung zwischen den Lieferplätzen und den Produktionsstätten vorhanden sein. Das Material muß entweder teils mit der Eisenbahn, teils mit Lastwägen oder teils mit dem Schiff transportiert werden. Die Transportkosten für die einzelnen Beförderungsarten sind im allgemeinen verschieden. Zudem seien mehrere Kombinationsmöglichkeiten vorhanden (Transport längs verschiedener Wege). Außerdem kann der Transportweg über mehrere verschiedene Länder hinwegführen, in denen z. B. die Eisenbahntransportkosten verschieden sind. An den Grenzstationen kann Lagerungsgebühr für Lagerung bis zur Zollabfertigung erhoben werden usw. Diesem Problem entspricht ein Digraph, in dem von den Knoten h_i aus die Knoten p_j nicht direkt erreichbar sind (Fig. 26).

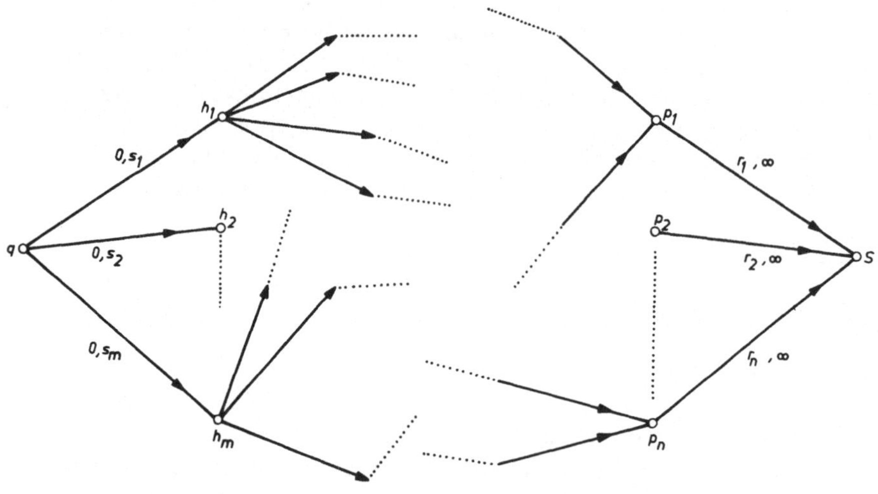

Fig. 26

Wir verbinden wie früher die Knoten h_i mit einer fiktiven Quelle q und die Knoten p_j mit einer fiktiven Senke s. Längs dieser Kanten seien die Kosten 0. Die übrigen Kanten belegen wir mit den Kosten, die sich längs der entsprechenden Transportwege ergeben. Unter allen zulässigen Flüssen in dem Digraph aus Fig. 26 ist dann jener zu ermitteln, für den die Gesamtkosten minimal sind.

Die folgenden Überlegungen werden auf die Darstellung von beliebigen Flüssen durch sogenannte Einheitsflüsse in Wegen und Kreisen aufgebaut. Es sei $\mathbf{G} : = (X, K)$ ein Digraph und $\mathbf{G}_W$ ein (irgendwie) orientierter Kreis in $\mathbf{G}$. Ein *Einheitsfluß in* $\mathbf{G}_W$ ist ein Fluß, der auf den Kanten von $K - W$ den Wert 0 hat, während er auf den

Kanten von W den Wert $+1$ oder -1 annimmt, je nachdem ob die betreffende Kante gleich orientiert ist wie $\mathbf{G}_W$ oder nicht. Ein derartiger Fluß ist insbesondere eine Zirkulation. Ferner sei $\mathbf{G}_V$ ein Weg zwischen den Knoten q und s in $\mathbf{G}$, der von q nach s orientiert sei. Ein *Einheitsfluß in* $\mathbf{G}_V$ ist ein Fluß von q nach s, der auf den Kanten von $K-V$ den Wert 0 hat, während er auf den Kanten von V die Werte $+1$ oder -1 annimmt, je nachdem ob die betreffende Kante gleich orientiert ist wie $\mathbf{G}_V$ oder nicht. Ein derartiger Fluß hat den Wert $w = 1$. Fig. 27 zeigt einige Einheitsflüsse in Wegen und Kreisen.

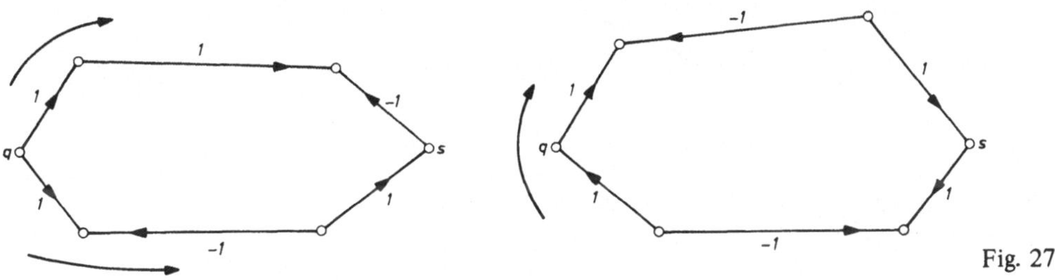

Fig. 27

Für einen beliebigen Fluß in einem Digraph $\mathbf{G}$ gilt der folgende Zerlegungssatz:

Satz 2.7.1. *Ein Fluß* $f : K \to Z$ *von* q *nach* s *vom Wert* w *besitzt mindestens eine Darstellung*

$$f = \sum_{i=1}^{w} f_i + \sum_j g_j.$$

Dabei bedeutet f_i *einen Einheitsfluß in einem Weg von* q *nach* s, g_j *einen Einheitsfluß in einem Kreis von* $\mathbf{G}$. *Die Einheitsflüsse* f_i *und* g_j *sind paarweise konform.*

Beweis. Wir dürfen annehmen, daß der Digraph antisymmetrisch ist, daß also aus $(x, y) \in K$ folgt $(y, x) \notin K$. Ist dies nicht der Fall, so führen wir einen Hilfsknoten z ein und unterteilen die Kante (y, x) in zwei Kanten (y, z) und (z, x). Ferner erweitern wir f durch $f(y, z) = f(z, x) = f(y, x)$ auf die neue Kantenmenge. Führen wir dies für alle Kantenpaare (x, y), (y, x) durch, so resultiert ein antisymmetrischer Digraph und ein neuer Fluß f', aus dem man $\mathbf{G}$ und f leicht wieder zurückgewinnen kann.

Wir konstruieren nun ausgehend von $\mathbf{G}$ und f einen neuen Graph $\mathbf{G}_f := (X_f, K_f)$ und setzen dazu:

$$K_f := \bigcup_{(x,y)\in K} K_{xy}; \quad X_f := X_{K_f};$$

$$K_{xy} := \begin{cases} \{(x, y, i) \mid i = 1, 2, \ldots, f(x, y)\} & \text{falls } f(x, y) > 0 \\ \{(y, x, i) \mid i = 1, 2, \ldots, -f(x, y)\} & \text{falls } f(x, y) < 0 \\ \phi \text{ falls } f(x, y) = 0. \end{cases}$$

Der Graph $\mathbf{G}_f$ heißt der *zu* f *gehörige Einheitsgraph*. Seine Kanten zwischen zwei Knoten x und y geben durch ihre Richtung die tatsächliche Flußrichtung in der entsprechenden Kante von $\mathbf{G}$ an, ihre Anzahl entspricht der Flußstärke. Aus $\mathbf{G}_f$

kann unter Umständen nicht mehr auf die Struktur von **G** geschlossen werden, da ja Kanten k von **G** mit $f(k) = 0$ fehlen. Fig. 28 zeigt den Einheitsgraph, der zu dem Fluß in dem Digraph von Fig. 24 gehört.

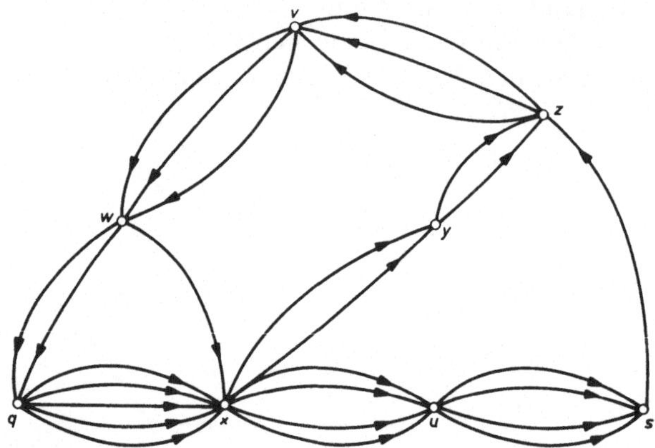

Fig. 28

Der Graph $\mathbf{G}_f$ ist in allen von q und s verschiedene Knoten pseudosymmetrisch, q ist eine Quelle, s eine Senke (im Sinne der Definition von Abschnitt 1.3). Es gilt nämlich in $\mathbf{G}_f$:

$$d^+(x) = \sum_{\substack{(x,y)\in K \\ f(x,y)>0}} f(x,y) - \sum_{\substack{(y,x)\in K \\ f(y,x)<0}} f(y,x);$$

$$d^-(x) = \sum_{\substack{(y,x)\in K \\ f(x,y)>0}} f(y,x) - \sum_{\substack{(x,y)\in K \\ f(x,y)<0}} f(x,y).$$

Da jeder von q und s verschiedene Knoten x in **G** bezüglich f ein Zwischenknoten ist, gilt für $x \notin \{q,s\}$:

$$d^+(x)-d^-(x) = \sum_{(x,y)\in K} f(x,y) - \sum_{(y,x)\in K} f(y,x) = 0.$$

Daraus folgt die Pseudosymmetrie in x. Für q und s dagegen haben wir

$$d^+(q)-d^-(q) = \sum_{(q,y)\in K} f(q,y) - \sum_{(y,q)\in K} f(y,q) = w > 0,$$

$$d^+(s)-d^-(s) = \sum_{(s,y)\in K} f(s,y) - \sum_{(y,x)\in K} f(y,s) = -w < 0.$$

Nach Satz 2.2.7 ist daher $\mathbf{G}_f$ Vereinigung von w Bahnen von q nach s und einer gewissen Anzahl von Zykeln $\mathbf{G}_{W_j}$. Es gilt somit

$$\mathbf{G}_f = \bigcup_{i=1}^{w} \mathbf{G}_{V_i} \cup \bigcup_{j} \mathbf{G}_{W_j}.$$

Jeder Bahn $\mathbf{G}_{V_i}$ in $\mathbf{G}_f$ entspricht in **G** ein orientierter Weg von q nach s. Der dazugehörige Einheitsfluß heiße f_i. Jedem Zykel $\mathbf{G}_{W_j}$ in $\mathbf{G}_f$ entspricht in **G** ein orientierter Kreis. Der entsprechende Einheitsfluß heiße g_j. Die Anzahl der Kanten $|f(x,y)|$

erhält man daher aus der letzten Gleichung durch

$$f(x, y) = \sum_{i=1}^{w} f_i(x, y) + \sum_{j} g_j(x, y).$$

Außerdem folgt aus $f(x, y) > 0$ auch $f_i(x, y) \geqslant 0$ und $g_j(x, y) \geqslant 0$. Aus $f(x, y) < 0$ folgt dagegen $f_i(x, y) \leqslant 0$ und $g_j(x, y) \leqslant 0$. Die zur Darstellung verwendeten Einheitsflüsse sind daher konform. Damit ist Satz 2.7.1 bewiesen.

Fig. 29 zeigt eine Zerlegung des Flusses in dem Digraph G von Fig. 24 in drei Einheitsflüsse in Wegen von q nach s und drei Einheitsflüssen in Kreisen von G.

Nun sei $G := (X, K)$ ein Digraph mit $\{q, s\} \subset X$ und mit den beiden Kantenbewertungen $a : K \to N_0$ und $b : K \to \bar{N}_0$. Ist $a \leqslant b$, so können a und b als untere und obere Schranken für einen Fluß in G dienen. Für die Bestimmung eines zulässigen Flusses bei gegebenen Schranken sind die beiden folgenden Sätze wichtig.

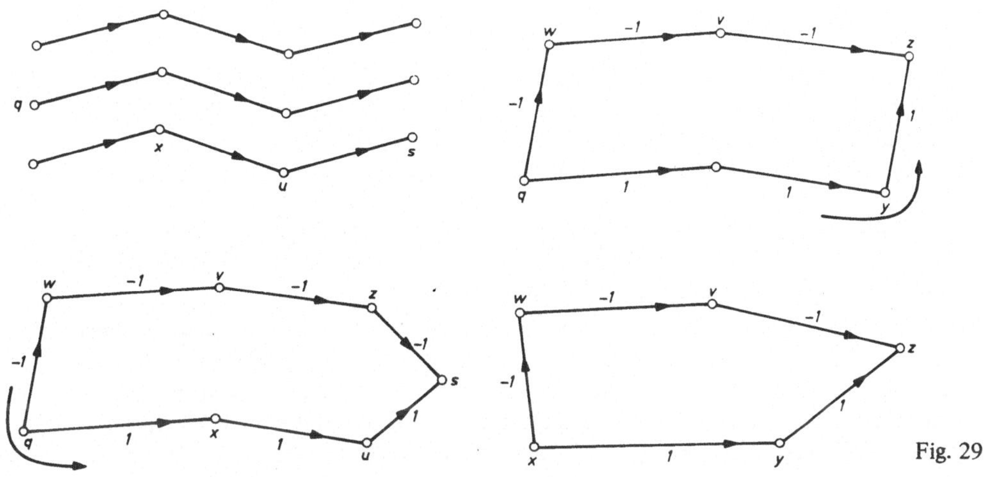

Fig. 29

Satz 2.7.2. *Es sei f ein zulässiger Fluß von q nach s mit dem Wert w. Existiert ein zulässiger Fluß $\bar{f}$ von q nach s mit einem Wert $\bar{w} > w$, so existiert ein Einheitsfluß f_1 in einem Weg von q nach s so, daß $f + f_1$ zulässig ist und den Wert $w + 1$ besitzt.*

Beweis. $\bar{f} - f$ ist ein Fluß von q nach s mit dem Wert $\bar{w} - w > 0$. Nach Satz 2.7.1 existiert eine Darstellung

$$\bar{f} = f + \sum_{i=1}^{\bar{w}-w} f_i + \sum_{j} g_j$$

mit konformen Einheitsflüssen f_i und g_j. Wir behaupten, daß $f + f_1$ zulässig ist. Gäbe es nämlich eine Kante k mit $f(k) + f_1(k) > b(k)$, dann wäre $f_1(k) > 0$ und wegen der Konformität hätten wir auch $f_i(k) \geqslant 0$, $1 \leqslant i \leqslant \bar{w} - w$ und $g_j(k) \geqslant 0$ für sämtliche in Frage kommenden j. Dann wäre aber $\bar{f}(k) = f(k) + \sum_i f_i(k) + \sum_j g_j(k) > b(k)$

im Widerspruch zur Zulässigkeit von $\bar{f}$. Genauso führt die Annahme $f(k) + f_1(k) < a(k)$ zu einem Widerspruch. $f + f_1$ ist daher zulässig. Da $W(f, q)$ eine lineare Funktion von

f ist, haben wir $W(f + f_1, q) = W(f, q) + W(f_1, q) = w + 1$, womit der Beweis zu Satz 2.7.2 vollständig ist.

Zu jedem $b : K \to \overline{N}_0$ existiert mindestens ein Fluß $f \leqslant b$. Denn die Abbildung, die jeder Kante den Wert 0 erteilt, ist ein Fluß und erfüllt die Ungleichung. Es sei nun f irgendein Fluß, für den wenigstens $f \leqslant b$ erfüllt ist. Dann ist

$$M_f := \sum_{(x,y) \in K} \max \{0, a(x, y) - f(x, y)\}$$

ein Maß für die Nichtzulässigkeit von f, und es gilt:

Satz 2.7.3. *Es gelte $f \leqslant b$, $M_f > 0$ und w sei der Wert von f. Existiert ein zulässiger Fluß $\overline{f}$ mit demselben Wert w, so existiert ein Einheitsfluß g in einem Kreis von $\mathbf{G}$ mit der Eigenschaft $W(f + g, q) = w$, $f + g \leqslant b$ und $M_{f+g} < M_f$.*

Beweis. Die Differenz $\overline{f} - f$ ist ein Fluß von q nach s mit dem Wert 0 (Zirkulation). Nach Satz 2.7.1 gilt dafür

$$\overline{f} = f + \sum_j g_j$$

für gewisse konforme Einheitsflüsse g_j in Kreisen von $\mathbf{G}$. Da $\overline{f}$ zulässig ist und f nicht, gilt für jede Kante $(x, y) \in K$ mit $a(x, y) - f(x, y) > 0$ wegen der Konformität der Einheitsflüsse $g_j(x, y) \geqslant 0$ und $g_{j_0}(x, y) > 0$ für mindestens ein j_0. Für die übrigen Kanten $(u, v) \in K$ gilt $f(u, v) + \sum_j g_j(u, v) \geqslant a(u, v)$ und wieder wegen der Konformität der g_j auch $f(u, v) + g_j(u, v) \geqslant a(u, v)$ für alle in Frage kommenden j. Es sei nun $a(\overline{x}, \overline{y}) - f(\overline{x}, \overline{y}) > 0$ und $g_{j_0}(\overline{x}, \overline{y}) > 0$. Dann gilt $f + g_{j_0} \leqslant b$, $M_{f+g_{j_0}} < M_f$ und $W(f + g_{j_0}, q) = w$. Damit ist der Satz bewiesen.

Auf Grund von Satz 2.7.2 kann man einen zulässigen Fluß mit maximalem Wert dadurch konstruieren, daß man zu einem bekannten zulässigen Fluß konstante Vielfache von Einheitsflüssen addiert. Auf Grund von Satz 2.7.3 gewinnt man einen zulässigen Fluß vom Wert w aus irgendeinem Fluß vom selben Wert, der bereits den oberen Schranken genügt, indem man konstante Vielfache von Einheitsflüssen in Kreisen addiert. Auf eine eingehendere Beschreibung kommen wir später zurück.

Es sei nun neben $a : K \to N_0$ und $b : K \to \overline{N}_0$ eine weitere Bewertung $c : K \to R$ von $\mathbf{G}$ gegeben. Die früher erwähnten Probleme mit kostenminimalen Flüssen lassen sich günstig mit Hilfe des Begriffs einer Zirkulation erklären. Man wird dadurch vom Wert w eines Flusses unabhängig. Ein Fluß f mit dem Wert w geht in eine Zirkulation über, wenn man die Kante (s, q) hinzunimmt und $f(s, q) = w$ setzt. Gehört (s, q) bereits zu K, so ist ein Hilfsknoten z notwendig. Man nimmt dann z und die beiden Kanten (s, z) und (z, q) mit $f(z, q) = w$ hinzu. Umgekehrt kann man von einer Zirkulation in dem so erweiterten Graphen eindeutig auf den gewünschten Fluß in $\mathbf{G}$ schließen. Als Werte für c auf den neuen Kanten nimmt man 0. Die Schranken a und b sind ebenfalls sinngemäß zu erweitern.

Für die Bestimmung einer Zirkulation f mit $a \leqslant f \leqslant b$, für die $cf := \sum_{(x,y) \in K} c(x, y) f(x, y)$

am kleinsten wird, spielen die beiden folgenden Sätze eine tragende Rolle.

Satz 2.7.4. *f und g seien zulässige Zirkulationen. cf sei minimal und es gelte $cf < cg$.*

Dann gilt für jede Darstellung von $f-g = \sum\limits_{j=1}^{m} g_j$ durch konforme Einheitsflüsse in Kreisen von **G**:

$$cg_j \leqslant 0; \quad 1 \leqslant j \leqslant m$$
$$cg_{j_0} < 0 \text{ für ein } j_0 \text{ mit } 1 \leqslant j_0 \leqslant m.$$

Beweis. Da die g_j konform sind, liefert jede Kombination $g_{j_1}, g_{j_2}, \ldots, g_{j_r}$ davon zusammen mit g eine zulässige Zirkulation $g + \sum\limits_{i} g_{j_i}$. Außerdem gilt $c(f-g) = \sum\limits_{j} cg_j < 0$.

Wäre nun für ein j_0 der Ausdruck $cg_{j_0} > 0$, dann wäre $cg + \sum\limits_{j \neq j_0} cg_j < cf$. Wegen der Zulässigkeit von $g + \sum\limits_{j \neq j_0} g_j$ ist dies ein Widerspruch zur Minimalität von cf. Die zweite Behauptung ist evident.

Satz 2.7.5. *c sei eine Kantenbewertung von* **G**. *f sei zulässig und es gelte*

$$c(x,y) > 0 \to f(x,y) = a(x,y),$$
$$c(x,y) < 0 \to f(x,y) = b(x,y).$$

Dann ist cf minimal.

Beweis. $\bar{f}$ sei eine beliebige zulässige Zirkulation. Dann folgt:

$$c(x,y) > 0 \to \bar{f}(x,y) \geqslant f(x,y),$$
$$c(x,y) < 0 \to \bar{f}(x,y) \leqslant f(x,y)$$

oder

$$c(x,y)\,(\bar{f}(x,y)-f(x,y)) \geqslant 0.$$

Also haben wir $c\bar{f} \geqslant cf$.

Wir kehren nun zur ursprünglichen Problemstellung zurück. Es seien **G** $:= (X, K)$ ein Digraph und $a : K \to N_0$ und $b : K \to \bar{N}_0$ zwei Kantenbewertungen. Die Bedingung $a \leqslant b$ ist notwendig für die Existenz eines zulässigen Flusses f von q nach s. Sie ist im allgemeinen noch nicht hinreichend. Wir geben hier noch eine weitere notwendige Bedingung an, die schließlich zu dem zentralen Satz aus der Flußtheorie führt, der als Satz von Ford-Fulkerson oder als *max-flow-min-cut-Theorem (Maximalfluß-Minimalschnitt-Theorem)* bekannt ist:

(V, W) sei eine Partition von X mit $q \in V$ und $s \in W$. Der dadurch bestimmte Schnitt in **G** heißt auch *q und s trennender Schnitt*. Unter $V \to W$ werde die Menge aller von V nach W gerichteten Kanten dieses Schnitts verstanden, unter $W \to V$ die Menge aller umgekehrt gerichteten Kanten.

Zur Abkürzung setzen wir

$$s_V(a, b) = \sum\limits_{V \to W} a(x,y) - \sum\limits_{W \to V} b(x,y).$$

Die in diesem Ausdruck enthaltenen Summen sind über alle Kanten aus $V \to W$ bzw. $W \to V$ zu bilden. Ist f ein zulässiger Fluß von q nach s vom Wert w, so gilt

$$s_V(a, b) \leqslant w \leqslant s_V(b, a).$$

Man verifiziert diese beiden Ungleichungen leicht ausgehend von $a(x, y) \leqslant f(x, y) \leqslant$ $\leqslant b(x, y)$, wenn man bedenkt, daß man wegen $W(f, x) = 0$ für $x \notin \{q, s\}$ für $w = W(f, q)$ schreiben kann:

$$w = W(f, q) = \sum_{x \in V} W(f, x) = \sum_{V \to W} f(x, y) - \sum_{W \to V} f(x, y).$$

Demnach sind die Werte der zulässigen Flüsse bei gegebenem a und b nach unten und oben durch die Ausdrücke $s_V(a, b)$ und $s_V(b, a)$ beschränkt.

Eine notwendige Bedingung für die Existenz eines zulässigen Flusses ist daher, daß für sämtliche q und s trennende Schnitte (V, W) gilt:

$$s_V(a, b) \leqslant s_V(b, a).$$

Diese Bedingung ist aber, wie man zeigen kann, auch hinreichend. Nun gilt:

Satz 2.7.6 (Ford-Fulkerson). *Ein zulässiger Fluß von q nach s von maximalem Wert hat den Wert*

$$w_{\max} = \underset{(V, W)}{\text{Min}}\ s_V(b, a).$$

Dabei ist das Minimum unter allen q und s trennenden Schnitten (V, W) zu suchen.

Beweis. Nach den vorangehenden Bemerkungen gilt $w_{\max} \leqslant \underset{(V, W)}{\text{Min}}\ s_V(b, a)$. Der Satz ist bewiesen, wenn man ausgehend von einem optimalen Fluß $f_{\max}$ einen q und s trennenden Schnitt (V, W) konstruieren kann, für den $w_{\max} = s_V(b, a)$ gilt. Wir konstruieren einen derartigen Schnitt. Es sei $f_{\max}$ ein zulässiger Fluß mit maximalem Wert $w_{\max}$. V' sei die Menge aller Knoten $x \in X - \{q\}$, für die ein Einheitsfluß f_{qx} von q nach x mit $a \leqslant f_{\max} + f_{qx} \leqslant b$ existiert. $f_{\max} + f_{qx}$ ist natürlich kein Fluß von q nach s mehr. Wir setzen $V := V' \cup \{q\}$ Dann ist (V, W) mit $W := X - V$ ein q und s trennender Schnitt in G. Denn da $w_{\max}$ maximal ist, muß s zu W gehören. Nun sei (x, y) eine Kante mit $x \in V$ und $y \in W$. Dann gilt $f_{\max}(x, y) = b(x, y)$. Andernfalls könnte man f_{qx} zu einem Einheitsfluß f_{qy} ergänzen und $f_{\max} + f_{qy}$ wäre zulässig. Ferner sei (x, y) eine Kante mit $x \in W$ und $y \in V$. Dann gilt $f_{\max}(x, y) = a(x, y)$. Andernfalls könnte man f_{qy} zu einem Einheitsfluß f_{qx} ergänzen und $f_{\max} + f_{qx}$ bliebe zulässig. Nun gilt:

$$w_{\max} = \sum_{V \to W} f_{\max}(x, y) - \sum_{W \to V} f_{\max}(x, y) = \sum_{V \to W} b(x, y) - \sum_{W \to V} a(x, y).$$

Damit ist der Beweis für den Satz erbracht.

Die Verbindung mit kombinatorischen Problemen und anderen Problemkreisen stellt der *Satz von* Gale dar, dessen Formulierung wir nun vorbereiten.

G sei ein Digraph, dessen Knotenmenge $X := X_1 \cup X_2 \cup \{q, s\}$ so in drei disjunkte Mengen X_1, X_2 und $\{q, s\}$ zerfällt, daß Kanten nur von q nach allen Knoten von X_1, von X_1 nach X_2 und von allen Knoten von X_2 nach s verlaufen. Fig. 25 bietet ein Beispiel für einen derartigen Sachverhalt. $b : K \to N_0$ liefere die oberen Schranken für einen zulässigen Fluß von q nach s, die unteren Schranken seien alle Null. Einen derartigen Graphen wollen wir als (X_1, X_2, b)-Netz bezeichnen. Gesucht wird in diesem Zusammenhang ein notwendiges und hinreichendes Kriterium für die Existenz eines Flusses f in einem solchen Netz, der die in s endenden Kanten „sättigt", d. h. für den $f(x,s) = b(x,s)$ für alle $x \in X_2$ gilt. Der Wert $b(x,s)$ kann als „Bedarf" $d(x)$ im Knoten x aufgefaßt werden (man vergleiche dazu Beispiel 2.7.3). Für $Y \subset X_2$ gilt dann die Größe $d(Y) := \sum_{x \in Y} b(x,s)$ als Bedarf in Y. Für $Y \subset X_2$ sei ferner $F(Y)$ der Wert eines maximalen zulässigen Flusses in dem (X_1, X_2, b')-Netz, das man durch die folgende Abänderung von b in b' erhält:

$$b'(x,y) = \begin{cases} \infty & \text{wenn } x \in Y, y = s \\ 0 & \text{wenn } x \in X_2 - Y, y = s \\ b(x,y) & \text{sonst.} \end{cases}$$

Mit diesen Bezeichnungen gilt nun:

Satz 2.7.7. *Der Wert eines maximalen zulässigen Flusses $f_{\max}$ in einem (X_1, X_2, b)-Netz ist*

$$w_{\max} = d(X_2) + \operatorname*{Min}_{Y \subset X_2} \{F(Y) - d(Y)\}.$$

Beweis. Zur Vereinfachung schreiben wir für zwei disjunkte Mengen A und B:

$$b'(A, B) = \sum_{x \in A, y \in B} b'(x,y).$$

Nach Satz 2.7.6 gilt dann für $Y \subset X_2$:

$$F(Y) = \operatorname*{Min}_{(V,W)} s_V(b', 0) = \operatorname*{Min}_{(V,W)} b'(V, W),$$

wobei das Minimum über alle q und s trennenden Schnitte (V, W) zu bilden ist. Ist aber $V \cap Y \neq \phi$, so folgt $b'(V, W) = \infty$. Wir dürfen daher $W \supset Y$ voraussetzen. Ferner gilt nun $b'(V, W) = b'(V \cup \{s\}, W - \{s\})$. Es sei daher auch $\{q, s\} \subset V$ vorausgesetzt. Somit bleibt für W schließlich noch die Möglichkeit $W = Y \cup A \cup B$, $A \subset X_1, B \subset X_2 - Y$. Da alle von B auslaufenden Kanten die Bewertung 0 tragen, gilt somit $b'(V, Y \cup A \cup B) \geqslant b'(V \cup B, Y \cup A)$. Also kann man sich bei der Bildung des Minimums auf Partitionen (V, W) von X beschränken, bei denen W die Form $W = Y \cup A, A \subset X_1$ hat.

Wir kehren nun zur Betrachtung eines maximalen Flusses $f_{\max}$ im gegebenen (X_1, X_2, b)-Netz zurück. Es sei (V, W) ein q und s trennender Schnitt. Dann setzen wir $W \cap X_1 = A$, $W \cap X_2 = Y$, und es gilt

$$\begin{aligned} s_V(b, 0) &= b(\{q\}, A) + b(X_1 - A, Y) + b(X_2 - Y, \{s\}) = \\ &= b(X - A \cup Y, A \cup Y) + d(X_2 - Y) = \\ &= b(X - A \cup Y, A \cup Y) + d(X_2) - d(Y). \end{aligned}$$

Für $w_{\max}$ ergibt sich somit der Ausdruck

$$\begin{aligned} w_{\max} &= \operatorname*{Min}_{(V,W)} s_V(b, 0) = \operatorname*{Min}_{Y \subset X_2} \operatorname*{Min}_{A \subset X_1} [b(X - A \cup Y, A \cup Y) + d(X_2) - d(Y)] = \\ &= d(X_2) + \operatorname*{Min}_{Y \subset X_2} [F(Y) - d(Y)]. \end{aligned}$$

Damit ist der Beweis von Satz 2.7.7 erbracht. Eine einfache Folgerung daraus ist der Satz von Gale, den wir zum Abschluß dieses Abschnitts formulieren.

Satz 2.7.8 (Gale [6]). *Ein* (X_1, X_2, b)-*Netz gestattet einen zulässigen Fluß, der alle nach s verlaufenden Kanten sättigt, genau dann, wenn für alle Teilmengen Y von* X_2 *gilt:* $F(Y) \geqslant d(Y)$.

Beweis. Nur in diesem Fall gilt $\underset{Y \subset X_2}{\mathrm{Min}}\ [F(Y)-d(Y)] = 0$. Der Rest folgt aus dem vorangehenden Satz.

Eine Anwendung des Satzes von Gale wird im nächsten Abschnitt besprochen.

2.8 Teilgraphen mit beschränkten Halbgraden

Für einen Graphen $\mathbf{G} : = (X, K)$ seien $d^+ : X \to N_0$ und $d^- : X \to N_0$ die durch die Halbgrade (Abschnitt 1.4) gegebenen Knotenbewertungen. $m : X \times X \to N_0$ bezeichne die zu $\mathbf{G}$ gehörige Multiplizitätenfunktion. Ferner seien $p : X \to N_0$, $q : X \to N_0$ und $r : X \times X \to N_0$ gegebene Abbildungen mit $p \leqslant d^+$, $q \leqslant d^-$ und $r \leqslant m$. Teilgraphen $\mathbf{G}'$ von $\mathbf{G}$, deren Halbgrade d'^+ und d'^- und deren Multiplizitäten m' den Ungleichungen $d'^+ \leqslant p$, $d'^- \leqslant q$ und $m' \leqslant r$ genügen, sollen (p, q, r)-Teilgraphen heißen. Das Problem lautet nun: Man bestimme die (p, q, r)-Teilgraphen mit maximaler Kantenzahl. Dies ist natürlich ein Problem vom Typ 1 mit der Bewertung f_K von $\mathbf{G}$. Ein weiteres Problem ist: Man bestimme unter den maximalen (p, q, r)-Teilgraphen jene mit $d'^+ = p$, $d'^- = q$. Solche Teilgraphen sollen *gesättigt* heißen. Wann existiert überhaupt ein gesättigter Teilgraph, also ein Teilgraph mit vorgegebenen Knotengraden ?

Beide eben geschilderten Probleme treten unter anderem bei der Untersuchung der Isomerie chemischer Komponenten auf. Wie der Rest dieses Abschnitts jedoch zeigen wird, ist die Fragestellung so allgemein, daß zahlreiche Spezialfälle davon in völlig anderen Bereichen Anwendung finden. Die Problematik ist eng mit den Begriffen aus dem vorangehenden Abschnitt verknüpft. Wir gehen nun daran, diesen Zusammenhang herzustellen.

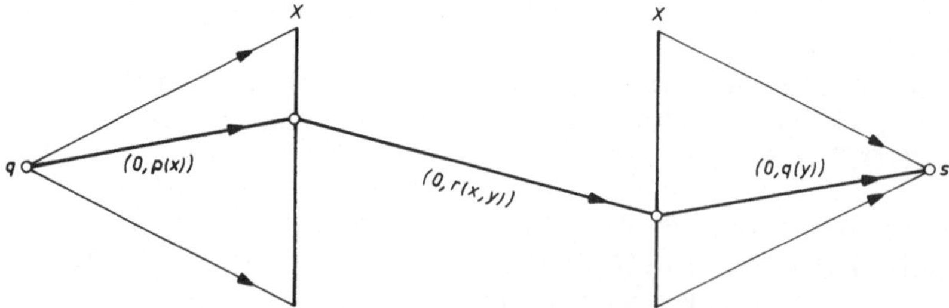

Fig. 30

Zu diesem Zweck konstruieren wir ausgehend von G einen Digraph $\widetilde{G}$ und erläutern die Konstruktion zunächst an Hand der Skizze in Fig. 30. Wir denken uns die Knotenmenge X von G kopiert und stellen in der Skizze die Kopie dem Original gegenüber. Jeder Knoten x aus dem Original wird mit einem Zusatzknoten q durch eine Kante (q, x) verbunden, längs der die untere Schranke für einen zulässigen Fluß $a(q, x) = 0$ und die obere Schranke $b(q, x) = p(x)$ sein soll. Ferner wird jeder

Knoten y aus der Kopie von X rechts in der angegebenen Weise mit einem weiteren Zusatzknoten s verbunden. Die Schranken für diese Kanten sind $a(y, s) = 0$, $b(y, s) = q(y)$. Schließlich wird jeder Knoten x aus dem Original mit jedem Knoten y aus der Kopie verbunden. Die entsprechende Kante erhält die Schranken $a(x, y) = 0$, $b(x, y) = r(x, y)$. Sämtliche Kantenrichtungen gehen aus Fig. 30 hervor. Kanten (x, y) mit $r(x, y) = 0$ dürfen auch fehlen.

Die Knoten- und Kantenmenge von $\widetilde{G}$ sind demnach, wenn man für die disjunkte Vereinigung $X + X$ von X mit sich selbst etwa die Darstellung $X + X = \bigcup_{x \in X} \{ (x, 1), (x, 2) \}$ wählt, gegeben durch

$$\widetilde{X} = X + X \cup \{q, s\}, \quad \widetilde{K} = \bigcup_{x \in X} \{(q, (x, 1)), ((x, 2), s)\} \cup \bigcup_{x \in X, y \in X} \{(x, 1), (y, 2)\}.$$

Wir setzen $\bigcup_{x \in X} \{(x, i)\} = X_i, i = 1, 2$, und fassen die angegebenen oberen Schranken zu einer Abbildung $b : K \to \overline{N}_0$ zusammen. $\widetilde{G}$ ist dann ein (X_1, X_2, b)-Netz.

Jeder zulässige Fluß in $\widetilde{G}$ liefert durch seine Werte auf den Kanten $((x, 1), (y, 2))$ die Multiplizitäten $m'(x, y)$ für einen (p, q, r)-Teilgraph G' von G. G' ist aus diesen Multiplizitäten eindeutig konstruierbar. Damit ist der Zusammenhang zwischen zulässigen Flüssen in $\widetilde{G}$ und den (p, q, r)-Teilgraphen von G hergestellt. (p, q, r)-Teilgraphen mit maximaler Kantenzahl entsprechen den zulässigen Flüssen von q nach s mit maximalem Wert w.

Soll ein gesättigter (p, q, r)-Teilgraph G' mit $d'^+ = p$ und $d'^- = q$ existieren, so muß notwendig $\sum_{x \in X} (p(x) - q(x)) = 0$ gelten. Wir setzen daher jetzt diese Beziehung als gegeben voraus. Ein Teilgraph G' von G mit Halbgraden p und q und mit $m' \leq r$ entspricht einem maximalen Fluß f von q nach s in $\widetilde{G}$, der auf allen Kanten der Form $((y, 2), s)$ den Wert $q(y)$ hat, der also auf allen in s endenden Kanten die obere Schranke erreicht und daher diese Kanten sättigt. Die Existenz eines derartigen Flusses beschreibt der Satz von Gale aus Abschnitt 2.7.

Als Folgerung daraus ergibt sich ein Satz über die Existenz eines Teilgraphen von G mit vorgegebenen Halbgraden p und q und maximalen Multiplizitäten r.

Satz 2.8.1. *Es seien* $G := (X, K)$ *ein Graph,* $r : X \times X \to N_0$ *eine Abbildung mit* $r \leq m$ *und* $p : X \to N_0$ *und* $q : X \to N_0$ *zwei Abbildungen mit* $p \leq d^+$, $q \leq d^-$ *und* $\sum_{x \in X} (p(x) - q(x)) = 0$. *Dann existiert ein Teilgraph* G' *von* G *mit den Halbgraden* $d'^+ = p$, $d'^- = q$ *und durch* r *nach oben beschränkten Multiplizitäten* m' *genau dann, wenn für alle Teilmengen* $Y \subset X$ *gilt.*

$$\sum_{x \in X} \mathrm{Min} \{p(x), \sum_{y \in Y} r(x, y)\} \geq \sum_{y \in Y} q(y).$$

Beweis. Nach Satz 2.7.8 und den vorangehenden Bemerkungen existiert ein Teilgraph mit den geforderten Eigenschaften genau dann, wenn für alle $Y \subset X_2$ in dem zu G gehörenden Netz $\widetilde{G}$ gilt: $F(Y) \geq d(Y)$. Nun haben wir

$$\begin{aligned}
F(Y) \quad &= \mathrm{Min} \{b'(V, W) \mid W = A \cup Y, A \subset X_1\} = \\
&= \mathop{\mathrm{Min}}_{A \subset X_1} \{ \sum_{x \in A} b(q, x) + \sum_{\substack{x \in X_1 - A \\ y \in Y}} b(x, y) \} =
\end{aligned}$$

$$= \underset{\substack{A \subset X_1}}{\text{Min}} \ \{ \underset{\substack{x \in A}}{\Sigma} \ p(x) + \underset{\substack{x \in X - A \\ y \in Y}}{\Sigma} r(x, y) \} = \underset{\substack{x \in X}}{\Sigma} \ \text{Min} \ \{ p(x), \underset{\substack{y \in Y}}{\Sigma} r(x, y) \}.$$

Die letzte Gleichung gilt deshalb, weil das Minimum des Ausdrucks links auf der Menge $A = \{ x \mid p(x) \leqslant \underset{y \in Y}{\Sigma} r(x, y) \}$ angenommen wird. Damit ist der Beweis für den Satz erbracht.

Aus Satz 2.8.1 folgen eine Reihe von Aussagen über die Existenz von speziellen Graphen, so z. B. über die Existenz von Relationen ($r = 1$), von schleifenlosen Graphen, von symmetrischen Graphen oder von Bäumen mit vorgegebenen Halbgraden. In diesem Zusammenhang sei auf die Darstellungen in [1] und [3] hingewiesen.

Wir betrachten nun einige Spezialfälle bzw. verwandte Probleme. Es sei $r = m$, und die Funktionen p und q seien konstant. Zum Beispiel gelte $p(x) = q(x) = 1$ für alle $x \in X$. Ein gesättigter ($L, 1, m$) Teilgraph G' von G, also ein Teilgraph mit $d'^{+}(x) = = d'^{-}(x) = 1$ für alle Knoten x, ehißt ein $(1,1)$ *Faktor von* G. In einem derartigen Teilgraphen kommt also in jedem Knoten genau eine Kante an und es läuft genau eine Kante aus. Fig. 31 zeigt einen Graphen G und daneben seine beiden $(1,1)$-Faktoren.

Ein $(1,1)$-Faktor eines Graphen G ist eine Vereinigung von knoten- und kantendisjunkten Zykeln. Sie spielen in der sogenannten topologischen Analyse linearer Gleichungssysteme eine tragende Rolle. Dort ergibt sich das Problem der Bestimmung aller $(1,1)$-Faktoren eines gegebenen Graphen G. Dies ist ein Problem vom Typ 3. Wir kommen später darauf zurück.

Ein $(1,1)$-Faktor, der nur aus einem einzigen Zykel besteht, heißt *Hamiltonscher Zykel.* Der zweite $(1,1)$-Faktor in Fig. 31 ist ein Beispiel dafür. Es gibt zahlreiche Probleme, deren Lösung man durch die Bestimmung gewisser Hamiltonscher Zykel in einem Digraphen gewinnt.

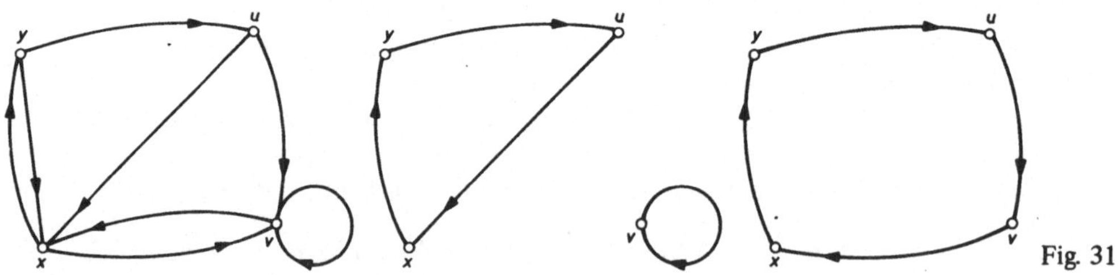

Fig. 31

Beispiel 2.8.1. Das Rundreiseproblem.

Ein Vertreter möchte in seiner Heimatstadt beginnend $n - 1$ weitere Städte genau einmal besuchen und dann wieder zum Ausgangspunkt zurückkehren. Welche Reiseroute soll er wählen, damit die Länge der gesamten zurückgelegten Strecke ein Minimum wird ? Hier handelt es sich um ein Problem vom Typ 1 aus Abschnitt 1.5. Wir ordnen dem Problem einen vollständigen symmetrischen Digraph $G : = (X, K)$ zu. Eine Kantenbewertung $g : K \rightarrow \bar{R}$ wird durch die Entfernung zwischen den Städten geliefert. Es bedeutet somit $g(x, y) = g(y, x)$ die Entfernung zwischen den Städten (= Knoten) x und y. Besteht zwischen x und y keine direkte Verbindung, so setzen wir $g(x, y): = g(y, x): = \infty$. Zu g gehört die Bewertung $f_g : U_G \to \bar{R}$ von **G**. Ist $\mathbf{H} \in U_G$ ein Hamiltonscher Zykel in **G**, so heiße $f_g(\mathbf{H})$ die Länge von **H**. Mit U_H bezeichnen wir die Menge aller Hamiltonscher Zykel von **G**. Die Lösung des Problems ergibt sich dann durch die Lösung des Optimierungsproblems $[f_g, U_H, \text{Min}]$.

Beispiel 2.8.2. Optimale Reihenfolgen der Maschinenbenutzung.

Ein Unternehmen stellt mit seinem Maschinenpark im Laufe eines Jahres eine Reihe verschiedener Artikel her. Von jedem Artikel wird der Jahresbedarf erzeugt und dann gelagert. Die Umstellung der Maschinen auf die Erzeugung des nächsten Artikels ist meist mit erheblichen Kosten verbunden. In welcher Reihenfolge sollen die verschiedenen Artikel erzeugt werden, damit die gesamten Umstellungskosten möglichst gering werden ?

Auch hier handelt es sich um die Bestimmung eines Hamiltonschen Zykels minimaler Länge in einem vollständigen symmetrischen Graphen. Nur hat die Kantenbewertung hier eine andere Bedeutung. $g(x, y)$ bedeutet jetzt die Umstellungskosten von der Erzeugung des Artikels x auf die Erzeugung des Artikels y.

In einem vollständigen symmetrischen Graphen, wie er in den beiden vorangehenden Beispielen verwendet wurde, existiert stets ein Hamiltonscher Zykel. Bei wachsender Knotenzahl wird ihre Anzahl sogar so groß, daß man bis heute bei der Lösung eines Rundreiseproblems auf erhebliche Schwierigkeiten stößt. In einem beliebigen Graph **G** muß kein Hamiltonscher Zykel existieren. Satz 2.8.1 liefert kein brauchbares Kriterium in diesem Fall, da die maximalen zulässigen Flüsse in **G**, welche die in s endenden Kanten sättigen, alle $(1,1)$-Faktoren liefern und unter diesen erst die Hamiltonschen Zykel herauszufinden sind. Insbesondere kann ein Graph natürlich $(1,1)$-Faktoren enthalten aber keine Hamiltonschen Zykeln.

Ein befriedigendes hinreichendes und notwendiges Kriterium für die Existenz eines Hamiltonschen Zykels in einem beliebigen Graph **G** kennt man bis heute nicht. Dagegen existieren leicht überprüfbare hinreichende Kriterien, die allerdings nur sehr selten erfüllt sind. Wir verweisen in diesem Zusammenhang auf die Darstellung in [13].

Zu der zu Beginn dieses Abschnitts vorgelegten Problematik existiert eine Variante. Wir gehen wieder von einem beliebigen Graphen **G** aus. Anstelle der beiden Funktionen p und q sei aber jetzt nur eine einzige Schranke für die Summe der beiden Halbgrade $d^+ + d^-$ gegeben. Wir nennen diese Schranke wieder p und fragen nach Teilgraphen **G**' mit $d'(x) = d'^+(x) + d'^-(x) \leqslant p(x)$ und $m'(x, y) \leqslant r(x, y)$, die wir (p, r)-*Teilgraphen* nennen wollen. Interessant sind wieder die (p, r)-Teilgraphen mit maximaler Kantenzahl und unter diesen die gesättigten, also solche, bei denen $d' = p$ gilt. Es geht demnach um die Bestimmung von Teilgraphen mit gegebenen Graden $d'(x)$, wobei die Verteilung auf die Halbgrade ohne Belang ist. Eine Verbindung mit Flußproblemen ist im allgemeinen hier nicht mehr so ohne weiteres möglich.

Ist p konstant, so ist ein gesättigter (p, r)-Teilgraph ein regulärer Teilgraph (siehe Abschnitt 1.4) von **G** und heißt p-*Faktor* von **G**. 1-Faktoren, 2-Faktoren und 3-Faktoren heißen auch *lineare, quadratische* und *kubische* Faktoren. Ein $(1,1)$-Faktor ist ein Beispiel für einen quadratischen Faktor, ein Hamiltonscher Zykel natürlich auch. Ein quadratischer Faktor ist Vereinigung von knoten- und kantendisjunkten Kreisen. Besteht er nur aus einem Kreis, so spricht man von einem *Hamiltonschen Kreis*. Bezüglich der Existenz Hamiltonscher Kreise in einem gegebenen Graph **G** gilt dasselbe wie für Hamiltonsche Zykeln.

Ein $(1,m)$-Teilgraph **G**$'$ eines Graphen **G** heißt auch eine *Verkettung*. Manchmal wird auch der englische Name *matching* dfür verwendet. Verkettungen werden von Kantenmengen $K' \subset K$ erzeugt, die so beschaffen sind, daß jeder Knoten x von X mit höchstens einer Kante k aus K' inzidiert. Es ergibt sich die Frage, wann eine Verkettung eine maximale Kantenanzahl aufweist. Wir sprechen dann von einer maximalen Verkettung. Diese Frage beantwortet der folgende Satz.

Satz 2.8.2. *Es sei* **G**$_{K'}$ *eine Verkettung in einem Digraph* **G**. *Ein Weg* **G**$_U \subset$ **G** *zwischen zwei Knoten* x *und* y *heiße alternierend bezüglich* **G**$_{K'}$, *wenn die dazugehörige Kantenanordnung* $(k_1, k_2, \ldots, k_u)$ *so beschaffen ist, daß die Kanten mit geradem Index zu* K' *und die Kanten mit ungeradem Index zu* $K-K'$ *gehören.* **G**$_{K'}$ *ist genau dann eine maximale Verkettung, wenn in* **G** *kein alternierender Weg ungerader Länge existiert.*

Beweis. Wir betrachten das Netz $\widetilde{\mathbf{G}}$ aus Fig. 32, wo alle unteren Schranken 0 und alle oberen Schranken 1 seien. Jeder Verkettung **G**$_{K'}$ entspricht ein zulässiger Fluß f' mit Wert $w' = |K'|$:

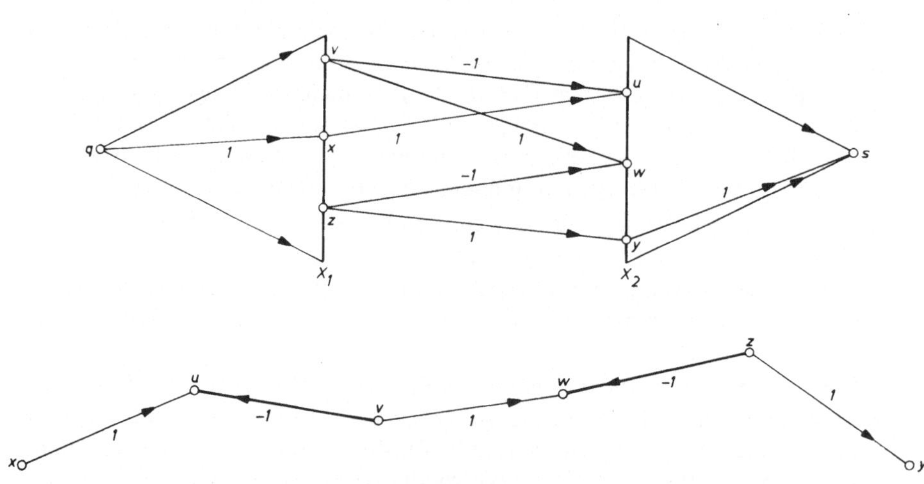

Fig. 32

$$
f'(u,v) := \begin{cases}
1 \text{ falls } (u,v) = ((x,1),(y,2)) \text{ und } (x,y) \in K' \\
1 \text{ falls } u = q \text{ und } v = (x,1) \text{ und } x \in p_1(K') \\
1 \text{ falls } u = (y,2) \text{ und } v = s \text{ und } y \in p_2(K') \\
0 \text{ sonst}
\end{cases}
$$

Ist **G**$_{K'}$ nicht maximal, so existiert eine maximale Verkettung **G**$_{K''}$, und der dazugehörige Fluß f'' hat den Wert $w'' = |K''| > w'$. Daher existiert ein Einheitsfluß g in einem Weg von q nach s in **G** so, daß $f' + g$ zulässig ist. Wir setzen

$$
V := \{(x,y) \mid g((x,1),(y,2)) = 1\},
$$
$$
W := \{(x,y) \mid g((x,1),(y,2)) = -1\}.
$$

Dann gilt $V \subset K-K'$, $W \subset K'$ und $\mathbf{G}_{V \cup W}$ ist ein alternierender Weg ungerader Länge. Existiert andererseits in $\mathbf{G}_{K'}$ ein alternierender Weg $\mathbf{G}_U$ ungerader Länge mit der Kantenanordnung $(k_1, \ldots, k_u)$, so erzeugt $K'' := K' - \{k_2, k_4, \ldots, k_{u-1}\} \cup \{k_1, k_3, \ldots, k_u\}$ eine Verkettung mit $|K''| = |K'| + 1$. $\mathbf{G}_{K'}$ kann in diesem Fall also nicht maximal sein.

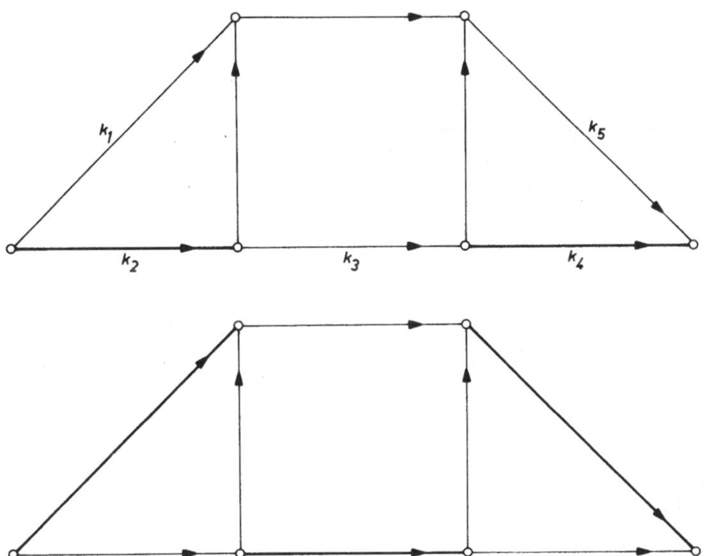

Fig. 33

Fig. 33 zeigt, wie man mit Hilfe eines alternierenden Weges aus einer Verkettung eine maximale Verkettung erhält. Existiert ein alternierender Weg ungerader Länge zu einer gegebenen Verkettung $\mathbf{G}_{K'}$, so kann man aus der Kantenmenge K' die Kanten mit geradem Index entfernen und dafür die Kanten mit ungeradem Index hinzunehmen. Es resultiert dann eine Verkettung mit einer um 1 größeren Kantenzahl.

Verkettungen interessieren insbesondere in sogenannten paaren Graphen (Abschnitt 2.5). Ein paarer Graph $\mathbf{G}$ erlaubt eine Partition seiner Knotenmenge X in zwei Teilmengen X_1 und X_2 derart, daß $K \subset X_1 \times X_2 \times N \cup X_2 \times X_1 \times N$. $K' \subset K$ erzeuge eine Verkettung $\mathbf{G}_{K'}$ in $\mathbf{G}$. Betrachtet man für $k \in K'$ das Element $p(k) \cap X_1$ als Argument und das Element $p(k) \cap X_2$ als Bild, so definiert eine Verkettung eine Abbildung *aus* X_1 *in* X_2. Gilt $X_1 \subset X_{K'}$, so handelt es sich um eine Abbildung *von* X_1 in X_2. In diesem Fall ist die Verkettung natürlich maximal. Bei einem paaren Graphen $((X_1 \cup X_2), K)$ ergibt sich so die Frage: Wann existiert eine maximale Verkettung $\mathbf{G}_{K'}$ mit $X_1 \subset X_{K'}$, und wie erhält man sie ? Der zweite Teil der Frage zielt auf die Lösung einer Aufgabe vom Typ 1. Der erste Teil wird durch den Satz von König-Hall beantwortet. Es genügt dabei, paare Digraphen zu betrachten.

Satz 2.8.3 (König-Hall). *Es sei* $\mathbf{G} := ((X_1 \cup X_2), K)$ *ein paarer Digraph. Eine Verkettung* $\mathbf{G}_{K'}$ *in* $\mathbf{G}$ *mit* $X_1 \cup X_{K'}$ *existiert genau dann, wenn für jede Teilmenge* $Y \subset X_1$ *gilt* $|T(Y)| \geqslant |Y|$.

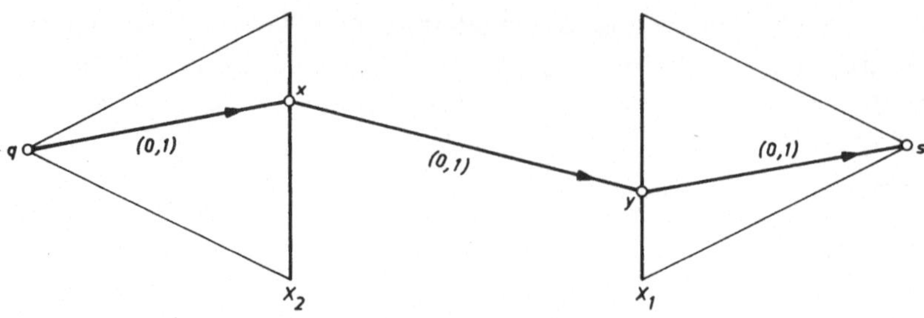

Fig. 34

Beweis. Wir konstruieren ausgehend von **G** ein (X_2, X_1, b)-Netz wie in Fig. 34 angedeutet ist. Eine Kante (x, y) mit $x \in X_2$, $y \in X_1$ soll diesem Netz genau dann angehören, wenn $x \in T(y)$ (bezüglich der Definition der Nachbarabbildung T siehe Abschnitt 1.4). Sämtliche unteren Schranken sind 0, sämtliche oberen Schranken sind 1. Jeder zulässige Fluß definiert durch seine Werte auf den X_2 mit X_1 verbindenden Kanten eine Verkettung $\mathbf{G}_{K'}$ in **G**. Ist $f(x, y) = 1$, $x \in X_2$, $y \in X_1$, so gehört die Kante k mit $p(k) = \{x, y\}$ zu K', andernfalls nicht. Die zulässigen Flüsse, die alle in s endenden Kanten sättigen, entsprechen den Verkettungen $\mathbf{G}_{K'}$ mit $X_1 \subset X_{K'}$. Nach Satz 2.7.8 existiert ein derartiger Fluß genau dann, wenn für alle Teilmengen Y von X_1 gilt: $F(Y) \geqslant d(Y)$. Nun haben wir mit der Bezeichnungsweise von Satz 2.7.7:

$$F(Y) = \underset{A \subset X_2}{\text{Min}} \; [b(X \cup \{q, s\} - A \cup Y, A \cup Y)] =$$

$$= \underset{A \subset X_2}{\text{Min}} \; [b(\{q\}, A) + b(X_2 - A, Y)] =$$

$$= \underset{A \subset X_2}{\text{Min}} \; [|A| + |T(Y) \cap (X_2 - A)|] = |T(Y)|,$$

$$d(Y) = |Y|.$$

Beispiel 2.8.3. In einem Informationssystem sollen eine Menge X_1 von Zeichenreihen (Wörtern) übertragen werden. Aus technisch ökonomischen Gründen wäre es wünschenswert, aus jeder Zeichenreihe nur ein (für die Reihe charakteristisches) Zeichen zu übertragen. Wie muß man die Zuordnung von Zeichenreihen zu Zeichen wählen, damit keine Verwechslungen möglich sind? Wann ist eine derartige Zuordnung überhaupt möglich?

Bezeichnet man die Menge aller vorkommenden Zeichen mit X_2, so wird das Problem durch eine Verkettung $\mathbf{G}_{K'}$ mit $X_1 \subset X_{K'}$ in dem paaren Graphen $(X_1 \cup X_2, K)$ gelöst, der entsteht, wenn man jedes Element aus X_1 mit allen darin vorkommenden Zeichen aus X_2 verbindet.

Der Satz von König-Hall ist äquivalent zum Satz von Hall über *Systeme verschiedener Repräsentanten* [7].

Einen interessanten Anwendungsbereich liefern die sogenannten Zuordnungsprobleme. Beispiele dafür liegen bereits in Abschnitt 2.7 vor. Auch Beispiel 2.8.2 ist im Prinzip ein Zuordnungsproblem. Die Probleme werden im allgemeinen zusätzlich noch dadurch erschwert, daß eine Kantenbewertung $g : K \to \bar{R}$ gegeben ist und nach Verkettungen in einem paaren Graphen $(X_1 \cup X_2, K)$ zu suchen ist, die sämtliche Knoten aus X_1 enthalten und bezüglich der Bewertung $f_g: U_G \to \bar{R}$ minimal sind. Wieder handelt es sich um Probleme vom Typ 1. Ihre Lösung könnte man im Prinzip durch ein Verfahren gewinnen, das die kostenminimalen Flüsse in einem bewerteten Digraph liefert. Ein solches Verfahren wird in Abschnitt 2.5 von Teil 3 besprochen. Die spezielle Gestalt der bei Zuordnungsproblemen auftretenden Graphen legt jedoch andere Verfahren nahe. Wir kommen darauf später zurück.

2.9 Stabile Untergraphen. Färbungen

In diesem Abschnitt werden nur Relationen betrachtet.

G sei ein Digraph. Ein von einer Teilmenge Y seiner Knotenmenge X erzeugter Untergraph G_Y heißt *innen stabil*, wenn $K_Y = \phi$, wenn er also nur aus isolierten Knoten besteht.

In den Anwendungen dieses Begriffs interessiert man sich für innen stabile Untergraphen mit maximaler Knotenanzahl. Die Bestimmung eines derartigen Untergraphen ist eine Aufgabe vom Typ 1: Ist $f_X: U_G \to P(X)$ die nun schon öfters verwendete Bewertung, die jeden Untergraph G' seine Knotenmenge X' zuordnet, so ist $|f_X|: U_G \to R$ eine für $(X', K') \in U_G$ durch $|f_X|(X', K')) = |X'|$ definierte numerische Bewertung von G. Ferner sei U_{is} die Menge der innen stabilen Untergraphen von G. Dann erhält man die innen stabilen Untergraphen mit maximaler Knotenzahl als Lösung des Optimierungsproblems $[|f_X|, U_{is}, \text{Max}]$.

Die Anzahl der Knoten des knotenreichsten innen stabilen Untergraphen heißt *innere Stabilitätszahl $a(G)$ von G*.

Beispiel 2.9.1. X sei eine Menge von Signalen, die ein Sender aussenden kann. Bei einigen Signalen bestehe die Möglichkeit, daß sie ein Empfänger verwechseln bzw. nicht unterscheiden kann. In diesem Fall wird man versuchen, aus X eine möglichst große Teilmenge Y auszuwählen, deren Signale nicht mehr verwechselt werden können. Man fasse X als die Knotenmenge eines Digraphen auf. Eine Kantenmenge K werde aus allen Paaren (x, y) gebildet, deren Komponenten verwechselbare Signale sind. Ein innen stabiler Untergraph G_Y mit maximaler Knotenzahl in dem so erhaltenen symmetrischen Digraph liefert durch seine Knotenmenge Y eine Lösung des Problems.

Für einen Digraph $G := (X, K)$ heißt der Graph $CG := (X, X \times X - D_X - K)$ *zu G komplementär*. D_X bedeutet die Diagonale $\underset{x \times X}{\cup} \{(x, x)\}$ in $X \times X$. Der komplementäre Digraph ist begrifflich verwandt mit dem in Abschnitt 2.4 eingeführten Kographen, da man G und CG als Untergraphen des vollständigen symmetrischen Digraphen $(X, X \times X - D_X)$ auffassen kann. Der Kograph wird jedoch von einer Kantenmenge erzeugt, der komplementäre Digraph aber im allgemeinen nicht.

Ein vollständiger symmetrischer Untergraph $G' := (Y, Y \times Y - D_Y)$ eines Digraphen (X, K) heißt *Clique in G*.

Erzeugt $Y \subset X$ einen innen stabilen Untergraph in G, so erzeugt Y eine Clique in CG. Erzeugt Y eine Clique in G, so erzeugt Y einen innen stabilen Untergraph in CG. Jeder von einer einpunktigen Teilmenge Y erzeugte Untergraph ist sowohl innen stabil als auch eine Clique. Die Bestimmung maximaler Cliquen, d. h. die

Bestimmung von Cliquen mit maximaler Knotenanzahl ist ebenfalls eine Aufgabe vom Typ 1, was hier wohl nicht mehr näher erläutert werden muß.

Die Anzahl der Knoten einer knotenreichsten Clique von **G** heißt *Cliquezahl q(G)* von **G**. Ihre Kenntnis kann bei der Bestimmung optimaler Färbungen (siehe das Ende dieses Abschnitts) von großem Wert sein. Fig. 35 a zeigt einen Digraph mit einem einzigen maximalen innen stabilen Untergraph ($\{x, y, z\}$, ϕ). Die Skizze in Fig. 35 b stellt den komplementären Digraph dar. $\{x, y, z\}$ erzeugt dort eine maximale Clique.

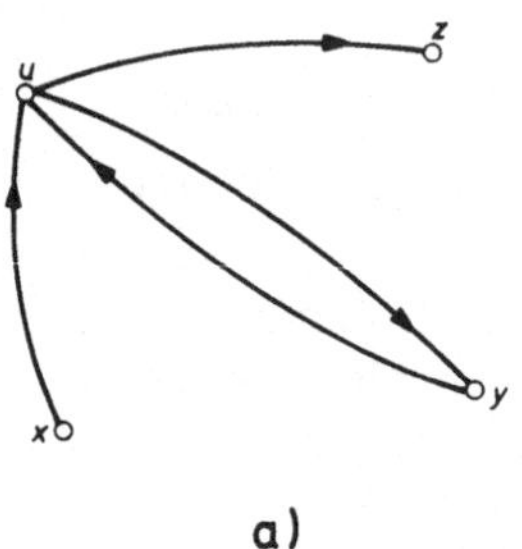
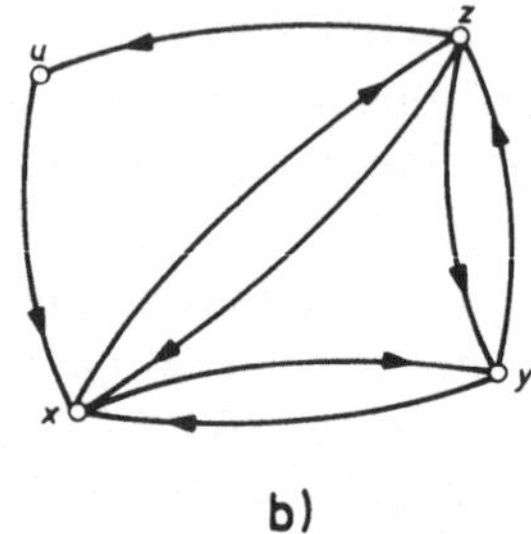

a)   b)   Fig. 35

Ein von einer Teilmenge Y der Knotenmenge X eines Digraphen **G** erzeugter Untergraph G_Y heißt *außen stabil*, wenn $Y \cup V(Y) = X$, d. h. also, wenn für alle Knoten $x \in X$ gilt: entweder x gehört zu Y oder Y enthält einen Nachfolger von x.

In den Anwendungen dieses Begriffs interessiert man sich für außen stabile Untergraphen mit minimaler Knotenanzahl. Die Bestimmung eines derartigen Untergraphen ist ebenfalls eine Aufgabe vom Typ 1.

Die Anzahl der Knoten eines knotenärmsten außen stabilen Untergraphen von **G** heißt *äußere Stabilitätszahl von* **G**.

Beispiel 2.9.2. Ein Totoproblem.

Jemand spielt Fußballtoto und hat den Ausgang von zwölf Spielen zu erraten. 1 bedeute den Sieg der ersten Mannschaft einer Paarung, 2 den Sieg der zweiten Mannschaft und 0 ein Unentschieden. Ein 12-tupel über $\{1, 2, 0\}$ nennen wir eine Tipreihe. Bekanntlich sind 3^{12} verschiedene Tipreihen möglich. Bei einem Satz von $n < 3^{12}$ Tipreihen spricht man von einer Bank, wenn der Ausgang eines bestimmten Spieles in allen Tipreihen gleich vorhergesagt wird. Bei $m \leqslant 12$ Banken sind nur mehr 3^{12-m} verschiedene Tipreihen möglich. Wieviel Tipreihen muß bei sechs Banken der Spieler setzen, um zu garantieren, daß er in mindestens einer Reihe zehn richtige Vorhersagen trifft, und welche Tipreihen sind dies? Voraussetzung ist natürlich, daß alle Banken richtige Vorhersagen darstellen.

Wir betrachten die 3^6 noch möglichen Tipreihen als die Knoten eines Digraphen **G**. Zwei Tipreihen x und y sollen eine Kante (x, y) ergeben, wenn sie sich in höchstens zwei Vorhersagen unterscheiden. Auf diese Weise entsteht ein symmetrischer Digraph **G**. Ist $Y \subset X$ so gewählt, daß G_Y außen stabil ist in **G**, so ist die gestellte Bedingung erfüllt, wenn man die Tipreihen aus Y setzt. Das Problem wird daher durch einen außen stabilen Untergraphen von **G** mit minimaler Knotenanzahl gelöst.

Probleme der äußeren Stabilität besitzen eine äquivalente Formulierung als *Überdeckungsprobleme* (vgl. [12], Bd. II). Bei einem Überdeckungsproblem handelt es sich um Folgendes: Es sei X eine Menge und $\mathfrak{X} \subset P(X)$ ein gegebenes Mengensystem aus der Potenzmenge $P(X)$ von X. Ein Teilsystem $\mathfrak{V}$ von $\mathfrak{X}$ heißt $\mathfrak{X}$-Überdeckung von X, wenn $\bigcup_{Y \in \mathfrak{V}} Y = X$.

Wir betrachten nun den paaren Graphen $\widetilde{G} := (X \cup \mathfrak{X}, \widetilde{K})$ mit

$$\widetilde{K} := \{(x, Y) \mid x \in X, Y \in \mathfrak{X}, x \in Y\},$$

den wir ausgehend von einem Digraph $G := (X, K)$ mit $\overline{V}(x) := V(x) \cup x$ und $\mathfrak{X} := \{\overline{V}(x) \mid x \in X\}$ erhalten. Es sei $\mathfrak{V}$ eine $\mathfrak{X}$-Überdeckung von X. Dann läßt sich $\mathfrak{V}$ mit Hilfe einer Teilmenge $Y \subset X$ darstellen als $\mathfrak{V} = \{\overline{V}(x) \mid x \in Y\}$ und G_Y ist ein außen stabiler Untergraph von G. Ist andererseits G_Y außen stabil in G, dann ist $\mathfrak{V} = \{\overline{V}(x) \mid x \in Y\}$ eine $\mathfrak{X}$-Überdeckung von X.

Nun sei $G := (X, K)$ wieder ein Digraph. Ein von einer Teilmenge Y der Knotenmenge X erzeugter Untergraph G_Y heißt *Kern* von G, wenn er zugleich innen und außen stabil ist.

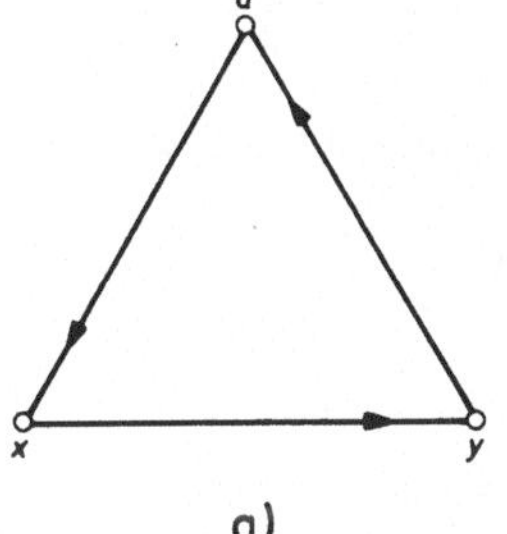

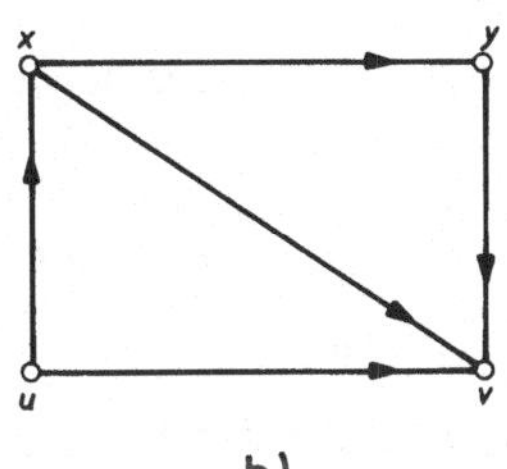

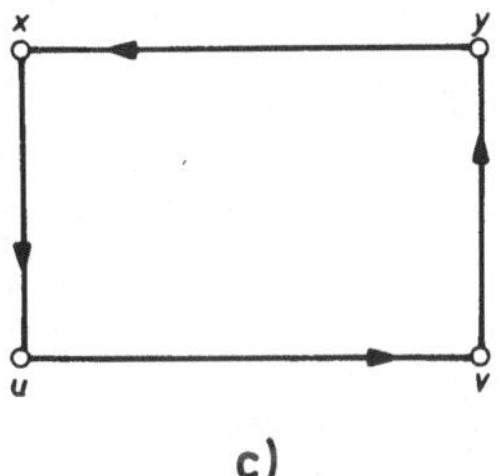

Fig. 36

Nicht jeder Graph besitzt einen Kern. Eine hinreichende Bedingung für die Existenz eines Kerns in G ist, daß G keinen Zykel ungerader Länge enthält (Richardson [11]). Fig. 36 a zeigt einen Graph ohne Kern, Fig. 36 b einen Graph mit einem einzigen Kern ($\{v\}, \phi$), Fig. 36 c einen Graph mit zwei verschiedenen Kernen ($\{x, v\}, \phi$) und ($\{u, y\}, \phi$).

Der Begriff Kern stammt aus der Spieltheorie. Wir betrachten dazu ein Beispiel.

Beispiel 2.9.3. Nimmspiele.

Ein Nimmspiel ist gegeben durch einen Digraph $G := (X, K)$ und einen sogenannten Anfangsknoten $x_0 \in X$. Die Spieler wechseln sich nach jedem „Zug" ab. Ein Spieler beginnt, indem er einen Knoten $x_1 \in N(x_0)$ wählt, der zweite Spieler setzt fort, indem er seinerseits einen Knoten $x_2 \in N(x_1)$ „zieht" usw. Der momentane Spielstand ist durch zwei Angaben bestimmt: Durch einen Knoten $x \in X$ und die Angabe, welcher Spieler an der Reihe ist und aus $N(x)$ wählen darf. Wer nicht mehr ziehen kann ($N(x) = \phi$) hat verloren.

Erzeugt $Y \subset X$ einen Kern in G und kann im Laufe des Spieles ein Spieler, etwa der Spieler A, einen Knoten aus Y ziehen, so kann A bei entsprechendem weiteren

Verhalten nicht mehr verlieren. Er muß nur immer wieder einen Knoten aus Y wählen. Dies ist stets möglich: Da G_Y innen stabil ist, kann sein Gegner B höchstens einen Knoten $x \in X-Y$ wählen. Da G_Y außen stabil ist, ist $N(x) \cap Y \neq \phi$. A hat daher einen Knoten in $N(x) \cap Y$ zur Wahl.

Eines der bekanntesten Nimmspiele ist das Schachspiel. Die Knoten des dazugehörigen Digraph sind die möglichen Stellungen der Schachfiguren am Schachbrett zusammen mit der Angabe, ob Weiß oder Schwarz am Zug ist. Die Nachfolger eines Knoten erhält man durch alle nach den Schachregeln gültigen Züge. Dieser Digraph enthält keinen Zykel ungerader Länge, da nach einer ungeraden Anzahl von Zügen stets der Gegner an der Reihe ist. Zum Schachspiel gehört daher ein Kern. Bei dessen Kenntnis kann man nach dem oben Gesagten nicht mehr verlieren, wenn man eine Stellung im Kern hat.

Es sei $G := (X, K)$ eine Relation und $x \in X$. Für $i \in N$ setzen wir:

$$N^0(x) = \{x\}; \quad N^i(x) = N(N^{i-1}(x)).$$

$\bigcup_{i=0}^{s} N^i(x)$ enhält also neben x alle Knoten y, zu denen in G von x aus eine Bahn der Länge $w \leq s$ existiert. Wegen der Endlichkeit von X sind nur endlich viele Mengen $N^i(x)$ verschieden. Für einen gewissen Index $n(x)$ gilt daher $N^j(x) \subset \bigcup_{i=1}^{n(x)} N^i(x)$ für $j > n(x)$.

Wir konstruieren nun ausgehend von G eine neue Relation G_{TH} und setzen dazu:

$$N_{TH}(x) := \bigcup_{i=1}^{n(x)} N^i(x), \, x \in X; \quad K_{TH} := \bigcup_{x \in X} \{x\} \times N_{TH}(x),$$

$$G_{TH} := (X, K_{TH}).$$

G_{TH} heißt *transitive* Hülle von G. In ihr hat jeder Knoten x alle jenen Knoten $y \neq x$ zu Nachfolgern, zu denen in G eine Bahn von x aus existiert. Ferner ist x selbst genau dann sein eigener Nachfolger, wenn x zu einem Zykel von G gehört. Man kann sich G_{TH} aus G so entstanden denken, daß man zu jeder Kantenkombination (x, y), (y, z) von G die Kante (x, z) hinzunimmt und diesen Vorgang so lange wiederholt, bis keine derartige Kante mehr fehlt.

G_{TH} ist natürlich transitiv (siehe Abschnitt 1.4). Außerdem gilt für alle transitiven Graphen G_1, die G als Teilgraph enthalten, daß $G < G_{TH} < G_1$.

Eine zu G_{TH} verwandte Bildung ist der Digraph G_{RTH}, den man ausgehend von G erhält durch

$$N_{RTH}(x) := \bigcup_{i=0}^{n(x)} N^i(x), \, x \in X; \quad K_{RTH} := \bigcup_{x \in X} \{x\} \times N_{RTH}(x),$$

$$G_{RTH} := (X, K_{RTH}).$$

G_{RTH} heißt *reflexivo-transitive Hülle* von G. In ihr hat jeder Knoten x sich selbst und sämtliche Knoten y zu Nachfolgern, zu denen in G eine Bahn von x aus existiert. G_{RTH} ist reflexiv und transitiv. Für alle reflexiven und transitiven Graphen G_1, die G als Teilgraph besitzen, gilt außerdem $G < G_{RTH} < G_1$. Offenbar gilt $K_{RTH} = K_{TH} \cup D_X$.

Die Bildung der transitiven bzw. der reflexivo-transitiven Hülle ist eine Aufgabe vom Typ 5.

Es sei nun $G := (X, K)$ wieder ein Digraph. Ein von einer Teilmenge Y der Knotenmenge X erzeugter Untergraph G_Y heißt *Basis* von G, wenn Y in dem ausgehend von G_{TH} konstruierten Digraph $(X, K_{TH}-D_X)$ einen Kern erzeugt. Y erzeugt demnach genau dann eine Basis, wenn $(Y \times Y) \cap K = \phi$ und wenn es zu jedem Knoten $x \in X-Y$ mindestens eine Bahn von x nach einem Knoten aus Y gibt.

Beispiel 2.9.4.

Wir betrachten nochmals den Graph G aus Beispiel 1.3.3, dessen Knotenmenge durch eine endliche Menge von Theoremen einer mathematischen Theorie gegeben ist. Dieser Graph ist bereits transitiv und damit gleich seiner transitiven Hülle. Die Knotenmenge Y einer Basis von G besteht aus „unabhängigen" Theoremen, d. h. kein Theorem aus Y läßt sich aus den restlichen Theoremen von Y herleiten. Gehört andererseits x nicht zu Y, so führt eine Bahn von x nach einem Knoten y von Y, und damit gilt wegen der Transitivität von G auch $(x, y) \in K$. Jedes nicht zu Y gehörige Theorem x läßt sich also aus einem Theorem von Y ableiten. Die Elemente von Y kann man daher als Axiome für die betrachtete Menge von Theoremen nehmen.

Es sei $G := (X, K)$ ein Digraph und $f : K \to I_r$ eine surjektive Abbildung von X auf das Intervall $I_r := \{1, 2, \ldots, r\}$ von natürlichen Zahlen. Dann bildet das System $(X_1, X_2, \ldots, X_r)$ der Urbilder $X_i := \bar{f}^1(i)$ eine Partition von X. Erzeugt jedes Urbild X_i einen innen stabilen Untergraph G_{X_i} von G, so heißt f eine *Färbung* von G.

Man kann den Sachverhalt so deuten, daß man durch f die Knoten von G so färbt, daß benachbarte Knoten stets verschiedene Farben erhalten. Die einzelnen Farben werden dann durch Nummern unterschieden.

Die kleinste natürliche Zahl r, zu der eine Färbung $f : X \to I_r$ existiert, heißt *chromatische Zahl* $c(G)$ von G. Eine Färbung $f : X \to I_{c(G)}$ heißt optimale Färbung.

Die Bestimmung der chromatischen Zahl ist eine Aufgabe vom Typ 4. Wir betrachten dazu G als Untergraph von $\bar{G} := (X, X \times X - D_X)$. Dieser hat die chromatische Zahl $n = |X|$. Der Untergraph (X, ϕ) von $\bar{G}$ hat die chromatische Zahl 1. Für $i \in I_n$ sei E_i die Menge der Untergraphen von $\bar{G}$ mit der chromatischen Zahl i. Dann ist festzustellen, für welches i die Aussage $G \in E_i$ gilt.

Bei der Bestimmung der chromatischen Zahl eines Digraphen G darf man von der Annahme ausgehen, daß G symmetrisch ist. Ist G in Wirklichkeit nicht symmetrisch, so ersetzt man G durch seine symmetrische Hülle G_{SH}. G und G_{SH} haben dieselbe chromatische Zahl und jede Färbung des einen Graphen ist auch eine Färbung des anderen.

Beispiel 2.9.5. Prüfungspläne.

Am Ende eines Ausbildungslehrgangs haben sich die Teilnehmer in verschiedenen Fächern einer Prüfung zu unterziehen. Es stehen für jedes Fach mehrere Prüfer zur Verfügung. Es ist ein Prüfungsplan zu erstellen, der angibt, wann ein Teilnehmer seine Prüfungen in den verschiedenen Fächern ablegt und bei welchem Prüfer er sie ablegt. Dabei sind natürlich Kollisionen zu vermeiden. Ein Prüfling kann zu einem bestimmten Termin nur eine Prüfung ablegen. Ein Prüfer kann andererseits nicht zugleich mehrere Teilnehmer prüfen. Der Prüfungsplan ist so zu erstellen, daß die gesamte Prüfungsarbeit in möglichst kurzer Zeit erledigt werden kann.

Wir bezeichnen mit T die Menge der Teilnehmer, mit P die Menge der Prüfer und durch F die Menge der Fächer. $X \subset T \times P \times F$ sei die Menge aller Tripel (t, p, f), die so beschaffen sind, daß p ein zulässiger Prüfer für den Teilnehmer t im Fach f ist. Zwei derartige Tripel x und y sollen eine Kante (x, y) bilden, wenn entweder die ersten oder die zweiten Komponenten von x und y gleich sind. Dies liefert eine Kantenmenge K. In dem so konstruierten symmetrischen Graphen $\mathbf{G}$ suchen wir nach einer Färbung $f : X \to I_r$ und erhalten dadurch eine Partition von X in Teilmengen $X_1, X_2, \ldots, X_r$, die so beschaffen sind, daß keine zwei Knoten aus X_i durch eine Kante verbunden sind. Führt man nun die Prüfungen aus X_1 zum ersten Termin durch, die Prüfungen aus X_2 zum zweiten Termin usw., so werden Kollisionen vermieden. Eine optimale Färbung $f : X \to I_{c(\mathbf{G})}$ definiert daher einen Prüfungsplan, der den Ablauf aller Prüfungen in möglichst kurzer Zeit garantiert.

Die Kenntnis einer unteren Schranke für die chromatische Zahl $c(\mathbf{G})$ eines Digraphen $\mathbf{G}$ kann für die Bestimmung einer optimalen Färbung von großem Nutzen sein. Wie bei allen bisher genannten Problemen wächst nämlich auch hier die Schwierigkeit sehr rasch mit der Knotenanzahl $|X|$ von $\mathbf{G}$. Ist etwa bekannt, daß $c(\mathbf{G}) \geqslant c$, so kann man unter Umständen das Problem vereinfachen. Gilt zum Beispiel für einen Knoten $x \in X$, daß $|T(x)| < c$, so ist x für die die Bestimmung einer optimalen Färbung unwesentlich. Man kann dann vorerst alle übrigen Knoten optimal färben. Da x sicher weniger als $c(\mathbf{G})$ Nachbarn besitzt, bleibt immer noch eine Farbe übrig, mit der man dann x färben kann. Also gilt in diesem Fall $c(\mathbf{G}) = c(\mathbf{G}_{X-\{x\}})$ und eine optimale Färbung von $\mathbf{G}_{X-\{x\}}$ ist leicht auf $\mathbf{G}$ erweiterbar. Mit diesem Schritt wird die Anzahl der Knoten um 1 verringert, seine wiederholte Anwendung führt dann schließlich entweder zu einem vollständigen Untergraph (X_1, K_1) und der Aussage $c(\mathbf{G}) = |X_1|$ oder zu einem Untergraph $\mathbf{G}' := (X', K')$ mit $c(\mathbf{G}') = c(\mathbf{G})$, der unter Umständen weit weniger Knoten enthält und der die Bedingung $|T(x)| \geqslant c$ für alle Knoten erfüllt. In Hinblick auf diesen Sachverhalt erwähnen wir den folgenden Satz:

Satz 2.9.1. *In einem symmetrischen Digraph* $\mathbf{G} := (X, K)$ *mit* $n := |X|$ *und* $m := |K|$ *gilt*

$$c(\mathbf{G}) \geqslant \frac{n^2}{n^2 - m}.$$

Für einen Beweis dieses Satzes verweisen wir auf [1].

Die im letzten Satz angegebene Schranke ist unter Umständen sehr schlecht und liefert daher wenig Vereinfachungsmöglichkeiten. Eine bessere untere Schranke für $c(\mathbf{G})$ ist meist die Cliquezahl $q(\mathbf{G}_{SH})$. Da jeder Knoten einer Clique von $\mathbf{G}_{SH}$ verschieden gefärbt werden muß, benötigt man also mindestens $q(\mathbf{G}_{SH})$ Farben zu einer optimalen Färbung von $\mathbf{G}$. Leider ist jedoch manchmal auch $q(\mathbf{G}_{SH})$ keine gute Schranke für $c(\mathbf{G})$. In diesem Zusammenhang ist der Satz von Tutte [14] erwähnenswert. Er besagt, daß zu jeder natürlichen Zahl k ein symmetrischer Digraph $\mathbf{G}$ mit $q(\mathbf{G}) \leqslant 2$ und $c(\mathbf{G}) = k$ existiert. Abgesehen von ungünstigen Ausnahmefällen wird aber die Kenntnis von $q(\mathbf{G})$ eine Reduktion des Problemumfangs bringen.

Literatur

[1] Berge, C.: Graphes et hypergraphes. Paris: 1970.
[2] Busacker, R. G., Saaty, L. T.: Endliche Graphen und Netzwerke. München-Wien: 1968.
[3] Chen, W. K.: Applied Graph Theory. Amsterdam-London: 1971.
[4] Dilworth, X.: A Decomposition Theorem for Partially Ordered Sets. Ann. of Math. **51**, 161–166 (1950).
[5] Ford, L. R., Jr., Fulkerson, D. R.: Flows in Networks. Princeton: 1962.
[6] Gale, D.: A Theorem on Flows in Networks. Pacific J. Math. **7**, 1073–1082 (1952).
[7] Hall, M., Jr.: Distinot Representatives of Subsets. Bull. Amer. Math. Soc. **54**, 922–926 (1948).
[8] Harary, F., Norman, R. Z., Cartwright, D.: Structural Models. New York-London-Sydney: 1965.
[9] König, D.: Theorie der endlichen und unendlichen Graphen. New York: 1950.
[10] Menger, K.: Zur allgemeinen Kurventheorie. Fund. Math. **10**, 96–115 (1927).
[11] Richardson, X.: Solutions of Irreflexive Relations. Proc. Nat. Acad. of Sciences (U.S.A.) **39**, 649–651 (1953).
[12] Roy, B.: Algèbre moderne et théorie des graphes. Paris: 1969.
[13] Sachs, H., Einführung in die Theorie endlicher Graphen. München: 1971.
[14] Tutte, W. T.: (Blanche Descartes), Solution to Advanced Problem Nr. 4526. Amer. Math. Monthly **61**, 352 (1954).

Zweiter Teil. Algebraische Methoden

1. Graphen und Matrizen

1.1 Adjazenz- und Admittanzmatrizen

Wir betrachten einen beliebigen Graphen $G : = (X, K)$ und erinnern daran, daß G durch Angabe von X und der Abbildung $m : X \times X \to N_0$, die jedem Paar (x, y) seine Multiplizität $m(x, y)$ zuordnet, bestimmt ist. Aus X und m läßt sich dann die Kantenmenge K konstruieren. Manchmal ist diese Konstruktion aber überflüssig. Wir benötigen zur Bewältigung der im ersten Teil geschilderten Probleme eine handliche Darstellung für G, aus der auch alle Informationen über die Elemente von U_G leicht erhältlich sind. Eine handliche Darstellung für X erhalten wir, wenn wir die Elemente von X durchnumerieren und die Nummern als Namen für die verschiedenen Knoten verwenden. X erscheint dann als Intervall $I_n : = \{1, 2, \ldots, n\}$. Eine handliche Darstellung für $m : X \times X \to N_0$ erhalten wir, indem wir die Wertemenge von m zu einer quadratischen Matrix $M : = (m_{ij})$ zusammenfassen, wobei wir m_{ij} anstelle von $m(i, j)$ schreiben. Eine Matrix M, deren Elemente m_{ij} die Anzahl der Kanten mit dem Anfangsknoten i und dem Endknoten j angeben, heißt *Adjazenzmatrix* $M(G)$ von G.

$$M(\mathbf{G}) = \begin{bmatrix} 0 & 1 & 1 & 1 & 0 \\ 0 & 2 & 1 & 0 & 0 \\ 1 & 1 & 0 & 2 & 0 \\ 0 & 0 & 0 & 0 & 1 \\ 3 & 1 & 0 & 0 & 0 \end{bmatrix}$$

Fig. 37 zeigt einen Graph G mit fünf Knoten $x_1, x_2, \ldots, x_5$. Die dazugehörige Adjazenzmatrix ist $M(G)$. Bei Skizzen empfiehlt es sich nicht unbedingt, die Knoten

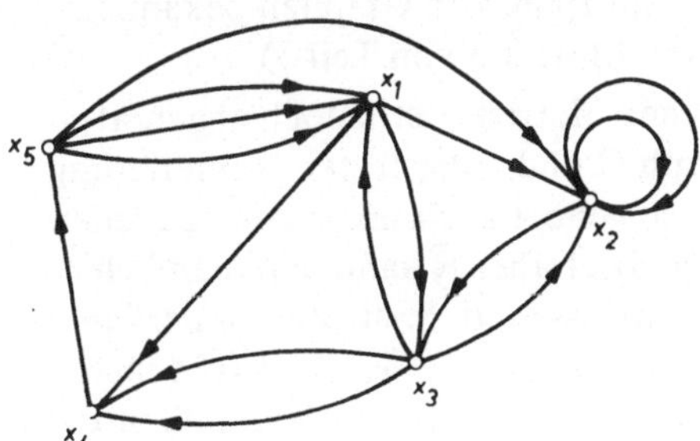

Fig. 37

nur durch ihre Nummern zu benennen, besonders dann nicht, wenn in die Skizze auch eine Knoten- oder Kantenbewertung eingetragen wird. Dabei können leicht Irrtümer entstehen.

Das Beispiel aus Fig. 37 zeigt, daß die Adjazenzmatrix eines Graphen in der Regel sehr viele Nullen enthält. Nullen gehören zu Knotenpaaren, die keiner Kantenmenge entsprechen. Es scheint überflüssig und mühevoll, auch diese Information in die Darstellung von G aufzunehmen. Zum Beispiel wird bei Verwendung einer digitalen Rechenanlage durch die Nullen der Matrix $M(G)$ Speicherplatz vergeudet. Bei umfangreichen Problemen kann dadurch Speichermangel entstehen. Dieser Sachverhalt ist in der Tat ein Nachteil der Adjazenzmatrix $M(G)$, der Nachteil kommt aber bei parallelkantenfreien Graphen, also bei Relationen. kaum zum Tragen. Im Gegenteil, bei Relationen gestattet die Adjazenzmatrix sogar eine besonders komprimierbare Darstellung, da $M(G)$ in diesem Fall nur als Nullen oder Einsen besteht und daher eine einzige Binärstelle zur Darstellung eines Elements ausreicht.

Das Aussehen einer Adjazenzmatrix $M(G)$ von G hängt von der Numerierung der Knotenmenge ab. Zu jedem Graph mit n Knoten gehören somit n! Adjazenzmatrizen. Ist P eine Permutationsmatrix der Ordnung n, so ist mit $M(G)$ auch $PM(G)P^T$ eine Adjazenzmatrix von G, wobei hochgestelltes T Transposition bedeuten soll. In der Folge werden wir stets eine Numerierung der Knotenmenge X als gegeben voraussetzen. Dann ist natürlich die dazugehörige Matrix $M(G)$ bestimmt und wir können von *der* Adjazenzmatrix von G sprechen.

Die Matrix $M(G)$ liefert uns ein algebraisches Kriterium für die Isomorphie zweier Graphen G_1 und G_2. Es gilt:

Satz 1.1.1. *Zwei Graphen* G_1 *und* G_2 *mit gleicher Knotenzahl n sind genau dann isomorph, wenn eine Permutationsmatrix P existiert mit* $M(G_2) = PM(G_1)P^T$.

Beweis. Der Inhalt des Satzes besagt, daß man die Knoten von G_1 so umnumerieren kann, daß Knotenpaare von G_1 und G_2 mit denselben Nummern gleiche Multiplizitäten besitzen. Beschreiben wir diese Umnumerierung durch $p : I_n \to I_n$, so gilt mit $X_1 := \{x_1, \ldots, x_n\}$ und $X_2 = \{y_1, \ldots, y_n\}$: $m(x_i, x_j) = m(y_{p(i)}, y_{p(j)})$. Die Abbildung $x_i \to y_{p(i)}$, $(x_i, x_j, t) \to (y_{p(i)}, y_{p(j)}, t)$ ist dann offenbar ein Isomorphismus zwischen G_1 und G_2. Umgekehrt definiert jeder Isomorphismus eine Permutationsmatrix P mit der in der Formulierung des Satzes ausgedrückten Eigenschaft.

Auch an der algebraischen Formulierung des Isomorphieproblems, die im letzten Satz erscheint, erkennt man die Schwierigkeit dieses Problems. In der letzten Zeit wurden auch Algorithmen zur Feststellung der Isomorphie von Graphen bekannt, die auf anderen Überlegungen aufbauen (siehe Abschnitt 3.3 von Teil 3).

Die Beziehung zwischen Graphen und quadratischen Matrizen ist jedoch enger, als bisher zum Ausdruck kam. Gehört zu jedem Graph G und jeder festen Numerierung seiner Knotenmenge eine Adjazenzmatrix $M(G)$, so gehört auch umgekehrt zu jeder quadratischen Matrix A ein Graph $G(A)$. Eine Matrix A über $\bar{R}$ kann man nämlich als Bewertungsmatrix der Allrelation $(X, X \times X)$ auffassen, d. h. als Zusammenfassung der Werte einer Abbildung $g : X \times X \to \bar{R}$ in Matrixform. Allerdings faßt man ein Nullelement in A meist nicht als Bewertung 0 für die entsprechende Kante auf, sondern eher als Ausdruck für das Fehlen dieser Kante. So kommt man zum Begriff des einer n-reihigen quadratischen Matrix A *assoziierten Graphen* G(A), der auch als *Coates-Graph* von A bezeichnet wird und so definiert ist:

$$G(A) := (X(A), K(A)),$$
$$X(A) := I_n,$$
$$K(A) := \bigcup_{i,j} \{(i,j) \mid a_{ij} \neq 0\}.$$

Die letzte Vereinigungsbildung ist über alle i und j von 1 bis n zu erstrecken.

Der einer Matrix A assoziierte Graph G(A) erlaubt eine anschauliche Deutung mancher wichtiger Eigenschaften von Matrizen. So interessiert man sich z. B. in der Theorie der Darstellung von Gruppen für die Reduzibilität von Matrizen. Eine quadratische Matrix A heißt bekanntlich reduzibel, wenn die Menge I_n ihrer Zeilenindizes eine solche Partition (R, S) erlaubt, daß aus $i \in R$ und $j \in S$ folgt $a_{ij} = 0$. Existiert keine derartige Partition, so heißt A irreduzibel. Nun gilt:

Satz 1.1.2. *Eine quadratische Matrix A ist genau dann irreduzibel, wenn der assoziierte Graph* G(A) *stark zusammenhängend ist.*

Beweis. A sei reduzibel und (R, S) eine Partition von I_n so, daß aus $i \in R$ und $j \in S$ folgt $a_{ij} = 0$. Wir wählen ein Element $r \in R$ und ein Element $s \in S$. Ist G(A) stark zusammenhängend, so gibt es in G(A) eine Bahn G_V von r nach s. Die Kantenordnung $(k_1, \ldots, k_v)$ von G_V legt eindeutig eine Knotenanordnung $(x_0 = r, x_1, \ldots, x_v = s)$ mit $x_i \in N(x_{i-1})$ fest, $(1 \leqslant i \leqslant v)$. In dieser Anordnung existiert ein erster Knoten x_i, der zu S gehört. Es folgt also $x_{i-1} \in R$, $x_i \in S$, $a_{x_{i-1} x_i} = 0$ und $(x_{i-1}, x_i) \in K(A)$. Dies steht im Widerspruch zur Definition von $K(A)$. Ist also A reduzibel, so ist G(A) nicht stark zusammenhängend.

Nun sei A irreduzibel und G(A) nicht stark zusammenhängend. Somit existieren zwei Knoten u und v so, daß G(A) keine Bahn von u nach v enthält. Wir bilden eine Indexmenge R, indem wir zu u alle Knoten v aus I_n hinzunehmen, zu denen von u aus eine Bahn existiert. S sei die Menge aller Knoten $w \in I_n$, zu denen keine Bahn von u aus existiert. (R, S) ist eine Partition von I_n. Aus $y \in R$ und $z \in S$ folgt $(y, z) \notin K(A)$, und daher $a_{yz} = 0$. Daher ist A im Widerspruch zur Annahme reduzibel. Ist somit A irreduzibel, so ist G(A) stark zusammenhängend.

Eine weitere interessante Eigenschaft von Matrizen ist die Zerlegbarkeit in Blöcke. Wir sagen, die Matrix A gestatte eine Blockzerlegung, wenn eine Permutationsmatrix P existiert, daß PAP^T die Form

$$\begin{bmatrix} A' & 0 \\ 0 & A'' \end{bmatrix}$$

hat. Auf analogem Wege beweist man:

Satz 1.1.3. *Eine quadratische Matrix A gestattet genau dann eine Blockzerlegung, wenn* G(A) *mindestens zwei Zusammenhangskomponenten besitzt.*

Wir denken uns in der Folge eine Kantenbewertung $g : K \to \bar{R}$ einer Relation G stets in Matrixform A angegeben, wobei zur Bildung der Matrix die mit G gegebene Numerierung der Knotenmenge X herangezogen wird. Zu einer Kantenbewertung g gehört neben der Bewertung $f_g : U_G \to \bar{R}$ noch eine weitere Bewertung $g^* : U_G \to \bar{R}$, die durch

$$g^* ((X', K')) := \prod_{k \in K'} g(k), \quad (X', K') \in U_G$$

definiert ist. Eine Matrix A liefert somit unter anderem auch die Bewertungen f_g und g^*: $U_{G(A)} \to \bar{R}$ des assoziierten Graphen $G(A)$.

Es sei nun A eine n-reihige quadratische Matrix. Mit U_F bezeichnen wir die Menge aller $(1,1)$-Faktoren von $G(A)$, mit $z(H)$ die Anzahl der Zyklen, aus denen sich ein $(1,1)$-Faktor H zusammensetzt. Dann gilt:

Satz 1.1.4. *Die Determinate einer n-reihigen quadratischen Matrix A über R ist gegeben durch*

$$\det(A) = (-1)^n \sum_{H \in U_F} g^*(H) \, (-1)^{z(H)}.$$

Beweis. Wir betrachten einen von Null verschiedenen Summanden $(-1)^p a_{1p(1)}$ $a_{2p(2)} \ldots a_{np(n)}$ aus dem Ausdruck $\sum_p (-1)^p a_{1p(1)} \ldots a_{np(n)}$. $(-1)^p$ bedeute das Signum der Permutation p. Die diesem Summanden entsprechende Kantenmenge von $G(A)$ ist $K' := \{(1, p(1)), \ldots, (n, p(n))\}$. Sie erzeugt einen $(1,1)$-Faktor in $G(A)$. Denn es gilt $X_{K'} = I_n$ und $d^+(x) = d^-(x) = 1$ für jeden Knoten $x \in X_{K'}$. Ist umgekehrt $G' := (I_n, K')$ ein $(1,1)$-Faktor in $G(A)$, so definiert die Nachfolgerabbildung $N': I_n \to P(I_n)$ von G' eine Permutation $p : I_n \to I_n$, da jeder Knoten in G' genau einen Nachfolger und genau einen Vorgänger hat. Der zu dieser Permutation gehörende Ausdruck $a_{1p(1)} \ldots a_{np(n)}$ ist nach Definition von $G(A)$ von Null verschieden.

Wir betrachten nun einen Zykel $G_{K''}$, der Länge w von G'. Es gelte $K'' := \{(i_1, i_2), (i_2, i_3), \ldots, (i_w, i_1)\}$. Offenbar kann man durch $w-1$ Vertauschungen die Anordnung $(i_2, i_3, \ldots, i_w, i_1) = (p(i_1), p(i_2), \ldots, p(i_w))$ in die Anordnung $(i_1, i_2, \ldots, i_w)$ überführen. Besteht demnach G' aus $z(G')$ Zyklen der Länge $w_1, w_2, \ldots, w_{z(G')}$, so ist das Signum der durch G' definierten Permutation gleich $(-1)^{w_1 - 1 + \ldots + w_z (G') - 1}$ $= (-1)^{n - z(G')}$. Damit ist der Satz bewiesen.

Beispiel 1.1.1. Wir betrachten die Matrix A und den assoziierten Graph $G(A)$ von Fig. 38 a. $G(A)$ enthält vier $(1,1)$-Faktoren, die in Fig. 38 b aufgelistet sind. Das Beispiel soll das Verfahren zur Berechnung der Determinante von A erläutern. Eine numerisch gegebene Matrix A wird man allerdings in der Regel nicht auf diese Weise verarbeiten. Wirkliche Vorteile bietet das Verfahren nur dann, wenn man lineare Gleichungssysteme zu behandeln hat, bei denen die Koeffizienten nicht numerisch sondern als Funktionen eines Parameters s gegeben sind und man die Lösung als Funktion dieses Parameters wünscht. Wir verweisen für eine ausführliche Darstellung dieses Problemkreises auf [1].

Neben der Determinante einer quadratischen Matrix A gibt es auch den Begriff der *Permanente* von A. Die Permanente per (A) von A berechnet man genauso wie deren Determinante, nur wird das Signum einer Permutation nicht berücksichtigt, d. h. es gilt

$$\text{per}(A) := \sum_p a_{1p(1)} \ldots a_{np(n)}.$$

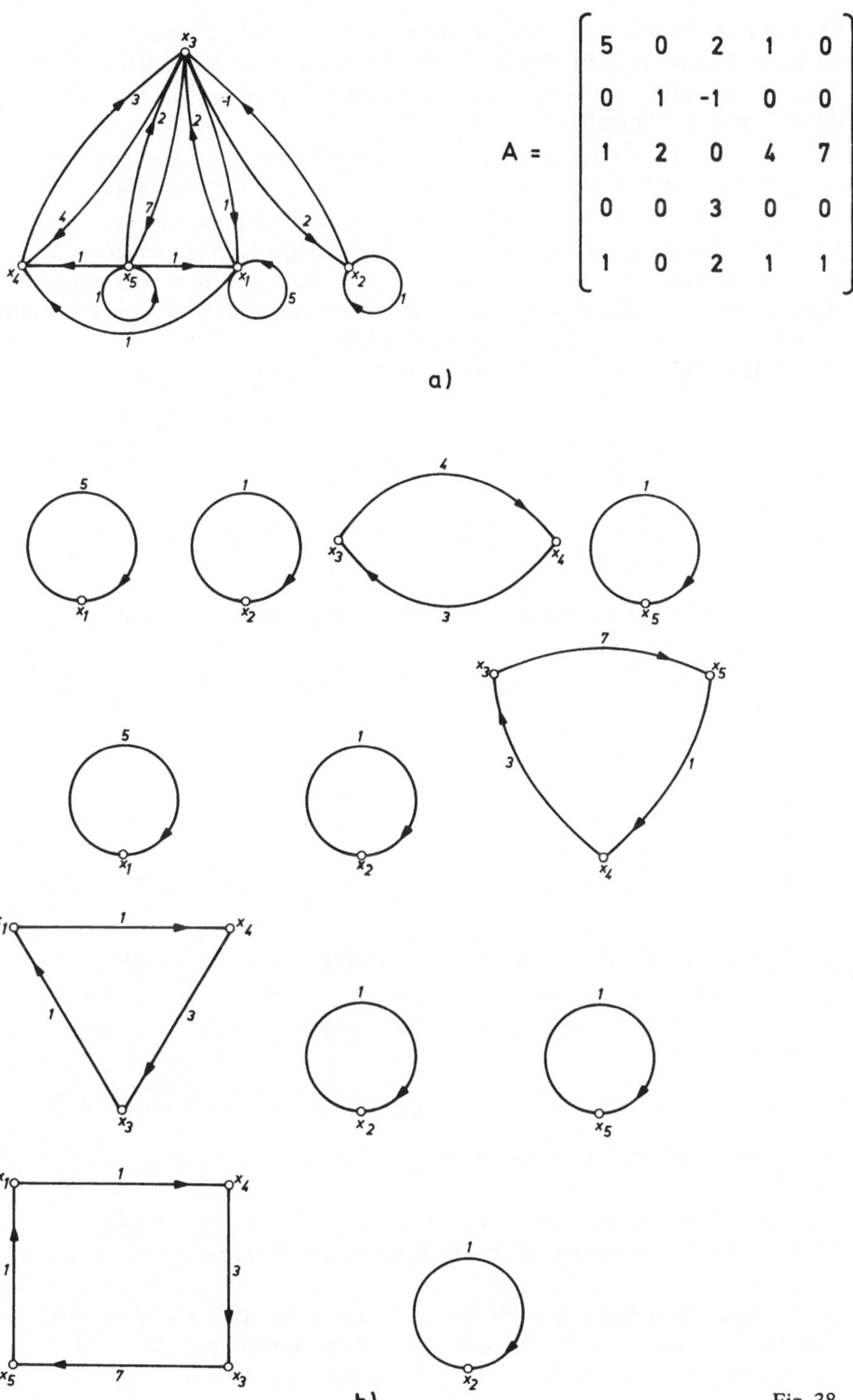

$$A = \begin{bmatrix} 5 & 0 & 2 & 1 & 0 \\ 0 & 1 & -1 & 0 & 0 \\ 1 & 2 & 0 & 4 & 7 \\ 0 & 0 & 3 & 0 & 0 \\ 1 & 0 & 2 & 1 & 1 \end{bmatrix}$$

a)

b)

Fig. 38

Gehen wir von einer Matrix A über zu ihrem assoziierten Graph $G(A)$ und von diesem wieder zu seiner Adjazenzmatrix $M(G(A))$, so erhalten wir eine Matrix über $\{0,1\}$. $M(G(A))$ erhält man unmittelbar, wenn man in A alle von Null verschiedenen Elemente durch 1 ersetzt. Nun gilt:

Satz 1.1.5. *Es sei A eine quadratische Matrix. Dann ist der Wert der Permanente von $M(G(A))$ gleich der Anzahl der verschiedenen (1,1)-Faktoren von $G(A)$.*

Beweis. Die $(1,1)$-Faktoren von $G(A)$ entsprechen eineindeutig den von Null verschiedenen Ausdrücken $a_{1p(1)}a_{2p(2)} \ldots a_{np(n)}$. Diese entsprechen eineindeutig den von Null verschiedenen Summanden $m_{1p(1)} m_{2p(2)} \ldots m_{np(n)}$ in dem Ausdruck für die Permanente von $M(G(A))$. Der Wert jedes solchen Summanden ist 1. Ihre Summe ergibt also die Anzahl der $(1,1)$-Faktoren von $G(A)$.

Beispiel 1.1.2. Die Adjazenzmatrix des Graphen $G(A)$ in Beispiel 1.1.1 ist

$$\begin{bmatrix} 1 & 0 & 1 & 1 & 0 \\ 0 & 1 & 1 & 0 & 0 \\ 1 & 1 & 0 & 1 & 1 \\ 0 & 0 & 1 & 0 & 0 \\ 1 & 0 & 1 & 1 & 1 \end{bmatrix}.$$

Für den Wert ihrer Permanente ergibt sich 4. Dies erkennt man leicht, wenn man nach der vierten Zeile entwickelt.

In der Theorie elektrischer Netzwerke stößt man bei der Analyse linearer Systeme auf Matrizen der Form

$$\begin{bmatrix} \sum\limits_{i \neq 1}^{n} a_{i1} & -a_{12} & -a_{13} & \ldots -a_{1n} \\ -a_{21} & \sum\limits_{i \neq 2}^{n} a_{i2} & -a_{23} & \ldots -a_{2n} \\ & & \ldots & \\ -a_{n1} & -a_{n2} & -a_{n3} & \ldots \sum\limits_{i \neq n} a_{in} \end{bmatrix}$$

Die Determinante einer derartigen Matrix ist natürlich 0, da sämtliche Spaltensummen 0 sind. Matrizen dieser Form heißen *Admittanzmatrizen*. Mit A_{ij} bezeichnen wir die n-1-reihige Untermatrix von A, die durch Streichen der i-ten Zeile und der j-ten Spalte entsteht.

Satz 1.1.6. *Es sei A eine n-reihige Admittanzmatrix. Dann gilt für $1 \leqslant i \leqslant n$:*

$$\det (A_{ii}) = \sum\limits_{H \in U_i} (-1)^{n-1} g^* (H).$$

Unter U_i wird die Menge der gerichteten Teilbäume von $G'(A) := (I_n, K'(A) := = K(A)-D_{I_n})$ mit der Wurzel i verstanden. D_{I_n} bedeute die Diagonale von $I_n \times I_n$.
Beweis.

1. $G'(A)$ sei ein gerichteter Baum mit der Wurzel 1 und besitze daher $n-1$ Kanten. Die Knotenmenge eines solchen Baumes läßt sich stets so numerieren, daß $K'(A)$ nur Kanten (i, j) mit $i < j$ enthält. Dabei ändert sich zwar A_{11}. Ist aber P_{n-1} die $n-1$-reihige Permutationsmatrix, die dieser Umnumerierung entspricht, so gilt

$\det (P_{n-1} A_{11} P_{n-1}^T) = \det (P_{n-1}) \det (A_{11}) \det (P_{n-1}^T) = \det (A_{11})$. Eine Umnumerierung läßt daher $\det (A_{11})$ unverändert. Dabei erhält aber A_{11} die Gestalt

$$\begin{bmatrix} s_2 & -a'_{23} & -a'_{24} & \cdots & -a'_{2n} \\ 0 & s_3 & -a'_{24} & \cdots & -a'_{3n} \\ & & \cdots & & \\ 0 & 0 & 0 & \cdots & s_n \end{bmatrix},$$

wobei $\{s_2, s_3, \ldots, s_n\}$ die Menge der Diagonalelemente von A_{11} bedeutet. Da $G'(A)$ ein gerichteter Baum ist, ist nach der Umnumerierung in jeder Spalte j von A außer dem Diagonalelement s_j nur ein Element von Null verschieden, und dieses Element ist gleich $-s_j$. Wir haben daher

$$\det (A_{11}) = \prod_{i=2}^{n} s_i = (-1)^{n-1} \prod_{(i,j) \in K'(A)} g(i,j) = (-1)^{n-1} g^*(G(A)).$$

Insbesondere gilt $\det (A_{11}) \neq 0$.

2. Nun sei $G'(A)$ ein Graph mit $n-1$ Kanten und $\det (A_{11}) \neq 0$. Wir wollen zeigen, daß dann $G'(A)$ ein gerichteter Baum mit der Wurzel 1 ist. Für $n = 1$ ist nichts zu zeigen. Für $n = 2$ gilt die Behauptung. Denn in diesem Fall haben wir

$$A = \begin{bmatrix} a_{21} & -a_{12} \\ -a_{21} & a_{12} \end{bmatrix}$$

mit $a_{21} a_{12} = 0$ und $a_{12} + a_{21} \neq 0$. $G'(A)$ ist daher einer der Graphen $(\{1,2\}, \{(1,2)\})$ oder $(\{1,2\}, \{(2,1)\})$. Die Behauptung gelte nun für $2 \leqslant n \leqslant u-1$, und nun sei $n = u$. Ist $k \neq 1$, so existiert mindestens eine Kante $(i, k) \in K'(A)$. Denn andernfalls enthielte die k-te Spalte von A_{11} nur Nullen und wir hätten $\det (A_{11}) = 0$. Wegen der Gesamtanzahl $n-1$ der Kanten hat aber jedes $k \neq 1$ genau einen Vorgänger, und 1 hat daher keinen Vorgänger. Wir haben daher nur noch zu zeigen, daß $g'(A)$ ein Baum ist. Dazu genügt nach Satz 2.4.5 von Teil 1 der Nachweis, daß $G'(A)$ zusammenhängend ist. Wäre dies nicht der Fall, dann gäbe es nach Satz 1.1.3 eine $n-1$-reihige Permutationsmatrix P_{n-1} mit

$$P_{n-1} A_{11} P_{n-1}^T = \begin{matrix} S\, \{ \\ \\ T\, \{ \end{matrix} \begin{bmatrix} A' & 0 \\ & \\ 0 & A'' \end{bmatrix}.$$

S und T seien die Mengen der zu A' und A'' gehörenden Zeilenindizes. Wir hätten dann $\det (A_{11}) = \det (A') \det (A'')$. Nach Induktionsannahme ist sowohl der Untergraph $G_{S \cup \{1\}}$ als auch der Untergraph $G_{T \cup \{1\}}$ ein gerichteter Baum mit der Wurzel 1. Dann ist aber $G'(A)$ im Widerspruch zur Annahme zusammenhängend.

Damit ist Satz 1.1.6 für den Fall bewiesen, daß $G'(A)$ genau $n-1$ Kanten besitzt. Wir haben zwar nur den Fall $i = 1$ betrachtet, die übrigen Fälle führt man jedoch durch Umnumerierung der Knoten auf diesen zurück.

3. Es sei nun $G'(A)$ ein beliebiger Digraph. $\det (A_{11})$ ist eine lineare Funktion der

Spalten $a_2, a_3, \ldots, a_n$ der Matrix A. Diese Spalten sind ihrerseits lineare Funktionen der Spalten $\overline{a}_2, \overline{a}_3, \ldots, \overline{a}_n$ der Matrix

$$\begin{bmatrix} 0 & -a_{12} & -a_{13} & \cdots & -a_{1n} \\ -a_{21} & 0 & -a_{23} & \cdots & -a_{2n} \\ & & \cdots & & \\ -a_{n1} & -a_{n2} & -a_{n3} & \cdots & -0 \end{bmatrix}$$

Somit ist auch $\det(A_{11})$ eine lineare Funktion L von $\overline{a}_2, \overline{a}_3, \ldots, \overline{a}_n$, und wir haben, wenn e_i den i-ten Einheitsvektor bedeutet, dessen i-te Komponente 1 ist, während alle übrigen Komponenten 0 sind, bei naheliegender Schreibweise:

$$\det(A_{11}) = L(\overline{a}_2, \overline{a}_3, \ldots, \overline{a}_n) = L\left(-\sum_{i_2 \neq 2} a_{i_2 2} e_{i_2}, -\sum_{i_3 \neq 3} a_{i_3 3} e_{i_3}, \ldots - \sum_{i_n \neq n} a_{i_n n} e_{i_n}\right) =$$

$$= \sum_{i_2, i_3, \ldots, i_n} a_{i_2 2} a_{i_3 3} \cdots a_{i_n n} L(-e_{i_2}, -e_{i_3}, \ldots, -e_{i_n}).$$

Ersetzt man aber in A die erste Spalte durch den Nullvektor, die zweite bis n-te Spalte durch $-e_{i_2}, -e_{i_3}, \ldots, -e_{i_n}$ und die entsprechenden Diagonalglieder durch 1,

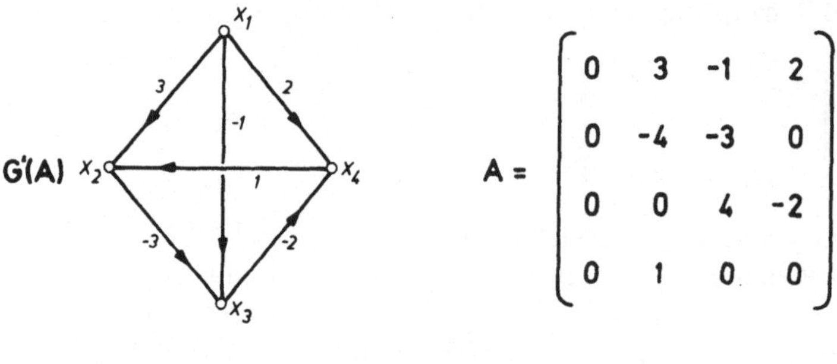

Fig. 39 a

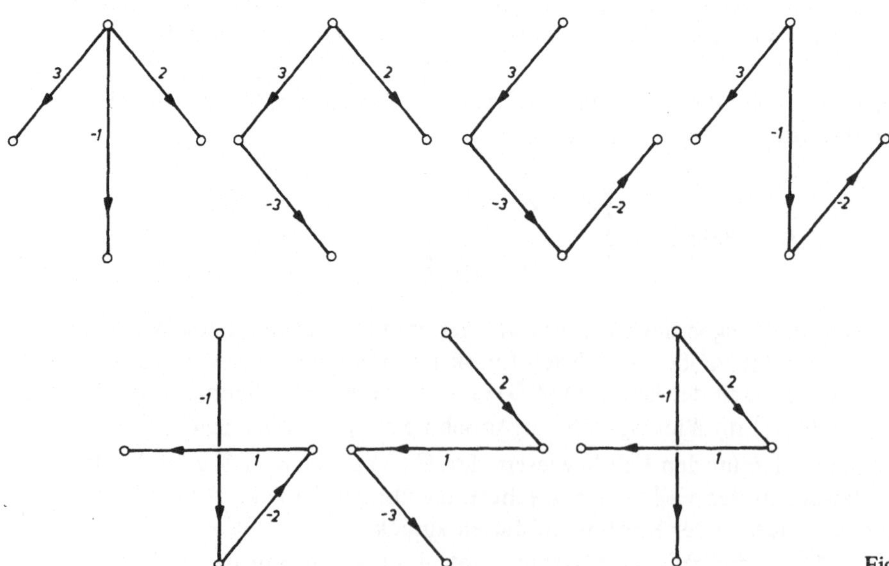

Fig. 39 b

so geht A über in eine Matrix A_1, deren assoziierter Graph $G(A_1)$ nach Entfernung seiner Schleifen $n-1$ Kanten mit der Bewertung -1 aufweist. $L(-e_{i_2}, -e_{i_3}, \ldots, -e_{i_n})$ ist demnach $(-1)^{n-1}$ oder 0, je nachdem, ob die Kantenmenge $\{(i_2, 2), (i_3, 3), \ldots, \ldots, (i_n, n)\}$ einen gerichteten Teilbaum mit der Wurzel 1 von $G'(A_1)$ erzeugt oder nicht. Damit ist Satz 1.1.6 für $i = 1$ bewiesen. Gilt $2 \leqslant i \leqslant n$, so führt eine Umnumerierung wieder auf den Fall $i = 1$ zurück.

Beispiel 1.1.3. Wir betrachten die Matrix aus Fig. 39a und den dazu gehörenden Graph $G'(A)$. In Fig. 39b sind alle gerichteten Teilbäume mit der Wurzel 1 aufgelistet.

G sei ein beliebiger Graph und $M(G)$ seine Adjazenzmatrix. Mit Hilfe der Halbgrade $d^-(x)$ definieren wir eine Diagonalmatrix D:

$$d_{ij} := \begin{cases} 0 & i \neq j \\ d^-(x_i) & i = j \end{cases}$$

$$A(G) = \begin{bmatrix} 4 & 0 & -1 & -3 \\ 0 & 2 & -1 & -1 \\ -1 & -1 & 2 & 0 \\ -3 & -1 & 0 & 4 \end{bmatrix}$$

a)

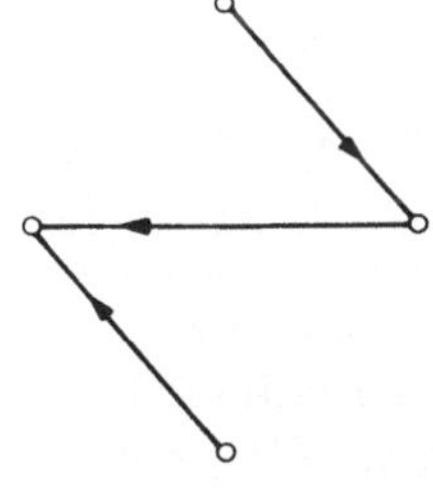
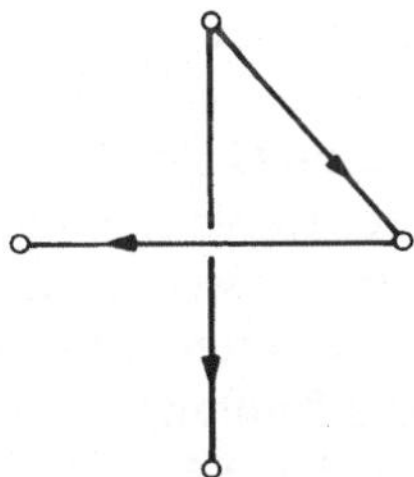
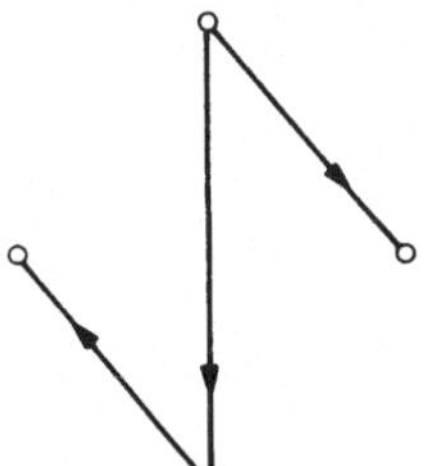
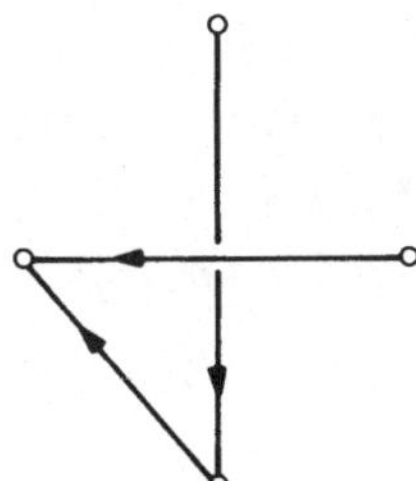

b)

Fig. 40

Die Matrix $D-M(G)$ heißt *Admittanzmatrix* $A(G)$ von G. Aus Satz 1.1.6 folgt:
Der Wert der Determinante det (A_{ii}) der zum i-ten Element der Hauptdiagonale
von $A(G)$ gehörenden $n-1$-reihigen Untermatrix A_{ii} ist gleich der Anzahl der gerichteten Teilbäume von G mit der Wurzel i.

Nun sei $G := (X, K)$ ein antisymmetrischer Graph, G_{SH} seine symmetrische Hülle
und $G' := (X, K')$ ein Gerüst von G. Wir betrachten die folgende Abbildung
$F_k : K' \rightarrow K_{SH}$:

$$F_k(i,j,t) := \begin{cases} (i, j, t) & \text{wenn } l'(i, k) < l'(j, k) \\ (j, i, t) & \text{wenn } l'(i, k) > l'(j, k) \end{cases}$$

Dabei bedeutet $l'(i, k)$ den Abstand des Knoten i von einem fest gewählten Knoten
k in G'.

F_k induziert eine bijektive Abbildung $\widetilde{F}_k : U_{GR} \rightarrow \widetilde{U}_k$ von der Menge U_{GR} der Gerüste von G auf die Menge $\widetilde{U}_k$ der gerichteten Teilbäume von G_{SH} mit der Wurzel k.
Aus dieser Bemerkung und aus Satz 1.1.6 folgt:

Satz 1.1.7 *(Matrix-Gerüst-Satz): Es sei G ein antisymmetrischer Graph und G_{SH}
seine symmetrische Hülle. Die Anzahl der Gerüste von G ist gleich dem Wert der
Determinante* det (A_{ii}) *einer zu irgendeinem Diagonalelement gehörigen n-1-reihigen
Untermatrix A_{ii} von $A(G_{SH})$.*

Beispiel 1.1.4. Wir betrachten den Graph aus Fig. 40 a und die dazugehörige Matrix
$A(G_{SH})$. Hier gilt det $(A_{ii}) = 10$ für $i = 1, 2, 3, 4$. Die entsprechenden Gerüste von
G sind in Fig. 40 b zu sehen. Die Skizzen 2 bis 4 sind dreifach vorhanden zu denken,
je einmal für jede Kante von x_1 nach x_4.

1.2 Die Knoten–Kanten–Inzidenzmatrix

Wir betrachten einen beliebigen Graph $G := (X, K)$ und setzen $n := |X|$, $m := |K|$.
p bedeute wie früher die Anzahl der Komponenten von G. $h : I_m \rightarrow K$ sei eine Numerierung der Kantenmenge K. Wir unterlassen jedoch hier, um Mißverständnisse zu
vermeiden, eine Identifizierung der Kanten mit ihren Nummern und bevorzugen
die Bezeichnungen $k_1, \ldots, k_m$. Die Knoten von G werden jedoch weiterhin mit
ihren Nummern benannt. Ausgehend von G bilde man nun eine Matrix $B(G)$ auf
folgende Weise:

$$b_{ij} = \begin{cases} 1 & i = p_1(k_j) & i \neq p_2(k_j) \\ -1 & i = p_2(k_j) & i \neq p_1(k_j) \\ 0 & i \neq p(k_j) & i \neq p_2(k_j) \\ -0 & i = p(k_j) = p_2(k_j) \end{cases}$$

$$1 \leq i \leq n; \quad 1 \leq j \leq m.$$

Es gelte somit $b_{ij} = 1$, wenn k_j keine Schlinge ist und i als Anfangsknoten besitzt.
Es gelte $b_{ij} = -1$, wenn k_j keine Schlinge ist und i als Endknoten besitzt. Schließ

lich gelte $b_{ij} = 0$, wenn i mit k_j nicht inzident ist und $b_{ij} = -0$, wenn k_j eine Schlinge in i ist. Die Matrix $B(G)$ heißt *Knoten–Kanten–Inzidenzmatrix* von G.

Beispiel 1.2.1. Fig. 41 zeigt einen Graph G und die dazugehörige Matrix $B(G)$.
$B(G)$ liefert sämtliche Informationen über G. Das Aussehen von $B(G)$ hängt natürlich von der Numerierung der Knoten- und Kantenmengen X und K ab. Ist P_n eine

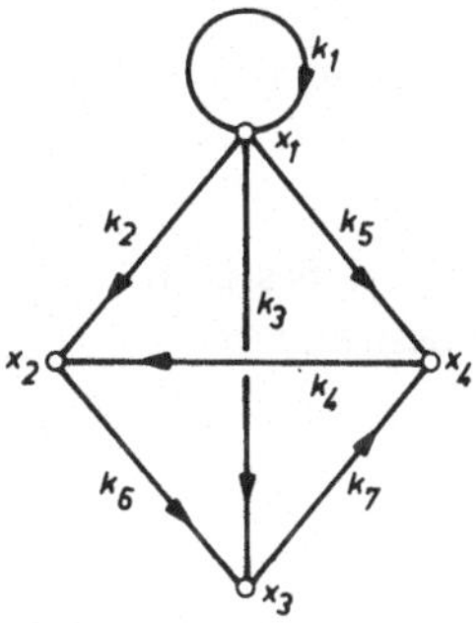

$$B(G) = \begin{bmatrix} -0 & 1 & 1 & 0 & 1 & 0 & 0 \\ 0 & -1 & 0 & -1 & 0 & 1 & 0 \\ 0 & 0 & -1 & 0 & 0 & -1 & 1 \\ 0 & 0 & 0 & 1 & -1 & 0 & -1 \end{bmatrix}$$

Fig. 41

n-reihige und P_m eine m-reihige Permutationsmatrix, so ist auch $P_n B(G) P_m^T$ eine Knoten–Kanten-Inzidenzmatrix von G. Wir denken uns in der Folge mit G stets auch eine Knoten- und Kantennumerierung gegeben. Dann ist $B(G)$ festgelegt und wir können von *der* Knoten–Kanten-Inzidenzmatrix von G sprechen. Die Spalten von $B(G)$, die nur Nullen enthalten, entsprechen umkehrbar eindeutig den Schlingen von G. Das Vorzeichen in -0 dient nur zur Markierung des Knoten, mit dem die entsprechende Schlinge inzidiert. Bei irgendwelchen Operationen mit $B(G)$ wirkt -0 wie eine gewöhnliche Null. Alle übrigen Spalten enthalten genau zwei von Null verschiedenen Eintragungen, eine davon ist $+1$, die andere -1. Sämtliche Spaltensummen von $B(G)$ sind daher 0. Der Rang $B(G)$ ist daher kleiner als n. Es gilt:

Satz 1.2.1. *Der Rang von $B(G)$ ist gleich dem Rang r von G.*

Beweis. Zunächst sei G zusammenhängend. Dann existiert in jeder Untermatrix von $B(G)$ mit $k < n$ Zeilen und m Spalten mindestens eine Spalte mit genau einer von Null verschiedenen Eintragung. Wäre das nicht der Fall, so gäbe es keine Kante, die sowohl mit einem Knoten, der zu den k gewählten Zeilen gehört, als auch mit einem der restlichen $n-k$ Knoten inzidiert. Dann wäre aber G nicht zusammenhängend. Wir betrachten nun die Gleichung $B(G)^T x = 0$, wobei hochgestelltes T Transposition bedeuten soll. Offenbar ist der Vektor $e^T := (1, 1, \ldots, 1)$, dessen sämtliche Komponenten gleich 1 sind, eine Lösung dieser Gleichung. Ist andererseits y eine Lösung von $B(G)^T x = 0$, so sind alle Komponenten von y gleich, y also ein Vielfaches von e. Nach der ersten Bemerkung existiert nämlich in der ersten Zeile ($k = 1$) von $B(G)$ eine von Null verschiedene Eintragung. In der entsprechenden Spalte existiert daher genau eine weitere von Null verschiedene Eintragung. Es sei dies in der j-ten Zeile der Fall. Dann folgt $y_j = y_1$. Nehmen wir nun die aus den Zeilen 1 und j gebildete Untermatrix von $B(G)$. In dieser existiert eine weitere Spalte mit genau einer Null verschiedenen Eintragung. Die entsprechende zweite Eintragung in dieser Spalte gehöre zur Zeile l. Dann folgt $y_1 = y_j = y_l$. Fortsetzung dieses Verfahrens liefert nach $n-1$ Schritten das behauptete Resultat und zeigt bereits, daß beliebige $n-1$ Zeilen von $B(G)$ linear unabhängig sind. Der Rang von $B(G)$ ist also gleich $n-1$. Ist G nicht zusammenhängend, so führt eine entsprechende Umnumerierung von Knoten und Kanten $B(G)$ über in eine Matrix der Form

$$\begin{bmatrix} C_1 & & & \\ & C_2 & & \square \\ & & \ddots & \\ \square & & & C_p \end{bmatrix},$$

wobei die Matrizen $C_1, C_2, \ldots, C_p$ die Ränge $n_1-1, n_2-1, \ldots, n_p-1$ besitzen. $n_1, n_2, \ldots, n_p$ bedeuten die Knotenzahlen der einzelnen Komponenten von G. Ist C_i' eine n_i-1-reihige reguläre Untermatrix von C_i, so ist

$$\begin{bmatrix} C_1' & & & \\ & C_2' & & \square \\ & & \ddots & \\ \square & & & C_p' \end{bmatrix}$$

eine reguläre Untermatrix von $B(G)$ und hat $r = \sum_{i=1}^{p} (n_i-1) = n-p$ Zeilen. Damit ist der Satz bewiesen.

Satz 1.2.2. *Es sei G_W ein Kreis von G der Länge w. Dann sind die den Kanten von W entsprechenden Spalten von $B(G)$ linear abhängig.*

Beweis. Es sei B' die Untermatrix von $B(G)$, die aus den zu den Kanten von W gehörenden Spalten besteht. B'' entstehe aus B' durch Streichen aller Zeilen, die zu Knoten aus $X-p(W)$ gehören. Diese Zeilen enthalten nur Nullen, es gilt also Rang (B') = Rang (B''). Ferner haben wir $B'' = B(G_W)$. Da G_W zusammenhängend ist und w Knoten enthält, gilt Rang (B') = Rang $(B(G_W)) = w-1$. Die Spalten von B' sind daher linear abhängig.

Eine reguläre quadratische Untermatrix von $B(G)$ mit r = Rang $(B(G))$ Zeilen heiße *Hauptuntermatrix* von $B(G)$. Dann gilt:

Satz 1.2.3. *G sei ein zusammenhängender Graph. Dann erzeugt die den Spalten einer Hauptuntermatrix von $B(G)$ entsprechende Kantenmenge ein Gerüst von G. Umgekehrt bestimmt jedes Gerüst von G eine Hauptuntermatrix von $B(G)$.*

Beweis. Es sei B' eine Hauptmatrix von $B(G)$. Dann enthält der von den $n-1$ zu B' gehörenden Kanten erzeugte Untergraph G' nach Satz 1.2.2 keinen Kreis. Wäre G' nicht zusammenhängend, so wäre der Rang der Untermatrix $B(G')$ von $B(G)$ kleiner als $n-1$. B' ist jedoch eine Untermatrix von $B(G')$ mit dem Rang $n-1$. Damit führt die Annahme, G' sei nicht zusammenhängend, zu einem Widerspruch. Also ist G' ein Gerüst.

Ist andererseits G' ein Gerüst von G, so ist $B(G')$ eine n-reihige Untermatrix von $B(G)$ mit $n-1$ Spalten und dem Rang $n-1$. Streichen einer beliebigen Zeile liefert also aus $B(G')$ eine Hauptuntermatrix B' von $B(G)$.

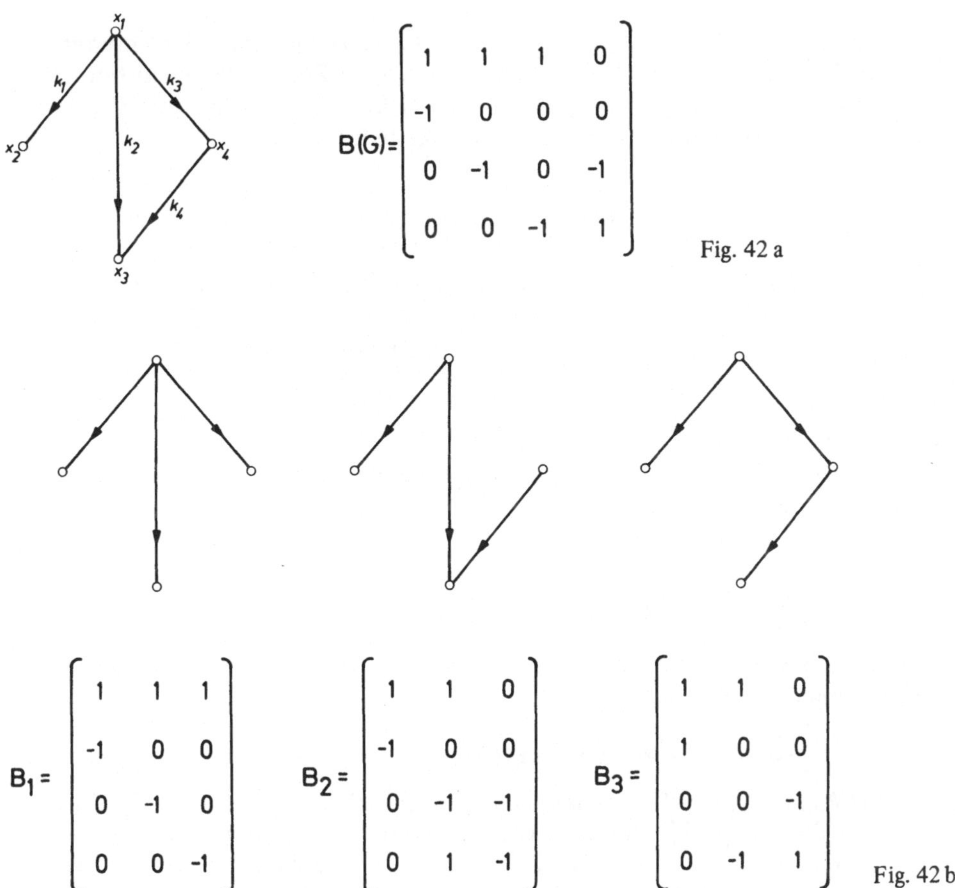

Fig. 42 a

Fig. 42 b

Dieser Satz läßt sich sinngemäß auf nicht zusammenhängende Graphen G erweitern. Statt eines Gerüstes ist dann ein Wald zu nehmen, der Teilgraph von G ist.

Beispiel 1.2.2. Wir betrachten den Graph G in Fig. 42 a und die dazugehörige Matrix $B(G)$. Die drei verschiedenen Gerüste von G sind in Fig. 42 b aufgelistet. Ihnen entsprechen die Matrizen B_1, B_2 und B_3. Jede davon hat den Rang 3, wovon man sich durch Streichen einer beliebigen Zeile und anschließender Ermittlung der Determinante leicht überzeugt.

Es sei nun G wieder ein zusammenhängender Graph und $G' := (X, K')$ eines seiner Gerüste. $B_f(G)$ entstehe aus $B(G)$ durch Streichen einer beliebigen Zeile. Sämtliche Informationen über G sind auch aus $B_f(G)$ ersichtlich, da $B(G)$ daraus konstruierbar ist. Wir denken uns nun die Kanten von K so numeriert, daß die Elemente aus K' die Nummern $m-n+2$ bis m erhalten. Dann gilt

$$B_f(G) = (B_f'', B_f'),$$

wobei B_f' eine reguläre $n-1$-reihige quadratische Matrix ist. Ihre Spalten entsprechen den Elementen von K'.

Wir ordnen nun dem Gerüst G' eine weitere $(n-1)$-reihige quadratische Untermatrix H' zu. $B_f(G)$ entstehe aus $B(G)$ durch Streichen der Zeile l. In G' existiert zu jedem von l verschiedenen Knoten j genau ein Weg $G_{V(j,l)}$ zwischen j und l, den wir als von j nach l orientiert betrachten. Dann gelte für H':

$$h'_{ij} := \begin{cases} 1 & \text{wenn } k_{m-n+1+i} \text{ zum Weg } G_{V(j,l)} \text{ gehört und} \\ & \text{dieselbe Orientierung hat wie dieser;} \\ -1 & \text{wenn } k_{m-n+1+i} \text{ zum Weg } G_{V(j,l)} \text{ gehört und} \\ & \text{entgegengesetzt orientiert ist;} \\ 0 & \text{wenn } k_{m-n+1+i} \text{ nicht zu } G_{V(j,l)} \text{ gehört.} \end{cases}$$

Damit gilt:

Satz 1.2.4. *H' ist invers zu B'_f, d. h. $(B'_f)^{-1} = H'$.*

Beweis. Wir zeigen die Richtigkeit der Behauptung für den Fall $l = n$. Die übrigen Fälle führt man durch Umnumerierung auf diesen Fall zurück. Zu zeigen ist: Für $1 \leqslant i \leqslant n-1$ und $m-n+2 \leqslant j \leqslant m$ gilt

$$\sum_{s=1}^{n-1} h'_{is} b_{sj} = \delta_{m-n+1+i,j} \quad \text{(Kronecker-Delta)}.$$

Da b_{sj} nur für $s \in p(k_j)$ von Null verschieden ist, reduziert sich diese Bedingung mit $u = p_1(k_j)$ und $v = p_2(k_j)$ auf

$$h'_{iu} b_{uj} + h'_{iv} b_{vj} = \delta_{m-n+1+i,j} \, .$$

Jede Kante $k_{m-n+1+i}$ von G' erzeugt nach 2.5 von Teil 1 einen Schnitt (X_1, X_2) in G'. Gilt $n \in X_1$, so ist h'_{iu} nur dann von Null verschieden, wenn u zu X_2 gehört (entsprechendes gilt bei $n \in X_2$). $k_{m-n+1+i}$ besitzt darüber hinaus relativ zu allen gerichteten Wegen von Knoten aus X_2 nach n dieselbe Richtung. Sämtliche von Null verschiedenen Elemente einer Zeile von H' haben daher dasselbe Vorzeichen. Es sei nun $m-n+1+i \neq j$ und (Y_1, Y_2) der von k_j erzeugte Schnitt in G'. $p(k_{m-n+1+i})$ ist dann entweder ganz in Y_1 oder in Y_2 enthalten. Daher sind h'_{iu} und h'_{iv} entweder beide Null oder beide von Null verschieden und haben dasselbe Vorzeichen. Der Leser möge sich diesen Sachverhalt durch schematische Darstellung aller möglichen Fälle an Hand einer Skizze analog zu Fig. 43 klarmachen. Da b_{uj} und b_{vj} verschiedenes Vorzeichen haben, ist daher für $m-n+1+i \neq j$ die behauptete Beziehung erfüllt.

Nun sei $m-n+1+i = j$. Ist $h'_{iu} = 0$, dann gilt (siehe Skizze in Fig. 43) $n \in Y_1$, und wir haben $h'_{iv} = b_{vj} = -1$, also $h'_{iv} b_{vj} = 1$. Ist $h'_{iu} \neq 0$, so gilt $n \in Y_2$, $h'_{iu} = 1$ und $h'_{iv} = 0$. Dies liefert mit $b_{uj} = 1$ wieder $h'_{iu} b_{uj} = 1$. Die behauptete Beziehung gilt also auch für $m-n+1+i = j$. Damit ist der Satz bewiesen.

Beispiel 1.2.3. Wir betrachten nochmals den Graph G in Fig. 42 a. Mit $G' = G_{\{k_1, k_2, k_3\}}$ und $l = 4$ erhalten wir:

$$B'_f = \begin{bmatrix} 1 & 1 & 1 \\ -1 & 0 & 0 \\ 0 & -1 & 0 \end{bmatrix}, \quad B''_f = \begin{bmatrix} 0 \\ 0 \\ -1 \end{bmatrix} .$$

Die Matrix H' lautet in diesem Fall

$$H' = \begin{bmatrix} 0 & -1 & 0 \\ 0 & 0 & -1 \\ 1 & 1 & 1 \end{bmatrix}$$

Man überzeuge sich, daß $H'B'_f = E$ (Einheitsmatrix).

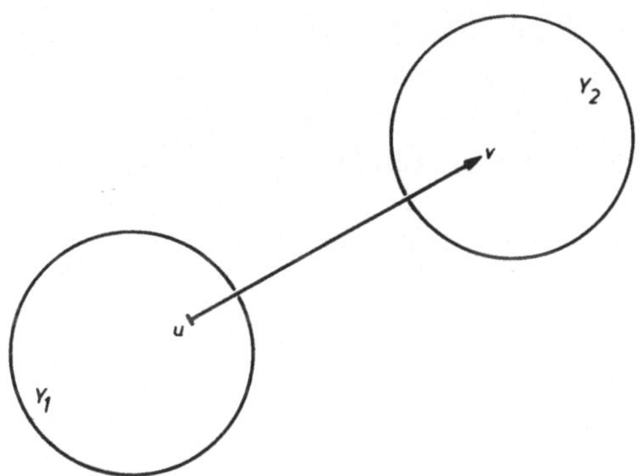

Fig. 43

In Abschnitt 2.7 des ersten Kapitels wurde der Begriff einer Zirkulation $f : K \to Z$ eingeführt. Fassen wir die Funktionswerte von f zu einem m-dimensionalen Vektor $(f(k_1), f(k_2), \ldots, f(k_m))$ zusammen und bezeichnen diesen wieder durch f, so gilt:

Satz 1.2.5. *Ein m-dimensionaler Vektor f ist genau dann eine Zirkulation in G, wenn f eine Lösung von $B(G)x = 0$ ist.*

Beweis. f ist genau dann eine Zirkulation, wenn für jeden Knoten i von G gilt

$$\sum_{p_1(k_j)=i} f(k_j) - \sum_{p_2(k_j)=i} f(k_j) = 0.$$

Dies ist aber gerade die i-te Gleichung des Systems $B(G)f = 0$.

Satz 1.2.5 schlägt eine Brücke zwischen der kombinatorischen Auffassung von Flußproblemen und einer algebraischen Betrachtungsweise. Diese Brücke führt insbesondere zur Behandlung des Problems kostenminimaler Flüsse im Rahmen der sogenannten linearen Programmierung (siehe Teil 3, Kapitel 2).

Die Matrix $B(G)$ hat noch eine weitere interessante Eigenschaft. Eine Matrix heißt *total unimodular*, wenn jede ihrer Unterdeterminanten einen der Werte 0, 1 oder -1 hat. Insbesondere haben dann die Elemente einer derartigen Matrix nur die Werte 0, 1 oder -1. Es gilt:

Satz 1.2.6. *Die Knoten-Kanten-Inzidenzmatrix $B(G)$ eines Graphen G ist total unimodular.*

Beweis. Zunächst sei G zusammenhängend. Jede Unterdeterminante von $B(G)$ der Ordnung 1, also jedes Element von $B(G)$, hat einen der Werte 0, 1 oder -1. Es gelte dies für sämtliche Unterdeterminanten der Ordnung s, $1 \leqslant s < n-1$. B' sei eine reguläre quadratische Untermatrix der Ordnung $s + 1$. B' hat mindestens eine Spalte mit genau einer von Null verschiedenen Eintragung, sonst wäre G nicht zusammenhängend. Die Entwicklung nach dieser Spalte zeigt zusammen mit der Induktionsvoraussetzung, daß det (B') den Wert 1 oder -1 hat. Damit ist der Satz für zusammenhängende Graphen bewiesen. Die Ausdehnung auf beliebige Graphen erfolgt wie beim Beweis von Satz 1.2.1.

1.3 Weitere Inzidenzmatrizen

Die Menge aller Kreise G_W eines Graphen G soll mit U_{KR} bezeichnet werden. Die Anzahl der Elemente von U_{KR} sei $l > 0$. $h : I_l \to U_{KR}$ sei eine Numerierung von U_{KR}. Der i-te Kreis bei dieser Numerierung sei G_{W_i}. Wir denken uns jedes Element von U_{KR} mit einer beliebigen, aber im folgenden fest gewählten Orientierung versehen. Dann gehört zu G_{W_i} ein Einheitsfluß $f_i: K \to Z$, dessen Werte auf K zu einem m-dimensionalen Vektor zusammengefaßt seien, den wir wieder durch f_i bezeichnen. Dann ist

$$C(\mathbf{G}): = \begin{bmatrix} f_1 \\ f_2 \\ . \\ . \\ . \\ f_l \end{bmatrix}$$

eine Matrix mit l Zeilen und m Spalten, deren Elemente c_{ij} die folgenden Werte haben:

$$c_{ij} = \begin{cases} 1 & \text{wenn } k_j \text{ in } W_i \text{ enthalten ist und dieselbe} \\ & \text{Orientierung hat wie } \mathbf{G}_{W_i}; \\ -1 & \text{wenn } k_j \text{ in } W_i \text{ enthalten ist und entgegengesetzt} \\ & \text{zu } \mathbf{G}_{W_i} \text{ orientiert ist;} \\ 0 & \text{wenn } k_j \notin W_i. \end{cases}$$

$C(\mathbf{G})$ heißt *Kreis-Kanten-Inzidenzmatrix* von **G**. Aus der Definition von $C(\mathbf{G})$ und Satz 1.2.5 folgt unmittelbar $B(\mathbf{G})C(\mathbf{G})^T = 0$.

Beispiel 1.3.1. Fig. 44 zeigt eine Liste aller Kreise des Graphen **G** aus Fig. 41. Die strichlierten Pfeile deuten die gewählte Orientierung an. Daraus ergibt sich

$$C(\mathbf{G}) = \begin{bmatrix} 1 & 0 & 0 & 0 & 0 & 0 & 0 \\ 0 & 1 & 0 & 0 & -1 & 1 & 1 \\ 0 & 0 & 1 & 0 & -1 & 0 & 1 \\ 0 & 0 & 0 & 1 & 0 & 1 & 1 \\ 0 & -1 & 1 & 0 & 0 & -1 & 0 \\ 0 & -1 & 0 & 1 & 1 & 0 & 0 \end{bmatrix}$$

Die Gestalt von $C(\mathbf{G})$ hängt natürlich von den Numerierungen der Mengen K und U_{KR} ab, sowie von der Wahl der Orientierungen für die Kreise von **G**. Denken wir

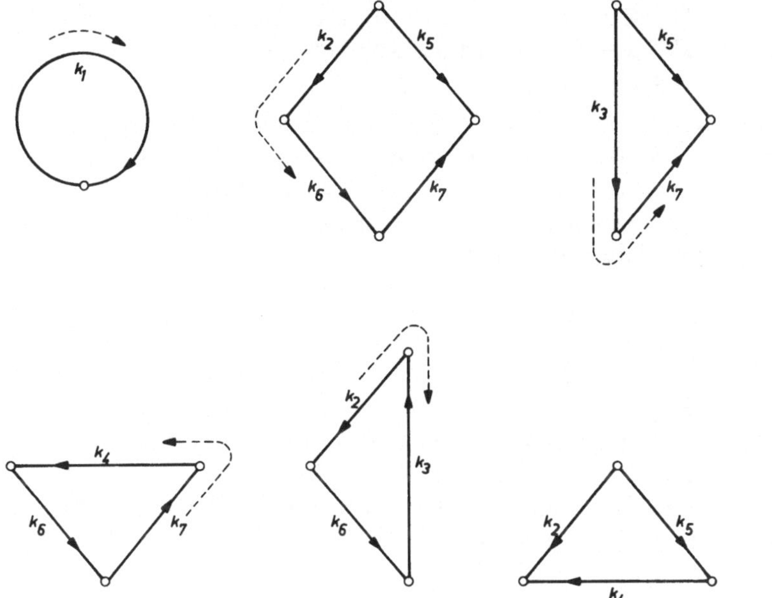

Fig. 44

uns mit **G** diese Numerierungen und die Orientierungen der Kreise als fest gegeben, so ist $C(\mathbf{G})$ bestimmt, und wir können von *der* Kreis-Kanten-Inzidenzmatrix von **G** sprechen.

Ist **G** zusammenhängend und $\mathbf{G'}: = (X, K')$ ein Gerüst von **G**, so bestimmt nach Satz 2.5.1 von Teil 1 der Kobaum $(X, K-K')$ ein Fundamentalsystem von Kreisen in **G**. Die Untermatrix C_f von $C(\mathbf{G})$ bestehe aus jenen Zeilen von $C(\mathbf{G})$, die zu Kreisen aus diesem Fundamentalsystem gehören. Numeriert man K so, daß die μ Elemente von $K-K'$ die Nummern 1 bis μ erhalten, und stimmt man die Numerierung von $U_{\mathbf{KR}}$ und die Orientierungen der Kreise so ab, daß der durch $k_j \in K-K'$ festgelegte Kreis ebenfalls die Nummer j erhält und gleich orientiert ist wie k_j, so erscheint C_f in der Gestalt

$$C_f = (E_\mu, C'),$$

wobei E_μ die μ-reihige Einheitsmatrix ist. Der Rang von $C(\mathbf{G})$ ist daher mindestens μ. Ein ähnlicher Schluß gilt auch, wenn **G** nicht zusammenhängend ist. In diesem Fall ist anstelle eines Gerüstes $\mathbf{G'}$ natürlich eine Vereinigung $\mathbf{G'} = \overset{p}{\underset{i=1}{\cup}} \mathbf{G'_i}$ von Gerüsten $\mathbf{G}_i$ der p Komponenten von **G** und der dazugehörige Kowald zu nehmen. Bei entsprechender Numerierung von $K-K'$ und $U_{\mathbf{KR}}$ erhält dann C_f ebenfalls die angegebene Form. Zusätzlich gilt:

Satz 1.3.1. *Der Rang der Kreis-Kanten-Inzidenzmatrix $C(\mathbf{G})$ eines Graphen* **G** *mit* $U_{\mathbf{KR}} \neq \phi$ *ist gleich der zyklomatischen Zahl* μ *von* **G**.

Beweis. Aus den vorangehenden Bemerkungen folgt Rang $(C(\mathbf{G})) \geqslant \mu$. Wegen $B(\mathbf{G})C(\mathbf{G})^T = 0$ gehören die Zeilenvektoren von $C(\mathbf{G})$ zum Kern der Abbildung $B(\mathbf{G})$.

90

Wir haben also Rang $(C(G)) \leqslant \mu' = \dim (\mathrm{Kern} (B(G)))$. Da $B(G)$ den Rang $r = n-p$ hat, folgt $n-p + \mu' = m$, also $\mu' = \mu$. Damit ist der Satz bewiesen.

Ferner gilt ein zu Satz 1.2.3 analoger Satz:

Satz 1.3.2. **G** *sei ein zusammenhängender Graph. Dann erzeugt die den Spalten einer Hauptuntermatrix von* $C(G)$ *entsprechende Kantenmenge einen Kobaum von* **G**. *Umgekehrt entspricht jedem Kobaum von* **G** *eine Hauptuntermatrix von* $C(G)$.

Beweis. Es sei C' eine Hauptuntermatrix von $C(G)$ der Ordnung μ. Bei entsprechender Kanten- und Kreisnumerierung gilt dann

$$C(G) = \begin{bmatrix} C' & C_{12} \\ C_{21} & C_{22} \end{bmatrix}.$$

Wir setzen $C_1 : = (C', C_{12})$. Der Untergraph G' von G, der von den $n-1$ Kanten erzeugt wird, die zu den Spalten von C_{12} gehören, enthält keinen Kreis. Denn nehmen wir an, G' enthielte einen Kreis G_V und c_i wäre die dazugehörige Zeile von $C(G)$. Diese Zeile kann nicht zu C_1 gehören, da sonst C' eine Nullzeile enthielte. Also hätten wir

$$\begin{bmatrix} C_1 \\ c_i \end{bmatrix} = \begin{bmatrix} C' & C_{12} \\ 0 & c_{i2} \end{bmatrix}.$$

Da c_{i2} mindestens eine von Null verschiedene Eintragung hat, wäre der Rang dieser neuen Untermatrix von $C(G)$ gleich $\mu + 1$. G' enthält daher keinen Kreis. Wie beim Beweis von Satz 1.2.3 zeigt man, daß G' ein Gerüst in G ist. Die den Spalten von C' entsprechenden Kanten erzeugen somit einen Kobaum von **G**.

Ist umgekehrt G' ein Gerüst, so bestimmen die Kanten des Kobaums $(X, K-K')$ eine Darstellung

$$C_f = (E_\mu, C'),$$

wobei E_μ eine Hauptuntermatrix von $C(G)$ ist.

Beispiel 1.3.2. Wir betrachten das von k_5, k_6, k_7 erzeugte Gerüst G' des Graphen **G** aus Fig. 41. Der dazugehörige Kobaum enthält die Kanten k_1, k_2, k_3, k_4. Ihnen entsprechen die Kreise 1 bis 4 aus Fig. 44. Die dadurch definierte Matrix C_f lautet:

$$C_f = \left[\begin{array}{cccc|ccc} 1 & 0 & 0 & 0 & 0 & 0 & 0 \\ 0 & 1 & 0 & 0 & -1 & 1 & 1 \\ 0 & 0 & 1 & 0 & -1 & 0 & 1 \\ 0 & 0 & 0 & 1 & 0 & 1 & 1 \end{array}\right]$$
$$\underbrace{}_{E_4} \quad \underbrace{}_{C'}$$

Im Gegensatz zu $B(G)$ enthält $C(G)$ nicht alle Informationen über **G**. Insbesondere sagt $C(G)$ nichts über Kanten aus, die in keinem Kreis von **G** enthalten sind. Für Bäume oder Wälder existiert $C(G)$ nicht.

Die Menge aller Schnitte G_V eines Graphen G (siehe Abschnitt 2.5 von Teil 1)
soll durch U_S bezeichnet werden. Die Anzahl der Elemente von U_S sei $s > 0$. $h : I_s \to U_S$
sei eine Numerierung von U_S. Der i-te Schnitt bei dieser Numerierung sei G_{V_i}.
Wir denken uns jedes Element von U_S mit einer beliebigen, im folgenden aber festen
Orientierung versehen. Die Matrix $D(G)$ sei definiert durch:

$$
d_{ij} := \begin{cases}
1 & \text{wenn } k_j \text{ zum Schnitt } G_{V_i} \text{ gehört und} \\
& \text{dieselbe Orientierung hat wie dieser;} \\
-1 & \text{wenn } k_j \text{ zum Schnitt } G_{V_i} \text{ gehört und} \\
& \text{entgegengesetzt orientiert ist;} \\
0 & \text{wenn } k_j \notin V_i.
\end{cases}
$$

$D(G)$ heißt *Schnitt-Kanten-Inzidenzmatrix von* G.

Beispiel 1.3.3. Fig. 45 zeigt eine Liste aller Minimalschnitte des Graphen G aus
Fig. 41 und die dazugehörigen geordneten Partitionen von X. Da sämtliche Minimalschnitte paarweise mindestens eine Kante gemeinsam haben, existieren keine
weiteren Schnitte. Die Orientierung der Minimalschnitte sei durch die Anordnung
der Partitionsmengen gegeben. Damit erhält man:

$$
D(G) = \begin{bmatrix}
0 & 0 & 0 & -1 & 1 & 0 & 1 \\
0 & 0 & 1 & -1 & 1 & 1 & 0 \\
0 & 0 & 1 & 0 & 0 & 1 & -1 \\
0 & 1 & 0 & 0 & 1 & -1 & 1 \\
0 & 1 & 1 & 0 & 1 & 0 & 0 \\
0 & -1 & 0 & -1 & 0 & 1 & 0 \\
0 & -1 & -1 & -1 & 0 & 0 & 1
\end{bmatrix}
$$

Die Gestalt von $D(G)$ hängt wieder von den Numerierungen der Mengen K und U_S
ab, sowie von der Wahl der Orientierungen für die Schnitte von G. Denken wir uns
mit G diese Numerierungen und die Orientierungen der Schnitte gegeben, so ist
$D(G)$ bestimmt, und wir können von *der* Schnitt-Kanten-Inzidenzmatrix von G
sprechen.

Ist G zusammenhängend und $G' := (X, K')$ ein Gerüst von G, so bestimmt nach
Satz 2.5.4 von Teil 1 G' ein Fundamentalsystem von Schnitten in G. Die Untermatrix D_f von $D(G)$ bestehe aus allen jenen Zeilen von $D(G)$, die zu Schnitten
aus diesem Fundamentalsystem gehören. Wählt man die Numerierung von K so,
daß die Elemente von K' die Nummern $r + 1$ bis m erhalten, und stimmt man die
Numerierung von U_S und die Orientierungen der Schnitte so ab, daß der durch k_j
definierte Schnitt ebenfalls die Nummer j erhält und gleich orientiert ist wie k_j,
so erscheint D_f in der Gestalt

$$
D_f = (D', E_r).
$$

Der Rang von $D(G)$ ist somit mindestens r.

Ein ähnlicher Schluß gilt auch, wenn G nicht zusammenhängend ist. In diesem Fall

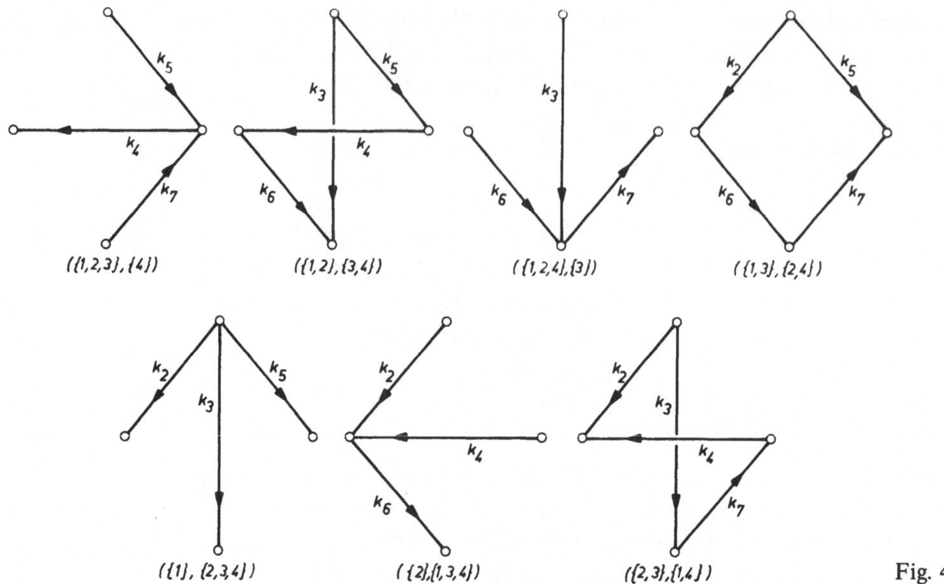

Fig. 45

ist anstelle eines Gerüsts wieder eine Vereinigung $G' = \bigcup_{i=1}^{p} G'_i$ von Gerüsten G'_i der

p Komponenten von **G** zu nehmen. Bei entsprechender Numerierung von K und U_S erhält auch dann D_f die angegebene Form. Auch hier gilt:

Satz 1.3.3. *Der Rang der Schnitt-Kanten-Inzidenzmatrix* $D(\mathbf{G})$ *eines Graphen* **G** *mit* $U_S \neq \phi$ *ist gleich dem Rang von* **G**.

Beweis. Aus den vorangehenden Bemerkungen folgt Rang $(D(\mathbf{G})) \geqslant r$. Um zu zeigen, daß auch Rang $(D(\mathbf{G})) \leqslant r$ gilt, argumentiert man so: Für jeden Schnitt $\mathbf{G}_V$ und jeden Kreis $\mathbf{G}_W$ von **G** ist $|W \cap V|$ eine gerade Zahl. Ferner haben j Kanten aus diesem Durchschnitt dieselbe relative Orientierung bezüglich $\mathbf{G}_V$ wie bezüglich $\mathbf{G}_W$, die restlichen j Kanten aber nicht. Daraus folgt $C(\mathbf{G})D(\mathbf{G})^T = 0$. Die Zeilen von $D(\mathbf{G})$ gehören also zum Kern der Abbildung $C(\mathbf{G})$. Die Dimension dieses Kerns ist $m - \mu$, also gleich r. Damit gilt Rang $(D(\mathbf{G})) = r$.

Schließlich gilt auch hier ein zu 1.2.3 analoger Satz:

Satz 1.3.4. **G** *sei ein zusammenhängener Graph. Dann erzeugt die den Spalten einer Hauptuntermatrix von* $D(\mathbf{G})$ *entsprechende Kantenmenge ein Gerüst von* **G**. *Umgekehrt entspricht jedem Gerüst von* **G** *eine Hauptuntermatrix von* $D(\mathbf{G})$.

Beweis. D' und B' seien Untermatrizen von $D(\mathbf{G})$ und $B(\mathbf{G})$ mit r Zeilen, m Spalten und dem Rang r. Dann existiert eine reguläre Matrix M mit $D' = MB'$. Somit existiert eine umkehrbar eindeutige Zuordnung der Hauptuntermatrizen von D' zu den Hauptuntermatrizen von B'. Der Rest folgt aus Satz 1.2.3.

Beispiel 1.3.4. Wir betrachten wieder das von k_5, k_6, k_7 erzeugte Gerüst **G'** des Graphen **G** aus Fig. 41. Seine Kanten entsprechen die Schnitte 5, 6 und 7 aus Fig. 45. Die dadurch definierte Matrix D_f lautet:

$$D_f = \begin{bmatrix} 0 & 1 & 1 & 0 & 1 & 0 & 0 \\ 0 & -1 & 0 & -1 & 0 & 1 & 0 \\ 0 & -1 & -1 & -1 & 0 & 0 & 1 \end{bmatrix}$$
$$\underbrace{}_{D'} \quad \underbrace{}_{E_3}$$

Die Matrizen B_f, C_f und D_f spielen in der Theorie elektrischer Netzwerke eine ausgezeichnete Rolle. Da B_f sämtliche Informationen über $\mathbf{G}$ enthält, muß sich daraus C_f und D_f berechnen lassen. In der Tat gilt bei einer Darstellung

$$B_f = (B'', B')$$
$$C_f = (E_\mu, C')$$
$$D_f = (D', E_r)$$

wegen $B_f C_f^T = B'' + B'C'^T = 0$ und $C_f D_f^T = D'^T + C' = 0$:

$$C_f = (E_\mu, (-H'B'')^T)$$
$$D_f = (H'B'', E_r) = H'B_f.$$

Dabei ist H' die in 1.2 betrachtete Inverse von B'.

2. Boolesche Methoden

2.1 Boolesche Ringe

In diesem und in den folgenden Abschnitten wird vorausgesetzt, daß der Leser
mit einigen Grundbegriffen der Algebra vertraut ist. Wir erinnern daher nur an
einige dieser Begriffe.

Ein Ring $\mathbf{R} := (T; +, .)$ ist ein System aus einer Trägermenge T und zwei assozia-
tiven Operationen $+ : T^2 \to T$ und $\cdot : T^2 \to T$, das den beiden folgenden Bedingungen genügt:

(a) $(T; +)$ ist ein kommutative Gruppe,

(b) Die Operation $\cdot$ ist distributiv über $+$, d. h. für je drei Elemente.

x, y und z aus T gilt $x \cdot (y + z) = x \cdot y + x \cdot z$ und $(y + z) \cdot x = y \cdot x + z \cdot x$. Die
Operationen $+$ und $\cdot$ heißen überlicherweise *Addition* und *Multiplikation*, das Ergebnis ihrer Anwendung *Summe* und *Produkt*. Ist auch die Multiplikation eine
kommutative Operation, so heißt der Ring *kommutativ*. Das neutrale Element
bezüglich $+$ heißt *Null* und wird durch 0 bezeichnet. Existiert ein neutrales Element
bezüglich der Multiplikation, so nennt man es *Eins* und bezeichnet es durch 1. In
diesem Fall heißt $\mathbf{R}$ ein Ring mit *Einselement*. Eine Summe aus n gleichen Summanden x bezeichnet man durch $n.x$, ein Produkt aus n gleichen Faktoren x bezeichnet
man durch x^n. Ist n die kleinste natürliche Zahl, für die $n.1 = 0$ gilt, so heißt n die
Charakteristik von $\mathbf{R}$.

Ein *Boolescher Ring* $\mathbf{B} := (T; +, \cdot)$ ist ein Ring mit einem Einselement $1 \neq 0$, in
dem jedes Element $x \in T$ *idempotent* ist, d. h. der Gleichung $x^2 = x$ genügt. Ein
Boolescher Ring hat die Charakteristik 2. Aus

$$(x + y)^2 = x + y = x^2 + x \cdot y + y \cdot x + y^2 =$$
$$= x + x \cdot y + y \cdot x + y$$

folgt

$$x \cdot y + y \cdot x = 0$$

für je zwei Elemente $x, y \in T$. Mit $x = y = 1$ ergibt sich so $1 + 1 = 0$. Setzt man
$x = y$ und verwendet nochmals die Idempotenz, so folgt $x + x = 0$ für beliebige
Elemente $x \in T$. Also ist jedes Element x bezüglich $+$ zu sich selbst invers. Da das
inverse Element in einer Gruppe eindeutig ist, folgt weiter

$$y \cdot x = -(x \cdot y) = x \cdot y.$$

Ein Boolescher Ring ist daher kommutativ.

Beispiel 2.1.1. T_2 bestehe aus den beiden Zahlen 0 und 1, d. h. $T_2 = \{0,1\}$. Addition und Multiplikation seien durch die folgenden Tabellen festgelegt:

$$
\begin{array}{c|cc}
\oplus & 0 & 1 \\
\hline
0 & 0 & 1 \\
1 & 1 & 0
\end{array}
\qquad
\begin{array}{c|cc}
\cdot & 0 & 1 \\
\hline
0 & 0 & 0 \\
1 & 0 & 1
\end{array}
$$

Dann ist $(T_2\,;\oplus, .\,)$ ein Boolescher Ring. Dieser Ring wird im folgenden eine große Rolle spielen. Wir verwenden dafür die Bezeichnung $\mathbf{B}_2$. Ferner behalten wir die Abkürzung T_2 für $\{0,1\}$ bei.

$\mathbf{B}_2$ ist mit den angegebenen Operationen sogar ein Körper und als solcher isomorph zum Restklassenkörper modulo 2. Da $\mathbf{B}_2$ später in eine Kette weiterer Begriffe einzubauen ist, wird auf die Auffassung von 0 und 1 als reelle Zahlen Wert gelegt. Zum Unterschied von der üblichen Addition reeller Zahlen wird die Ringaddition in $\mathbf{B}_2$ durch $\oplus$ bezeichnet. Der Einheitlichkeit halber diene ferner $\oplus$ ganz allgemein zur Bezeichnung der Addition in einem Booleschen Ring. Um bei der Beschreibung von algebraischen Ausdrücken Klammern zu sparen, vereinbaren wir, daß $\cdot$ stärker binde als $\oplus$.

Beispiel 2.1.2. Für eine beliebige Menge X sei T_2^X die Menge aller Abbildungen $f : X \to T_2$ von X in T_2. Für je zwei Abbildungen f und g gelte:

$$
\begin{aligned}
(f \oplus g)\,(x) &:= f(x) \oplus g(x) \\
(f \cdot g)\,(x) &:= f(x) \cdot g(x)\,.
\end{aligned}
\tag{2.1.1}
$$

Dann ist $(T_2^X\,;\oplus, \cdot)$ ein Boolescher Ring, den wir durch $\mathbf{B}(X)$ bezeichnen. Die Operationen auf der rechten Seite von (2.1.1) sind durch die beiden Tabellen im vorangehenden Beispiel gegeben. Die durch (2.1.1) auf T_2^X definierten Operationen bezeichnen wir auf Grund der eben getroffenen Vereinbarungen wieder durch $\oplus$ und $\mathbf{B}(X)$ spielt in der Beschreibung algebraischer Methoden zur Bewältigung der in Teil 1 angegebenen Probleme eine zentrale Rolle. Wir werden uns daher mit Booleschen Ringen dieser Art noch eingehender befassen.

Ist X das Intervall $I_n := \{1, 2, \ldots, n\}$ von natürlichen Zahlen, so schreiben wir T_2^n anstelle von T_2^X.

Beispiel 2.1.3. X sei eine beliebige Menge und $P(X)$ deren Potenzmenge. Für zwei Mengen $A, B \in P(X)$ bedeute $A \cup B$, $A \cap B$ und $\bar{A}$ wie üblich die Vereinigungs-, Durchschnitts- und Komplementbildung. Mit den daraus abgeleiteten Operationen

$$
\begin{aligned}
A \oplus B &:= (\bar{A} \cap B) \cup (\bar{A} \cap B), \\
A \cdot B &:= A \cap B
\end{aligned}
$$

wird dann $P(X)$ zu einem Booleschen Ring $(P(X)\,;\oplus, \cdot\,)$, wobei die leere Menge ϕ und X selbst als neutrale Elemente 0 und 1 dienen. Die Idempotenz der Elemente von $P(X)$ ist auf Grund der Definition der Durchschnittsbildung gegeben. Der Leser wird sich ferner leicht selber davon überzeugen können, daß $P(X)$ mit der Operation eine kommutative Gruppe bildet. $A \oplus B$ wird meist als *symmetrische Differenz* der beiden Mengen A und B bezeichnet. Man kann anderseits die Ope-

96

rationen $\cup$, $\cap$ und $^-$ auch durch $\oplus$ und $\cdot$ beschreiben. Für $\cap$ ist dies klar. Für $\cup$ und $^-$ gilt:

$$A \cup B = A \oplus B \oplus A \cdot B$$
$$\overline{A} = A \oplus X. \qquad (2.1.2)$$

Die Booleschen Ringe in den Beispielen 2.1.2 und 2.1.3 stehen in enger Beziehung zueinander. Tatsächlich gilt:

Satz 2.1.1. *X sei eine beliebige Menge. Dann ist* $B(X)$ *isomorph zu* $(P(X); \oplus, \cdot)$.

Beweis. Für $A \in P(X)$ sei φ_A die charakteristische Funktion von A, d. h.

$$\varphi_A(x) := \begin{cases} 1 & \text{wenn } x \in A \\ 0 & \text{wenn } x \notin A \end{cases}$$

Dann ist die Abbildung $\Phi : P(X) \to T_2^X$, die jedem Element A von $P(X)$ seine charakteristische Funktion φ_A zuordnet, ein Isomorphismus. Sicher ist Φ injektiv. Ist anderseits $\varphi \in T_2^X$ und $A := \{x \mid x \in X \wedge \varphi(x) = 1\}$, dann gilt $\varphi = \varphi_A$. Also ist Φ auch surjektiv. Schließlich gilt

$$(\varphi_A \oplus \varphi_B)(x) = \begin{cases} 1 & \text{wenn } (x \in A \vee x \in B) \wedge x \notin AB \\ 0 & \text{wenn } (x \notin A \wedge x \notin B) \vee x \in AB \end{cases}$$

$$(\varphi_A \cdot \varphi_B)(x) = \begin{cases} 1 & \text{wenn } x \in A \wedge x \in B \\ 0 & \text{wenn } x \notin A \vee x \notin B, \end{cases}$$

also auch $\varphi_A \oplus \varphi_B = \varphi_{A \oplus B}$ und $\varphi_A \cdot \varphi_B = \varphi_{A \cdot B}$.

2.2 Boolesche Algebren

Die Beispiele 2.1.2 und 2.1.3 und Satz 2.1.1 legen nahe, in einem beliebigen Booleschen Ring Operationen einzuführen, die der Vereinigungs-, Durchschnitts- und Komplementbildung auf einer Potenzmenge entsprechen. Ist $B := (T; \oplus, \cdot)$ gegeben, so setze man:

$$x \cup y := x \oplus y \oplus x \cdot y$$
$$x \cap y := x \cdot y \qquad (2.2.1)$$
$$\overline{x} := 1 \oplus x.$$

Umgekehrt läßt sich dann $\oplus$ und $\cdot$ durch $\cup$, $\cap$ und $^-$ ausdrücken. Für $\cdot$ ist dies klar. Für $\oplus$ gilt:

$$(x \cap \overline{y}) \cup (\overline{x} \cap y) = x \cdot (1 \oplus y) \oplus y \cdot (1 \oplus x) \oplus x \cdot (1 \oplus y) \cdot y \cdot (1 \oplus x) =$$
$$= x \oplus x \cdot y \oplus y \oplus y \cdot x \oplus x \cdot y \oplus x \cdot y^2 \oplus x^2 \cdot y \oplus x^2 \cdot y^2 =$$
$$= x \oplus y.$$

Somit haben wir

$$x \oplus y = (x \cap \overline{y}) \cup (\overline{x} \cap y),$$
$$x \cdot y = x \cap y. \qquad (2.2.2)$$

Beispiel 2.2.1. Wir betrachten nochmals den Booleschen Ring B_2 aus Beispiel 2.1.1 mit der Trägermenge T_2. Die nach 2.2.1 definierten Operationen $\cup$, $\cap$ und $^-$ werden übersichtlich in den folgenden Operationstabellen dargestellt.

$\cup$	0	1
0	0	1
1	1	1

$\cap$	0	1
0	0	0
1	0	1

$^-$	0	1
	1	0

In der Aussagenlogik deutet man diese Tabellen als sogenannte Wahrheitstafeln für die elementaren Aussagenverbindungen Disjuktion, Konjuktion und Negation. 1 bedeutet dort den Wahrheitswert „wahr" und 0 den Wahrheitswert „falsch" einer Aussage. Sind A und B Aussagen, so definiert die Wahrheitstafel für $\cup$ den Wahrheitswert der Disjuktion $A \cup B$ in Abhängigkeit von den Wahrheitswerten von A und B. $A \cup B$ ist also nur dann falsch, wenn A und B falsch sind. Dies entspricht der Tatsache, daß in der Tabelle für $\cup$ eine 0 als Operationsergebnis nur in der Zeile 0 und in der Spalte unter 0 aufscheint. Entsprechendes gilt für die beiden übrigen Tabellen und die Aussagenverbindungen Konjuktion und Negation.

Mit (2.2.2) als Definitionsgleichungen kann man die Struktur eines Booleschen Ringes auch mit Hilfe der Operationen $\cup$, $\cap$ und $^-$ beschreiben. Allerdings darf man $\cup$, $\cap$ und $^-$ auf einer Trägermenge T nicht beliebig vorgeben. Damit die daraus nach (2.2.2) gebildeten Operationen $\oplus$ und $\cdot$ einen Booleschen Ring ergeben, müssen $\cup$, $\cap$ und $^-$ gewissen Axiomen genügen. Ist dies der Fall, so heißt das System $(T; \cup, \cap, ^-)$ eine *Boolesche Algebra*.

Ein geeignetes Axiomensystem für Boolesche Algebren ist:

1. $\cup$ und $\cap$ sind kommutative zweistellige Operationen auf T.

2. Jede der beiden Operationen $\cup$ und $\cap$ ist distributiv über der anderen, d. h. für je drei Elemente $x, y, z \in T$ gilt: $(x \cup y) \cap z = (x \cap z) \cup (y \cap z)$; $(x \cap y) \cup z = (x \cup z) \cap (y \cup z)$.

3. Es existieren zwei verschiedene neutrale Elemente 0 und 1 in T mit $x \cup 0 = x$ und $x \cap 1 = x$ für alle $x \in T$.

4. $^-$ ist eine einstellige Operation auf T mit der Eigenschaft $x \cup \bar{x} = 1$ und $x \cap \bar{x} = 0$ für alle $x \in T$.

Sind $\cup$, $\cap$ und $^-$ ausgehend von einem Booleschen Ring $(T; \oplus, \cdot)$ mit Hilfe von (2.2.1) erklärt, so genügt $(T; \cup, \cap, \urcorner)$ diesen Axiomen, bildet also eine Boolesche Algebra. Liegt umgekehrt eine Boolesche Algebra $(T; \cup, \cap, \urcorner)$ vor, so ist nach (2.2.2) ein Boolescher Ring gegeben. Der Leser kann diese beiden Behauptungen durch Verifikation der einschlägigen Axiome aus den Eigenschaften der definierenden Operationen leicht selbst nachweisen. Wir werden daher in Zukunft zwischen den Begriffen Boolescher Ring und Boolesche Algebra nicht unterscheiden und wo es nötig oder praktisch ist, alle Operationen $\oplus$, $\cdot$, $\cup$, $\cap$ und $^-$ verwenden. Statt $\cap$ schreiben wir stets $\cdot$.

In Hinblick auf Satz 2.1.1 haben wir nun:

$$\varphi_A \cup \varphi_B = \varphi_{A \cup B},$$
$$\varphi_A \cdot \varphi_B = \varphi_{A \cdot B},$$
$$\overline{\varphi_A} = \varphi_{\bar{A}}.$$

(2.2.3)

Die mengentheoretischen Operationen $\cup$, $\cap$ und $^-$ spiegeln sich daher in analogen Operationen auf der Menge der charakteristischen Funktionen wider.

Neben den Axiomen 1 bis 4 bestehen zwischen den Operationen $\oplus$, $\cdot$, $\cup$ und $^-$ einer Booleschen Algebra (bzw. eines Booleschen Ringes) eine Reihe weiterer Relationen. Da hier nicht an die Darstellung der Theorie Boolescher Algebren oder Boolescher Ringe gedacht wird, sondern diese Begriffe bei der Bewältigung kombinatorischer Aufgaben eingesetzt werden sollen, geben wir anschließend nur eine Liste der wichtigsten Formeln an und verweisen den an Beweisen interessierten Leser auf die einschlägige Literatur (z. B. [2]).

Es gelten unter anderem die folgenden Rechenregeln:

(1) *Assoziativität*: $x \cup (y \cup z) = (x \cup y) \cup z$; $\quad x \cdot (y \cdot z) = (x \cdot y) \cdot z$;

(2) *Idempotenz*: $x \cup x = x$; $\quad x \cdot x = x$;

(3) *Absorption*: $x \cup (x \cdot y) = x$; $\quad x \cdot (x \cup y) = x$;

(4) *Boolesche Absorption*: $x \cup (\overline{x} \cdot y) = x \cup y$; $\quad x \cdot (\overline{x} \cup y) = x \cdot y$;

(5) *Doppelte Komplementbildung*: $\overline{\overline{x}} = x$;

(6) *Regeln von de Morgan*: $\overline{x \cup y} = \overline{x} \cdot \overline{y}$; $\quad \overline{x \cdot y} = \overline{x} \cup \overline{y}$;

(7) *Rechnen mit 0 und 1*: $x \cdot 0 = 0$; $\quad x \cup 1 = 1, \overline{0} = 1$; $\quad \overline{1} = 0$;

(8) $\overline{x}$ *ist die einzige Lösung des Gleichungssystems* $x \cup y = 1, x \cdot y = 0$ *für* y.

Mit Ausnahme der Regeln 5 und 8 treten alle Regeln paarweise auf. Man erhält die eine aus der anderen, indem man die beiden Operationszeichen $\cup$ und $\cdot$ vertauscht, und falls vorhanden, gleichzeitig 0 und 1 und 1 durch 0 ersetzt. In Regel 5 ist keine Vertauschung möglich. Allgemein gilt:

Satz 2.2.1 *(Dualitätssatz). Vertauscht man in einer für alle Booleschen Algebren gültigen Aussage* $\cup$ *mit* $\cdot$ *und 1 mit 0, so entsteht wieder eine für alle Booleschen Algebren gültige Aussage.*

Der Beweis dieses Satzes beruht auf der Tatsache, daß das Axiomensystem 1 bis 4 für Boolesche Algebren unverändert bleibt, wenn man die angegebenen Vertauschungen durchführt.

Der Dualitätssatz verleiht den Operationen $\cup$, $\cdot$ und $^-$ einen gewissen Vorzug gegenüber den Operationen $\oplus$ und $\cdot$. Natürlich ließe sich der Satz auch in den Operationen $\oplus$ und $\cdot$ formulieren, er hätte aber dann keine so leicht anwendbare und einfache Form.

In Beispiel 2.1.3 liegt eine Boolesche Algebra vor, deren Trägermenge $P(X)$ aus allen Teilmengen einer Menge X besteht. Im allgemeinen bildet aber bereits jedes System von Teilmengen einer Menge X, das X enthält und gegenüber Vereinigungs-, Durchschnitts- und Komplementbildung abgeschlossen ist, zusammen mit diesen Operationen eine Boolesche Algebra. Man spricht in diesem Fall von einer *Mengenalgebra*. Mengenalgebren sind die wichtigsten Beispiele für Boolesche Algebren, in einem gewissen mathematischen Sinn sogar die einzigen. Es gilt nämlich der folgende Darstellungssatz:

Satz 2.2.2. *Jede Boolesche Algebra ist isomorph einer Mengenalgebra.* Einen Beweis dieses Satzes findet man z. B. auch in [2]. Eine für die Praxis bedeutungsvolle Folgerung ist: Die Elemente einer Booleschen Algebra darf man als Teilmenge einer Grundmenge X betrachten, die Operationen $\cup$, $\cap$ und $^-$ als Vereinigungs-, Durchschnitts- und Komplementbildung mit diesen Teilmengen. Algebraische Ausdrücke einer Booleschen Algebra, also Ausdrücke, die mit Hilfe von Zeichen für ihre Elemente und den Operationszeichen gebildet sind, bedeuten mithin wieder gewisse Teilmengen von X. Die Gleichheit solcher Ausdrücke kann man demnach beweisen, indem man zeigt, daß jedes Element der einen Menge auch zur anderen gehört und umgekehrt. Auf Grund des Darstellungssatzes gilt die Gleichheit dann in einer beliebigen Booleschen Algebra.

Beispiel 2.2.2. Wir wollen die Rechenregel 4

$$x \cup (\overline{x} \cdot y) = x \cup y$$

die sogenannte Boolesche Absorption, beweisen und gehen dazu so vor: Es sei u ein Element der Menge $x \cup (\overline{x} \cdot y)$, dann gilt entweder $u \in x$ oder $u \in \overline{x} \cdot y$. Im ersten Fall gilt auch $u \in x \cup y$. Im zweiten Fall folgt $u \in y$ und damit wieder $u \in x \cup y$. Ist andererseits v ein Element der Menge $x \cup y$, so gilt entweder $v \in x$ und damit $v \in x \cup \overline{x} \cdot y$, oder wir haben $v \notin x$ und $v \notin y$, also $v \in \overline{x} \cdot y$ und damit wieder $v \in x \cup \overline{x} \cdot y$.

Bei diesem Beweis werden die Ausdrücke x und y und die Operationszeichen $\cup$, $\cap$ und $^-$ mit einer speziellen Bedeutung versehen. Auf Grund von Satz 2.2.2 geht dadurch nichts in Allgemeinheit verloren.

Auch die Teilmengenrelation $\subset$ läßt sich auf beliebige Boolesche Algebren erweitern, was nach Satz 2.2.2 nun klar ist. Wir setzen dazu

$$x \subset y : \leftrightarrow x \cdot \overline{y} = 0$$

und bezeichnen diese Ordnungsrelation wie in einer Mengenalgebra durch $\subset$. Es gelten die Regeln

$$
\begin{aligned}
&(1)\, x \subset y \leftrightarrow x \cdot y = x \leftrightarrow x \cup y = y, \\
&(2)\, x \subset y \rightarrow x \cdot z \subset y \cdot z, \\
&(3)\, x \subset y \text{ und } y \subset x \leftrightarrow x = y.
\end{aligned}
\qquad (2.2.4)
$$

In Hinblick auf Satz 2.2.2 bezeichnen wir die Operationen $\cap$, $\cup$ und $^-$ einer beliebigen Booleschen Algebra ebenfalls als Vereinigungs-, Durchschnitts- und Komplementbildung. Andere, aus der Aussagenlogik stammende Bezeichnungen sind *Disjunktion, Konjunktion* und *Negation.*

2.3 Matrizen über Booleschen Ringen. Der Nachweis von Eigenschaften eines Graphen

Durch $\mathbf{B} := (T; \oplus, \cdot)$ und $\mathbf{B}' := (T'; \oplus', \cdot')$ seien zwei Boolesche Ringe gegeben. Mit

$$
\begin{aligned}
(x_1, x_1') \oplus (x_2, x_2') &:= (x_1 \oplus x_2, x_1' \oplus' x_2') \\
(x_1, x_1') \cdot (x_2, x_2') &:= (x_1 \cdot x_2, x_1' \cdot' x_2')
\end{aligned}
\qquad (2.3.1)
$$

wird dann

$$\mathbf{B} \times \mathbf{B}' := (T \times T', \oplus, \cdot)$$

wieder zu einem Booleschen Ring, dem *Produkt* von $\mathbf{B}$ und $\mathbf{B}'$. Das Produkt von $\mathbf{B}$ mit sich selbst bezeichnen wir durch

$$\mathbf{B}^2 := (T^2; \oplus, \cdot).$$

100

Analog definiert man mehrfache Produkte und höhere Potenzen. Die Elemente von $\mathbf{B}^n := (T^n; \oplus, \cdot)$ z. B. sind n-dimensionale Vektoren $x := (x_1, \ldots, x_n)$ mit Komponenten $x_i \in T$. Ihre Summe $x \oplus y$ und ihr Produkt $x \cdot y$ wird wie im Fall $n = 2$ komponentenweise erklärt. Ebenso ergeben sich $x \cup y$ und $\overline{x}$ komponentenweise:

$$x \cup y = (x_1 \cup x_2, \ldots, x_n \cup y_n),$$
$$\overline{x} = (\overline{x}_1, \ldots, \overline{x}_n). \tag{2.3.2}$$

Für den *Nullvektor* in $\mathbf{B}^n$, dessen sämtliche Komponenten gleich dem Nullelement 0 von $\mathbf{B}$ sind, schreiben wir wieder 0. Er dient in $\mathbf{B}^n$ als neutrales Element bezüglich $\oplus$ und $\cup$. Das neutrale Element bezüglich $\cdot$ ist der Vektor, dessen sämtliche Komponenten gleich 1 sind. Wir bezeichnen ihn durch

$$e := (1, 1, \ldots, 1).$$

Die Elemente von $\mathbf{B}^n$, insbesondere die Elemente von $\mathbf{B}_2^n$ heißen *Boolesche Vektoren*. Ist in Beispiel 2.1.2 die Menge X endlich, so ist $B(X)$ isomorph zu $\mathbf{B}_2^{|X|}$. Dasselbe gilt bei entsprechender Definition unendlicher Produkte auch für nicht endliche Mengen X.

Nun sei $\mathbf{B} := (T; \oplus, \cdot)$ wieder ein Boolescher Ring. Wir betrachten die Menge T^{n^2} aller quadratischen n-reihigen Matrizen mit Elementen aus T und legen auf dieser Menge zwei Operationen $\oplus$ und $*$ auf die folgende Weise fest. Mit

$$A := \begin{bmatrix} a_{11} & a_{12} & \ldots & a_{1n} \\ a_{21} & a_{22} & \ldots & a_{2n} \\ & \ldots & \\ a_{n1} & a_{n2} & \ldots & a_{nn} \end{bmatrix} \text{ und } B := \begin{bmatrix} b_{11} & b_{12} & \ldots & b_{1n} \\ b_{21} & b_{22} & \ldots & b_{2n} \\ & \ldots & \\ b_{n1} & b_{n2} & \ldots & b_{nn} \end{bmatrix}$$

gelte

$$A \oplus B := \begin{bmatrix} a_{11} \oplus b_{11} & a_{12} \oplus b_{12} & \ldots & a_{1n} \oplus b_{1n} \\ a_{21} \oplus b_{21} & a_{22} \oplus b_{22} & \ldots & a_{2n} \oplus b_{2n} \\ & & \ldots & \\ a_{n1} \oplus b_{n1} & a_{n2} \oplus b_{n2} & \ldots & a_{nn} \oplus b_{nn} \end{bmatrix} \tag{2.3.3}$$

$$A * B := \begin{bmatrix} c_{11} & c_{12} & \ldots & c_{1n} \\ c_{21} & c_{22} & \ldots & c_{2n} \\ & \ldots & \\ c_{n1} & c_{n2} & \ldots & c_{nn} \end{bmatrix} ; c_{ij} := \bigoplus_{k=1}^{n} a_{ik} \cdot b_{kj}; \ 1 \leqslant i, j \leqslant n. \tag{2.3.4}$$

Damit wird $(T^{n^2}; \oplus, *)$ wohl zu einem Ring, jedoch im allgemeinen nicht zu einem Booleschen Ring. Denn im allgemeinen gilt

$$A * A \neq A,$$

z. B. gilt

$$\begin{bmatrix} 1 & 1 \\ 1 & 1 \end{bmatrix} * \begin{bmatrix} 1 & 1 \\ 1 & 1 \end{bmatrix} = \begin{bmatrix} 0 & 0 \\ 0 & 0 \end{bmatrix},$$

wenn 0 und 1 die neutralen Elemente in **B** sind.

Zu einem Booleschen Ring gelangt man erst wieder, wenn man die Multiplikation abweichend von der üblichen Definition in Matrizenringen elementweise erklärt, d. h. wenn man zu $\oplus$ die durch

$$A \cdot B := \begin{bmatrix} a_{11}\cdot b_{11} & a_{12}\cdot b_{12} & \ldots & a_{1n}\cdot b_{1n} \\ a_{21}\cdot b_{21} & a_{22}\cdot b_{22} & \ldots & a_{2n}\cdot b_{2n} \\ & & \cdots & \\ a_{n1}\cdot b_{n1} & a_{n2}\cdot b_{n2} & \ldots & a_{nn}\cdot b_{nn} \end{bmatrix} \tag{2.3.5}$$

definierte Operation hinzunimmt. Dann erhält man auch die durch (2.2.3) festgelegten Operationen durch elementweise Bildung der entsprechenden Operationen in **B**. So gilt

$$A \cup B := \begin{bmatrix} a_{11}\cup b_{11} & a_{12}\cup b_{12} & \ldots & a_{1n}\cup b_{1n} \\ a_{21}\cup b_{21} & a_{22}\cup b_{22} & \ldots & a_{2n}\cup b_{2n} \\ & & \cdots & \\ a_{n1}\cup b_{n1} & a_{n2}\cup b_{n2} & \ldots & a_{nn}\cup b_{nn} \end{bmatrix} \tag{2.3.6}$$

$$\overline{A} := \begin{bmatrix} \overline{a}_{11} & \overline{a}_{12} & \ldots & \overline{a}_{1n} \\ \overline{a}_{21} & \overline{a}_{22} & \ldots & \overline{a}_{2n} \\ & & \cdots & \\ \overline{a}_{n1} & \overline{a}_{n2} & \ldots & \overline{a}_{nn} \end{bmatrix}. \tag{2.3.7}$$

$A \cup B$ und $A \cdot B$ (bzw. $A \cap B$) bezeichnen wir wieder als Vereinigung und Durchschnitt der Matrizen A und B. $\overline{A}$ heißt Komplement von A.

Die *Nullmatrix*, d. h. die Matrix, deren sämtliche Elemente gleich dem neutralen Element 0 in **B** sind, wirkt als neutrales Element bezüglich $\oplus$ und $\cup$. Wir bezeichnen diese Matrix wieder durch 0. Die n-reihige *Einheitsmatrix*

$$E := \begin{bmatrix} 1 & 0 & \ldots & 0 \\ 0 & 1 & \ldots & 0 \\ & & \cdots & \\ 0 & 0 & \ldots & 1 \end{bmatrix},$$

deren Diagonalelemente alle gleich dem neutralen Element 1 von **B** sind, während alle übrigen Elemente 0 sind, wirkt als neutrales Element bezüglich *. Wir haben

$$A * E = E * A = A.$$

102

Die n-reihige Matrix

$$I := \begin{bmatrix} 1 & 1 & \ldots & 1 \\ 1 & 1 & \ldots & 1 \\ & & \ldots & \\ 1 & 1 & \ldots & 1 \end{bmatrix},$$

deren sämtliche Elemente gleich dem neutralen Element 1 in **B** sind, wirkt als neutrales Element bezüglich der Durchschnittsbildung:

$$A \cdot I = I \cdot A = A.$$

Nach Abschnitt 2.2 ist die durch

$$A \subset B : \leftrightarrow A \cdot \bar{B} = 0$$

festgelegte Relation eine Ordnungsrelation auf T^{n^2}. Auf Grund der Bedeutung von $\cdot$ und $^-$ gilt

$$A \subset B \leftrightarrow a_{ij} \subset b_{ij} \text{ für alle } (i, j) \in \{1, 2, \ldots, n\}^2.$$

Das System $\mathbf{B}^{n^2} := (T^{n^2}; \cup, \cap, ^\frown)$ der quadratischen n-reihigen Matrizen über **B** zusammen mit den eben definierten Operationen bildet eine Boolesche Algebra. Die Elemente von T^{n^2} heißen *Boolesche Matrizen.* Der Übergang von **B** zu $\mathbf{B}^{n^2}$ entspricht der üblichen Vorgangsweise bei der komponentenweisen Übertragung einer algebraischen Struktur von einer Trägermenge T zu einem kartesischen Produkt von T mit sich selbst. Da in den Definitionen (2.3.3) und (2.3.5—7) die Matrixschreibweise nicht verwertet wird und daher unwesentlich ist, sind die Elemente von T^{n^2} auch einfach als n^2-dimensionale Vektoren aufzufassen. Die Algebra $\mathbf{B}^{n^2}$ ist dann nichts anderes als das n^2-fache *Produkt* der Algebra **B** mit sich selbst. Trotzdem wird die Matrixschreibweise beibehalten. Der Grund liegt in der Einführung einer weiteren zweistelligen Operation auf T^{n^2}, der sogenannten *Booleschen Produktbildung.* Da im Folgenden nahezu ausschließlich diese Produktbildung betrachtet wird, verzichten wir bei deren Benennung auf ein neues Operationssymbol und bezeichnen sie einfach durch Nebeneinanderstellen der Operanden:

$$AB := \begin{bmatrix} c_{11} & c_{12} & \ldots & c_{1n} \\ c_{21} & c_{22} & \ldots & c_{2n} \\ & & \ldots & \\ c_{n1} & c_{n2} & \ldots & c_{nn} \end{bmatrix}; \quad c_{ij} := \bigcup_{k=1}^{n} a_{ik} \cdot b_{kj}; 1 \leqslant i, j \leqslant n. \quad (2.3.8)$$

AB ist also keine einfachere Schreibweise für (2.3.5) sondern bedeutet das *Boolesche Produkt* der Matrizen A und B. Insbesondere bezeichnen wir die mehrfachen Booleschen Produkte einer Matrix A mit sich selbst durch $A^2, A^3, \ldots, A^p$, und sprechen von der zweiten, dritten, …, p-ten Potenz von A (im Sinne der Booleschen Produktbildung). Ferner setzen wir $A^1 := A$ und $A^\circ := E$. Die Matrix E wirkt auch als neutrales Element bezüglich der Booleschen Produktbildung. Wir haben

$$AE = EA = A.$$

Offenbar gelten ferner die *Rechenregeln*:

a) $\qquad (AB)C = A(BC)$;

b) $\qquad (A \cup B)C = (AC) \cup (BC)$ $\qquad\qquad\qquad\qquad$ (2.3.9)

c) Das Boolesche Produkt ist nicht distributiv über $\oplus$. Z. B. gilt

$$\left(\begin{bmatrix} 0 & 1 & 0 \\ 1 & 1 & 1 \\ 0 & 0 & 1 \end{bmatrix} \oplus \begin{bmatrix} 0 & 0 & 1 \\ 1 & 0 & 0 \\ 1 & 1 & 1 \end{bmatrix} \right) \begin{bmatrix} 1 & 1 & 1 \\ 1 & 1 & 1 \\ 1 & 1 & 1 \end{bmatrix} = \begin{bmatrix} 0 & 1 & 1 \\ 0 & 1 & 1 \\ 1 & 1 & 0 \end{bmatrix} \begin{bmatrix} 1 & 1 & 1 \\ 1 & 1 & 1 \\ 1 & 1 & 1 \end{bmatrix} =$$

$$\begin{bmatrix} 0.1 \cup 1.1 \cup 1.1 & 0.1 \cup 1.1 \cup 1.1 & 0.1 \cup 1.1 \cup 1.1 \\ 0.1 \cup 1.1 \cup 1.1 & 0.1 \cup 1.1 \cup 1.1 & 0.1 \cup 1.1 \cup 1.1 \\ 1.1 \cup 1.1 \cup 0.1 & 1.1 \cup 1.1 \cup 0.1 & 1.1 \cup 1.1 \cup 0.1 \end{bmatrix} = \begin{bmatrix} 1 & 1 & 1 \\ 1 & 1 & 1 \\ 1 & 1 & 1 \end{bmatrix}$$

Dagegen gilt:

$$\begin{bmatrix} 0 & 1 & 0 \\ 1 & 1 & 1 \\ 0 & 0 & 1 \end{bmatrix}\begin{bmatrix} 1 & 1 & 1 \\ 1 & 1 & 1 \\ 1 & 1 & 1 \end{bmatrix} \oplus \begin{bmatrix} 0 & 0 & 1 \\ 1 & 0 & 0 \\ 1 & 1 & 1 \end{bmatrix}\begin{bmatrix} 1 & 1 & 1 \\ 1 & 1 & 1 \\ 1 & 1 & 1 \end{bmatrix} = \begin{bmatrix} 1 & 1 & 1 \\ 1 & 1 & 1 \\ 1 & 1 & 1 \end{bmatrix} \oplus \begin{bmatrix} 1 & 1 & 1 \\ 1 & 1 & 1 \\ 1 & 1 & 1 \end{bmatrix} = 0.$$

Im allgemeinen ist also $(A \oplus B)C \neq AC \oplus BC$.

d) Das Boolesche Produkt ist ordnungserhaltend. Aus $A \subset B$ folgt mit beliebiger Matrix C:

$$AC \subset BC.$$

Wegen $A \subset B$ gilt nämlich

$$a_{ik}c_{kj} \cdot \bigcap_{l=1}^{n} (\overline{b}_{il} \cup \overline{c}_{lj}) = 0, \ 1 \leqslant k \leqslant n.$$

Damit erhalten wir

$$(AC)_{ij} \cdot \overline{(BC)_{ij}} = (\bigcup_{k=1}^{n} a_{ik} \cdot c_{kj})(\bigcup_{l=1}^{n} b_{il} \cdot c_{lj}) =$$

$$= (\bigcup_{k=1}^{n} a_{ik} \cdot c_{kj}) \bigcap_{l=1}^{n} (\overline{b}_{il} \cup \overline{c}_{lj}) = 0.$$

e) Die Elemente a_{ij}^p der p-ten Potenz A^p von A sind für $p \geqslant 2$ gegeben durch:

$$a_{ij}^p = \bigcup_{i_1, i_2, \ldots, i_{p-1}} a_{ii_1} \cdot a_{i_1 i_2} \cdot \ldots \cdot a_{i_{p-1} j}.$$

Die Vereinigung ist über alle p-1 tupel $(i_1, \ldots, i_{p-1}) \in \{1, 2, \ldots, n\}^{p-1}$ zu bilden. Das Boolesche Produkt kann auch für rechteckige Matrizen erklärt werden. Dazu ist allein nötig, daß wie im Fall der üblichen Matrizenmultiplikation bei reellen Matrizen die Spaltenzahl des ersten Faktors gleich der Zeilenzahl des zweiten Faktors ist.

In der bisherigen Literatur faßt man den Begriff Boolesche Matrix etwas enger und versteht darunter nur Matrizen über T_2, d. h. also Matrizen, deren Elemente 0 oder 1 sein dürfen. Solche Matrizen, die wir oben bereits als Beispiele herangezogen haben, spielen auch in unserem Zusammenhang die größte Rolle. Sie sollen $(0,1)$-Matrizen heißen. Wir wenden uns nun ihren Eigenschaften zu.

A sei eine n-reihige quadratische Matrix über T_2, d. h. es gelte $A \in T_2^{n^2}$. Da nur endliche viele solcher Matrizen verschieden sind, können nicht alle Potenzen von A verschieden sein. Es sei q der kleinste Exponent, zu dem ein $p < q$ existiert mit $A^p = A^q$. Dann sind sämtliche Matrizen $E, A, A^2, \ldots, A^{q-1}$ verschieden. Gilt $p = q-1$, so heißt p *charakteristischer Exponent* von A. Es gilt dann für alle $j \in N_0$:

$$A^p = A^{p+j}.$$

Nicht jede Matrix über T_2 besitzt einen charakteristischen Exponenten. Mit

$$A: = \begin{bmatrix} 0 & 1 \\ 1 & 0 \end{bmatrix}$$

gilt z. B.

$$A^2 = \begin{bmatrix} 0 & 1 \\ 1 & 0 \end{bmatrix} \begin{bmatrix} 0 & 1 \\ 1 & 0 \end{bmatrix} = \begin{bmatrix} 1 & 0 \\ 0 & 1 \end{bmatrix} = E,$$

also $p = 0$, $q = 2$.

Über Matrizen spezieller Bauart läßt sich jedoch mehr aussagen. Es gilt

Satz 2.3.1. *Es sei $A \in T_2^{n^2}$ und $E \subset A$. Dann gilt $A^i \subset A^j$ für $i \leqslant j$ und $A^{n-1} = A^{n+i}$ für $i \geqslant 0$. A besitzt einen charakteristischen Exponenten $p < n$.*

Beweis. $A^i \subset A^j$ für $i \leqslant j$ folgt aus $E = A^\circ \subset A$, da das Boolesche Produkt ordnungserhaltend ist. Ferner gilt für ein Element a_{ij}^n von A^n:

$$a_{ij}^n = \bigcup_{i_1, i_2, \ldots, i_{n-1}} a_{ii_1} \cdot a_{i_1 i_2} \cdot \ldots \cdot a_{i_{n-1} j} \ .$$

Wir betrachten einen einzelnen Term $a_{ii_1} \cdot a_{i_1 i_2} \cdot \ldots \cdot a_{i_{n-1} j}$ aus dieser Vereinigung und setzen $i_0 := i$, $i_n := j$. Da die $n + 1$ Indizes $i_0, i_1, \ldots, i_n$ nicht alle verschieden sein können, gilt $i_u = i_v$ für ein $u < v$, $u, v \in \{0, 1, \ldots, n\}$.

Nun gilt

$$a_{i_0 i_1} \cdot a_{i_1 i_2} \cdot \ldots \cdot a_{i_{u-1} i_u} \cdot a_{i_u i_{u+1}} \cdot \ldots \cdot a_{i_{v-1} i_v} \cdot a_{i_v i_{v+1}} \cdot \ldots \cdot a_{i_{n-1} i_n} \subset$$

$$\subset a_{i_0 i_1} \cdot a_{i_1 i_2} \cdot \ldots \cdot a_{i_{u-1} i_u} \cdot a_{i_v i_{v+1}} \cdot \ldots \cdot a_{i_{n-1} i_n} \ .$$

Der rechte Term besteht aus $n-v+u$ Faktoren und wird daher wegen $i_u = i_v$ bei der Bildung von a_{ij}^{n-v+u} berücksichtigt. Wegen $a_{ij}^{n-v+u} \subset a_{ij}^{n-1}$ haben wir dann

$$a_{ii_1} \cdot a_{i_1 i_2} \cdot \ldots \cdot a_{i_{n-1} j} \subset a_{ij}^{n-1}$$

und damit $a_{ij}^n \subset a_{ij}^{n-1}$. Daher gilt neben $A^{n-1} \subset A^n$ auch $A^n \subset A^{n-1}$, also $A^{n-1} = A^n$. Der Satz ist damit bewiesen.

Bei beliebiger Boolescher Matrix A bilden die Matrizen

$$\mathbf{B}_k := \bigcup_{j=1}^{k} A^j, \quad k \geqslant 1,$$

eine aufsteigende Folge:

$$A = B_1 \subset B_2 \subset B_3$$
$$A = B_1 \subset B_2 \subset B_3 \ldots$$

Ist A eine $(0,1)$-Matrix, so können nur endlich viele der B_k verschieden sein. Damit existiert ein kleinster Index q mit $B_q = B_{q+j}$ für $j \in N$. Dieser Index soll *charakteristischer Index* von A heißen. Für ihn gilt:

$$A^j \subset B_q, j \in N.$$

Wir kehren nur zur Graphentheorie zurück. Ist $G := (X, K)$ eine Relation, so ist die Adjazenzmatrix $M(G)$ eine $(0,1)$-Matrix, also eine Boolesche Matrix über T_2. Zahlreiche Eigenschaften einer Relation können aus der Gestalt dieser Matrix mehr oder weniger direkt abgelesen werden, andere folgen aus der Gestalt gewisser Ausdrücke in $M(G)$, die mit Hilfe der oben eingeführten Operationen gebildet sind. Insbesondere spielt dabei, wie wir noch zeigen werden, das Boolesche Produkt eine große Rolle. Ist G keine Relation, so ist immerhin die Adjazenzmatrix des zu $M(G)$ assoziierten Graphen eine Boolesche Matrix über T_2. Ein Teil der erwähnten Eigenschaften lassen sich auch an Hand dieser Matrix erkennen. Wir bezeichnen diese Matrix als *reduzierte Adjazenzmatrix* $M^*(G)$, da sie aus der Adjazenzmatrix $M(G)$ dadurch entsteht, daß man alle von Null verschiedene Elemente m_{ij} von $M(G)$ durch 1 ersetzt. Es gilt also:

$$m_{ij}^* = \begin{cases} 1 & \text{wenn } M_{ij} \neq \phi \\ 0 & \text{wenn } M_{ij} = \phi . \end{cases}$$

Wir wenden uns nun dem Nachweis von Eigenschaften zu. Ohne Beweis darf angeführt werden:

Satz 2.3.2. *G sei eine Relation. Dann ist G genau dann symmetrisch, wenn $M(G) = {} = M(G)^T$. G ist genau dann antisymmetrisch, wenn mit $A := (M(G) \cup E) \oplus E$ gilt $A \cdot A^T = 0$. G ist genau dann reflexiv, wenn $E \subset M(G)$. G ist genau dann irreflexiv, wenn $M(G) \cdot E = 0$. G ist genau dann vollständig, wenn $M(G) \cup M(G)^T \cup E = I$.*

Zum Nachweis der Transitivität und anderer Eigenschaften zeigen wir vorerst:

Satz 2.3.3. *M^* sei die reduzierte Adjazenzmatrix eines Graphen G. Ferner gelte*

$$U := M^* \cup E, \quad S := M^* \cup M^{*T}, \quad V := S \cup E.$$

Dann gilt für $s \in N$ und $i \neq j$ die Beziehung $u_{ij}^s = 1$ genau dann, wenn in G eine Bahn G_W von i nach j der Länge $\leqslant s$ existiert. Ebenso gilt für $i \neq j$ die Beziehung

$v_{ij}^s = 1$ *genau dann, wenn in* G *ein Weg* $G_{W'}$ *zwischen* i *und* j *der Länge* $\leqslant s$ *existiert.*

Beweis. Der zweite Teil des Satzes folgt aus dem ersten, da S die Adjazenzmatrix der symmetrischen Hülle $G(M^*)_{SH}$ des zu M^* assoziierten Graphen $G(M^*)$ ist und eine Bahn in $G(M^*)_{SH}$ einem Weg in G entspricht. Den ersten Teil des Satzes beweist man durch Induktion über s.

Für $s = 1$ ist die Behauptung richtig. Denn jede Kante erzeugt eine Bahn von ihrem Anfangs- zu ihrem Endknoten. Die Behauptung gelte für alle natürlichen Zahlen $s < l$. $u_{ij}^l = 1$ gilt genau dann, wenn mindestens ein l-1-tupel von Indizes $i_1, i_2, \ldots, i_{l-1}$ existiert mit

$$u_{ii_1} \cdot u_{i_1 i_2} \cdot \ldots \cdot u_{i_{l-1} j} = 1.$$

Sind alle hier vorkommenden Indizes verschieden, so erzeugt $\{(i, i_1), (i_1, i_2), \ldots, (i_{l-1}, j)\}$ eine Bahn der Länge l in G von i nach j. Sind bei $i \neq j$ nicht alle Indizes verschieden, d. h. gilt mit $i_0 := i$, $i_l := j$ etwa $i_v = i_w$ für $v < w$, $v, w \in \{0, 1, \ldots, l\}$, so schließen wir auf

$$u_{i_0 i_1} \cdot u_{i_1 i_2} \cdot \ldots \cdot u_{i_{v-1} i_v} \cdot u_{i_w i_{w+1}} \cdot \ldots \cdot u_{i_{l-1} i_l} = 1.$$

Damit gilt $u_{ij}^{l-w+v} = 1$. Nach Induktionsannahme existiert daher eine Bahn von i nach j der Länge $\leqslant l - w + v < l$.

Die Elemente der Booleschen Potenzen von U und V lassen also auf die Existenz von Bahnen oder Wegen in G schließen. Für die Potenzen von M^* und S gilt das nicht. Wohl folgt aus $m_{ij}^{*t} = 1$ bzw. $s_{ij}^t = 1$ ebenso die Existenz einer Bahn von i nach j bzw. eines Weges zwischen i und j der Länge $\leqslant t$. Umgekehrt folgt aber aus $m_{ij}^{*t} = 0$ bzw. $s_{ij}^t = 0$ nicht das Fehlen einer solchen Bahn oder eines solchen Weges.

Satz 2.3.4. *Für eine Relation* G *sei* p_u *der charakteristische Exponent von* $U := M(G) \cup E$. *Dann gilt für die Adjazenzmatrix* $M(G_{RTH})$ *der reflexivo-transitiven Hülle* G_{TH} *von* G:

$$M(G_{RTH}) = U^{p_u}.$$

Beweis. Der Satz ist eine direkte Folgerung aus der Definition der reflexivo-transitiven Hülle und Satz 2.3.3. $u_{ij}^{p_u} = 1$ gilt für $i \neq j$ genau dann, wenn in G mindestens eine Bahn von i nach j existiert. Für $i = j$ ist diese Beziehung immer erfüllt.

Satz 2.3.5. M^* *sei eine reduzierte Adjazenzmatrix eines Graphen* G *mit* $K \neq \phi$. *Für* $i \neq j$ *bedeute* $s(i, j)$ *die Länge einer kürzesten Bahn (bezüglich der verwendeten Kantenzahl) vom Knoten* i *zum Knoten* j *in* G. $s(i, i)$ *bedeute die Länge eines kürzesten Zykels durch* i. *Existiert keine derartige Bahn oder kein solcher Zykel, so gelte* $s(i, j) := \infty$ *bzw.* $s(i, i) := \infty$. q_m^* *sei der charakteristische Index von* M^*. *Mit diesen Bezeichnungen gilt:*

$$m_{ij}^s = 0 \text{ für } 1 \leqslant s < s(i, j),$$
$$s(i, j) < \infty \rightarrow m_{ij}^{*\, s(i,j)} = 1,$$
$$q_m^* = \underset{i,j}{\text{Max}} \; \{s(i, j) \mid s(i, j) < \infty\} < n.$$

Beweis. Wie im Beweis zu Satz 2.3.3 folgt aus $m_{ij}^{*s} = 0$ für $1 \leqslant s < s(i, j)$. Ist andererseits G_V eine kürzeste Bahn von i nach j, $(k_1, k_2, \ldots, k_{s(i,j)})$ die dazugehörige

Kantenanordnung und $(i, i_1, \ldots, i_{s(i,j)-1}, j)$ die durch $i = p_1(k_1)$, $i_s = p_2(k_s) = p_1(k_{s+1})$ für $1 \leqslant s < s(i, j)$ und $j = p_2(s_{(i,j)})$ bestimmte Knotenfolge, dann gilt

$$m_{ij}^{*s(i,j)} \supset m_{ii_1}^* \cdot m_{i_1 i_2}^* \cdot \ldots \cdot m_{i_{s(i,j)-1}j}^* = 1.$$

Die Behauptung über q_m^* ist eine direkte Folgerung aus dem ersten Teil des Satzes.

Satz 2.3.6. *G sei eine Relation und q_m der charakteristische Index ihrer Adjazenzmatrix M. Dann gilt für die Adjazenzmatrix $M(G_{TH})$ der transitiven Hülle G_{TH} von G:*

$$M(G_{TH}) = \bigcup_{s=1}^{q_m} M^s.$$

Beweis. $(\bigcup_{s=1}^{q_m} M^s)_{ij} = 0$ ist nach Satz 2.3.5 gleichbedeutend mit der Aussage, daß G keine Bahn von i nach j enthält, bzw. bei $i = j$, daß G keinen Zykel durch i enthält. Die Matrizen $M(G_{RTH})$ und $M(G_{TH})$ unterscheiden sich nur in den Diagonalgliedern. Offenbar gilt

$$M(G_{RTH}) = M(G_{TH}) \cup E.$$

Eine leichte Überlegung zeigt, daß der charakteristische Exponent p_m^* der Vereinigung einer reduzierten Adjazenzmatrix mit E der Beziehung

$$p_m^* = \underset{i,j}{\text{Max}} \; \{s(i, j) \mid s(i, j) < \infty, i \neq j\}$$

genügt. Damit gilt: Der charakteristische Index einer Booleschen Matrix A über T_2 ist mindestens gleich dem charakteristischen Exponenten von $A \cup E$. Nun sind wir auch in der Lage, die Transitivität einer Relation durch eine Beziehung zwischen Booleschen Matrizen zu charakterisieren.

Satz 2.3.7. Eine Relation G ist genau dann transitiv, wenn der charakteristische Index von $M(G)$ gleich 1 ist, d. h. wenn $M^2 \subset M$.

Beispiel 2.3.1. Wir betrachten die folgende Adjazenzmatrix

$$M := \begin{bmatrix} 0 & 1 & 1 & 0 & 0 \\ 0 & 1 & 0 & 1 & 0 \\ 1 & 0 & 1 & 0 & 0 \\ 0 & 0 & 1 & 0 & 1 \\ 0 & 0 & 0 & 1 & 0 \end{bmatrix}$$

$$M^2 = \begin{bmatrix} 1 & 1 & 1 & 1 & 0 \\ 0 & 1 & 1 & 1 & 1 \\ 1 & 1 & 1 & 0 & 0 \\ 1 & 0 & 1 & 1 & 0 \\ 0 & 0 & 1 & 0 & 1 \end{bmatrix} \quad M^3 = \begin{bmatrix} 1 & 1 & 1 & 1 & 1 \\ 1 & 1 & 1 & 1 & 1 \\ 1 & 1 & 1 & 1 & 0 \\ 1 & 1 & 1 & 0 & 1 \\ 1 & 0 & 1 & 1 & 0 \end{bmatrix} \quad M^4 = \begin{bmatrix} 1 & 1 & 1 & 1 & 1 \\ 1 & 1 & 1 & 1 & 1 \\ 1 & 1 & 1 & 1 & 1 \\ 1 & 1 & 1 & 1 & 0 \\ 1 & 1 & 1 & 0 & 1 \end{bmatrix}$$

108

Wegen

$$M \cup M^2 \cup M^3 : \begin{bmatrix} 1 & 1 & 1 & 1 & 1 \\ 1 & 1 & 1 & 1 & 1 \\ 1 & 1 & 1 & 1 & 0 \\ 1 & 1 & 1 & 1 & 1 \\ 1 & 0 & 1 & 1 & 1 \end{bmatrix} , \quad M \cup M^2 \cup M^3 \cup M^4 = I$$

ist der charakteristische Index von M gleich 4. $m_{44}^2 = 1$ und $m_{44}^3 = 0$ zeigt, daß die Potenzen von M im Gegensatz zu den Potenzen $M \cup E$ keine aufsteigende Folge bilden. Auch der charakteristische Exponent von $M \cup E$ ist gleich 4. Wir haben:

$$M \cup E = \begin{bmatrix} 1 & 1 & 1 & 0 & 0 \\ 0 & 1 & 0 & 1 & 0 \\ 1 & 0 & 1 & 0 & 0 \\ 0 & 0 & 1 & 1 & 1 \\ 0 & 0 & 0 & 1 & 1 \end{bmatrix}$$

$$(M \cup E)^2 = \begin{bmatrix} 1 & 1 & 1 & 1 & 0 \\ 0 & 1 & 1 & 1 & 1 \\ 1 & 1 & 1 & 0 & 0 \\ 1 & 0 & 1 & 1 & 1 \\ 0 & 0 & 1 & 1 & 1 \end{bmatrix} , (M \cup E)^3 = \begin{bmatrix} 1 & 1 & 1 & 1 & 1 \\ 1 & 1 & 1 & 1 & 1 \\ 1 & 1 & 1 & 1 & 0 \\ 1 & 1 & 1 & 1 & 1 \\ 1 & 0 & 1 & 1 & 1 \end{bmatrix} , (M \cup E)^4 = I.$$

Beispiel 2.3.2. Die Matrix

$$M : = \begin{bmatrix} 0 & 1 & 0 \\ 0 & 0 & 1 \\ 1 & 0 & 0 \end{bmatrix}$$

hat den charakteristischen Index 3, der charakteristische Exponent von $M \cup E$ ist 2.

$$M^2 = \begin{bmatrix} 0 & 0 & 1 \\ 1 & 0 & 0 \\ 0 & 1 & 0 \end{bmatrix}, M^3 = \begin{bmatrix} 1 & 0 & 0 \\ 0 & 1 & 0 \\ 0 & 0 & 1 \end{bmatrix}, M \cup M^2 = \begin{bmatrix} 0 & 1 & 1 \\ 1 & 0 & 1 \\ 1 & 1 & 0 \end{bmatrix}, M \cup M^2 \cup M^3 = I.$$

$$M \cup E = \begin{bmatrix} 1 & 1 & 0 \\ 0 & 1 & 1 \\ 1 & 0 & 1 \end{bmatrix} , \quad (M \cup E)^2 = I.$$

Für eine beliebige $(0,1)$-Matrix A mit dem charakteristischen Exponenten p_a und dem charakteristischen Index q_a setzen wir:

$$\hat{A} : = (A \cup E)^{p_a} \qquad \check{A} : = \bigcup_{s=1}^{q_a} A^s.$$

$\overset{*}{A}$ und $\overset{\vee}{A}$ sind die Ajazenzmatrizen der reflexivo-transitiven und der transitiven Hülle des zu A assoziierten Graphen $G(A)$.

Satz 2.3.8. *Ein Graph G mit der reduzierten Adjazenzmatrix M* ist genau dann zykelfrei, wenn $\overset{\vee}{M}* \cdot E = 0$ oder $M* \cdot E = 0$ und $\hat{M}* \cdot \hat{M}*^{T} = E$.*

Beweis. Die erste Bedingung beschreibt die Zykelfreiheit auf Grund von Satz 2.3.6. Im Fall $M* \cdot E = 0$ besteht ein eventuell vorhandener Zykel aus mehreren Kanten und Knoten. Somit existieren zwei verschiedene Knoten i und j, so daß der Zykel aus einer Bahn von i nach j und einer Bahn von j nach i besteht. Dabei gilt $m_{ij}^{*} = m_{ji}^{*} = 1$, also $\hat{M}* \cdot \hat{M}*^{T} \neq E$. Umgekehrt enthält die Vereinigung zweier Bahnen von i nach j und von j nach i einen Zykel. Daraus folgt die Notwendigkeit von $\hat{M}* \cdot \hat{M}*^{T} = E$.

Die Existenz von beliebigen Kreisen in einem Graphen G läßt sich nicht so einfach als Beziehung zwischen den Booleschen Potenzen von $M*$ formulieren. Kreislose zusammenhängende Graphen, also Bäume, werden in Abschnitt 2.7 auf anderem Wege durch Boolesche Methoden dargestellt. Aber der Zusammenhang eines Graphen läßt sich durch einfache Beziehungen ausdrücken. Mit der Bezeichnungsweise von Satz 2.3.3 gilt:

Satz 2.3.9. *Ein Graph G ist genau dann zusammenhängend, wenn $\hat{S} = I$. G ist genau dann stark zusammenhängend, wenn $\hat{M}* = I$.*

Der Beweis ist durch Satz 2.3.3 und Satz 2.3.4 gegeben.

Wie in Abschnitt 1.1 dieses Teils verstehen wir unter A_{ij} die Untermatrix einer Matrix A, die aus A durch Streichen der i-ten Zeile und der j-ten Spalte entsteht. Ist A die Adjazenzmatrix eines Graphen G, so ist A_{ii} die Adjazenzmatrix des Graphen $G_{X-\{i\}}$, der aus G durch Entfernen des Knoten i und der mit i inzidenten Kanten entsteht.

Der Knoten i ist eine Artikulation von G, wenn $G_{X-\{i\}}$ mehr Komponenten besitzt als G. Soll ein zusammenhängender Graph keine Artikulation besitzen, also nicht separabel sein, so müssen alle Untergraphen $G_{X-\{i\}}$, $1 \leqslant i \leqslant n$, zusammenhängend sein. Eine andere Formulierung dieses Sachverhalts ist:

Satz 2.3.10. *Ein zusammenhängender Graph G ist genau dann nicht separabel, wenn*

$$\overset{n}{\underset{i=1}{\cap}} \hat{S}_{ii} = I, \quad S := M* \cup M*^{T}.$$

Beweis. $\overset{n}{\underset{i=1}{\cap}} \hat{S}_{ii} = I$ ist äquivalent zu $\hat{S}_{ii} = I$ für $1 \leqslant i \leqslant n$. $\hat{S}_{ii} = I$ ist nach Satz 2.3.9 genau dann erfüllt, wenn $G_{X-\{i\}}$ zusammenhängend ist.

Wenn man auch, wie bereits erwähnt wurde, zur Formulierung der Existenz von beliebigen Kreisen in G ausdrucksvollere Mittel benötigt, als durch die Booleschen Potenzen der Adjazenzmatrizen zur Verfügung stehen, so gewinnt man doch zumindest Aussagen über die Existenz von Kreisen ungerader Länge. Zu diesem Zweck formulieren wir zuerst einen Satz über die Existenz von Zykeln ungerader Länge in einer Relation G. Zu der entsprechenden Aussage über Kreise ungerader Länge gelangt man dann über die symmetrische Hülle G_{SH} von G.

Satz 2.3.11. *In G existiert genau dann ein Zykel ungerader Länge, wenn*

$$M^{*2j+1} \cdot E \neq 0$$

für ein j mit $1 \leqslant 2j+1 \leqslant n$.

Beweis. Ist G_V ein Zykel der Länge $2j+1$, so gilt $1 \leqslant 2j+1 \leqslant n$ und $M^{*2j+1} \cdot E \neq 0$. Umgekehrt sei $2j+1$ die kleinste ungerade Zahl, für die $M^{*2j+1} \cdot E \neq 0$. Ist $j=0$, so enthält G eine Schlinge. Es gelte also $j > 0$. Dann existieren Indizes $i_0, i_1, \ldots, i_{2j}$ mit

$$m^*_{i_0 i_1} \cdot m^*_{i_1 i_2} \cdot \ldots \cdot m^*_{i_{2j} i_0} = 1.$$

Dabei sind alle i_s, $0 \leqslant s \leqslant 2j$, untereinander verschieden sonst wäre $M^{*2j'+1} \cdot E \neq 0$ für ein $j' < j$. Also erzeugt $\{(i_0, i_1), \ldots, (i_{2j}, i_0)\}$ einen Zykel der Länge $2j+1$.

Eine unmittelbare Folgerung daraus ist:

Satz 2.3.12. *G ist genau dann ein paarer Graph, wenn* $S^{2j+1} \cdot E = 0$ *für* $1 \leqslant 2j+1 \leqslant n$.

Beweis. Der Inhalt des Satzes besagt, daß ein Graph G genau dann ein paarer Graph ist, wenn er keinen Kreis ungerader Länge besitzt. Wir haben daher diese Behauptung zu beweisen.

Ein paarer Graph (X, K) mit $X := X_1 \cup X_2$, $X_1 \cap X_2 = \phi$ und $K \subset X_1 \times X_2 \cup X_2 \times X_1$ kann keinen Kreis ungerader Länge enthalten. Denn die Knotenfolge eines Kreises in G besteht aus Knoten, die abwechselnd in X_1 und X_2 liegen. Um von einem Knoten x aus längs eines Kreises zum Ausgangspunkt zurückzukommen, benötigt man daher eine gerade Anzahl von Kanten.

Nun sei G zusammenhängend und enthalte keinen Kreis ungerader Länge. Wir setzen mit beliebigem $x \in X$:

$$Z_1 := \{x\}, \quad Z_1' := T(x),$$
$$Z_i := T(Z_{i-1}'),$$
$$Z_i' := T(Z_i), \quad i \geqslant 2.$$

Dann gilt, wie man sich leicht überlegt, $Z_i \cap Z_j' = \phi$ für alle natürlichen Zahlen i und j. Außerdem existiert ein Index s mit $Z_{s+j} = Z_s$ und $Z_{s+j}' = Z_s'$ für $j \in N$. Ferner ist $Z_s \cup Z_s' = X$ und $K \cap Z_s \times Z_s = K \cap Z_s' \times Z_s' = \phi$. G ist daher ein paarer Graph.

Ist G nicht zusammenhängend, so liefert eine analoge Behandlung aller seiner Komponenten das gewünschte Resultat.

Wir schließen diesen Abschnitt mit einer Übersicht über die Eigenschaften von Graphen, die an Hand der Adjazenzmatrix bzw. der reduzierten Adjazenzmatrix und deren Potenzen abgelesen werden können. In der linken Spalte der folgenden Tabelle steht die Bezeichnung für die Eigenschaft, in der rechten Spalte die entsprechende Beziehung zwischen Matrizen.

Eigenschaft	Matrixbeziehung
symmetrisch	$M = M^T$
antisymmetrisch	$M^* \cdot M^{*T} \subset E$

reflexiv	$E \subset M^*$
irreflexiv	$M^* \cdot E = 0$
vollständig	$M^* \cup M^{*T} \cup E = I$
transitiv	$\overset{\vee}{M}{}^2 \subset M$
azyklisch	$\hat{M}{}^* \cdot E = 0$
zusammenhängend	$\hat{S} = I$
stark zusammenhängend	$\hat{M}{}^* = I$
nicht separabel	$\bigcap\limits_{i=1}^{n} \hat{S}_{ii} = I$
paar	$\bigcup\limits_{1 \leqslant 2j+1 \leqslant n} S^{2j+1} \cdot E = 0.$

2.4 Algorithmischer Nachweis und algorithmische Darstellung von Eigenschaften

Wir formulieren nun einige Verfahren zum Nachweis von Eigenschaften eines Graphen oder zur Aufzählung einer Eigenschaft auf U_G, die auf den Sätzen des vorangehenden Abschnitts beruhen und die dort eingeführten Matrixoperationen verwenden. Dabei wird stets die Adjazenzmatrix oder die reduzierte Adjazenzmatrix herangezogen.

Wir beginnen mit einem Verfahren zur Berechnung von $\overset{\vee}{A}$, das auf Roy zurückgeht. Bei diesem Verfahren berechnet man ausgehend von A und einer Folge $(k_1, k_2, \ldots, k_s)$ von Zahlen $k_r \in I_n (1 \leqslant r \leqslant s)$ eine Folge von Matrizen $(B_0, B_1, \ldots, B_s)$ mit

$$A = B_0 \subset B_1 \subset \ldots \subset B_s,$$

wobei B_r aus B_{r-1} durch eine einfache Transformation hervorgeht, und zwar setzt man:

$$b_{ij}^{(0)} := a_{ij}$$
$$b_{ij}^{(r)} := b_{ij}^{(r-1)} \cup b_{ik_r}^{(r-1)} \cdot b_{k_r j}^{(r-1)}, \; 1 \leqslant r \leqslant s. \qquad (2.4.1)$$

Diese Vorgangsweise wird durch den folgenden Satz gerechtfertigt.

Satz 2.4.1. *Für $s = n$ und $k_i = i$ gilt $B_n = \overset{\vee}{A}$.*

Beweis. Wegen

$$b_{ij}^{(r-1)} \subset b_{ij}^{(r)} \subset b_{ij}^{(r-1)} \cup \bigcup\limits_{l=1}^{n} b_{il}^{(r-1)} \cdot b_{lj}^{(r-1)}$$

gilt

$$B_{r-1} \subset B_r \subset B_{r-1} \cup B_{r-1}^2, \; 1 \leqslant r \leqslant n.$$

Daraus folgt nach wiederholter Anwendung dieser Ungleichung $A \subset B_r \subset \overset{\vee}{A}$. Wegen der Monotonie der Hüllenbildung gilt damit $\overset{\vee}{B}_r = A$, $1 \leqslant r \leqslant n$. Doppelte Anwendung von (2.4.1) liefert mit u als k_r und v als k_{r-1}:

$$b_{ij}^{(r)} = b_{ij}^{(r-1)} \cup b_{iu}^{(r-1)} \cdot b_{uj}^{(r-1)} \; ,$$

112

$$b_{ij}^{(r-1)} = b_{ij}^{(r-2)} \cup b_{iv}^{(r-2)} \cdot b_{vj}^{(r-2)} ,$$

$$b_{iu}^{(r-1)} = b_{iu}^{(r-2)} \cup b_{iv}^{(r-2)} \cdot b_{vu}^{(r-2)}, \qquad b_{uj}^{(r-1)} = b_{uj}^{(r-2)} \cup b_{uv}^{(r-2)} \cdot b_{vj}^{(r-2)} .$$

Setzt man diese Ausdrücke in $b_{ij}^{(r)}$ ein und vereinfacht, so ergibt sich wegen

$$b_{iv}^{(r-2)} \cdot b_{vu}^{(r-2)} \cdot b_{uv}^{(r-2)} \cdot b_{vj}^{(r-2)} \subset b_{iv}^{(r-2)} \cdot b_{vj}^{(r-2)} :$$

$$b_{ij}^{(r)} = b_{ij}^{(r-2)} \cup b_{iv}^{(r-2)} \cdot b_{vj}^{(r-2)} \cup b_{iu}^{(r-2)} \cdot b_{uj}^{(r-2)} \cup b_{iv}^{(r-2)} \cdot b_{vu}^{(r-2)} \cdot b_{uj}^{(r-2)} \cup$$

$$\cup \, b_{iu}^{(r-2)} \cdot b_{uv}^{(r-2)} \cdot b_{vj}^{(r-2)} . \tag{2.4.2}$$

Dieselbe rechte Seite erhält man aber auch, wenn man v als k_r und u als k_{r-1} nimmt, denn der Ausdruck ist symmetrisch in u und v. Daraus ist zu schließen: Ist $(k_1', k_2', \ldots, k_s')$ eine andere Anordnung von $(k_1, k_2, \ldots, k_s)$, so führt dies zur selben Matrix B_s. Denn jede solche Anordnung erhält man aus $(k_1, k_2, \ldots, k_s)$ durch wiederholte Vertauschung zweier nebeneinander stehender Zahlen.

Mit $u = v$ reduziert sich die rechte Seite von (2.4.2) auf

$$b_{ij}^{(r)} = b_{ij}^{(r-2)} \cup b_{iu}^{(r-2)} \cdot b_{uj}^{(r-2)} = b_{ij}^{(r-1)} .$$

In zwei aufeinanderfolgenden Transformationen mit $k_{r-1} = k_r$ ist daher die zweite überflüssig, d. h. es gilt $B_r = B_{r-1}$. Zusammen mit der Vertauschbarkeit der Operationen liefert dies die Tatsache, daß Wiederholungen in $k_1, \ldots, k_s$ überflüssig sind und auf das Ergebnis B_s keinen Einfluß haben.

Wir betrachten nun ein $2n$-tupel $(k_1, \ldots, k_n, k_{n+1}, \ldots, k_{2n})$, wobei $(k_1, \ldots, k_n)$ und $(k_{n+1}, \ldots, k_{2n})$ je eine Permutation von $\{1, 2, \ldots, n\}$ seien. Dann gilt

$$B_{n+1} = B_n, \; 0 \leqslant 1 \leqslant n,$$

da k_{n+l} bereits unter den Zahlen k_1 bis k_n vorkommt. Also gilt

$$b_{ij}^{(n)} = b_{ij}^{(n)} \cup b_{ik_{n+1}}^{(n)} \cdot b_{k_{n+1}j}^{(n)}, l \in I_n,$$

und daher

$$b_{ij}^{(n)} = \bigcup_{l=1}^{n} (b_{ij}^{(u)} \cup b_{il}^{(n)} \cdot b_{lj}^{(n)}) = b_{ij}^{(n)} \cup \bigcup_{l=1}^{n} b_{il}^{(n)} \cdot b_{lj}^{(n)} .$$

Daraus schließen wir auf $B_n^2 \subset B_n$. Wegen $\check{B}_n = \check{A}$ haben wir daher nach Satz 2.3.7 auch $B_n = \check{A}$.

Beim Übergang von B_{r-1} zu B_r sind nach (2.4.1) n^2 Operationen durchzuführen. Wegen $B_{r-1} \subset B_r$ muß man jedoch nur die Nullelemente von B_r transformieren. Die Anzahl der wirklich notwendigen Operationen ist daher stets kleiner als $n^2 - m$. Sie nimmt mit zunehmendem r ab. Eine Kurzbeschreibung des durch Satz 2.4.1 nahegelegten Verfahrens zur Bildung der transitiven Hülle einer Relation G bzw. zum Nachweis der Transitivität liegt in den Algorithmen 1 und 2 am Ende dieses Abschnitts vor.

Mit einer kleinen Ergänzung würde sich Algorithmus 1 auch zum Nachweis des Zusammenhangs eines Graphen eignen, denn nach Satz 2.3.9 ist G genau dann zusammenhängend, wenn $\check{S}$ außerhalb der Diagonale keine Nullelemente enthält. Vorteilhafter verwendet man jedoch ein Verfahren zur Bestimmung der Komponenten von G und schließt auf den Zusammenhang dann, wenn der Algorithmus als Ergebnis eine einzige Komponente liefert. Das Verfahren beginnt mit der aus der reduzierten Adjazenzmatrix M^* durch Symmetriesierung und Löschen der Diagonalelemente gewonnenen Matrix $A : = (M^* \cup M^{*T}) . (I \oplus E)$. Um die Komponente eines Knoten i zu finden, faßt man i mit allen seinen Nachbarn zu einem einzigen Knoten $\bar{\imath}$ zusammen und verbindet diesen neuen Knoten mit den übrigen Knoten dann, wenn ein Nachbar von i damit verbunden ist. Der Vorgang wird hierauf mit $\bar{\imath}$ anstelle von i wiederholt. Hat $\bar{\imath}$ keine Nachbarn mehr, so repräsentiert $\bar{\imath}$ eine Knotenmenge, die in G eine Zusammenhangskomponente erzeugt. Algorithmus 3 am Ende dieses Abschnitts ist eine Kurzbeschreibung dieses Verfahrens unter Verwendung Boolescher Operationen.

Ähnlich geht man bei der Bestimmung der starken Komponenten von G vor. Das entsprechende Verfahren beginnt mit der reduzierten Adjazenzmatrix M^* und umfaßt zwei Phasen: In der ersten Phase faßt man alle Nachfolger eines Knoten i mit i zu einem Knoten $\bar{\imath}$ zusammen und verbindet $\bar{\imath}$ durch in $\bar{\imath}$ beginnende Kanten mit allen übrigen Knoten, die Nachfolger von Nachfolgern von i sind. Der Vorgang wird hierauf mit $\bar{\imath}$ anstelle von i wiederholt. Hat $\bar{\imath}$ keine Nachfolger mehr, so beginnt die zweite Phase. Hier beginnt man mit demselben Knoten i, faßt aber i diesmal mit allen seinen Vorgängern zu einem neuen Knoten $\bar{\bar{\imath}}$ zusammen. Diesen Knoten $\bar{\bar{\imath}}$ verbindet man mit allen Vorgängern von Vorgängern von i durch eine in $\bar{\bar{\imath}}$ endende Kante. Dieser Vorgang wird so lange wiederholt, bis keine neuen Vorgänger mehr vorhanden sind. Die Knoten $\bar{\imath}$ und $\bar{\bar{\imath}}$ am Ende beider Phasen repräsentieren Knotenmengen $\bar{I}$ und $\bar{\bar{I}}$, deren Durchschnitt die starke Komponente von G erzeugt, in der der Knoten i liegt. Algorithmus 4 ist eine Kurzbeschreibung dieses Verfahrens.

Mit einer kleinen Ergänzung eignet sich Algorithmus 4 auch zur Bestimmung der Adjazenzmatrix $M(G_r)$ des reduzierten Graphen G_r. Man hat dazu nur am Ende jeder zweiten Phase die i-te Zeile von $M^*(G)$ durch die Vereinigung der zu $\bar{I}$ gehörenden Zeilen und die i-te Spalte von $M^*(G)$ durch die Vereinigung der zu $\bar{\bar{I}}$ gehörenden Spalten zu ersetzen und anschließend die zu $\bar{I} \cap \bar{\bar{I}} - \{i\}$ gehörenden Zeilen und Spalten zu streichen. Führt man dies für jede Komponente durch, so bleibt schließlich die Adjazenzmatrix von G_r. Algorithmus 5 ist eine auf Algorithmus 4 aufgebaute Kurzbeschreibung dieser Vorgangsweise.

Auch der Nachweis der Zykelfreiheit eines Graphen ließe sich nach Satz 2.3.8 mit Hilfe von Algorithmus 1 und einer leichten Ergänzung durchführen, bei der nach Herstellung von $\check{M}^*$ die Diagonalglieder dieser Matrix geprüft werden. Schneller erzielt man diesen Nachweis jedoch durch eine direkte Untersuchung von $M^*(G)$, wie sie in Algorithmus 6 beschrieben ist.

Der Grundgedanke ist einfach: Liegt ein Knoten x auf einem Zykel, so hat er einen Vorgänger. Setzt man also $Y : = \{x \mid x \in X, d^-(x) = 0\}$, so liegt jeder Zykel von G auch in G_{X-Y}, und umgekehrt ist jeder Zykel von G_{X-Y} natürlich auch ein Zykel in G. Zum Nachweis der Zykelfreiheit oder zur Bestimmung von Zykeln darf man also G durch G_{X-Y} ersetzen. In G_{X-Y} können neue Knoten ohne Vorgänger auftreten, wodurch G_{X-Y} seinerseits durch einen einfacheren Graphen ersetzt werden darf. Ist G zykelfrei, so kommt man nach endlich vielen derartigen Reduktionsschritten zum Nullgraph (ϕ, ϕ). Ist G nicht zykelfrei, so gelangt man nach endlich vielen Schritten zu einem Untergraph von G, in dem jeder Knoten einen Vorgänger besitzt. Ein derartiger Graph besitzt einen Zykel, da man von einem beliebigen Knoten i_0 ausgehend eine Folge $i_0, i_1, \ldots, i_r$ mit $i_j \in V(i_{j-1})$, $1 \leqslant j \leqslant r$, bilden kann und wegen der Endlichkeit aller Mengen einmal zu einem Knoten i_r kommen muß, der bereits einmal in der Folge aufscheint. Dieselbe Überlegung gilt auch mit ,,Nachfolger'' anstelle von ,,Vorgänger''.

Algorithmus 6 ist eine Kurzbeschreibung des eben angeführten Verfahrens zum Nachweis der Zykelfreiheit oder zum Nachweis eines Zykels. Algorithmus 6 kann bei mehrmaliger Anwendung auch dazu dienen, ein System von kantendisjunkten Zykeln von G aufzusuchen.

Eine ähnliche Überlegung gilt auch für den Nachweis eines Kreises in G. Hier dürfen alle Knoten x mit $d(x) \leqslant 1$ entfernt werden. Diese Reduktion setzt man solange fort, bis ein Untergraph bleibt, dessen Knoten alle einen Grad $d(x) \geqslant 2$ besitzen, oder bis der Nullgraph erscheint. Im zweiten Fall ist G kreisfrei. Eine Kurzbeschreibung des auf dieser Überlegung beruhenden Verfahrens liegt in Algorithmus 7 vor.

Algorithmus 8 schließlich ist eine Kurzbeschreibung eines Verfahrens zur lexikographischen Aufzählung aller maximalen Cliquen (vollständigen Untergraphen) eines symmetrischen Graphen G. Damit ist folgendes gemeint: Für einen Untergraphen (X', K') von G sei $j_{X'}$ der folgende Vektor:

$$
j_{X'i} := \begin{cases} 1 & \text{falls } x_i \in X' \\ 0 & \text{falls } x_i \in X' \end{cases} \qquad i \in I_n.
$$

Sind nun (X_1, K_1) und (X_2, K_2) zwei maximale Cliquen von G, so kommt bei unserer Aufzählung (X_1, K_1) vor (X_2, K_2) genau dann, wenn j_{X_1} lexikographisch größer ist als j_{X_2}, d. h. wenn für die erste von Null verschiedene Komponente $j_{X_1 i} \oplus j_{X_2 i}$ von $j_{X_1} \oplus j_{X_2}$ gilt $j_{X_1 i} = 1$ und $j_{X_2 i} = 0$.

Das Verfahren selbst beruht auf dem folgenden einfachen Gedankengang. Zuerst werden alle maximalen Cliquen aufgezählt, die x_1 als Knoten besitzen, dann erst alle jene, die x_1 nicht enthalten. Unter den ersten werden zuerst alle maximalen Cliquen aufgezählt, die x_2 enthalten, dann erst die, die x_2 nicht enthalten usw. Auf einer beliebigen Stufe des Verfahrens ergibt sich dabei die folgende Situation: In einer Menge U seien alle bisher aufgenommenen Knoten zusammengefaßt. U soll in der Knotenmenge der im nächsten Schritt aufzuzählenden Clique enthalten sein. In einer Menge V sind alle Knoten zusammengefaßt, die zwar mit jedem Knoten aus U benachbart sind, in der Knotenmenge C der nächsten Clique aber nicht enthalten sein sollen. In C können zudem auch keine Knoten vorkommen, die mit mindestens einem Knoten von U nicht benachbart sind. Die Menge der Knoten dieser Art bezeichnen wir durch $N'(U)$.

Wie man leicht erkennt, kann zu gegebenem U und V eine maximale Clique (C, K_C) mit

$$
U \subset C \quad \text{und} \quad V \cap C = \phi
$$

nur dann existieren, wenn für alle $x \in V$ gilt:

$$X - V - N'(U) - T(x) = \phi. \tag{2.4.3}$$

Denn aus der Maximalität folgt $C \cap (X - T(x)) \neq \phi$ für alle $x \in V$. Andererseits gilt $C \subset X - V - N'(U)$. Daraus folgt (2.4.3).

Die Bedingung (2.4.3) wird unter Marke 2 von Algorithmus 8 überprüft. Ist sie nicht erfüllt, so wird der zuletzt in U aufgenommene Knoten aus U entfernt und in V aufgenommen, wonach das Verfahren wie bis zu diesem Punkt fortgesetzt wird.

Ist **G** nicht symmetrisch und erzeugt X' einen maximalen vollständigen Untergraph von **G**, so erzeugt X' auch eine maximale Clique in $\mathbf{G}_{SH}$ und umgekehrt. Auf dem Umweg über die symmetrische Hülle von **G** kann man Algorithmus 8 daher auch zur Ermittlung der maximalen vollständigen Untergraphen von **G** einsetzen.

Die Algorithmen 1 und 5 lösen eine Aufgabe vom Typ 6. Die Algorithmen 3, 4 und 8 dienen zur Erzeugung einer Eigenschaft auf $U_\mathbf{G}$, sie lösen daher eine Aufgabe vom Typ 3. Die Algorithmen 3, 4, 6 und 7 können direkt oder mit leichten Ergänzungen zum Nachweis einer Eigenschaft (Zusammenhang, Zykelfreiheit, usw.) dienen, sie lösen in diesem Fall eine Aufgabe vom Typ 2. Algorithmus 2 löst eine Aufgabe vom Typ 2. Die Bestimmung von Zykeln, Kreisen, von Komponenten und starken Komponenten sowie von maximalen Cliquen ist andererseits eine Aufgabe vom Typ 1. Somit kann man die Algorithmen 3, 4, 6, 7 und 8 auch als Verfahren zur Lösung einer Aufgabe vom Typ 1 interpretieren.

Die letzten Bemerkungen zeigen die Universalität Boolescher Methoden in Hinblick auf die Typologie graphentheoretischer Probleme aus Teil 1. Diese Universalität wird noch durch die Ausführungen der folgenden Abschnitte gefestigt.

Algorithmus 1. Bestimmung der transitiven Hülle

Anfangsdaten: $M(\mathbf{G})$

Enddaten: $M(\mathbf{G}_{TH})$

1. I sei die Menge aller $(i, j) \in I_n^2$ mit $m_{ij} = 0$. Ist $I = \phi$, gehe nach 5. Andernfalls werden die Elemente von I auf irgendeine Weise (z. B. lexikographisch) geordnet. Ferner setze man $r := 1$ und $J := \phi$.
2. $(\bar{i}, \bar{j})$ sei das kleinste Element von I. Man bilde $m_{\bar{i}\bar{j}} := m_{\bar{i}r} \cdot m_{r\bar{j}}$ und $I := I - \{\bar{i}, \bar{j}\}$.
3. Ist $m_{\bar{i}\bar{j}} = 0$, gehe nach 4. Ist andernfalls $I \cup J = \phi$, gehe nach 5. Ist nur $I = \phi$, setze $I := J; J = \phi$ und $r := r + 1$. Ist $r > n$, gehe nach 5. Gehe nach 2.
4. Setze $J := J \cup \{\bar{i}, \bar{j}\}$. Ist $I = \phi$, setze $I := J$ und $r = r + 1$. Ist $r > n$, gehe nach 5. Gehe nach 2.
5. Ende.

Algorithmus 2. Nachweis der Transitivität

Anfangsdaten: $M(\mathbf{G})$

Enddaten: „transitiv" oder „nicht transitiv"

1. Für $(i, j) \in I_n^2$ führe aus:
   Ist $m_{ij} = 0$ und $m_{ik} \cdot m_{kj} = 1$ für ein $k \in I_n$, so gehe nach 3.
2. Drucke „transitiv". Ende
3. Drucke „nicht transitiv". Ende

Algorithmus 3. Bestimmung der Komponenten

Anfangsdaten: $S : = M^* \cup M^{*T}$

Enddaten: Knotenmenge der Komponenten

1. Setze $I : = I_n$, $J : = \phi$ und $K : = \phi$.
2. Bilde $\bar{i} : = \mathrm{Min}(I)$ und $I : = I - \{\bar{i}\}$.
3. Für $j \in I - K$ führe aus:
   Ist $s_{\bar{i}j} = 1$, so setze $J : = J \cup \{j\}$ und bilde für $k \in I - (K \cup J) : s_{\bar{i}k} : = s_{k\bar{i}} : = s_{\bar{i}k} \cup s_{jk}$.
4. Ist $J \neq \phi$, setze $K : = K \cup J$, $J : = \phi$ und gehe nach 3.
5. Drucke die Indizes aus $K \cup \{\bar{i}\}$ und setze $I : = I - K$ und $K : = \phi$. Ist $I \neq \phi$, gehe nach 2.
6. Ende.

Algorithmus 4. Bestimmung der starken Komponenten

Anfangsdaten: $A : = M^*(\mathbf{G})$

Enddaten: Knotenmengen der starken Komponenten. Die Menge K wird in Hinblick auf Algorithmus 5 gebildet

1. Setze $I : = I_n$ und $J : = K : = N : = V : = \phi$.
2. Bilde $\bar{i} : = \mathrm{Min}(I)$ und $I : = I - \{\bar{i}\}$.
3. Für $j \in I - N$ führe aus:
   Ist $a_{\bar{i}j} = 1$, so bilde $J : = J \cup \{j\}$ und setze für $k \in I - (N \cup J) : a_{\bar{i}k} : = a_{\bar{i}k} \cup a_{jk}$.
4. Ist $J \neq \phi$, setze $N : = N \cup J$, $J : = \phi$ und gehe nach 3.
5. Für $j \in I - V$ führe aus:
   Ist $a_{j\bar{i}} = 1$, bilde $J : = J \cup \{j\}$ und setze für $k \in I - (V \cup J) : a_{k\bar{i}} : = a_{k\bar{i}} \cup a_{kj}$.
6. Ist $J \neq \phi$, setze $V : = V \cup J$, $J : = \phi$ und gehe nach 5.
7. Drucke die Indizes von $N \cap V \cup \{\bar{i}\}$. Setze $I : = I - (N \cap V)$, $K : = K \cup \{\bar{i}\}$ und $N : = V : = \phi$. Ist $I \neq \phi$, gehe nach 2.
8. Ende.

Algorithmus 5. Bestimmung des reduzierten Graphen

Anfangsdaten: $A : = M^*(\mathbf{G})$

Enddaten: $M(\mathbf{G}_r)$

1. Wende auf A Algorithmus 4 an.
2. Streiche in A alle Zeilen und Spalten, deren Index i nicht in der unter 1 gebildeten Menge K liegt. Die restliche Matrix ist $M(\mathbf{G}_r)$.

Algorithmus 6. Bestimmung eines Zykels

Anfangsdaten: $A : = M^*(\mathbf{G})$

Enddaten: Knotenfolge eines Zykels in $\mathbf{G}$ oder „zykelfrei".

Mit $a^{\cdot j}$ werden die Spalten, mit $a^{j \cdot}$ die Zeilen der Matrix A bezeichnet.

1. Setze $I : = I_n$ und $J : = \phi$.
2. Für $j \in I$ führe aus:
   Ist $a^{j \cdot} = 0$ oder $a^{\cdot j} = 0$, so setze $J : = J \cup \{j\}$ und lösche die j-te Zeile bzw. Spalte von A.
3. Ist $J \neq \phi$, setze $I : = I - J$. Ist $I \neq \phi$, gehe nach 2, sonst gehe nach 7.
4. Setze $k_0 : = \mathrm{Min}(I)$ und $i : = 0$.
5. Setze $k_{i+1} : = \mathrm{Min}\{j \mid j \in I \text{ und } a_{k_i j} = 1\}$. Ist $k_{i+1} = k_j$ für ein j mit $0 \leqslant j \leqslant i$, so gehe nach 6. Andernfalls setze $a_{k_i k_{i+1}} : = 0$, $i : = i + 1$ und gehe nach 5.

5. Drucke $(k_j, k_{j+1}, \ldots, k_i)$. Ende.
7. Drucke „zykelfrei". Ende.

Algorithmus 7. Bestimmung eines Kreises

Anfangsdaten: $A := M^*(G)$

Enddaten: Knotenmenge eines Kreises oder „kreisfrei".

1. Setze $I := I_n$ und $J := \phi$.
2. Für $j \in I$ führe aus:
   Ist $d(j) \leq 1$, setze $J := J \cup \{j\}$ und lösche die j-te Zeile und die j-te Spalte von A.
3. Ist $J = \phi$, gehe nach 4.
   Setze $I := I-J$. Ist $I \neq \phi$, gehe nach 2, sonst gehe nach 7.
4. Setze $k_0 := \mathrm{Min}(I)$ und $i := 0$.
5. Setze $k_{i+1} := \mathrm{Min}\ \{j \mid j \in I \text{ und } a_{k_ij} \cup a_{jk_i} = 1\}$. Ist $k_{i+1} = k_j$ für ein j mit
   $0 \leq j \leq i$, so gehe nach 6. Andernfalls setze $a_{k_{i+1}\,k_i} := a_{k_{i+1}\,k_i} \cdot a_{k_ik_{i+1}}$,
   $a_{k_ii_{i+1}} := 0$, $i := i + 1$ und gehe nach 5.
5. Drucke $(k_j, k_{j+1}, \ldots, k_i)$. Ende.
7. Drucke „kreisfrei". Ende.

Algorithmus 8. Lexikographische Aufzählung aller maximalen Cliquen

Anfangsdaten: $A := M^* \cup E$

Endaten: Knotenmengen der maximalen Cliquen

Alle vorkommenden Vektoren sind n-dimensional. $a^{(j)}$ bedeute die j-te Zeile der Matrix A. Für $0 \leq k \leq n$ bedeute e_k den Vektor, dessen letzte $n-k$-Komponenten gleich 1 und dessen restliche Komponenten gleich 0 sind. Für den Nullvektor setzen wir ϕ. $s^{(i)}$ ist der charakteristische Vektor der Knotenmenge, deren Knoten mit allen bisher zur Clique gehörenden Knoten benachbart sind. $v^{(i)}$ ist der charakteristische Vektor der Knotenmenge, deren Knoten nicht zur nächsten Clique gehören sollen.

1. Setze $i := 0$, $s^{(0)} := e_0$, $v^{(0)} := \phi$ und $j_0 := 0$.
2. Für $k \in \{k' \mid v_{k'}^{(i)} = 1\}$ führe aus:
   Ist $s^{(i)} \cdot \overline{v}^{(i)} \cdot \overline{a}^{(k)} = \phi$, gehe nach 4.
3. Ist $u := s^{(i)} \cdot \overline{v}^{(i)} \cdot e_{j_i} = \phi$, gehe nach 5, andernfalls setze
   $j_{i+1} := \mathrm{Min}\{j \mid u_j = 1\}$,
   $s^{(i+1)} := s^{(i)} \cdot a^{(j_{i+1})}$,
   $v^{(i+1)} := v^{(i)} \cdot s^{(i+1)}$,
   $i := i + 1$
   und gehe nach 2.
4. Ist $i = 0$, gehe nach 6. Setze $i := i-1$, $v_{j_{i+1}}^{(i)} := 1$ und gehe nach 2.
5. Drucke $(j_1, j_2, \ldots, j_i)$ und gehe nach 4.
6. Ende.

2.5 Freie Boolesche Algebren und Boolesche Funktionen. Darstellung von Eigenschaften

Im Folgenden sei X eine endliche Menge mit n Elementen. Nach Satz 2.1.1 dürfen wir $P(X)$ mit T_2^X bzw. T_2^n identifizieren. Ist $Y \in P(X)$, so soll der entsprechende Kleinbuchstabe y die charakteristische Funktion von Y bezeichnen.

118

Nun ordnen wir jedem Element $x_i \in X$, $1 \leqslant i \leqslant n$, ein Element $x_i^1 : T_2^X \to T_2$ aus $T_2^{P(X)}$ zu, wobei für $Y \in P(X)$ gelten soll:

$$x_i^1(Y) := \begin{cases} 1 & \text{wenn } y(x_i) = 1, \text{ d. h. wenn } x_i \in Y \\ 0 & \text{wenn } y(x_i) = 0, \text{ d. h. wenn } x_i \notin Y. \end{cases}$$

Diese Zuordnung stellt eine injektive Abbildung h von X in $\mathbf{B}(P(X))$ dar. $x_i \in X$ liefert auf diese Weise die charakteristische Funktion jener Teilmenge von $P(X)$, die aus allen Teilmengen $Y \subset X$ mit $x_i \in Y$ besteht. Das Komplement $\bar{x}_i^1$ von x_i^1 in $\mathbf{B}(P(X))$ werde der bequemeren Darstellung wegen durch x_i^0 bezeichnet. Wir zeigen nun:

Satz 2.5.1. *Die Menge $h(X) := \{x^1 \mid x \in X\}$ bildet ein Erzeugendensystem von* $\mathbf{B}(P(X))$.

Beweis. Es ist zu zeigen, daß sich jedes Element von $T_2^{P(X)}$ bzw. $P(P(X))$ durch gewisse Elemente von $h(X)$ und endlich oftmaliger Anwendung der Operation $\cup$, $\cdot$ und $^-$ oder $\oplus$ und $\cdot$ darstellen läßt. Wir zeigen dies zunächst für die Elemente $\{Z\}$ von $P(P(X))$ (wobei $Z \subset X$ gelte). Diese Menge besitzt die charakteristische Funktion $\prod\limits_{i=1}^{n} x_i^{z(x_i)}$ (wenn z die charakteristische Funktion von Z ist). Es gilt näm-lich für $Y \subset X$:

$$x_i^{z(x_i)}(Y) = \begin{cases} 1 & (x_i \in Y \text{ und } z(x_i) = 1) \text{ oder} \\ & (x_i \notin Y \text{ und } z(x_i) = 0) \\ 0 & \text{sonst.} \end{cases}$$

Da die Bedingung

$$\forall \; i \in I_n((x_i \in Y \land z(x_i) = 1) \lor (x_i \notin Y \land z(x_i) = 0))$$

zu $Y = Z$ äquivalent ist, haben wir

$$\prod\limits_{i=1}^{n} x_i^{z(x_i)}(Y) = \begin{cases} 1 & \text{wenn } Y = Z \\ 0 & \text{wenn } Y \neq Z. \end{cases}$$

Das Zeichen $\prod\limits_{i=1}^{n}$ steht hier wie üblich für wiederholte Produktbildung.

Ist nun $\mathfrak{Z}$ eine beliebige Teilmenge von $P(X)$, dann ist ihre charakteristische Funk-tion gegeben durch

$$\varphi_{\mathfrak{Z}} = \bigcup\limits_{Z \in \mathfrak{Z}} \prod\limits_{i=1}^{n} x_i^{z(x_i)},$$

wobei $\bigcup\limits_{Z \in \mathfrak{Z}}$ Vereinigungsbildung über alle Z von $\mathfrak{Z}$ bedeutet.

Da $\varphi_{\mathfrak{Z}}$ eine Darstellung von der angegebenen Form besitzt, ist damit der Satz be-wiesen.

Ist $z \in T_2^n$ ein n-dimensionaler Vektor, dessen Komponenten nur die Werte 0 oder 1 annehmen, so schreiben wir abkürzend

$$x^z := \prod_{i=1}^{n} x_i^{z_i}.$$

Ferner treffen wir der bequemeren Schreibweise wegen für beliebige Elemente a einer Booleschen Algebra die Vereinbarungen $a^1 := a$ und $a^0 := \overline{a}$, benutzen daneben aber auch weiterhin die alte Schreibweise.

Nun formulieren und beweisen wir zunächst zwei Hilfssätze:

Satz 2.5.2. *$a_1, \ldots, a_n$ seien beliebige Elemente einer Booleschen Algebra. Ferner gelte $U \subset T_2^n$, $V \subset T_2^n$ und $\varphi := \bigcup\limits_{z \in U} a^z$ und $\psi := \bigcup\limits_{z \in V} a^z$. Dann gilt $\varphi \cup \psi = \bigcup\limits_{z \in U \cup V} a^z$, $\varphi \cdot \psi = \bigcup\limits_{z \in U \cap V} a^z$ und $\overline{\varphi} = \bigcup\limits_{z \in \overline{U}} a^z$.*

Beweis. Die erste Gleichung ist eine Folgerung aus der Idempotenz aller Elemente von **B** bezüglich $\cup$. Die zweite Gleichung ergibt sich mit $W := U \cap V$ so:

$$\varphi \cdot \psi = (\bigcup_{z \in U-W} a^z \cup \bigcup_{z \in W} a^z) \cdot (\bigcup_{z \in V-W} a^z \cup \bigcup_{z \in W} a^z) = \bigcup_{z \in W} a^z,$$

da alle anderen Produkte wegen $a^z \cdot a^{z'} = 0$ für $z \neq z'$ verschwinden. Zum Beweis der dritten Gleichung beachten wir:

$$\varphi \cdot \overline{\varphi} = \bigcup_{z \in U} a^z \cdot \bigcup_{z \in \overline{U}} a^z = 0$$

$$\varphi \cup \overline{\varphi} = \bigcup_{z \in T_2^n} a^z = a_1^1 \cdot \bigcup_{z \in T_2^{n-1}} a^{(1)z} \cup a_1^0 \cdot \bigcup_{z \in T_2^{n-1}} a^{(1)z} = \bigcup_{z \in T_2^{n-1}} a^{(1)z} =$$

$$= a_2^1 \bigcup_{z \in T_2^{n-2}} a^{(2)z} \cup a_2^0 \cdot \bigcup_{z \in T_2^{n-2}} a^{(2)z} = \bigcup_{z \in T_2^{n-2}} a^{(2)z} = \ldots$$

$$\ldots = a_{n-1}^1 \cdot \bigcup_{z \in T_2} a^{(n-1)z} \cup a_{n-1}^0 \cdot \bigcup_{z \in T_2} a^{(n-1)z} = \bigcup_{z \in T_2} a^{(n-1)z} = a_n^1 \cup a_n^0 = 1.$$

Dabei wurde zur Abkürzung $a^{(s)z} := \prod\limits_{i=s+1}^{n} a_i^{z_i}$ gesetzt. $\overline{\varphi}$ ist also das eindeutig bestimmte Komplement zu φ. Damit ist der Satz bewiesen.

Satz 2.5.3. *Ist $a_1, \ldots, a_n$ ein Erzeugendensystem von **B** und gilt $a^z \neq 0$ für jedes $z \in T_2^n$, so besitzt jedes von Null verschiedene Element u von **B** eine Darstellung*

$$u = \bigcup_{z \in U} a^z,$$

wobei die Menge U eindeutig durch u bestimmt ist.

Beweis. u ist ein algebraischer Ausdruck, d. h. ein Ausdruck, der ausgehend von $a_1, \ldots, a_n$ durch endlich oftmalige Anwendung von $\cup$, $\cdot$ und $^-$ entstanden ist. Auf Grund von Regel 6 (de Morgan) kann man diesen Ausdruck so umformen, daß unter dem Zeichen $^-$ kein Operationszeichen $\cup$ oder $\cdot$ mehr vorkommt. Auf Grund von Regel 5 kann man erreichen, daß hierauf $^-$ nur mehr direkt auf Erzeugende a_i wirkt. Auf Grund von Axiom 2 kann man anschließend den Ausdruck so umformen, daß unter dem Operationszeichen $\cdot$ keine $\cup$-Operation mehr durchzuführen ist. Der so entstandene Ausdruck hat die Form

$$u = C_1 \cup C_2 \cup \ldots \cup C_m,$$

wobei jedes C_i ein Produkt von negierten oder unnegierten Erzeugenden ist. Kommt a_j in C_i überhaupt nicht vor, so erweitern wir C_i durch

$$C_i = a_j^1 \cdot C_i \cup a_j^0 \cdot C_i = C_i' \cup C_i''.$$

Auf diese Weise fortfahrend erhalten wir u als Vereinigung von Produkten der Form a^z, wobei z eine gewisse Teilmenge U von T_2^n durchläuft. Damit ist die Existenz einer Darstellung der gewünschten Form gezeigt. Nun seien $\bigcup\limits_{z \in U} a^z$ und $\bigcup\limits_{z \in U'} a^z$ zwei verschiedene derartige Darstellungen. Wegen $a^z \cdot a^{z'} = 0$ für $z \neq z'$, darf man nach (2.2.1) das Vereinigungszeichen durch das Ringsummenzeichen $\oplus$ ersetzen, und wir erhalten

$$\bigoplus\limits_{z \in U} a^z = \bigoplus\limits_{z \in U'} a^z,$$

oder mit $W := (U - U') \cup (U' - U)$:

$$\bigoplus\limits_{z \in W} a^z = \bigcup\limits_{z \in W} a^z = 0.$$

Da dies gleichbedeutend ist mit $a^z = 0$ für $z \in W$, folgt aus den Voraussetzungen des Satzes $W = \phi$. d. h. $U = U'$. Damit ist auch die Eindeutigkeit der Darstellung nachgewiesen.

Der Satz gilt mit $\bigcup\limits_{z \in \phi} a^z := 0$ auch ohne Einschränkung über das Nullelement.

Eine Boolesche Algebra $\mathbf{B} := (T; \cup, \cdot, {}^-)$ heißt *frei über X*, wenn eine injektive Abbildung $h : X \to T$ so existiert, daß $h(X)$ ein Erzeugendensystem von $\mathbf{B}$ bildet und zu jeder Abbildung $h^* : X \to T^*$ von X in die Trägermenge T^* einer weiteren Booleschen Algebra $\mathbf{B}^*$ ein Homomorphismus $f : T \to T^*$ existiert mit $h^*(x) = f(h(x))$ für alle $x \in X$.

Ist $\mathbf{B}$ frei über X, so kann man X mit der Teilmenge $h(X)$ der Trägermenge T identifizieren. Daß Attribut „frei" bedeutet, daß außer den aus den Axiomen herleitbaren und in jeder Booleschen Algebra gültigen algebraischen Identitäten keine durch $\cup$, und ${}^-$ ausdrückbaren Beziehungen zwischen den Elementen von $h(X)$ bestehen. Die zweite Bedingung besagt, daß eine über X freie Boolesche Algebra bis auf Isomorphien eindeutig bestimmt ist. Es gilt:

Satz 2.5.4. $\mathbf{B}(P(X))$ *ist frei über X.*

Beweis. Die Abbildung $h : X \to T_2^{P(X)}$ mit $h(x) = x^1$ ist nach Satz 2.5.1 eine injektive Abbildung von X auf ein Erzeugendensystem von $\mathbf{B}(P(X))$. Nun sei $\mathbf{B}^*$ eine weitere Boolesche Algebra und $h^* : X \to T^*$ eine Abbildung von X in T^*. Jedes Element φ_3 von $T_2^{P(X)}$ besitzt wegen $x^z \neq 0$ für alle $z \in T_2^n$ eine eindeutige Darstellung

$$\bigcup\limits_{z \in 3} \prod\limits_{i=1}^{n} x_i^{z(x_i)}.$$

Mit Hilfe dieser Darstellung setzen wir

$$f(\varphi_3) := \bigcup\limits_{z \in 3} \prod\limits_{i=1}^{n} h^*(x_i)^{z(x_i)}.$$

Dabei steht also, wie schon früher erklärt wurde, $\prod\limits_{i=1}^{n} h^*(x_i)^{z(x_i)}$ für den Durchschnitt von $h^*(x_1)^{z(x_1)}, \ldots, h^*(x_n)^{z(x_n)}$ aus $h^*(X)$ mit

$$h^*(x_i)^{z(x_i)} := \begin{cases} h^*(x_i) & \text{für } z(x_i) = 1 \\ \overline{h}^*(x_i) & \text{für } z(x_i) = 0. \end{cases}$$

Anstelle von $\prod\limits_{i=1}^{n} h^{*z(x_i)}$ schreiben wir wieder abkürzend $h^*(x)^z$. Wir zeigen, daß f ein Homomorphismus ist. Es gilt

$$f(\varphi_3 \cup \varphi_{3'}) = f(\varphi_{3 \cup 3'}) = \bigcup_{Z \in 3 \cup 3'} h^*(x)^z = \bigcup_{Z \in 3} h^*(x)^z \cup \bigcup_{Z \in 3'} h^*(x)^z =$$

$$= f(\varphi_3) \cup f(\varphi_{3'}).$$

$$f(\varphi_3 \cdot \varphi_{3'}) = f(\varphi_{3 \cap 3'}) = \bigcup_{Z \in 3 \cap 3'} h^*(x)^z = \bigcup_{Z \in 3} h^*(x)^z \cdot \bigcup_{Z \in 3'} h^*(x)^z =$$

$$= f(\varphi_3) \cdot f(\varphi_{3'}).$$

$$f(\overline{\varphi}_3) = f(\varphi_{\overline{3}}) = \bigcup_{Z \in \overline{3}} h^*(x)^z = \overline{f}(\varphi_3).$$

Dabei wurde der Reihe nach Satz 2.1.1, die Definition von f und Satz 2.5.2 benutzt. Die Operationstreue ist damit nachgewiesen.

Setzt man $0 \cdot \varphi_A = \varphi_\phi$ und $1 \cdot \varphi_A = \varphi_A$ für $\varphi_A \in B(X)$ bzw. $B(P(X))$, so gilt zusätzlich:

Satz 2.5.5. $B(X)$ *und* $B(P(X))$ *sind Vektorräume über dem Körper* B_2. Damit gilt für $\varphi_3 B(P(X))$:

$$\varphi_Z = \bigcup_{Z \in 3} x^z = \bigcup_{Z \in P(X)} \varphi(Z) \cdot x^z. \qquad (2.5.1)$$

Faßt man die Größen x_i, $1 \leqslant i \leqslant n$, als Variable über T_2 auf und identifiziert man weiterhin $Z \in P(X)$ mit dem charakteristischen Vektor $z \in T_2^n$, der durch die charakteristische Funktion von Z gegeben ist, so kann anstelle von $\varphi(Z)$ auch $\varphi(z)$ schreiben und φ_3 wird einfach zu einer n-stelligen Funktion $\varphi(x) = \varphi(x_1, x_2, \ldots, x_n)$, also zu einer Abbildung $\varphi: T_2^n \to T_2$, die man auch als *Boolesche Funktion* in n Variablen bezeichnet. Die Darstellung (2.5.1) geht dann über in

$$\varphi(x) = \bigcup_{z \in \Phi} \varphi(z) \cdot x^z = \bigcup_{z \in T_2^n} \varphi(z) \cdot x^z, \qquad (2.5.2)$$

wobei Φ die φ entsprechende Teilmenge von T_2^n ist. (2.5.2) heißt *disjunktive Normalform* von $\varphi(x)$.

Eine Boolesche Funktion besitzt im allgemeinen zahlreiche Darstellungen. Jede allgemeingültige algebraische Umformung des Ausdrucks (2.5.1) liefert eine weitere Darstellung. Allerdings handelt es sich dabei nicht mehr um eine Normalform, bei der die Operanden eines Produktes kein $\cup$-Zeichen mehr enthalten.

122

Andererseits liefert jeder algebraische Ausdruck über B_2, der die Variablen $x_1, \ldots, x_n$ enthält, die Darstellung einer Booleschen Funktion in n Variablen. Den Funktionswert dieser Funktion erhält man bei gegebenem Argument $a \in T_2^n$, indem man $x_i = a_i$ setzt und den dadurch entstehenden variablenfreien Ausdruck auswertet.

Die Menge der n-stelligen Booleschen Funktionen bildet mit der üblichen Addition und Multiplikation von Abbildungen, wie sie in Beispiel 2.1.2 beschrieben wurde, einen Booleschen Ring und damit eine Boolesche Algebra. Da 2^{2^n} verschiedene solche Funktionen existieren und andererseits $P(P(X))$ dieselbe Mächtigkeit besitzt, haben wir damit

Satz 2.5.6. *Die freie Boolesche Algebra* $\mathbf{B}(P(X))$ *ist isomorph zur Booleschen Algebra* F_n *der n-stelligen Booleschen Funktionen. Jede Boolesche Funktion* $\varphi \in F_n$ *besitzt eine disjunktive Normalform*

$$\varphi(x) = \bigcup_{z \in \Phi} x^z.$$

Auf Grund dieses Satzes dürfen wir die Elemente von $\mathbf{B}(P(X))$ und F_n wieder identifizieren. Wir werden daher im Folgenden stets von Booleschen Funktionen sprechen und damit die entsprechende charakteristische Funktion einer Teilmenge von $P(X)$ meinen. Der einzige Unterschied besteht in der Deutung der Größen $x_i^1 \cdot$ bzw. x_i^0. Im ersten Fall wird x_i^1 als Variable über T_2 betrachtet, im zweiten Fall als die charakteristische Funktion der Teilmenge von $P(X)$, die aus allen x_i enthaltenen Teilmengen von X besteht.

Für Boolesche Funktionen gilt der oft verwendete Satz:

Satz 2.5.7 *(Zerlegungssatz). Es sei* $\varphi(x)$ *eine n-stellige Boolesche Funktion. Dann gilt mit* $\varphi_{x_i} := \varphi(x_1, \ldots, x_{i-1}, 1, x_{i+1}, \ldots, x_n)$ *und* $\varphi_{\bar{x}_i}(x) := \varphi(x_1, \ldots, x_{i-1}, 0, x_{i+1}, \ldots, x_n)$ *für* $1 \leqslant i \leqslant n$:

$$\varphi(x) = x_i \cdot \varphi_{x_i}(x) \cup \bar{x}_i \cdot \varphi_{\bar{x}_i}(x). \tag{2.5.3}$$

Beweis. Es sei $x \in T_2^n$ und $x_i = 1$. Dann gilt $\varphi(x) = \varphi_{x_i}(x)$. Ist $x_i = 0$, so gilt $\varphi(x) = \varphi_{\bar{x}_i}(x)$. In beiden Fällen sind beide Seiten von (2.5.3) gleich.

Sind zwei Boolesche Funktionen φ und ψ in disjunktiver Normalform gegeben, also durch

$$\varphi(x) := \bigcup_{z \in \Phi} x^z \quad \text{und} \quad \psi(x) := \bigcup_{z \in \Phi} x^z,$$

so gewinnt man daraus leicht die disjunktiven Normalformen für $\varphi \cup \psi$, $\varphi \cdot \psi$ und $\bar{\varphi}$. Es gilt

$$\varphi(x) \cup \psi(x) = \bigcup_{z \in T_2^n} (\varphi(z) \cup \psi(z)) x^z = \bigcup_{z \in \Phi \cup \Psi} x^z,$$

$$\varphi(x) \cdot \psi(x) = \bigcup_{z \in T_2^n} (\varphi(z) \cdot \psi(z)) x^z = \bigcup_{z \in \Phi \cap \Psi} x^z \tag{2.5.4}$$

$$\bar{\varphi}(x) = \bigcup_{z \in T_2^n} \bar{\varphi}(z) x^z = \bigcup_{z \in \bar{\Phi}} x^z.$$

(2.5.4) folgt auch aus Satz 2.5.2.

In einer beliebigen Booleschen Algebra gilt $a \cup b = a \oplus b$ genau dann, wenn $a \cdot b = 0$ ist (vgl. (2.2.1)). Wir dürfen daher in der disjunktiven Normalform einer Booleschen Funktion $\varphi(x)$ das Vereinigungszeichen durch das Ringsummenzeichen ersetzen. So erhalten wir die Aussage: Jede Boolesche Funktion in n Variablen gestattet eine Darstellung der Form

$$\varphi(x) = \bigoplus_{z \in T_2^n} \varphi(z)x^z . \tag{2.5.4}$$

Unter einer *Booleschen Gleichung* verstehen wir eine aus zwei Booleschen Funktionen $\varphi(x)$ und $\psi(x)$ gebildete Aussageform

$$\varphi(x) = \psi(x). \tag{2.5.5}$$

Gesucht sind jene Elemente $x \in T_2^n$, welche die Form in eine wahre Aussage überführen. Diese Elemente heißen *Lösungen* der Booleschen Gleichung. Man erkennt leicht, daß (2.5.5) äquivalent ist zu

$$\chi(x) = \varphi(x) \cdot \overline{\psi}(x) \cup \overline{\varphi}(x) \, \psi(x) = 0, \tag{2.5.6}$$

d. h. die Lösungsmengen von (2.5.5) und (2.5.6) sind dieselben. Das Problem der Lösung einer Booleschen Gleichung ist daher zurückführbar auf die Bestimmung der Nullstellen einer Booleschen Funktion. Da $\chi(x) = 0$ wieder äquivalent ist zu $\overline{\chi}(x) = 1$, kann man anstelle der Nullstellen von χ auch 1-Stellen von $\overline{\chi}$ suchen. Ein System von Booleschen Gleichungen

$$\varphi_i(x) = \psi_i(x), \, 1 \leqslant i \leqslant m \tag{2.5.7}$$

oder

$$\chi_i(x) = \varphi_i(x) \cdot \overline{\psi}_i(x) \cup \overline{\varphi}_i(x) \cdot \psi_i(x) = 0, \, 1 \leqslant i \leqslant m,$$

ist äquivalent einer einzigen Gleichung

$$\bigcup_{i=1}^{m} \chi_i(x) = 0. \tag{2.5.8}$$

In jeder Booleschen Algebra gilt nämlich $a \cup b = 0$ genau dann, wenn $a = 0$ und $b = 0$. Die Theorie der Booleschen Gleichungen ist vom algebraischen Standpunkt aus ziemlich abgeschlossen, auch in beliebigen Booleschen Ringen. Die Frage nach der Konsistenz von Gleichungen und der Eindeutigkeit ihrer Lösungen ist beantwortet ([3], [4]). Heute stellt sich daher nur mehr das Problem, wirksame Verfahren zur Gewinnung der Lösung und deren Darstellung zu finden. Bezüglich dieses Problems verweisen wir auf [4] und die dort zitierte Literatur. Wir geben hier nur drei Verfahren von grundsätzlicher Bedeutung an.

1. Herstellung der disjunktiven Normalform

Im Prinzip kann man eine Boolesche Gleichung bzw. ein System von Booleschen Gleichungen stets auf dem folgenden Weg lösen: Man bringt zuerst die Gleichung

124

oder das System auf die Form $\overline{\chi}(x) = 1$ und stellt dann die disjunktive Normalform von

$$\overline{\chi}(x) = \bigcup_{z \in X} x^z$$

her. In dieser Normalform treten nur jene Summanden x^z auf, für die $\overline{\chi}(z) = 1$ gilt. Die „Exponenten" z der in der disjunktiven Normalform auftretenden Produkte x^z liefern daher die gesuchte Lösungsmenge.

Das hier vorgeschlagene Verfahren ist jedoch bei höherer Variablenzahl sehr aufwendig, wenn nicht gar undurchführbar. Manchmal bringt es daher Vorteile, wenn man ein Gleichungssystem nicht in eine einzige Gleichung umformt, sondern unter Benutzung der Besonderheiten des Systems die einzelnen Gleichungen des Systems simultan zu lösen versucht.

Mit wesentlich geringerem Arbeitsaufwand gelangt man im allgemeinen durch eines der folgenden Verfahren zum Ziel.

2. Die Verzweigungsmethode

Die Lösungen von $\varphi(x_1, \ldots, x_n) = 0$ sind identisch mit den Lösungen von

$$\varphi_1(x_2, \ldots, x_n) = \varphi(1, x_2, \ldots, x_n) = 0$$

und

$$\varphi_0(x_2, \ldots, x_n) = \varphi(0, x_2, \ldots, x_n) = 0.$$

Man sucht also zuerst alle Lösungen mit $x_1 = 1$ und dann alle Lösungen mit $x_1 = 0$. Das Verfahren kann mit φ_1 und φ_0 anstelle von φ und x_1, anstelle von x_1 fortgesetzt werden. Dabei kann man die Variable, nach der „verzweigt" werden soll, noch günstig wählen, z. B. so, daß eine möglichst große Reduktion erfolgt.

3. Konstruktion von Lösungsfamilien

Vorgelegt sei eine Gleichung in der 1-Form, d. h. eine Gleichung $\varphi(x) = 1$. Ist $\varphi(x)$ durch einen algebraischen Ausdruck gegeben, so verwenden wir die Regel von de Morgan und das Distributivgesetz, um φ als Vereinigung

$$\varphi(x) = C_1(x) \cup C_2(x) \cup \ldots \cup C_m(x)$$

darzustellen, wobei die $C_i(x)$ Produkte aus den Variablen x_j oder deren Komplementen $\overline{x}_j$ sind, z. B. gelte

$$C_i(x) = \prod_{j=1}^{s_i} x_{i_j}^{k_j}, \quad k_j \in T_2. \tag{2.5.9}$$

$\varphi(x) = 1$ gilt genau dann, wenn $C_i(x) = 1$ gilt für mindestens ein i. Die Lösungen von $C_i(x) = 1$ bezeichnen wir als Lösungsfamilie

$$F_i(x) := \{x \mid C_i(x) = 1\}.$$

Diese Mengen sind leicht zu bestimmen. Bei $x \in F_i$ gilt nämlich

$$x_{i_j} = k_j \text{ für } 1 \leqslant j \leqslant s_i,$$

während alle übrigen Komponenten beliebig sein dürfen. Die Lösungsfamilien F_i, $1 \leqslant i \leqslant m$, sind paarweise disjunkt, wenn für alle Indizes i gilt

$$C_i(x) = 1 \to \bigcup_{j \neq i} C_j(x) = 0,$$

d. h. genau dann, wenn $C_i(x) \cdot C_j(x) = 0$ für alle i und j.

Beispiel 2.5.1. Wir lösen die Gleichung

$$\varphi(x) = x_2 \cdot \overline{x}_4 \cup x_1 \cdot x_2 \cdot x_5 \cup x_3 \cdot \overline{x}_4 \cup \overline{x}_2 \cdot \overline{x}_3 \cup \overline{x}_3 \cdot x_5 \cup \overline{x}_1 \cdot \overline{x}_4 \cdot \overline{x}_5 = 0$$

nach der letzten Methode. Dazu ist die Gleichung zuerst auf die 1-Form zu bringen:

$$\overline{\varphi}(x) = (\overline{x}_2 \cup x_4) \cdot (\overline{x}_1 \cup \overline{x}_2 \cup \overline{x}_5) \cdot (x_3 \cup x_4) \cdot (x_3 \cup x_2) \cdot (x_3 \cup \overline{x}_5) \cdot (x_1 \cup x_4 \cup x_5) = 1.$$

Umformung durch Ausrechnen der Produkte ergibt der Reihe nach

$$(\overline{x}_2 \cup \overline{x}_1 \cdot x_4 \cup x_4 \overline{x}_5) \cdot (x_3 \cup x_2 \cdot x_4 \cdot \overline{x}_5) \cdot (x_1 \cup x_4 \cup x_5) = 1$$
$$(\overline{x}_2 \cup \overline{x}_1 \cdot x_4 \cup x_4 \cdot \overline{x}_5) \cdot (x_1 \cdot x_3 \cup x_3 \cdot x_4 \cup x_3 \cdot x_5 \cup x_2 \cdot x_4 \cdot \overline{x}_5) = 1$$
$$x_1 \cdot \overline{x}_2 \cdot x_3 \cup \overline{x}_2 \cdot x_3 \cdot x_4 \cup \overline{x}_1 \cdot x_3 \cdot x_4 \cup x_3 \cdot x_4 \cdot \overline{x}_5 \cup \overline{x}_2 \cdot x_3 \cdot x_5 \cup x_2 \cdot x_4 \cdot \overline{x}_5 = 1.$$

Darin sind die Terme $\overline{x}_2 \cdot x_3 \cdot x_4$ und $x_3 \cdot x_4 \cdot \overline{x}_5$ wegen

$$\overline{x}_2 \cdot x_3 \cdot x_4 \subset x_1 \cdot \overline{x}_2 \cdot x_3 \cup \overline{x}_1 \cdot x_3 \cdot x_4$$
$$x_3 \cdot x_4 \cdot \overline{x}_5 \subset \overline{x}_1 \cdot x_3 \cdot x_4 \cup x_2 \cdot x_4 \cdot \overline{x}_5 \cup x_1 \overline{x}_2 \cdot x_3$$

überflüssig. Also haben wir schließlich als endgültige 1-Form

$$x_1 \cdot \overline{x}_2 \cdot x_3 \cup \overline{x}_1 \cdot x_3 \cdot x_4 \cup \overline{x}_2 \cdot x_3 \cdot x_5 \cup x_2 \cdot x_4 \cdot \overline{x}_5 = 1.$$

Die vier Lösungsfamilien dieser Gleichung erhält man nun in der folgenden Tabelle

x_1	x_2	x_3	x_4	x_5
1	0	1	–	–
0	–	1	1	–
–	0	1	–	1
–	1	–	1	0

Jede Zeile entspricht einer Lösungsfamilie. Die Striche bedeuten, daß die betreffende Variable beliebig gewählt werden darf. Die übrigen Variablen sind fixiert.

Wir kehren nun zur Graphentheorie zurück. Mit $\mathbf{G} := (X, K)$ sei weiterhin eine Numerierung der Kanten und Knoten gegeben. In diesem Abschnitt verzichten wir jedoch auf eine Identifizierung der Knoten mit ihren Nummern und schreiben $X := \{x_1, \ldots, x_n\}$ und $K := \{k_1, \ldots, k_m\}$. X und K dürfen ohne Einschränkung der Allgemeinheit als disjunkt angenommen werden.

Ein Untergraph $\mathbf{G}' := (X', K')$ entspricht einer Teilmenge $X' \cup K'$ von $X \cup K$. Umgekehrt entspricht jeder Teilmenge von $X \cup K$ höchstens ein Untergraph von $\mathbf{G}$. Es besteht also eine bijektive Beziehung zwischen $U_{\mathbf{G}}$ und einer gewissen Teilmenge von $P(X \cup K)$. Somit besteht eine bijektive Beziehung zwischen den Eigenschaften $E \subset U_{\mathbf{G}}$ und einer Teilmenge von $P(P(X \cup K))$. Da $\mathbf{B}(P(X \cup K))$ isomorph ist zur

Algebra der $n + m$-stelligen Booleschen Funktionen, gehört zu jeder Eigenschaft $E \subset U_G$ genau eine $n + m$-stellige Boolesche Funktion, deren 1-Stellen eineindeutig den Elementen von E entsprechen. Wir bezeichnen diese Funktion durch φ_E und heißen sie *charakteristische Funktion* von E.

Ist φ_E als algebraischer Ausdruck gegeben, so finden wir die Elemente von E in den Lösungen der Booleschen Gleichung $\varphi_E(x, k) = 1$. Ist φ_E bereits in disjunktiver Normalform

$$\varphi_E(x, k) = \bigcup_{(m, v) \in \Phi} x^u \cdot k^v; \quad x^u : = \prod_{i=1}^{n} x_i^{u_i}; \quad k^v : = \prod_{j=1}^{m} k_j^{v_j},$$

gegeben, so lassen sich die Elemente von E direkt an Hand der vorkommenden „Exponenten" (u, v) ablesen.

Aber nicht jedes Element von $\mathbf{B}(P(X \cup K))$ ist die charakteristische Funktion einer Eigenschaft E auf U_G. $X' \subset X$ und $K' \subset K$ beschreiben ja nur dann einen Untergraph G' von G, wenn $X' \supset p(K')$ gilt. Diese Bedingung ist äquivalent zu:

$$k_j \subset x_{p_1(k_j)} \cdot x_{p_2(k_j)}, \quad 1 \leqslant j \leqslant m,$$

oder

$$f(x, k) : = \bigcup_{j=1}^{m} k_j \cdot x_{p_1(k_j)} \cdot x_{p_2(k_j)} = 0 \text{ bzw. } f(x, k) = 1 \qquad (2.5.10)$$

Damit ist die charakteristische Funktion φ_{U_G} von U_G selbst gleich $\bar{f}(x, k)$. Wir setzen $P_G(X \cup K) : = \{\varphi \mid \varphi \in \mathbf{B}(P(X \cup K)) \wedge \varphi \subset \bar{f}(x, k)\}$. P_G ist bezüglich der üblichen Vereinigungs- und Durchschnittsbildung für Funktionen abgeschlossen. Definieren wir innerhalb P_G noch eine neue Komplementbildung $^{-G}$ durch $\bar{\varphi}^G = \bar{\varphi} \cdot \bar{f}$, so wird $(P_G(X \cup K); \cup, \cdot, {}^{-G})$ zu einer Booleschen Algebra $B_G(P_G(X \cup K))$, und wir haben:

Satz 2.5.8. $P(U_G)$ *ist isomorph zur Booleschen Algebra* $\mathbf{B}_G(P_G(X \cup K))$.

Besonders einfach werden die Verhältnisse, wenn wir nur Untergraphen betrachten, die entweder durch Kantenmengen oder nur durch Knotenmengen erzeugt werden. Diese spielen ohnedies in der Praxis die größte Rolle. Es sei $U_G(K) \subset U_G$ die Menge der durch Kantenmengen erzeugten Untergraphen von G, $U_G(X)$ die Menge der durch Knotenmengen erzeugten Untergraphen. Dann gilt:

Korollar 2.5.8. $P(U_G(K))$ *ist isomorph* $\mathbf{B}(P(K))$, $P(U_G(X))$ *ist isomorph zu* $\mathbf{B}(P(X))$.

Beweis. Die Einschränkungen der Bewertungen $f_K : U_G \to P(K)$ und $f_X : U_G \to P(X)$ auf $U_G(K)$ bzw. $U_G(X)$ beschreiben einen Isomorphismus zwischen $U_G(K)$ und $P(K)$ bzw. zwischen $U_G(X)$ und $P(X)$.

Satz 2.5.8 und Korollar 2.5.8 liefern eine Handhabe zur Bewältigung graphentheoretischer, insbesondere von Problemen des Typs 2 und 3 (Abschnitt 1.5 von Teil 1). Kennt man die charakteristische Funktion einer Eigenschaft E auf U_G, so kann man an Hand ihrer disjunktiven Normalform die Frage beantworten, ob ein Untergraph G' von G zu E gehört oder nicht. Die Angabe der charakteristischen Funktion von E ist andererseits eine mögliche Form der Aufzählung aller Elemente von E.

Meist wird die charakteristische Funktion von E erst aus der Lösung eines E charakterisierenden Systems von Booleschen Gleichungen konstruierbar sein oder sich mit Hilfe gewisser Operationen innerhalb $\mathbf{B}(P(X \cup K))$ ergeben. Aus diesem Grund verdient diese Methode zur Lösung graphentheoretischer Probleme das Attribut „algebraisch". Die Wirksamkeit der Methode hängt natürlich wesentlich von der Wirksamkeit der Verfahren zur Lösung Boolescher Gleichungen ab. Bezüglich solcher Verfahren verweisen wir nochmals auf die Darstellung in [4]. In den nächsten Abschnitten werden wir uns mit Beispielen zur Erstellung charakteristischer Funktionen befassen.

2.6 Das Wang-Produkt und die Bestimmung aller Gerüste und Kogerüste eines Graphen

Es sei $F_m(K)$ die zu einem Graphen $\mathbf{G} := (X, K)$ gehörende Menge aller Booleschen Funktionen in den Variablen $k_1, k_2, \ldots, k_m$. Wir betrachten nun eine neue Operation auf $F_m(K)$, das sogenannte *Wang-Produkt* $f_1 * f_2$ zweier Boolescher Funktionen, das für zwei Funktionen f_1 und f_2 mit den Darstellungen

$$f_1(k) := \bigcup_{z \in T_2^m} f_1(z) \cdot k^z, \quad f_2(k) := \bigcup_{z \in T_2^m} f_2(z) \cdot k^z$$

definiert sei durch

$$f_1 * f_2(k) := \bigoplus_{z \cdot z' = 0} f_1(z) \cdot f_2(z') \cdot k^{z \cup z'}. \tag{2.6.1}$$

Dabei bedeute $\displaystyle\bigoplus_{z \cdot z' = 0}$ Ringsummenbildung über alle Paare von disjunkten Vektoren z und z' aus T_2^m.

Das Wang-Produkt ist kommutativ und assoziativ. Die erste Behautpung ist evident. Die zweite Aussage ergibt sich so:

Es gilt

$$(f_1 * f_2) * f_3(k) = \bigoplus_{z \cdot z' = 0} (f_1 * f_2)(z) \cdot f_3(z') \cdot k^{z \cup z'} =$$

$$= \bigoplus_{z \cdot z' = 0} \bigoplus_{u \cdot u' = 0} f_1(u) \cdot f_2(u') \cdot f_3(z') \cdot z^{u \cup u'} \cdot k^{z \cup z'}$$

und

$$f_1 * (f_2 * f_3)(k) = \bigoplus_{z \cdot z' = 0} f_1(z') \cdot (f_2 * f_3)(z) \cdot k^{z \cup z'} =$$

$$= \bigoplus_{z \cdot z' = 0} \bigoplus_{u \cdot u' = 0} f_1(z') \cdot f_2(u) \cdot f_3(u') \cdot z^{u \cup u'} \cdot k^{z \cup z'}.$$

$(f_1 * f_2) * f_3(k) = 1$ gilt also genau dann, wenn die Anzahl der Summanden mit

$$z \cup z' = k, \quad u \cup u' = z, \quad f_1(u) \cdot f_2(u') \cdot f_3(z') = 1$$

ungerade ist, d. h. wenn die Mächtigkeit der Menge

$$A_1 := \{(u, z) \mid u \subset z \subset k \wedge f_1(u) = 1 \wedge f_2(z-u) = 1 \wedge f_3(k-z) = 1\}$$

ungerade ist. Genauso gilt $f_1*(f_2*f_3)(k) = 1$ genau dann, wenn die Mächtigkeit der Menge

$$A_2 := \{(u,z) \mid u \subset z \subset k \wedge f_1(k-z) = 1 \wedge f_2(u) = 1 \wedge f_3(z-u) = 1\}$$

ungerade ist.

Nun sei $(u,z) \in A_2$. Wir setzen $u^* := k-z$ und $z^* := (k-z) \cup u$. Dann gilt $u^* \subset z^*$ und $z^*-u^* = u$, und wir haben

$$f_1(u^*) = f_1(k-z) = 1, \quad f_2(z^*-u^*) = f_2(u) = 1, \quad f_3(k-z^*) = f_3(z-u) = 1.$$

Also folgt $(u^*, z^*) \in A_1$. Ist andererseits $(u,z) \in A_1$, so setze man $u^* := z-u$ und $z^* := k-u$. Dann gilt wieder $u^* \subset z^*$, und wir haben

$$f_1(k-z^*) = f_1(u) = 1, \quad f_2(u^*) = f_2(z-u) = 1, \quad f_3(z^*-u^*) = f_3(k-z) = 1.$$

Daraus folgt $(u^*, z^*) \in A_2$. Nun gilt

$$u^{**} = z^*-u^* = ((k-z) \cup u)-(k-z) = u$$
$$z^{**} = k-u^* = k-(k-z) = z.$$

Die Mengen A_1 und A_2 sind daher gleichmächtig. Damit ist die Assoziativität des Wang-Produkts nachgewiesen. Bei der Bildung von Wang-Produkten aus mehreren Faktoren darf man also die Klammern weglassen. Das Wang-Produkt aus n Faktoren

bezeichnen wir durch $\overset{n}{\underset{i=1}{\text{W}}} f_i$.

Für den m-dimensionalen Nullvektor schreiben wir wieder 0. Die Funktion k^0 ist ein neutrales Element bezüglich der Wang-Produktbildung. Schließlich gilt noch:

$$f_1*(f_2 \oplus f_3)(k) = \underset{z \cdot z'=0}{\bigoplus} f_1(z) \cdot (f_2 \oplus f_3)(z') \cdot k^{z \cup z'} =$$

$$= (f_1*f_2) \oplus (f_1*f_3)(k).$$

Also ist * auch distributiv über $\oplus$, und wir haben:

Satz 2.6.1. *Die Menge F_m der n-stelligen Funktionen bildet mit den beiden Operationen $\oplus$ und * einen kommutativen Ring mit Einselement.*

Wie früher bezeichnen wir mit 0 auch das neutrale Element von F_m bezüglich $\oplus$ (also die Nullfunktion). Dann gilt natürlich $0*f = 0$ für alle $f \in F_m$. Darüber hinaus haben wir:

$$f*f(k) = \underset{z \cdot z'=0}{\bigoplus} f(z) \cdot f(z') \cdot k^{z \cup z'} = \begin{cases} k^0 & \text{wenn } f(0) = 1 \\ 0 & \text{wenn } f(0) = 0. \end{cases}$$

Ist nämlich $z \cup z' \neq 0$ und $f(z) \cdot f(z') \neq 0$, so kommt in der Darstellung für $f*f$ wegen $z \cdot z' = z' \cdot z$ der Summand $f(z) \cdot f(z') \cdot k^{z \cup z'}$ zweimal vor und liefert daher keinen Beitrag.

Für den Einsatz des Wang-Produkts zur Beschreibung von Eigenschaften auf $U_G(K)$ benötigen wir noch einige Vorbereitungen. Es gilt:

Satz 2.6.2. *Es sei* $\mathbf{G}_i := (X_{K_i}, K_i)$, $i \in I_\mu$ *ein Fundamentalsystem von Kreisen eines Graphen* $\mathbf{G} := (X, K)$. *Für* $i \in I_\mu$ *sei* f_i *die zu der Menge* $\{\mathbf{G}_{\{k_j\}} \mid k_j \in K_i\}$ *gehörende charakteristische Funktion aus* $F_m(K)$. *Dann sind die Funktionen* f_i, $i \in I_\mu$ *linear unabhängig. (Man beachte Satz 2.5.5:* $\mathbf{B}(P(K))$ *ist ein Vektorraum über* $\mathbf{B}_2$ *).*

Beweis. Wir nehmen an, der Satz sei falsch. Dann gibt es μ-1 Zahlen $c_j \in T_2$ mit

$$f_i = \bigoplus_{j \neq i} c_j \cdot f_j \tag{2.6.2}$$

für mindestens ein $i \in I_\mu$. Da K_i mindestens eine Kante k_{j_i} enthält, die in keinem anderen K_j, $j \neq i$, vorkommt, gilt $f_i(z_{j_i}) = 1$ und $f_j(z_{j_i}) = 0$ für $j \neq i$. Dabei bedeute z_{j_i} den Vektor aus T_2^m, dessen j_i-te Komponente 1 und dessen übrige Komponenten 0 sind. Es ergibt sich also ein Widerspruch zur Beziehung (2.6.2), und der Satz ist damit bewiesen.

Satz 2.6.3. *Mit derselben Bedeutung der* f_i *wie im vorangehenden Satz gilt für jeden Kreis* $\mathbf{G}_W \in U_\mathbf{G}$: *Ist* g *die charakteristische Funktion der Eigenschaft* $\{\mathbf{G}_{\{k_j\}} \mid k_j \in W\}$, *so ist* g *eine Linearkombination der* f_i, *d. h. es existieren Zahlen* $c_i \in T_2$ *mit:*

$$g = \bigoplus_{i=1}^{\mu} c_i \cdot f_i. \tag{2.6.3}$$

Beweis. $\widetilde{g}$ und $\widetilde{f}_i$, $i \in I_\mu$, seien die entsprechenden Zeilen einer Kreis-Kanten-Inzidenzmatrix $C(\mathbf{G})$ von $\mathbf{G}$. Dann existiert nach Satz 1.3.1 eine Darstellung

$$\widetilde{g} = \sum_{i=1}^{\mu} \widetilde{c}_i \widetilde{f}_i.$$

Für $\widetilde{c}_i$ kommen nur die Werte 0, 1 oder -1 in Frage. Denn zu jedem $i \in I_\mu$ gibt es eine Kante $k_{j_i} \in K$ mit $\widetilde{f}_l(k_{j_i}) = \pm \delta_{li}$, eine Kante also, die nur in K_i, nicht aber in K_l, $l \neq i$, vorkommt. Je nach dem Wert von $\widetilde{g}(k_{j_i})$ gilt daher $\widetilde{c}_i = 0$, 1 oder -1. Da $\widetilde{g}$ ebenfalls nur die Werte 0, 1 oder -1 annimmt, folgt aus $\widetilde{g}(k) \neq 0$, daß die Menge $\{i \mid \widetilde{c}_i \widetilde{f}_i(k) \neq 0\}$ eine ungerade Anzahl von Elementen besitzt. Bei $\widetilde{g}(k) = 0$ ist die Mächtigkeit dieser Mengen dagegen gerade. Daher gilt

$$\sum_{i=1}^{\mu} |\widetilde{c}_i| \cdot f_i(k) = 1$$

genau dann, wenn $\widetilde{g}(k) \neq 0$, d. h. genau dann, wenn $g(k) = 1$. Mit $c_i := |\widetilde{c}_i|$ ist damit die behauptete Beziehung nachgewiesen.

Analoge Sätze gelten auch für ein Fundamentalsystem von Schnitten in einem Graphen $\mathbf{G}$.

Satz 2.6.4. *Es sei* $\mathbf{G}_i := (X_{K_i}, K_i)$, $i \in I_r$, *ein Fundamentalsystem von Schnitten eines Graphen* $\mathbf{G} := (X, K)$. f_i *seien die zu den Mengen* $\{\mathbf{G}_{\{k_j\}} \mid k_j \in K_i\}$ *gehörenden charakteristischen Funktionen aus* $F_m(K)$. *Dann sind die Funktionen* f_i, $i \in I_r$ *linear unabhängig.*

Beweis. Analog zum Beweis von Satz 2.6.2.

Satz 2.6.5. *Mit derselben Bedeutung der* f_i, $i \in I_r$ *wie im vorangehenden Satz gilt für jeden Schnitt* $\mathbf{G}_W \in U_\mathbf{G}$: *Ist* g *die zu* $\{\mathbf{G}_{\{k_j\}} \mid k_j \in W\}$ *gehörige charakteristische*

Funktion aus $F_m(K)$, so ist g eine Linearkombination der f_i, $i \in I_r$, d. h. es existieren r Zahlen $c_i \in T_2$ mit

$$g = \bigoplus_{i=1}^{r} c_i \cdot f_i.$$

Beweis. Analog zum Beweis von Satz 2.6.3.

In den beiden folgenden Sätzen wird nun das Wang-Produkt ins Spiel gebracht. Ein Untergraph G_W von G heiße *Quasikreis*, wenn er eine nicht leere Vereinigung von kantendisjunkten Kreisen aus G ist. Ein Kreis ist somit ebenfalls ein Quasikreis. Satz 2.6.3 gilt offenbar auch dann, wenn G_W ein Quasikreis ist.

Satz 2.6.6. *Für $i \in I_\mu$ seien $G_i := (X_{K_i}, K_i)$ und $G_i' := (X_{K_i'}, K_i')$ Quasikreise von G. $f_i \in F_m(K)$ und $f_i' \in F_m(K)$ seien die charakteristischen Funktionen der Eigenschaften $\{G_{\{k_j\}} \mid k_j \in K_i\}$ und $\{G_{\{k_j\}} \mid k_j \in K_i'\}$. Sind die Systeme $\{f_i\}_{i \in I_\mu}$ und $\{f_i'\}_{i \in I_\mu}$ linear unabhängig, so gilt*

$$\overset{\mu}{\underset{i=1}{W}} \; f_i = \overset{\mu}{\underset{i=1}{W}} \; f_i'.$$

Beweis. Nach Satz 2.6.2 und Satz 2.6.3 gilt für $i \in I_\mu$

$$f_i = \bigoplus_{j=1}^{\mu} c_{ij} \cdot f_j'. \tag{2.6.4}$$

Auf Grund dieser Sätze hat nämlich der von den Quasikreisen von G aufgespannte Unterraum von $F_m(K)$ die Dimension μ und $\{f_i'\}_{i \in I_\mu}$ ist wegen der linearen Unabhängigkeit eine Basis dieses Unterraums. Daher haben wir

$$\overset{\mu}{\underset{i=1}{W}} \; f_i = \overset{\mu}{\underset{i=1}{W}} \; \bigoplus_{j=1}^{\mu} c_{ij} \cdot f_j' = \bigoplus_{k} \overset{\mu}{\underset{i=1}{W}} \; c_{ik(i)} \cdot f_{k(i)}'.$$

In der letzten Ringsumme ist nur über alle Permutationen k von I_μ zu summieren, da wegen $f_i(0) = 0$ auch $f_i * f_i(k) = 0$ gilt. Somit haben wir wegen

$$\bigoplus_{k} \prod_{i=1}^{\mu} c_{ik(i)} = \det(c_{ij}) \tag{2.6.5}$$

die Beziehung

$$\overset{\mu}{\underset{i=1}{W}} \; f_i = \bigoplus_{k} \prod_{i=1}^{\mu} c_{ik(i)} \overset{\mu}{\underset{i=1}{W}} \; f_i' = \det(c_{ij}) \cdot \overset{\mu}{\underset{i=1}{W}} \; f_i'.$$

Man beachte, daß bei einem Vektorraum über B_2 bei der Bildung der Determinante (2.6.5) das Signum einer Permutation keine Rolle spielt. Nehmen wir nun an, es gelte $\det(c_{ij}) = 0$. Dann hätte das Gleichungssystem

$$\bigoplus_{i=1}^{\mu} c_{ij} \cdot x_i = 0, \; j \in I_\mu$$

eine nichttriviale Lösung $x \neq 0$. Dann hätten wir aber mit (2.6.4)

$$\bigoplus_{i=1}^{\mu} x_i \cdot f_i = \bigoplus_{i=1}^{\mu} \bigoplus_{j=1}^{\mu} x_i \cdot c_{ij} \cdot f_j' =$$

$$\bigoplus_{j=1}^{\mu} \bigoplus_{i=1}^{\mu} c_{ij} \cdot x_i \cdot f_j' = 0,$$

was einem Widerspruch zur linearen Unabhängigkeit von $\{f_i\}_{i \in I_\mu}$ darstellt. Also gilt $\det(c_{ij}) = 1$, und der Satz ist bewiesen.

Ebenso beweist man:

Satz 2.6.7. *Für $i \in I_r$ seien $G_i := (X_{K_i}, K_i)$ und $G_i' := (X_{K_i'}, K_i')$ Schnitte von $G := (X, K)$. $f_i \in F_m(K)$ und $f_i' \in F_m(K)$ seien die charakteristischen Funktionen der Eigenschaften $\{G_{\{k_j\}} | k_j \in K_i\}$ und $\{G_{\{k_j\}} | k_j \in K_i'\}$. Sind die Systeme $\{f_i\}_{i \in I_r}$ und $\{f_i'\}_{i \in I_r}$ linear unabhängig, so gilt*

$$\overset{r}{\underset{i=1}{W}} f_i = \overset{r}{\underset{i=1}{W}} f_i'.$$

Nach dieser Vorarbeit gelangen wir nun zum Ziel dieses Abschnitts. Die beiden folgenden Sätze liefern ein Verfahren zur Angabe aller Gerüste oder aller Kogerüste eines zusammenhängenden Graphen G.

Satz 2.6.8. *Für $i \in I_\mu$ sei $G_i := (X_{K_i}, K_i)$ ein Quasikreis eines zusammenhängenden Graphen $G := (X, K)$. Die Funktionen $f_i \in F_m(K)$ sollen dieselbe Bedeutung haben wie in Satz 2.6.6. Ist das System $\{f_i\}_{i \in I_\mu}$ linear unabhängig, so ist die charakteristische Funktion der Menge U_{KG} aller Kogerüste von G gegeben durch*

$$f_{KG} = \overset{\mu}{\underset{i=1}{W}} f_i.$$

Beweis. Wir bezeichnen wie früher durch z_p den Vektor aus T_2^m, dessen p-te Komponente gleich 1 und dessen übrige Komponenten gleich 0 sind. Es gilt

$$f_i = \bigoplus_{k_p \in K_i} k^{z_p}.$$

Sämtliche Summanden von f_{KG} haben daher die Form $k^{z_{p_1} \cup z_{p_2} \cup \ldots \cup z_{p_\mu}}$, wobei $k_{p_i} \in K_i$ gilt. Wegen $z_{p_i} \subset \prod_{l=1}^{i-1} \bar{z}_{p_l}$ für $i > 1$ sind alle z_{p_i} verschieden. Ferner gilt

$k_{p_i} \notin K_j$ für $i \neq j$, da Summanden, die diese Bedingung nicht erfüllen, paarweise auftreten und daher keinen Beitrag zur Ringsumme leisten. Der Exponent $z_{p_1} \cup z_{p_2} \cup \ldots \cup z_{p_\mu}$ entspricht der Menge $K' := \{k_{p_1}, k_{p_2}, \ldots, k_{p_\mu}\}$, die ein

Kogerüst erzeugt, denn $G_{K-K'}$ hat $n-1$ Kanten und ist zusammenhängend, da k_{p_i} nur zu einem der μ Kreise oder Quasikreise gehört.

Umgekehrt erzeuge $K' := \{k_{p_1}, k_{p_2}, \ldots, k_{p_\mu}\}$ ein Kogerüst. Wegen Satz 2.6.6 darf man annehmen, daß G_i, $i \in I_\mu$ das durch $G' := (X_{K'}, K')$ bestimmte Fundamentalsystem von Kreisen ist. Dann ist aber

$$k^{z_{p_1} \cup z_{p_2} \cup \ldots z_{p_\mu}}$$

132

ein Summand von f_{KG}.

Ebenso beweist man:

Satz 2.6.9. *Für $i \in I_r$ sei $G_i := (X_{K_i}, K_i)$ ein Schnitt eines zusammenhängenden Graphen $G := (X, K)$. Die Funktionen f_i sollen dieselbe Bedeutung haben wie in Satz 2.6.7. Ist das System $\{f_i\}_{i \in I_r}$ linear unabhängig, so ist die charakteristische Funktion der Menge U_{GR} aller Gerüste von G gegeben durch*

$$f_{GR} = \overset{r}{\underset{i=1}{W}} f_i.$$

Zur raschen Auffindung von f_{GR} ist noch der folgende Satz von Bedeutung, der die Wahl eines Fundamentalsystems von Schnitten erleichtert. Unter einem Inzidenzschnitt von G verstehen wir einen Schnitt der Form $(X - \{x\}, \{x\})$. Ein Inzidenzschnitt wird also von der Menge aller mit einem einzigen Knoten x inzidenten Kanten erzeugt.

Satz 2.6.10. *Für $i \in I_r$ seien $G_i := (X_{K_i}, K_i)$ Inzidenzschnitte eines zusammenhängenden Graphen G. Die Funktionen f_i seien wie in Satz 2.6.7 erklärt. Dann ist das System $\{f_i\}_{i \in I_r}$ linear unabhängig.*

Beweis. Für $n \leqslant 2$ ist die Aussage des Satzes trivial. Wir zeigen, daß für $n > 2$ und $1 \leqslant b \leqslant n-1$ je b Funktionen f_i linear unabhängig sind. Für $b = 1$ ist dies klar. Die Aussage gelte bereits für je $b-1$ Funktionen mit $b < n$. Jede Kante von G gehört zu genau zwei Inzidenzschnitten von G. Da G zusammenhängend ist und nur $b \leqslant n-1$ Inzidenzschnitte betrachtet werden, gibt es eine Kante k, die in genau einem der betrachteten Inzidenzschnitte G_{i_j}, $j \in I_b$ vorkommt, etwa im Inzidenzschnitt $G_{i_{j'}}$. Die disjunktive Normalform von $f_{i_{j'}}$ enthält daher einen Summanden k^z, der in keiner der Normalformen der übrigen $b-1$ Funktionen f_{i_j} vorkommt. Damit gilt

$$f_{i_{j'}}(z) = 1 \text{ und } f_{i_j}(z) = 0 \text{ für } j \in I_b \text{ und } j \neq j'. \text{ Aus } \overset{b}{\underset{j=1}{\oplus}} f_{i_j}(z) \cdot c_{i_j} = 0 \text{ folgt also } c_{i_j} = 0.$$

Damit läßt sich $f_{i_{j'}}$ nicht durch die restlichen $b-1$ Funktionen ausdrücken, und die Behauptung des Satzes gilt auch für b Funktionen.

Beispiel 2.6.1. Auf Grund von Satz 2.6.10 gewinnt man für einen zusammenhängenden Graphen G die charakteristische Funktion von U_{GR} recht einfach aus der Knoten-Kanten-Inzidenzmatrix $B(G)$. Wir zeigen dies am Beispiel des Graphen aus Fig. 46 a. Wir nehmen z. B. die ersten drei Inzidenzschnitte $(\{x_2, x_3, x_4\}, \{x_1\})$, $(\{x_1, x_3, x_4\}, \{x_2\})$ und $(\{x_1, x_2, x_4\}, \{x_3\})$. Die dazugehörigen Funktionen f_1, f_2 und f_3 kann man unmittelbar aus der Matrix $B(G)$ ablesen. Es gilt

$$f_1(k) = k^{z_1} \oplus k^{z_2} \oplus k^{z_3},$$
$$f_2(k) = k^{z_1} \oplus k^{z_4} \oplus k^{z_5},$$
$$f_3(k) = k^{z_2} \oplus k^{z_5} \oplus k^{z_6}.$$

Das Wang-Produkt dieser drei Funktionen ergibt sich, wenn wir nur die vorkommenden Exponenten anschreiben, der Reihe nach zu:

$$f_1 {}^* f_2(k): z_{14}, z_{15}, z_{12}, z_{24}, z_{25}, z_{13}, z_{34}, z_{35}$$
$$f_1 {}^* f_2 {}^* f_3(k): z_{124}, z_{145}, z_{146}, z_{156}, z_{126}, z_{245}, z_{246}, z_{256},$$
$$z_{123}, z_{135}, z_{136}, z_{234}, z_{345}, z_{346}, z_{235}, z_{356}.$$

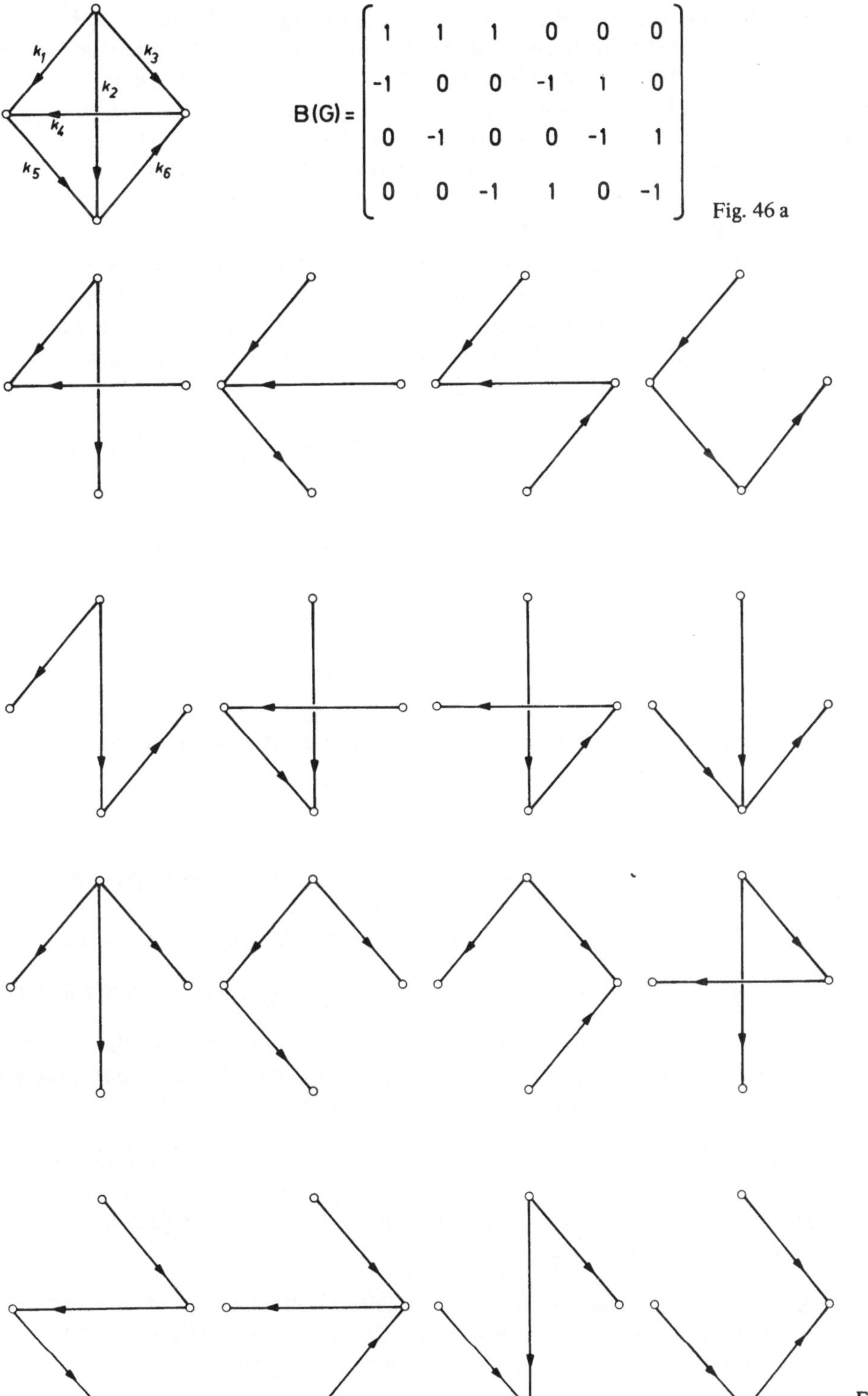

$$B(G) = \begin{bmatrix} 1 & 1 & 1 & 0 & 0 & 0 \\ -1 & 0 & 0 & -1 & 1 & 0 \\ 0 & -1 & 0 & 0 & -1 & 1 \\ 0 & 0 & -1 & 1 & 0 & -1 \end{bmatrix}$$

Fig. 46 a

Fig. 46 b

Dabei bedeute z_{ij} bzw. z_{ijk} die Vereinigung von z_i, z_j und z_k. Die Nummern i, j, k in z_{ijk} geben die Nummern der Kanten an, die das durch $k^{z_{ijk}} = 1$ beschriebene Gerüst erzeugen. Die verschiedenen Gerüste von **G** sind in Fig. 46b aufgelistet.

Die Sätze 2.6.8 und 2.6.9 gelten sinngemäß auch für nicht zusammenhängende Graphen, wenn man in ihrer Formulierung die Begriffe Gerüste und Kogerüste durch Teilwälder und Koteilwälder ersetzt. Bei der Ermittlung dieser Eigenschaften auf U_G wird man jedoch besser zuerst die Komponenten von **G** aufsuchen und dann jede Komponente getrennt behandeln.

Die Kanten des zum Knoten x_i gehörenden Inzidenzschnitts (X_{K_i}, K_i) sind von zweierlei Art. Die einen haben x_i als Anfangsknoten, wir bezeichnen die Menge dieser Kanten durch K_i^+. Die anderen haben x_i als Endknoten, wir bezeichnen ihre Menge durch K_i^-. Der Durchschnitt $K_i^+ \cap K_i^-$ muß nicht leer sein. Eine Schlinge in x_i kommt in beiden Mengen vor.

Wir bezeichnen durch f_i^+ die charakteristische Funktion von $\{G_{\{k_j\}} \mid k_j \in K_i^+\}$, durch f_i^- die charakteristische Funktion von $\{G_{\{k_j\}} \mid k_j \in K_i^-\}$. Mit dieser Bezeichnungsweise gilt:

Satz 2.6.11. *Die charakteristische Funktion f^+ der Menge aller Teilgraphen **G**$'$ von* **G***, in denen jeder Knoten x einen äußeren Halbgrad $d'^+(x) = 1$ besitzt, ist gegeben durch*

$$f^+ = \overset{n}{\underset{i=1}{W}} \; f_i^+.$$

*Die charakteristische Funktion f^- der Menge aller Teilgraphen **G**$''$ von* **G***, in denen jeder Knoten x einen inneren Halbgrad $d''^-(x) = 1$ besitzt, ist gegeben durch*

$$f^- = \overset{n}{\underset{i=1}{W}} \; f_i^-.$$

Die charakteristische Funktion der Menge aller (1,1)-Faktoren von **G** *ist gegeben durch $f^+ \cdot f^-$.*

Beweis. Die Summanden von f^+ haben die Form k^z, wobei $z = \overset{n}{\underset{i=1}{\cup}} z_{p_i}$. Die Bedeutung der z_{p_i} ist dieselbe wie in Satz 2.6.2. Wegen $z_{p_i} \subset \overset{i-1}{\underset{j=1}{\cap}} \bar{z}_{p_j}$ sind alle z_{p_j} verschieden.

k^z entspricht daher einer Menge $K' := \{k_{p_1}, \ldots, k_{p_n}\}$, wobei $k_{p_i} \in K_i^+$, $i \in I_n$. Wegen $K_i^+ \cap K_j^+ = \phi$ für $i \neq j$, hat jeder Knoten in dem von K' erzeugten Teilgraph den äußeren Halbgrad 1. Erzeugt K' umgekehrt einen derartigen Teilgraph, so besitzt K' genau n Elemente k_{p_i} mit $k_{p_i} \in K' \cap K_i^+$, $i \in I_n$. Dann ist k^z für $z = \overset{n}{\underset{i=1}{\cup}} z_{p_i}$ ein Summand von f^+.

Analog schließt man im Fall der charakteristischen Funktion f^-. Der Rest folgt schließlich aus der Definition eines (1,1)-Faktors.

Beispiel 2.6.2. In Fig. 47 betrachten wir nochmals den Graph aus Fig. 38 a, dessen Kanten nun mit einer Numerierung versehen sind. Die Funktionen f_i^+ und f_i^- sind, wenn wir uns wieder auf die Angabe der Exponenten beschränken:

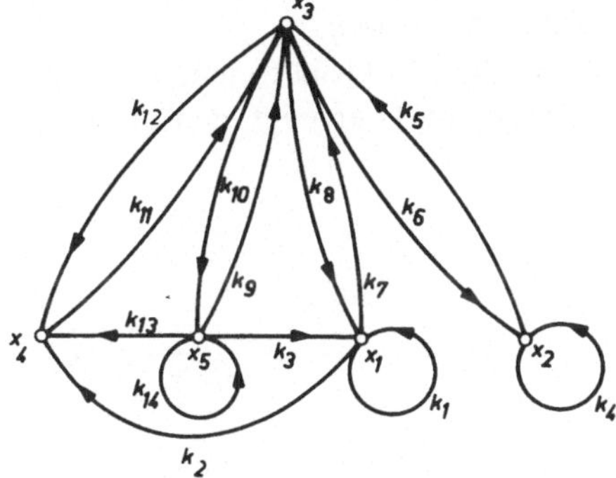

Fig. 47

$$f_1^+ : z_1, z_2, \underline{z}_7 \qquad\qquad f_1^- : z_1, z_3, z_8$$

$$f_2^+ : z_4, \underline{z}_5 \qquad\qquad f_2^- : z_4, \underline{z}_6$$

$$f_3^+ : \underline{z}_6, z_8, z_{10}, z_{12} \qquad\qquad f_3^- : \underline{z}_5, \underline{z}_7, \underline{z}_9, z_{11}$$

$$f_4^+ : z_{11} \qquad\qquad f_4^- : z_2, z_{12}, z_{13}$$

$$f_5^+ : z_3, \underline{z}_9, z_{13}, z_{14} \qquad\qquad f_5^- : z_{10}, z_{14}$$

f^+ enthält somit 96 verschiedene Summanden, f^- sogar 144. Zur Berechnung von $f^+ \cdot f^-$ müssen jedoch nicht alle Summanden bestimmt werden. Da f_4^+ nur aus einem einzigen Summanden besteht, muß z_{11} in jedem Exponenten von f^+ und damit in jedem Exponenten von $f^+ \cdot f^-$ enthalten sein. Das heißt, daß man bei f_3^- nur den Exponenten z_{11}, nicht aber die Exponenten z_5, z_7 und z_9 berücksichtigen muß. Damit reduziert sich die Anzahl der zu überprüfenden Summanden von f^- auf 36. Streicht man die überflüssigen Exponenten z_5, z_7 und z_9 auch in den f_i^+, so bleibt in f_2^+ nur mehr ein Summand mit dem Exponenten z_4. z_4 muß also in jedem Exponenten der Summanden von $f^+ \cdot f^-$ enthalten sein und in f_2^- wird z_6 überflüssig. Streicht man z_6 auch in f_3^+, so bleiben schließlich für f^+ und f^- noch je 18 Möglichkeiten. Von diesen kommen für $f^+ \cdot f^-$ nur die folgenden f^+ und f^- gemeinsamen vier in Frage:

$$f^+ \cdot f^- \ : z_{1,4,10,11,13}\,;\ z_{1,4,12,11,14}\,;\ z_{2,4,8,11,14}\,;\ z_{2,4,10,11,3}\,;$$

Die vier (1,1)-Faktoren des Graphen in Fig. 46 werden also durch die Kantenmengen $\{k_1, k_4, k_{10}, k_{11}, k_{13}\}$, $\{k_1, k_4, k_{11}, k_{12}, k_{14}\}$, $\{k_2, k_4, k_8, k_{11}, k_{14}\}$ und $\{k_2, k_4, k_3, k_{10}, k_{11}\}$ erzeugt. Sie sind in Fig. 38 b dargestellt.

2.7 Eigenschaften auf $P_G(X)$

Wir beenden dieses Kapitel mit einigen Beispielen von Eigenschaften auf $P_G(X)$, deren charakteristische Funktion aus einem System von Booleschen Gleichungen in den Variablen $x_1, \ldots, x_n$ konstruierbar ist.

Satz 2.7.1. *Die charakteristische Funktion f_v der Menge aller vollständigen Untergraphen von* **G** *ist gegeben durch*

$$f_v(x) = \prod_{i<j} (s_{ij} \cup \bar{x}_i \cup \bar{x}_j), \tag{2.7.1}$$

wobei die s_{ij} die Elemente der Matrix $S := M^* \cup M^{*T}$ bedeuten.

Beweis. Die Komponenten z_i, $i \in I_n$ des charakteristischen Vektors z einer Teilmenge Z von X, die einen vollständigen Untergraph G_Z von G erzeugt, genügen den Bedingungen

$$z_i \cdot z_j = 1 \to s_{ij} = 1, \, i \neq j,$$

oder

$$z_i \cdot z_j \subset s_{ij}, \, i < j,$$

das ist gleichbedeutend mit

$$s_{ij} \cup \overline{z}_i \cup \overline{z}_j = 1, \, i < j.$$

Damit gilt $f_v(z) = 1$. Sind umgekehrt diese Bedingungen für z erfüllt, so erzeugt Z einen vollständigen Untergraphen.

Satz 2.7.2. *Mit $S := M^* \cup M^{*T}$ und $A := \overline{S} \cup E$ gilt: Die charakteristische Funktion der maximalen vollständigen Untergraphen von G ist*

$$f_{mv}(x) = f_v(x) \cdot \prod_{i=1}^{n} \bigcup_{j=1}^{n} a_{ij} \cdot x_j.$$

Beweis. Ist wie im Beweis zum vorangehenden Satz z der charakteristische Vektor einer Teilmenge Z, die einen vollständigen Untergraph G_Z erzeugt, so ist G_Z genau dann maximal, wenn gilt

$$z_i = 0 \to \prod_{z_j=1} s_{ij} = \prod_{j=1}^{n} (s_{ij} \cup \overline{z}_j) = 0.$$

Dies ist gleichbedeutend mit

$$\overline{z}_i \cdot \prod_{j=1}^{n} (s_{ij} \cup \overline{z}_j) = 0, \, i \in I_n$$

oder

$$z_i \cup \bigcup_{j=1}^{n} \overline{s}_{ij} \cdot z_j = 1, \, i \in I_n,$$

womit der Satz bewiesen ist.

Die Funktion f_{mv} erhält man in einfacher Weise auch mit Hilfe einer anderen Überlegung. In (2.7.1) sind nur solche Faktoren zu berücksichtigen, für die $s_{ij} = 0$ ist. Formt man den Ausdruck

$$f_v(x) = \prod_{i<j, s_{ij}=0} (\overline{x}_i \cup \overline{x}_j)$$

durch Ausmultiplizieren der Klammern und Anwendung des Absorptionsgesetzes (Regel 3 von Abschnitt 2.2) um, so entsteht eine Darstellung von f_v,

$$f_v(x) = C_1(x) \cup C_2(x) \cup \ldots \cup C_p(x), \tag{2.7.2}$$

als Vereinigung von Produkten $C_i(x)$, von denen jedes die Gestalt

$$C_i(x) = \prod_{j=1}^{s_i} \bar{x}_{i_j}$$

hat und kein $C_i(x)$ in einem anderen $C_j(x)$ enthalten ist. Ist $J_i := \{i_1, \ldots, i_{j_{s_i}}\}$ die zu $C_i(x)$ gehörige Indexmenge und L_i deren Komplement bezüglich I_n, so gilt:

Satz 2.7.3. *Die charakteristische Funktion der Menge aller maximalen vollständigen Untergraphen ist gegeben durch*

$$f_{mv}(x) = \bigcup_{i=1}^{p} C_i(x) \cdot \prod_{j \in L_i} x_j \, . \tag{2.7.3}$$

Beweis. Jede Lösung von

$$C_i(x) \cdot \prod_{j \in L_i} x_j = 1$$

ist auch eine Lösung von $f_v(x) = 1$. Ist $C_i(z) = 1$, aber $z_j = 0$ für ein $j \in L_i$, so ist $\mathbf{G}_Z$ nicht maximal, da auch $\mathbf{G}_{Z \cup \{z_j\}}$ noch vollständig ist. Erzeugt daher Z einen maximalen vollständigen Untergraph, so existiert ein $i \in I_p$ mit $C_i(z) \cdot \prod_{j \in L_i} z_j = 1$.

Nun sei umgekehrt $C_i(z) \cdot \prod_{j \in L_i} z_j = 1$, aber $\mathbf{G}_Z$ nicht maximal. Dann gibt es einen vollständigen Untergraph $\mathbf{G}_{Z'}$ mit $Z \subset Z'$ und $Z \neq Z'$, und es gilt daher $C_i(z') = 0$. Nach dem ersten Teil des Beweises existiert dann ein i' mit $C_{i'}(z') \cdot \prod_{j \in L_{i'}} z'_j = 1$. Wegen $Z \subset Z'$ gilt $L_i \subset L_{i'}$, also auch $J_{i'} \subset J_i$. Dann gilt aber $C_i(x) \subset C_{i'}(x)$ im Gegensatz zu unserer Annahme über die Darstellung (2.7.2). Aus $C_i(z) \cdot \prod_{j \in L_i} z_j = 1$ folgt also, daß $\mathbf{G}_Z$ ein maximaler vollständiger Untergraph ist.

Nach Satz 2.7.3 erhält man die maximalen vollständigen Untergraphen von $\mathbf{G}$, wenn man für f_v die Darstellung (2.7.2) erzeugt und für jedes $i \in I_p$ eine Lösung z von $C_i(x)$ auf die folgende Weise bestimmt:

$$z_j^{(i)} := \begin{cases} 0 & \text{für } j \in J_i \\ 1 & \text{für } j \in L_i. \end{cases}$$

Beispiel 2.7.1. Wir bestimmen die maximalen vollständigen Untergraphen des Graphen in Fig. 48 mit der dort angegebenen Adjazenzmatrix. Da es sich dabei um einen symmetrischen Graphen handelt, wurden in der Skizze antiparallele Kantenpaare durch eine einzige Linie ohne Richtungsangabe angedeutet. Es gilt:

$$\begin{aligned}
f_v(x) &= (\bar{x}_1 \cup \bar{x}_2) \cdot (\bar{x}_1 \cup \bar{x}_6) \cdot (\bar{x}_2 \cup \bar{x}_4) \cdot (\bar{x}_3 \cup \bar{x}_5) \cdot (\bar{x}_4 \cup \bar{x}_6) = \\
&= (\bar{x}_1 \cup \bar{x}_2 \cdot \bar{x}_6) \cdot (\bar{x}_4 \cup \bar{x}_2 \cdot \bar{x}_6) \cdot (\bar{x}_3 \cup \bar{x}_5) = \\
&= (\bar{x}_2 \cdot \bar{x}_6 \cup \bar{x}_1 \cdot \bar{x}_4) \cdot (\bar{x}_3 \cup \bar{x}_5) = \\
&= \bar{x}_2 \cdot \bar{x}_3 \cdot \bar{x}_6 \cup \bar{x}_1 \cdot \bar{x}_3 \cdot \bar{x}_4 \cup \bar{x}_2 \cdot \bar{x}_5 \cdot \bar{x}_6 \cup \bar{x}_1 \cdot \bar{x}_4 \cdot \bar{x}_5 \, .
\end{aligned}$$

Die Lösungen $(1,0,0,1,1,0)$, $(0,1,0,0,1,1)$, $(1,0,1,1,0,0)$ und $(0,1,1,0,0,1)$ entsprechen den Knotenmengen

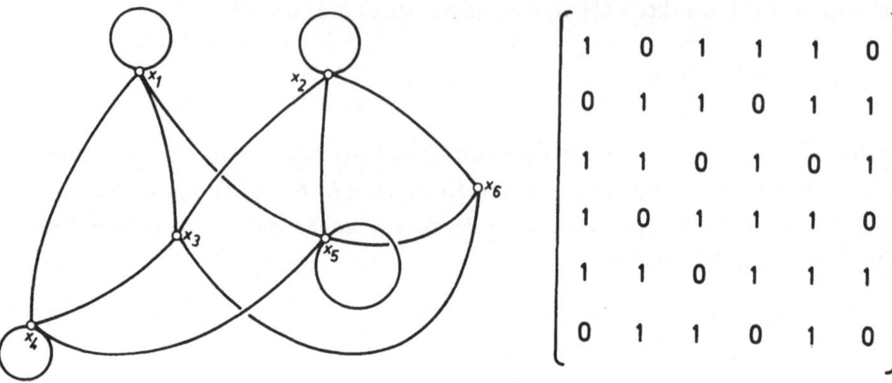

Fig. 48

$$\{x_1, x_4, x_5\}, \ \{x_2, x_5, x_6\}, \ \{x_1, x_3, x_4\}, \ \{x_2, x_3, x_6\}.$$

Diese erzeugen alle maximalen vollständigen Untergraphen von G.

Auch die Eigenschaft der inneren Stabilität ist leicht mit Hilfe Boolescher Gleichungen zu beschreiben. Es gilt:

Satz 2.7.4. *Die charakteristische Funktion f_{is} der Menge der innen stabilen Untergraphen eines Graphen G ist gegeben durch*

$$f_{is}(x) = \prod_{i,j} (\overline{m}_{ij}^* \cup \overline{x}_i \cup \overline{x}_j).$$

Beweis. $Z \subset X$ erzeugt genau dann einen innen stabilen Untergraph, wenn für den charakteristischen Vektor z gilt:

$$m_{ij}^* = 1 \rightarrow z_i \cdot z_j = 0.$$

Dies ist gleichbedeutend mit

$$m_{ij}^* \subset \overline{z}_i \cup \overline{z}_j \quad \text{oder} \quad \overline{m}_{ij}^* \cup \overline{z}_i \cup \overline{z}_j = 1.$$

Satz 2.7.5. *Die charakteristische Funktion f_{mis} der Menge aller maximalen innen stabilen Untergraphen ist gegeben durch*

$$f_{mis}(x) = f_{is}(x) \cdot \prod_{i=1}^{n} \bigcup_{j=1}^{n} b_{ij} \cdot x_j,$$

wobei b_{ij} die Elemente der Matrix $B := M^* \cup M^{*T} \cup E$ bedeuten.

Beweis. Z erzeuge einen innen stabilen Untergraph. Dann ist G_Z genau dann maximal, wenn für den charakteristischen Vektor z gilt

$$z_i = 0 \rightarrow \bigcup_{z_j=1} s_{ij} = \bigcup_{j=1}^{n} s_{ij} \cdot z_j = 1, i \in I_n.$$

Dies ist gleichbedeutend mit

$$z_i \cup \bigcup_{j=1}^{n} s_{ij} \cdot z_j = \bigcup_{j=1}^{n} b_{ij} \cdot z_j = 1, i \in I_n.$$

Wie im Fall der maximalen vollständigen Untergraphen findet man auch hier die maximalen Elemente leicht, wenn man f_{is} in der Darstellung

$$f_{is}(x) = \prod_{m_{ij}^*=1} (\bar{x}_i \cup \bar{x}_j)$$

durch Ausmultiplizieren und Vereinfachen auf die Form

$$f_{is}(x) = C_1(x) \cup C_2(x) \cup \ldots \cup C_p(x) \tag{2.7.4}$$

bringt, wobei $C_i(x) \not\subset C_j(x)$ für $i \neq j$ und

$$C_i(x) := \prod_{j \in J_i} \bar{x}_j$$

gilt mit einer gewissen Indexmenge J_i.

Die Lösungen von $f_{mis}(x) = 1$ erhält man dann mit $L_i := I_n - J_i$ in den Vektoren

$$z_j^{(i)} := \begin{cases} 0 & \text{wenn } j \in J_i \\ 1 & \text{wenn } j \in L_i \end{cases} \quad i \in I_p.$$

Ähnlich geht man bei der Darstellung der außen stabilen Untergraphen vor. Es gilt:

Satz 2.7.6. *Die charakteristische Funktion der Menge der außen stabilen Untergraphen von* **G** *ist gegeben durch*

$$f_{as}(x) = \prod_{i=1}^{n} \bigcup_{j=1}^{n} u_{ij} \cdot x_j,$$

wobei die u_{ij} die Elemente der Matrix $U := M^* \cup E$ bedeuten.

Beweis. Z erzeugt genau dann einen außen stabilen Untergraph von **G**, wenn der charakteristische Vektor z die folgenden Bedingungen erfüllt:

$$z_i = 0 \to \bigcup_{j \neq i} m_{ij}^* \cdot z_j = 1, i \in I_n.$$

Dies ist gleichbedeutend mit

$$\bar{z}_i \subset \bigcup_{j \neq i} m_{ij}^* \cdot z_j, i \in I_n$$

oder

$$z_i \cup \bigcup_{j \neq i} m_{ij}^* \cdot z_j = 1, i \in I_n.$$

Satz 2.7.7. *Die charakteristische Funktion $f_{mas}(x)$ der Menge der minimalen außen stabilen Untergraphen von* **G** *ist gegeben durch*

$$f_{mas}(x) = f_{as}(x) \cdot \prod_{i=1}^{n} \prod_{j=1, j \neq i}^{n} (\bar{z}_i \cup \bar{z}_j \cup \bar{m}_{ij}^*).$$

Beweis. Z erzeuge einen außen stabilen Untergraphen G_Z. Dann ist G_Z genau dann minimal, wenn für den charakteristischen Vektor z von Z gilt:

$$z_i = 1 \to \bigcup_{j=1, j \neq i}^{n} m_{ij}^* \cdot z_j = 0, i \in I_n.$$

140

Dies ist gleichbedeutend mit

$$z_i \cdot \bigcup_{j=1, j \neq i}^{n} m_{ij}^{*} \cdot z_j = 0, \, i \in I_n$$

oder

$$\bar{z}_i \cup \prod_{j=1, j \neq i}^{n} (\bar{m}_{ij}^{*} \cup \bar{z}_j) = \prod_{j=1, j \neq i}^{n} (\bar{z}_i \cup \bar{z}_j \cup m_{ij}^{*}) = 1, \, i \in I_n.$$

Damit ist der Satz bewiesen.

Wie im Fall der maximalen innen stabilen Untergraphen kann man f_{as} durch Ausmultiplizieren und Anwendung der Absorptionsregel auf die Gestalt

$$f_{as}(x) = C_1(x) \cup C_2(x) \cup \ldots \cup C_p(x) \tag{2.7.5}$$

bringen, wobei $C_i(x) \not\subset C_j(x)$ für $i \neq j$ und

$$C_i(x) = \prod_{j \in J_i} x_j, \, i \in I_p$$

gilt mit einer gewissen Indexmenge J_i. Die Lösungen von $f_{mas}(x) = 1$ erhält man dann mit $L_i := I_n - J_i$ in den Vektoren

$$z_j^{(i)} := \begin{cases} 1 & \text{wenn } j \in J_i \\ 0 & \text{wenn } j \in L_i \end{cases} \quad i \in I_p.$$

Beispiel 2.7.2. Wir wollen die minimalen außen stabilen Untergraphen des in Fig. 49 dargestellten Graphen bestimmen. Es gilt

$$\begin{aligned}
f_{as}(x) &= (x_1 \cup x_4) \cdot (x_2 \cup x_3 \cup x_5 \cup x_6) \cdot (x_1 \cup x_3) \cdot (x_3 \cup x_4) \cdot \\
&\quad \cdot (x_4 \cup x_5 \cup x_6) \cdot (x_3 \cup x_6) = \\
&= (x_1 \cup x_3 \cdot x_4) \cdot (x_3 \cup x_4 \cdot x_6) \cdot (x_5 \cup x_6 \cup x_2 \cdot x_4 \cup x_3 \cdot x_4) = \\
&= (x_3 \cdot x_4 \cup x_1 \cdot x_5 \cup x_1 \cdot x_6 \cup x_1 \cdot x_2 \cdot x_4) \cdot (x_3 \cup x_4 \cdot x_6) = \\
&= (x_3 \cdot x_4 \cup x_1 \cdot x_3 \cdot x_5 \cup x_1 \cdot x_3 \cdot x_6 \cup x_1 \cdot x_4 \cdot x_6.
\end{aligned}$$

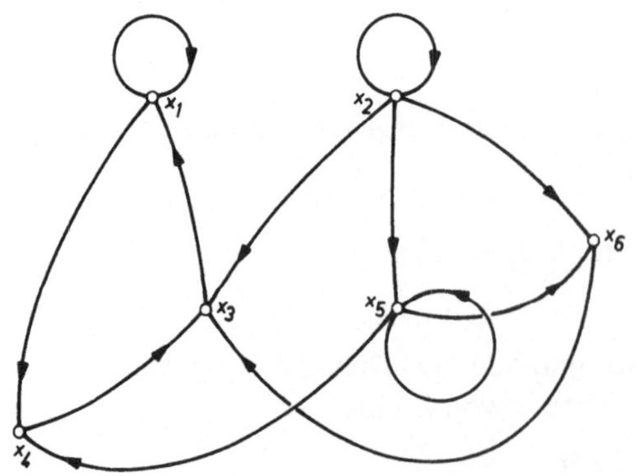

$$\begin{bmatrix} 1 & 0 & 0 & 1 & 0 & 0 \\ 0 & 1 & 1 & 0 & 1 & 1 \\ 1 & 0 & 0 & 0 & 0 & 0 \\ 0 & 0 & 1 & 0 & 0 & 0 \\ 0 & 0 & 0 & 1 & 1 & 1 \\ 0 & 0 & 1 & 0 & 0 & 0 \end{bmatrix}$$

Fig. 49

Dies liefert für die erzeugenden Knotenmengen der minimalen außen stabilen Untergraphen

$$\{x_3, x_4\}, \ \{x_1, x_3, x_5\}, \ \{x_1, x_3, x_6\}, \ \{x_1, x_4, x_6\}.$$

Schließlich wenden wir uns noch den Kernen in einem Graphen zu. Die charakteristische Funktion f_{Kern} der Menge aller Kerne von **G** ist natürlich gegeben durch

$$f_{\text{Kern}}(x) = f_{is}(x) \cdot f_{as}(x).$$

Zur Bestimmung der Kerne kann man aber auch von einem Booleschen Gleichungssystem ausgehen. Es gilt:

Satz 2.7.8. *Z erzeugt genau dann einen Kern von* **G**, *wenn der charakteristische Vektor z dem folgenden Gleichungssystem genügt:*

$$x_i = \prod_{j=1}^{n} (\overline{m}_{ij}^* \cup \overline{x}_j), \ i \in I_n. \tag{2.7.6}$$

Beweis. $f_{is}(x) = 1$ ist äquivalent zu:

$$\prod_{j=1}^{n} (\overline{m}_{ij}^* \cup \overline{x}_i \cup \overline{x}_j) = 1 \text{ für alle } i \in I_n.$$

Dies ist gleichbedeutend mit

$$x_i \cdot \bigcup_{j=1}^{n} m_{ij}^* \cdot x_j = 0$$

oder

$$x_i \subset \prod_{j=1}^{n} (\overline{m}_{ij}^* \cup \overline{x}_j), \ i \in I_n. \tag{2.7.7}$$

$f_{as}(x) = 1$ ist äquivalent zu:

$$\bigcup_{j=1}^{n} u_{ij} \cdot x_j = x_i \cup \bigcup_{j=1}^{n} m_{ij}^* \cdot x_j = 1, \ i \in I_n$$

oder

$$\prod_{j=1}^{n} (\overline{m}_{ij}^* \cup \overline{x}_j) \subset x_i, \ i \in I_n. \tag{2.7.8}$$

Aus (2.7.7) und (2.7.8) folgt nun die Behauptung des Satzes.

Beispiel 2.7.3. Der Graph in Fig. 49 besitzt keinen Kern. Das Gleichungssystem (2.7.6) lautet in diesem Fall

$$\begin{aligned}
x_1 &= \overline{x}_1 \cdot \overline{x}_4 \\
x_2 &= \overline{x}_2 \cdot \overline{x}_3 \cdot \overline{x}_5 \cdot \overline{x}_6 \\
x_3 &= \overline{x}_1 \\
x_4 &= \overline{x}_3 \\
x_5 &= \overline{x}_4 \cdot \overline{x}_5 \cdot \overline{x}_6 \\
x_6 &= \overline{x}_3.
\end{aligned}$$

142

Aus der dritten und vierten Gleichung folgt $\overline{x}_4 = x_3 = \overline{x}_1$. Setzt man dies in die erste Gleichung ein, so ergibt sich die nicht erfüllbare Beziehung $x_1 = \overline{x}_1$.

Nimmt man dagegen die Kante (x_3, x_4) hinzu, so entsteht ein Graph mit genau einem Kern. Das entsprechende Gleichungssystem lautet nun

$$x_1 = \overline{x}_1 \cdot \overline{x}_4$$
$$x_2 = \overline{x}_2 \cdot \overline{x}_3 \cdot \overline{x}_5 \cdot \overline{x}_6$$
$$x_3 = \overline{x}_1 \cdot \overline{x}_4$$
$$x_4 = \overline{x}_3$$
$$x_5 = \overline{x}_4 \cdot \overline{x}_5 \cdot \overline{x}_6$$
$$x_6 = \overline{x}_3.$$

Setzt man die erste Gleichung in die dritte ein, so erhält man

$$x_3 = (x_1 \cup x_4) \cdot \overline{x}_4 = x_1 \cdot \overline{x}_4 = \overline{x}_1 \cdot \overline{x}_4.$$

Addiert man nun auf beiden Seiten der letzten Gleichung $\overline{x}_1 \cdot \overline{x}_4$, so ergibt sich $x_1 \cdot \overline{x}_4 \oplus \overline{x}_1 \cdot \overline{x}_4 = (x_1 \oplus \overline{x}_1) \cdot \overline{x}_4 = \overline{x}_4 = 0$. Daraus folgt mit der ersten, vierten und sechsten Gleichung

$$x_4 = 1, x_3 = 0, x_1 = 0, x_6 = 1.$$

Einsetzen von $x_6 = 1$ in die zweite und letzte Gleichung liefert schließlich $x_2 = 0$ und $x_5 = 0$. Der modifizierte Graph besitzt also einen einzigen Kern, der von $\{x_4, x_6\}$ erzeugt wird.

Literatur

[1] Chen, W. K.: Applied Graph Theory. Amsterdam-London. 1971.
[2] Halmos, P. R.: Lectures on Boolean Algebras. Princeton, N. J.: 1967.
[3] Hammer, P. L., Rudeanu, S.: Boolean Methods in Operations Research and Related Areas. Berlin-Heidelberg-New York: Springer. 1970.
[4] Rudeanu, S.: Boolean Functions and Equations. Amsterdam-London: 1974.
[5] Carvallo, M.: Principes et applications de l'analyse Booleenne. Paris: 1970.

Dritter Teil. Kombinatorische Verfahren

1. Mathematische Programme

1.1 Pseudoboolesche Programme

Die Methoden aus Teil 2 sind zwar auf Probleme aller Typen anwendbar, im Falle eines Optimierungsproblems, also eines Problems vom Typ 1 sind sie jedoch nur dann zielführend, wenn die Zielfunktion eine der beiden Funktionen f_X oder f_K ist. Handelt es sich um Optimierungsprobleme mit numerischer Zielfunktion, so versagen die Booleschen Methoden. Will man also Eigenschaften von bewerteten Graphen untersuchen, bei denen beliebige reelle Zahlen zum Beispiel als Kantenbewertung ins Spiel gebracht werden, so benötigt man reellwertige Funktionen, die neben 0 und 1 auch beliebige andere Werte annehmen dürfen. Dies führt uns zum Begriff einer pseudobooleschen Funktion.

Unter einer n-stelligen *pseudobooleschen Funktion* verstehen wir eine Abbildung $f: T_2^n \to \bar{R}$. Faßt man die Elemente 0 und 1 von T_2 als die reellen Zahlen Null und Eins auf, so ist jede Boolesche Funktion auch eine pseudoboolesche Funktion. Der Term pseudoboolesche Funktion wird durch die Tatsache gerechtfertigt, daß für reellwertige solche Funktionen ein Zerlegungssatz analog zu Satz 2.3.7 von Teil 2 gilt und ferner eine gewisse Normaldarstellung möglich ist, die der disjunktiven Normalform Boolescher Funktionen ähnlich ist.

Satz 1.1.1. *Für jede pseudoboolesche Funktion $f: T_2^n \to R$ gilt*

$$f(x) = x_i f_{x_i}(\tilde{x}^i) + \bar{x}_i f_{\bar{x}_i}(\tilde{x}^i), \tag{1.1.1}$$

wobei

$$\tilde{x}^i := (x_1, \ldots, x_{i-1}, x_{i+1}, \ldots, x_n), \quad 1 \leqslant i \leqslant n,$$
$$f_{x_i}(\tilde{x}^i) := f(x_1, \ldots, x_{i-1}, 1, x_{i+1}, \ldots, x_n)$$
$$f_{\bar{x}_i}(\tilde{x}^i) := f(x_1, \ldots, x_{i-1}, 0, x_{i+1}, \ldots, x_n).$$

Beweis. Der Beweis erfolgt durch Verifikation. Ist $x^* \in T_2^n$ und $x_i^* = 1$, so ist $\bar{x}_i^* = 0$ und (1.1.1) geht über in

$$f(x^*) = f_{x_i}(\tilde{x}^{*i}),$$

was richtig ist. Ist $x_i^* = 0$, so gilt $\bar{x}_i^* = 1$, und (1.1.1) geht über in

$$f(x^*) = f_{\bar{x}_i}(\tilde{x}^{*i}),$$

was ebenfalls richtig ist.

Satz 1.1.2. *Für jede pseudoboolesche Funktion* $f : T_2^n \to R$ *gilt*

$$f(x) = \sum_{j \in T_2^n} f(j) x^j.$$

Dabei bedeutet wie früher x^j *das Produkt* $\prod_{i=1}^{n} x_i^{j_i}$ *aus den n Größen* $x_i^{j_i}$, *und wir setzen wieder:*

$$x_i^{j_i} := \begin{cases} x_i & \text{falls } j_i = 1 \\[2mm] \bar{x}_i = 1 - x_i & \text{falls } j_i = 0. \end{cases}$$

Beweis. Es gilt offenbar

$$x^j = \begin{cases} 1 & \text{falls } x = j \\[2mm] 0 & \text{falls } x \neq j. \end{cases}$$

Für $y \in T_2^n$ gilt also

$$\sum_{j \in T_2^n} f(j) y^j = f(y) y^y = f(y).$$

Wir beschränken uns nun wieder auf Eigenschaften auf $U_G(X)$ oder $U_G(K)$. Jeder solchen Eigenschaft entspricht eine Boolesche Funktion, also auch eine pseudoboolesche Funktion, in den Variablen $x_1, \ldots, x_n$ oder $k_1, \ldots, k_m$. Durch Übergang zum Komplement dieser Booleschen Funktion können wir diese Zuordnung auch so ausdrücken: Jede Eigenschaft $E \subset U_G(X)$ läßt sich durch mindestens eine pseudoboolesche Funktion $g(x)$ in den Variablen $x_1, \ldots, x_n$ beschreiben, wobei die Elemente von E eineindeutig den Nullstellen von g entsprechen. Jede Eigenschaft $E \subset U_G(K)$ läßt sich durch mindestens eine pseudoboolesche Funktion in den Variablen $k_1, \ldots, k_m$ beschreiben, wobei auch hier eine eineindeutige Beziehung zwischen den Nullstellen von h und den Elementen von E herrscht. Umgekehrt definiert die Lösungsmenge einer sogenannten *pseudobooleschen Gleichung*

$$g(x) = 0 \text{ oder } h(k) = 0$$

(mit pseudobooleschen Funktionen g oder h) eine Eigenschaft auf $U_G(X)$ oder $U_G(K)$. Nennen wir zwei pseudoboolesche Funktionen äquivalent, wenn sie dieselben Nullstellen haben, so gilt:

Satz 1.1.3. *Die Eigenschaften auf* $U_G(X)$ *entsprechen umkehrbar eindeutig den Äquivalenzklassen der n-stelligen pseudobooleschen Funktionen. Die Eigenschaften auf* $U_G(K)$ *entsprechen umkehrbar eindeutig den Äquivalenzklassen der m-stelligen pseudobooleschen Funktionen.*

Im Einzelnen ergibt sich der folgende Zusammenhang: Ist x^* eine Nullstelle von $g(x)$, so entspricht ihr der Untergraph von G, der von der Menge

$$X^* := \{x_i \mid x_i^* = 1\}$$

erzeugt wird. Analoges gilt für die Nullstellen einer m-stelligen pseudobooleschen Funktion $h(k)$.

Nun sei eine numerische Bewertung $f : U_G \to \bar{R}$ gegeben. Identifizieren wir die Elemente von $U_G(X)$ oder $U_G(K)$ mit den entsprechenden charakteristischen Vektoren aus T_2^n oder T_2^m, so erscheint f in beiden Fällen als pseudoboolesche Funktion, im ersten Fall als n-stellige, im zweiten Fall als m-stellige pseudoboolesche Funktion. Ein Problem vom Typ 1 mit einer numerischen Bewertung besitzt daher eine Formulierung der Form

$$f(y) \to \text{Extr} \qquad\qquad\qquad (\text{P}')$$
$$g(y) = 0, y \in T_2^s, \quad (s \in \{n, m\}).$$

Je nachdem ob es sich um die Bestimmung optimaler Elemente einer Eigenschaft auf $U_G(X)$ oder auf $U_G(K)$ handelt, ist für s die Anzahl n der Knoten oder die Anzahl m der Kanten von G zu setzen. Im ersten Fall steht y für den Vektor $x := (x_1, \ldots, x_n)$, im zweiten Fall für den Vektor $k := (k_1, \ldots, k_m)$. (P') heißt *pseudoboolesches Programm*. $f(y)$ wird als *Zielfunktion* bezeichnet, die Bedingungen $g(y) = 0, y \in T_2^s$, die eine Eigenschaft auf U_G (d. h. sogar eine Eigenschaft auf $U_G(X)$ oder $U_G(K)$) festlegen, stellen ein System von *Restriktionen* dar. Vektoren y, die dem Restriktionssystem genügen, heißen *zulässige Vektoren* oder *zulässige Lösungen*. Die Menge der zulässigen Lösungen heißt *zulässiger Bereich* oder *Zulässigkeitsbereich*. Dieser Bereich wird, wenn dies zur Bezugnahme notwendig erscheint, wie in Abschnitt 1.5 von Teil 1 durch Z bezeichnet. In der ersten Zeile von (P') ist Extr durch Min oder Max zu ersetzen, je nachdem ob es sich um ein Minimumproblem oder ein Maximumproblem handelt. Gesucht sind die Mengen $\text{Min}(f, Z)$ oder $\text{Max}(f, Z)$. Ein Minimumproblem ist durch Übergang von f zu $-f$ in ein Maximumproblem überführbar und umgekehrt.

In der Praxis wird meist nicht $g(y)$ gegeben sein. Meist wird statt dessen die Nullstellenmenge von g durch ein System von pseudobooleschen Gleichungen oder Ungleichungen

$$g_i(y) \lessgtr 0, \ 1 \leqslant i \leqslant u$$

beschrieben. (P') geht dann über in ein pseudoboolesches Programm

$$\begin{aligned}
&f(y) \to \text{Extr}\\
&g_i(y) \leqslant 0, \ 1 \leqslant i \leqslant v \qquad\qquad (\text{P})\\
&g_i(y) = 0, v + 1 \leqslant i \leqslant u\\
&\quad y \in T_2^s
\end{aligned}$$

in allgemeinerer Form.

Beispiel 1.1.1. Die charakteristische Funktion der vollständigen Untergraphen eines Graphen G ist nach Satz 2.7.1 von Teil 2

$$f_v(x) = \prod_{i<j} (s_{ij} \cup \bar{x}_i \cup \bar{x}_j).$$

Die vollständigen Untergraphen von G entsprechen daher den Lösungen von

$$\bigcup_{i<j} \bar{s}_{ij} \cdot x_i \cdot x_j = 0.$$

Äquivalent dazu ist die pseudoboolesche Gleichung

$$\sum_{i<j} \bar{s}_{ij} x_i x_j = 0.$$

Die maximalen vollständigen Untergraphen von **G** mit maximaler Knotenzahl erhält man somit in den Lösungen des pseudobooleschen Programms

$$\sum_{i=1}^{n} x_i \to \text{Max}$$

$$\sum_{i<j} \bar{s}_{ij} x_i x_j = 0, \; x_i \in T_2.$$

Beispiel 1.1.2. Für einen Digraph **G** sei $c : K \to \bar{R}$ eine Kantenbewertung. Die Bewertung $f(k)$ von **G** sei hierauf definiert durch

$$f(k) := \sum_{k_i=1} c(k_i) k_i.$$

Für zwei verschiedene Indizes u und v aus I_n sei e_{uv} der m-dimensionale Vektor, dessen u-te Komponente gleich 1 und dessen v-te Komponente gleich -1 ist. Ist B die Knoten-Kanten-Inzidenzmatrix von **G**, und gilt für alle Zykeln k von **G**, daß $f(k) > 0$, so sind die bezüglich der Bewertung f kürzesten Bahnen von u nach v gegeben durch die Lösungen des pseudobooleschen Programms

$$\begin{aligned}
f(k) &\to \text{Min} \\
Bk &= e_{uv} \\
k &\in T_2^m.
\end{aligned} \qquad (1.1.2)$$

Jede Lösung $\bar{k}$ des Restriktionensystems von (1.1.2) definiert einen Fluß von u nach v vom Wert 1. Dafür gilt nach Satz 2.7.1 von Teil 1

$$\bar{k} = k^* + \sum k^{(j)},$$

wobei k^* ein Einheitsfluß zu einem Weg zwischen u und v und $k^{(j)}$ Einheitsflüsse in Kreisen von **G** sind. Da k^* und alle $k^{(j)}$ konform sind und $\bar{k}$ keine negativen Komponenten enthält, ist k^* ein Einheitsfluß in einer Bahn von u nach v, und die $k^{(j)}$ sind Einheitsflüsse in Zykeln. Mit anderen Worten: k^* ist der charakteristische Vektor einer Bahn von u nach v, $k^{(j)}$ ist der charakteristische Vektor eines Zykels. Da k^* selbst eine Lösung des Restriktionssystems ist, gilt wegen $f(k^{(j)}) > 0$ aber $\bar{k} = k^*$.

Derzeit existieren zwar Verfahren zur Lösung allgemeiner pseudoboolescher Programme (P) (siehe [9]), jedoch sind diese bei Anwendung auf graphentheoretische Probleme meist wenig effektiv, da sie auf beliebige Programme anwendbar sind und daher die Eigenheiten des vorgelegten Problems nicht berücksichtigen. Die Zielfunktion in den Beispielen 1.1.1 und 1.1.2 sind linear, im zweiten Beispiel sind auch die Restriktionen linear. Darüber hinaus hat die Matrix B der verwendeten linearen Abbildung zur Formulierung dieser Restriktionen noch eine äußerst spezielle Gestalt. Dies sind zusätzliche Informationen, die man bei der Lösung des Problems verwerten kann, um schneller und bequemer ans Ziel zu kommen. Wir werden in späteren Abschnitten kombinatorische Verfahren zur Lösung solcher Programme vorstellen.

1.2 Ganzzahlige Programme

Wie in Kapitel 1 von Teil 2 dargelegt wurde, ist ein Graph G eindeutig durch seine Adjazenzmatrix $M(G)$ bestimmt. Ein Teilgraph G' von G besitzt dann eine Adjazenzmatrix $M(G')$ derselben Zeilenzahl, die der Beziehung

$$M(G') \leqslant M(G)$$

genügt, wobei das Zeichen $\leqslant$ zwischen Matrizen bedeuten soll, daß jedes Element der linken Matrix kleiner oder gleich dem entsprechenden Element der rechten Matrix ist. Ist andererseits $Z \leqslant M(G)$ eine Matrix mit ganzzahligen nicht negativen Elementen, so kann man Z als Adjazenzmatrix eines Teilgraphen von G betrachten. Eine Eigenschaft auf U_G, die nur Teilgraphen von G enthält, kann man daher durch ein System von Matrizen $Z \leqslant M(G)$ beschreiben, deren Elemente z_{ij} gewissen weiteren Beziehungen genügen. Lassen sich diese Beziehungen durch Gleichungen oder Ungleichungen in den Größen z_{ij}, $i, j \in I_n$, ausdrücken, so entsprechen der in Frage stehenden Eigenschaft gerade die ganzzahligen Lösungen eines Systems

$$\begin{aligned}
&g_i(z_{11}, \ldots, z_{nn}) \leqslant 0, \, 1 \leqslant i \leqslant v \\
&g_i(z_{11}, \ldots, z_{nn}) = 0, \, v + 1 \leqslant i \leqslant u \\
&\quad 0 \leqslant z_{ij} \leqslant m_{ij}.
\end{aligned} \tag{1.2.1}$$

Nun sei $c : I_n \times I_n \to \overline{R}$ gegeben und eine Bewertung $f : U_G \to \overline{R}$ für einen Teilgraph G' mit der Adjazenzmatrix Z durch

$$f(Z) := \sum_{z_{ij}=1} c_{ij} z_{ij}$$

definiert. Die Elemente einer Eigenschaft mit minimaler Bewertung findet man dann in den Lösungen des folgenden Optimierungsproblems:

$$\begin{aligned}
&f(Z) \to \text{Min} \\
&g(Z) \leqslant 0 \\
&Z \leqslant M(G), \, z_{ij} \in N_0 \quad \text{für } i, j \in I_n.
\end{aligned} \tag{1.2.2}$$

Dabei wurden der Kürze halber die Funktionen g_i des Restriktionssystems (1.2.1) zu einer Vektorfunktion g zusammengefaßt. (1.2.2) heißt *ganzzahliges Programm*. Die Lösungen des Restriktionssystems heißen wieder *zulässige Lösungen*. Eine zulässige Lösung, in der die Zielfunktion das gesuchte Extremum annimmt, heißt *Extremallösung*. Bei Minimierungsproblemen spricht man von einer *Minimallösung*, bei Maximierungsproblemen spricht man von einer *Maximallösung*.

Ein pseudobooelesches Programm ist natürlich auch ein ganzzahliges Programm.

Beispiel 1.2.1. Das Problem der Bestimmung von (p, q, r)-Teilgraphen eines Graphen G mit maximaler Kantenzahl besitzt die folgende Formulierung als ganzzahliges Programm:

150

$$\sum_{i,j \in I_n} z_{ij} \to \text{Max}$$

$$\sum_{j \in I_n} z_{ij} \leqslant p_i, \, i \in I_n$$

$$\sum_{i \in I_n} z_{ij} \leqslant q_j, \, j \in I_n$$

(1.2.3)

$$z_{ij} \leqslant r_{ij}, z_{ij} \in N_0, i, j \in I_n.$$

Sucht man nach gesättigten (p, q, r)-Teilgraphen, so sind die beiden ersten Ungleichungssysteme durch die Gleichungssysteme

$$\sum_{j \in I_n} z_{ij} = p_i, \, i \in I_n$$

$$\sum_{i \in I_n} z_{ij} = q_j, \, j \in I_n$$

zu ersetzen.

Beispiel 1.2.2. Das Beispiel 1.2.1 ist ein Spezialfall des sogenannten Transportproblems (siehe Beispiel 2.7.3 von Teil 1). Bedeutet z_{ij}, $i \in I_m$, $j \in I_n$ die Anzahl der Einheiten, die in einem optimalen Transportplan vom Lagerplatz h_i zur Produktionsstätte p_j zu liefern sind, so ergeben sich bei bekannten Transportkosten c_{ij} pro Einheit diese Größen als Lösungen des ganzzahligen Programms

$$f(Z) = \sum_{i=1}^{m} \sum_{j=1}^{n} z_{ij} c_{ij} \to \text{Min}$$

$$\sum_{j=1}^{n} z_{ij} = s_i, \, i \in I_m$$

$$\sum_{i=1}^{m} z_{ij} = r_j, \, j \in I_n$$

(1.2.4)

$$z_{ij} \in N_0.$$

Dabei wurde angenommen, daß keine Produktionsstätte überbeliefert werden darf und daß alle Lagerstätten geräumt werden müssen. Eine Lösung existiert infolgedessen nur dann, wenn

$$\sum_{i=1}^{m} s_i = \sum_{j=1}^{n} r_j$$

wie man aus den Restriktionen von (1.2.4) ersieht.

Andererseits erscheint das Transportproblem in dieser Form aber auch als Problem der Bestimmung optimaler (p, q, r)-Teilgraphen eines geeignet konstruierten Graphen **G**.

Dazu setze man

$$X := \{x_1, \ldots, x_m, y_1, \ldots, y_n\},$$
$$m_{ij} := \max\{s_i, r_j\},$$
$$K := \bigcup_{i \in I_m, j \in I_n} \{(x_i, y_j, t) \mid 1 \leqslant t \leqslant m_{ij}\},$$
$$p(x_i) := s_i, \, p(y_j) := 0,$$
$$q(x_i) := 0, \, q(y_j) := r_j,$$
$$r(x_i, y_j) := m_{ij}.$$

Beispiel 1.2.3. Setzt man in Beispiel 1.2.1 im Restriktionssystem $p_i := q_j := 1$ und $r_{ij} := m_{ij}^*$, wobei M^* wie in Teil 2 die reduzierte Adjazenzmatrix von **G** bedeute, so ergibt sich das Restriktionssystem

$$\sum_{j \in I_n} z_{ij} = 1, \, i \in I_n$$

$$\sum_{i \in I_n} z_{ij} = 1, \, j \in I_n$$

$$z_{ij} \leqslant m_{ij}^*, \, z_{ij} \in N_0, \, i, j \in I_n.$$

Die Lösungen dieses Systems sind Permutationsmatrizen. Sie entsprechen einem $(1,1)$-Faktor in **G**. Ist **G** eine Relation. so liegt dabei eine bijektive Zuordnung vor.

Das Optimierungsproblem

$$f(Z) = \sum_{i=1}^{n} \sum_{j=1}^{n} c_{ij} z_{ij} \to \text{Max}$$

$$\sum_{i=1}^{n} z_{ij} = 1, \, \sum_{i=1}^{n} z_{ij} = 1, \, z_{ij} \in T_2,$$

(1.2.5)

bei dem die Restriktionen $z_{ij} \leqslant m_{ij}^*$ fehlen, wird als *Zuordnungsproblem* bezeichnet (Beispiel 2.7.2 von Teil 1 mit $n = m$). Die graphentheoretische Deutung dieses Problems lautet: Finde die bezüglich der Bewertung f maximalen $(1,1)$-Faktoren des Graphen $(X, X \times X)$. (1.2.5) ist ein pseudobooolesches Programm. Ein Lösungsverfahren wird in Abschnitt 1.5 angegeben.

Beispiel 1.2.4. In den Beispielen 2.8.1 und 2.8.2 von Teil 1 werden optimale Hamiltonsche Zykeln in einem vollständigen Graphen **G** gesucht. Hamiltonsche Zykeln sind spezielle $(1,1)$-Faktoren, die nur aus einem einzigen Zykel bestehen. Diese Bedingung läßt sich nicht so einfach als pseudoboolesche Gleichung formulieren. Um die optimalen Hamiltonschen Zyklen dennoch aus den Lösungen eines pseudobooleschen Programms zu gewinnen, muß man ein etwas anderes Modell wählen. Wir wählen dazu die Terminologie von Beispiel 2.8.1 aus Teil 1 und formulieren das Problem als Rundreiseproblem. Von einem Knoten x_1 ausgehend soll ein Zykel (eine Rundreise) geplant werden, der jeden Knoten $x_i \in X$ genau einmal enthält. Eine solche Rundreise besteht aus n „Einzelfahrten" $(x_{j_i}, x_{j_{i+1}})$. Die erste Einzelfahrt beginnt in $x_{j_1} = x_1$, die letzte endet in $x_{j_{n+1}} = x_1$. Es gelte

$$z_{ijk} := \begin{cases} 1 & \text{wenn in der } k\text{-ten Einzelfahrt vom Knoten} \\ & x_i \text{ zum Knoten } x_j \text{ gefahren wird} \\ 0 & \text{sonst.} \end{cases}$$

Soll ein derartiges System von n^3 Zahlen $z_{ijk} \in T_2$ eine Rundreise beschreiben, so muß gelten:

$$\sum_{i,j} z_{ijk} = 1, \ 2 \leqslant k \leqslant n-1,$$

$$\sum_j z_{1j1} = 1, \ \sum_i z_{i1n} = 1. \tag{A}$$

Denn bei jeder Einzelfahrt wird nur von einem Knoten x_i zu einem Knoten x_j gefahren. Bei der ersten Einzelfahrt startet man aber in x_1, bei der letzten Einzelfahrt soll man nach x_1 zurückkehren.

Von einem Knoten x_i aus kann nur eine einzige Einzelfahrt ausgehen, in x_j darf nur eine einzige Einzelfahrt enden. Dies liefert die Restriktionen

$$\sum_{j,k} z_{ijk} = 1, \ 2 \leqslant i \leqslant n,$$

$$\sum_{i,k} z_{ijk} = 1, \ 2 \leqslant j \leqslant n. \tag{B}$$

Die Gleichungen für $i = 1$ und $j = 1$ stehen bereits unter (A). Die Einzelfahrt $k + 1$ muß dort beginnen, wo die Einzelfahrt k endet. Das ergibt die Bedingungen

$$\sum_i z_{ijk} = \sum_{j'} z_{jj',k+1}, \ 2 \leqslant j \leqslant n, \ 2 \leqslant k \leqslant n-1,$$

$$z_{1j1} = \sum_{j'} z_{jj'2}, \ 2 \leqslant j \leqslant n-1, \tag{C}$$

$$\sum_i z_{ij,n-1} = z_{j1n}, \ 2 \leqslant j \leqslant n-1.$$

Zusammen mit $z_{ijk} \in T_2$ ist durch (A), (B) und (C) ein Hamiltonscher Zykel in $(X, X \times X)$ festgelegt. Die Zielfunktion lautet dann

$$f(Z) := \sum_{z_{ijk}=1} c_{ij} z_{ijk}.$$

Sie soll ein Minimum erreichen. Wir setzen dabei voraus, daß eine Kantenbewertung $c : K \to \bar{R}$ gegeben ist. Ist G nicht vollständig, so setzen wir $c_{ij} := c(i,j)$ für $(i,j) \in K$ und $c_{ij} := \infty$ für $(i,j) \notin K$. Damit ergibt sich die Matrix C, mit der die Zielfunktion gebildet sein soll. In C liegt dann eine Kantenbewertung des vollständigen Graphen $(X, X \times X)$ vor. In einer Minimallösung Z^* des Problems mit $f(Z^*) < \infty$, falls eine solche überhaupt existiert, folgt dann aus $z^*_{ijk} = 1$, daß $(i,j) \in K$. Das Rundreiseproblem erscheint somit in dieser Formulierung als ganzzahliges (pseudobooolesches) Programm.

Beispiel 1.2.5. Auch die Bestimmung kostenminimaler Zirkulationen führt über ein ganzzahliges Programm. Nach Satz 1.2.5 von Teil 2 ist ein m-dimensionaler Vektor z genau dann eine Zirkulation in G, wenn $Bz = 0$ gilt. Ist $c : K \to \bar{R}$ eine

Kantenbewertung und bedeutet

$$f(z) := \sum_{z_i=1} c_i z_i$$

die von der Zirkulation z verursachten Gesamtkosten, so erhält man die kosten-minimalen Zirkulationen in den Lösungen des ganzzahligen Programms

$$f(z) \to \text{Min}$$
$$Bz = 0, \ z \in N_0^m.$$

In sämtlichen hier angeführten Beispielen sind die Zielfunktionen und die Gleichungen oder Ungleichungen des Restriktionensystems linear. Würde man die Ganzzahligkeitsbedingungen durch sogenannte Vorzeichenrestriktionen $z_{ij} \geqslant 0$ bzw. $z_{ijk} \geqslant 0$ oder $z_i \geqslant 0$ ersetzen, so erhielte man in jedem Fall ein sogenanntes *lineares Programm*. Die Verfahren zur Lösung der beschriebenen Programme benutzen diese Tatsache oft in entscheidender Weise. Wir widmen daher den nächsten Abschnitt der Theorie linearer Programme und können in der Folge die Ergebnisse dieser Theorie bei der Behandlung des Zuordnungsproblems, des Transportproblems und des Rundreiseproblems verwerten. Den vorliegenden Abschnitt schließen wir mit einer Bemerkung über die grundlegende Bedeutung der pseudobooleschen Programme innerhalb der ganzzahligen Programme.

Satz 1.2.1. *Zu jedem ganzzahligen Programm mit beschränktem zulässigen Bereich existiert ein äquivalentes pseudobooolesches Programm.*

Beweis. Zwei Programme sind äquivalent, wenn sie dieselben Minimal-(Maximal-)Lösungen mit demselben Zielfunktionswert erzeugen. Wir nehmen an, es handle sich um das folgende ganzzahlige Programm:

$$f(z) \to \text{Max}$$
$$g(z) = 0$$
$$z \in N_0^s.$$

Ist der zulässige Bereich beschränkt, so existiert eine natürliche Zahl M mit

$$-2^M \leqslant z_i \leqslant 2^M$$

für alle Komponenten z_i eines zulässigen Vektors z. Jede solche Komponente besitzt daher eine Darstellung

$$z_i = \pm \sum_{j=0}^{M} y_j 2^j, y_j \in T_2.$$

Setzt man diese Darstellung in $f(z)$ und $g(z)$ ein, so entstehen daraus pseudoboole-sche Funktionen in den $M + 1$ Variablen $y_0, y_1, \ldots, y_M$. Das ganzzahlige Programm geht dadurch über ein ein äquivalentes pseudobooolesches Programm.

1.3 Lineare Programme

Unter einem linearen Programm versteht man das folgende Optimierungsproblem

$$l(z) := c^T z \to \text{Max}$$
$$Az = b, \hspace{4cm} \text{(LP)}$$
$$z \geqslant 0.$$

Dabei ist c ein gegebener t-dimensionaler Vektor, b ein gegebener s-dimensionaler Vektor und A eine Matrix mit s Zeilen und t Spalten. Statt $c^T z \to \text{Max}$ kann auch $c^T z \to \text{Min}$ stehen. $z \geqslant 0$ soll heißen $z_i \geqslant 0$ für $i \in I_t$. Diese Bedingungen heißen *Vorzeichenrestriktionen*. Statt $Az = b$ könnte auch $Az \leqslant b$ verlangt werden. In diesem Fall könnte man jedoch durch Einführung sogenannter Schlupfvariabler $y_1, \ldots, y_s$ mit

$$Az + y = b$$
$$z \geqslant 0, y \geqslant 0$$

wieder zu Gleichungen übergehen. Die Formulierung in (LP) ist daher allgemein genug. Ferner darf $s < t$ und Rang $(A) = s$ angenommen werden. Ist $s = t$, so hat das Restriktionssystem höchstens eine Lösung. Ist $s > t$ oder ist im Fall $s < t$ der Rang $(A) < s$, so sind entweder einige Restriktionsgleichungen überflüssig, oder das System ist inkonsistent. Beide Fälle wollen wir von der Betrachtung ausschließen.

Auf Grund unserer Annahme existiert in A eine s-reihige Untermatrix mit von Null verschiedener Determinante. Die Indizes der Spalten einer solchen Untermatrix wollen wir in einer Menge B, die restlichen Indizes in einer Menge N zusammenfassen:

$$N := I_t - B.$$

Dann setzen wir:

$$A := (A_B, A_N)$$
$$c := (c_B, c_N) \hspace{3cm} \text{(1.3.1)}$$
$$z := (z_B, z_N).$$

In z_B, c_B und A_B sind also jene Komponenten bzw. Spalten zusammengefaßt, die zu den Indizes von B gehören. In z_N, c_N und A_N sind die restlichen Komponenten bzw. Spalten zusammengefaßt. Da A_B invertierbar ist, lautet das Restriktionssystem von (LP) auch so:

$$z_B = A_B^{-1} b - A_B^{-1} A_N z_N. \hspace{3cm} \text{(1.3.2)}$$

Für die Zielfunktion gilt

$$l(z) = c_B^T A_B^{-1} b + (c_N^T - c_B^T A_B^{-1} A_N) z_N. \hspace{2cm} \text{(1.3.3)}$$

Wir stellen nun die Zusammenhänge (1.3.2) und (1.3.3) mit veränderter Schreibweise etwas einheitlicher dar. Dazu denke man sich die Elemente von B auf irgendeine Weise von 1 bis s durchnumeriert. Ebenso seien die Elemente von N von 1 bis $t-s$ numeriert. Also gelte etwa $B := \{k_1, \ldots, k_s\}$ und $N := \{l_1, \ldots, l_{t-s}\}$. Wir bezeichnen den j-ten Spaltenvektor von A durch $a^{\cdot j}$ und setzen:

$$c_{00} := c_B^T A_B^{-1} b,$$
$$c_{0j} := c_B^T A_B^{-1} a^{\cdot l_j} - c_{l_j}, \, j \in I_{t-s},$$
$$c_{i0} := (A_B^{-1} b)_i, \, i \in I_s,$$
$$c_{ij} := (A_B^{-1} a^{\cdot l_j})_i, \, i \in I_s, \, j \in I_{t-s}. \tag{1.3.4}$$

Mit dieser neuen Bezeichnungsweise erhalten wir

$$\begin{pmatrix} l(z) \\ z_B \end{pmatrix} = C \begin{pmatrix} 1 \\ -z_B \end{pmatrix} \tag{1.3.5}$$

oder ausführlicher

$$l(z) = c_{00} - \sum_{j=1}^{t-s} c_{0j} z_{l_j},$$

$$z_{k_i} = c_{i0} - \sum_{j=1}^{t-s} c_{ij} z_{l_j}, \, i \in I_s. \tag{1.3.6}$$

Wir wollen untersuchen, wie sich die Matrix C ändert, wenn man einen Index k_r aus B mit einem Index $l_{r'}$ aus N vertauscht. Dies ist offenbar genau dann möglich, wenn das Element $c_{rr'}$ von C von Null verschieden ist, denn dann und nur dann kann man aus der r-ten Gleichung von (1.3.6) die Komponente $z_{l_{r'}}$ ausrechnen und in die übrigen Gleichungen einsetzen. Es ergibt sich so:

$$z_{l_{r'}} = \frac{1}{c_{rr'}} \left\{ c_{r0} - z_{k_r} - \sum_{j=1, \neq r'}^{t-s} c_{rj} z_{l_j} \right\} =$$
$$= c_{r0}' - \sum_{j=1}^{t-s} c_{rj}' z_{l_j}'.$$

$$z_{k_i} = c_{i0} - \sum_{j=1, \neq r'}^{t-s} c_{ij} z_{l_j} - c_{ir'} z_{l_{r'}} =$$
$$= c_{i0}' - \sum_{j=1}^{t-s} c_{ij}' z_{l_j}', \, i \in I_s - \{r\},$$

$$z = c_{00} - \sum_{j=1, \neq r'}^{t-s} c_{0j} z_{l_j} - c_{0r'} z_{l_{r'}} =$$
$$= c_{00}' - \sum_{j=1}^{t-s} c_{0j}' z_{l_j}'.$$

Setzen wir nun

$$B' := \{k_1', \ldots, k_s'\}, \quad N' := \{l_1', \ldots, l_{t-s}'\},$$

$$k_i' := \begin{cases} k_i & i \neq r \\ l_{r'} & i = r \end{cases} \qquad l_j' := \begin{cases} l_j & j \neq r' \\ k_r & j = r' \end{cases}$$

156

so ergibt sich der neue Zusammenhang

$$\begin{pmatrix} l(z) \\ z_{B'} \end{pmatrix} = C' \begin{pmatrix} 1 \\ -z_{N'} \end{pmatrix}$$

mit der neuen Matrix C', die sich aus der alten Matrix C durch die folgenden Transformationen ergibt:

$$c'_{ij} := \begin{cases} c_{ij} - \dfrac{c_{ir'}c_{rj}}{c_{rr'}} , & i \neq r, j \neq r' \\[2ex] \dfrac{c_{rj}}{c_{rr'}}, & i = r, j \neq r' \\[2ex] \dfrac{-c_{ir'}}{c_{rr'}}, & i \neq r, j = r' \\[2ex] \dfrac{1}{c_{rr'}}, & i = r, j = r'. \end{cases} \qquad i \in I_s \cup \{0\}, j \in I_{t-s} \cup \{0\}. \tag{1.3.7}$$

Die Transformation (1.3.7) läßt sich in kompakter Form darstellen. Wir definieren dazu die zwei neuen Matrizen $P_{rr'}$ und $Q_{rr'}$:

$$p_{ij} := \begin{cases} 1 & \text{für } i = j \neq r \\[2ex] \dfrac{1}{c_{rr'}} & \text{für } i = j = r \\[2ex] \dfrac{-c_{ir'}}{c_{rr'}} & \text{für } j = r, i \neq r \\[2ex] 0 & \text{sonst} \end{cases} \qquad i, j \in I_s \cup \{0\}$$

$$q_{ij} := \begin{cases} \dfrac{-c_{ir'}}{c_{rr'}}, & j = r', i \neq r \\[2ex] -1 + \dfrac{1}{c_{rr'}}, & i = r, j = r', \\[2ex] 0 & \text{sonst} \end{cases} \qquad i \in I_s \cup \{0\}, j \in I_{t-s} \cup \{0\}.$$

Die Formeln (1.3.7) lauten dann in Matrixschreibweise zusammengefaßt:

$$C' = P_{rr'} C + Q_{rr'}. \tag{1.3.8a}$$

Der Übergang von B zu B' und der dazu gehörige Übergang von der Matrix C zur Matrix C' werde aus *Austauschschritt* mit dem *Pivotelement* $c_{rr'}$ bezeichnet. Für einen Austauschschritt gilt:

$$A_{B'}^{-1} = P_{rr'}^* A_B^{-1}, \tag{1.3.8b}$$

wobei die Matrix $P_{rr'}^*$ aus $P_{rr'}$ durch Streichen der 0-ten Zeile und der 0-ten Spalte entsteht. Diese Beziehung verifiziert man leicht durch Untersuchung der Matrix $A_B^{-1} A_B$.

Ist für eine Indexmenge B die Matrix A_B regulär und gilt $A_B^{-1} b \geqslant 0$, so ist

$$z^* := (z_{\hat{B}}^*, z_{\hat{N}}^*), \quad z_{\hat{B}}^* := A_B^{-1} b, \quad z_{\hat{N}}^* := 0$$

eine zulässige Lösung von (LP). Eine derartige Lösung heißt *Basislösung*. Die zu $z_{\hat{B}}^*$ gehörigen Variablen z_{k_i}, $i \in I_s$, heißen *Basisvariable*, die zu $z_{\hat{N}}^*$ gehörigen Variablen z_{l_j}, $j \in I_{t-s}$ heißen *Nichtbasisvariable*.

Durch einen Austauschschritt kann man unter Umständen von einer Basislösung ausgehend zu einer weiteren Basislösung gelangen. Dabei wird die Basisvariable z_{k_r} gleich Null gesetzt und wird zu einer Nichtbasisvariablen. Dafür wird die Nichtbasisvariable $z_{l_{r'}}$ unter die Basisvariablen aufgenommen und erhält nach (1.3.6) und (1.3.7) den Wert

$$c_{r0}' = \frac{c_{r0}}{c_{rr'}}.$$

Damit dieser Wert nicht negativ wird, muß $c_{rr'} > 0$ sein. Die Werte der übrigen Basisvariablen ändern sich dann gemäß (1.3.7):

$$c_{i0}' = c_{i0} - \frac{c_{r0} c_{ir'}}{c_{rr'}}, \quad i \in I_s - \{r\}.$$

Ist $c_{ir'} \leqslant 0$, so nimmt dadurch der Wert von z_{k_i} nicht ab. Die Vorzeichenrestriktionen werden also nicht verletzt. Ist aber $c_{ir'} > 0$, so bleibt $c_{i0}' \geqslant 0$ nur dann, wenn

$$\frac{c_{i0}}{c_{ir'}} \geqslant \frac{c_{r0}}{c_{rr'}}.$$

Ist also der Index r' bereits gewählt und will man in einem Austauschschritt von einer Basislösung wieder zu einer Basislösung $(A_B^{-1} b, 0)$ gelangen, so darf r nicht mehr beliebig genommen werden. r ist so zu wählen, daß

$$\frac{c_{r0}}{c_{rr'}} = \mathrm{Min}\left\{\frac{c_{i0}}{c_{ir'}} \,\middle|\, c_{ir'} > 0\right\}. \tag{1.3.9a}$$

Dadurch ist aber im allgemeinen der Zeilenindex r nicht eindeutig festgelegt. Es kann vorkommen, daß dieses Minimum für mehrere Indizes erreicht wird. Ist dies der Fall, so kann man, um die Wahl von r eindeutig zu machen, die nächste (oder eine andere) Spalte von C untersuchen und unter den (1.3.9a) genügenden Indizes einen Index r wählen, für den

$$\frac{c_{r1}}{c_{rr'}} = \mathrm{Min}\, \frac{c_{i1}}{c_{ir'}}.$$

Gelingt auch dadurch noch keine Entscheidung, so kann man eine weitere Spalte j heranziehen und für die jetzt noch in Frage kommenden Indizes i den Ausdruck $c_{ij}/c_{ir'}$ untersuchen. Dieses Verfahren kann man so lange fortsetzen, bis eine eindeutige Entscheidung möglich ist. Die Auswahlregel für r kann man sogar so festlegen, daß man bei ihrer Einhaltung ausgehend von einer Basislösung mit der Indexmenge B_0 in einer Folge von Austauschschritten nie zu einer bereits früher gewonnenen Basislösung zurückkommen kann. Wir formulieren nun zunächst

158

diese Auswahlregel. B_0 bestimme eine Basislösung. B bestimme die momentane Basislösung, die in einem Austauschschritt in eine Basislösung mit der Indexmenge B' übergeführt wird. Wir setzen:

$$D_0(B) := A_B^{-1}(b, A_{B_0}),$$

wobei (b, A_{B_0}) die Matrix bedeuten soll, die aus A_{B_0} entsteht, wenn man b als 0-te Spalte hinzunimmt. Die Zeilenvektoren von $D_0(B)$ bezeichnen wir durch $d_0^i(B)$, $i \in I_s$. Für zwei Vektoren x und y derselben Dimension bedeute $x \langle y$, daß x lexikographisch kleiner ist als y. Nun lautet die *Auswahlregel*:

Wähle r so, daß

$$\frac{1}{c_{rr'}} d_0^r(B) \; \langle \; \frac{1}{c_{jr'}} d_0^j(B) \; \text{für } j \in \{i \mid c_{ir'} > 0, i \in I_s\}. \tag{1.3.9b}$$

Nun ist, falls überhaupt ein $c_{ir'} > 0$ existiert, der Index r eindeutig festgelegt. Denn gäbe es zwei verschiedene Indizes, für die (1.3.9b) gilt, so müßten die dazu gehörigen Vektoren gleich sein. Die entsprechenden Zeilen von $D_0(B)$ wären dann linear abhängig. Damit wäre $A_B^{-1} A_{B_0}$ singulär im Widerspruch zur Wahl von B und B_0. Nun zeigen wir:

Satz 1.3.1. *B bestimme eine Basislösung $z^* := (A_B^{-1}, 0)$. Gilt für die dazu gehörige Matrix C, daß $c_{0j} \geqslant 0$ für $j \in I_{t-s}$, so ist z^* eine Maximallösung.*
Beweis. Für jeden zulässigen Vektor z gilt

$$c^T z = c_B^T A_B^{-1} b - \sum_{j=1}^{t-s} c_{0j} z_{l_j} \leqslant c_B^T A_B^{-1} b = c^T z^*.$$

Satz 1.3.2. *B bestimme eine Basislösung. Ist für ein $r' \in I_{t-s}$ das Element $c_{0r'} < 0$ und gilt $c_{ir'} \geqslant 0$ für alle $i \in I_s$, so ist die Zielfunktion $l(z)$ auf dem zulässigen Bereich nach oben unbeschränkt.*
Beweis. Für die Zielfunktion gilt

$$l(z) = c_{00} - \sum_{\substack{j=1, \neq r'}}^{t-s} c_{0j} z_{l_j} - c_{0r'} z_{l_{r'}}.$$

Außerdem haben wir

$$z_{k_i} = c_{i0} - \sum_{\substack{j=1, \neq r'}}^{t-s} c_{ij} z_{l_j} - c_{ir'} z_{l_{r'}}, \quad i \in I_s.$$

Da es sich bei $(A_B^{-1}, 0)$ um eine Basislösung handelt, sind alle $c_{i0} \geqslant 0$. Wegen $c_{ir'} \leqslant 0$ ist für jede positive reelle Zahl u der Vektor $z(u)$ mit

$$z_l(u) := \begin{cases} c_{i0} - c_{ir'} u & \text{für } l = k_i, i \in I_s \\ u & \text{für } l = l_{r'} \\ 0 & \text{sonst} \end{cases}$$

eine zulässige Lösung mit dem Zielfunktionswert $c_{00} - c_{0r'} u$. Die Zielfunktion kann also beliebig groß gemacht werden.

Satz 1.3.3. *B bestimme eine Basislösung. Ist $c_{0r'} < 0$ und der nach der Auswahlregel (1.3.9b) bestimmte Vektor $d_0^r(B)$ lexikographisch positiv, so wird bei einem Austauschschritt mit dem Pivotelement $c_{rr'}$ der Vektor*

$$w_B := c_B^T D_0(B)$$

durch einen lexikographisch größeren ersetzt.

Beweis. Bei einem Austauschschritt mit dem Pivotelement $c_{rr'}$ gilt nach (1.3.8b):

$$A_{B'}^{-1}(b, A) = P_{rr'}^* A_B^{-1}(b, A). \tag{1.3.10}$$

Dabei bedeute (b, A) die Matrix, die man aus A durch Hinzufügen von b als 0-te Spalte erhält. Also haben wir

$$w_{B'} = c_{B'} P_{rr'}^* D_0(B),$$

oder wenn wir vorübergehend die Elemente von $D_0(B)$ mit d_{ij} bezeichnen:

$$w_{B',j} = \sum_{i=1}^{s} c_{k'_i} \sum_{l=1}^{s} p_{il} d_{lj} =$$

$$= \sum_{i=1,\neq r}^{s} c_{k_i}\left(d_{ij} - \frac{c_{ir'}}{c_{rr'}} d_{rj}\right) + c_{l_{r'}} \frac{d_{rj}}{c_{rr'}} =$$

$$= \sum_{i=1}^{s} c_{k_i} d_{ij} - \frac{d_{rj}}{c_{rr'}}\left(\sum_{i=1}^{s} c_{k_i} c_{ir'} - c_{l_{r'}}\right) =$$

$$= w_{B,j} - \frac{d_{rj}}{c_{rr'}} c_{0r'}, \quad j \in B_0 \cup \{0\}.$$

Damit ergibt sich

$$w_{B'} - w_B = -\frac{c_{0r'}}{c_{rr'}} d_0^r(B) > 0.$$

Satz 1.3.4. *B_0 bestimme eine Basislösung. Ist die Zielfunktion auf dem zulässigen Bereich nach oben beschränkt, so gibt es eine Basislösung, die Maximallösung ist.*

Beweis. Bei B_0 beginnend konstruiere man eine Folge $(B_0, B_1, \ldots)$ von Indexmengen von Basislösungen, indem man B_k durch einen Austauschschritt mit der Austauschregel (1.3.9b) zu B_{k+1} übergehe. Dabei gelte für die nach dem k-ten Schritt gewählte Pivotspalte r'_k, daß $c_{0r'_k} < 0$. Der Index der dazu gehörigen Pivotzeile heiße r_k.

Wir zeigen nun durch Induktion über k, daß $d_0^{r_k}(B_k)$ lexikographisch positiv ist. Für $k = 0$ ist dies richtig. Die Behauptung gelte bereits für ein $k \geqslant 0$. Dann haben wir nach (1.3.8b)

$$d_0^{r_{k+1}}(B_{k+1}) = \begin{cases} d_0^{r_{k+1}}(B_k) - \dfrac{c_{r_{k+1}, r'_k}}{c_{r_k r'_k}} d_0^{r_k}(B_k), & r_{k+1} \neq r_k \\[2ex] \dfrac{1}{c_{r_k r'_k}} d_0^{r_k}(B_k), & r_{k+1} = r_k. \end{cases}$$

Der erste Ausdruck ist lexikographisch positiv wegen der Wahl von r_t nach (1.3.9b). Für den zweiten Ausdruck gilt dasselbe wegen $c_{r_k r'_k} > 0$ und der Induktionsannahme. Also gilt die Behauptung auch für $k + 1$.

Nach Satz 1.3.3 haben wir nun $w_{B_{k+1}} \rangle\ w_{B_k}$. In unserer Folge von Basislösungen tritt also keine Lösung zweimal auf. Da nur endlich viele Basislösungen existieren, muß die Folge einmal dadurch abbrechen, daß

$$c_{B_k}^T A_{B_k}^{-1} A_{N_k} - c_{N_k}^T \geqslant 0$$

wird. Dann ist aber $(A_{B_k}^{-1} b, 0)$ eine Maximallösung.

Satz 1.3.5. *Besitzt das lineare Programm (LP) eine zulässige Lösung, so besitzt es auch eine Basislösung.*

Beweis. Wir dürfen annehmen, daß $b \geqslant 0$. Wäre eine Komponente $b_i < 0$, so könnte man die i-te Zeile von $Az = b$ mit -1 multiplizieren. Wir betrachten das Hilfsprogramm

$$- \sum_{i=1}^{s} y_i \to \text{Max}$$

$$Az + y = b \qquad\qquad\qquad\qquad\qquad (\text{LP}')$$

$$z \geqslant 0, y \geqslant 0.$$

Da $Az = b$, $z \geqslant 0$ eine Lösung z^* besitzt, ist $(z^*, 0)$ eine Maximallösung von (LP'). Ferner ist in jeder Maximallösung $(\bar{z}, \bar{y})$ von (LP') der zweite Vektorteil $\bar{y} = 0$. Außerdem haben wir in $(0, b)$ eine Basislösung von (LP') mit der Indexmenge $B_0 := \{t + 1, t + 2, \ldots, t + s\}$. Nach Satz 1.3.4 existiert daher eine Basislösung $(\bar{z}, 0)$, die auch Maximallösung ist. Die dazu gehörige Indexmenge sei $\bar{B}$. Es gelte $B' := \bar{B} - \bar{B} \cap B_0$. Da A den Rang s besitzt, kann man die Spalten von A, deren Index zu B' gehört, durch Hinzunahme weiterer Spalten zu einer regulären Matrix ergänzen. Die dazu gehörige Indexmenge sei B. Dann ist

$$\bar{z} = (\bar{z}_B, \bar{z}_N), \quad \bar{z}_N = 0.$$

$\bar{z}$ ist also eine Basislösung von (LP).

Die Sätze 1.3.1 bis 1.3.5 legen folgende Vorgangsweise bei der Behandlung eines linearen Programms nahe. Von einer Basislösung $(z_{B_0}, 0)$ ausgehend konstruiert man eine Folge von Basislösungen $(z_{B_k}, 0)$, wobei man in jedem Schritt das Pivotelement $c_{rr'}$ so wählt, daß $c_{0 r'_k} < 0$ und die Auswahlregel (1.3.9b) erfüllt ist. Gilt für ein r'_k mit $c_{0 r'_k} < 0$, daß $c_{i r'_k} \leqslant 0$ für alle $i \in I_s$, so hat das lineare Programm keine Maximallösung. Gilt im k-ten Schritt $c_{0j} \geqslant 0$ für alle $j \in I_{t-s}$, so ist das Maximum erreicht.

Ist keine Basislösung bekannt, so kann man zuerst das Hilfsprogramm (LP') behandeln und ausgehend von $(0, b)$ eine Basislösung für (LP) erzeugen. Es gibt jedoch rechentechnisch günstigere Möglichkeiten zur Bestimmung einer Basislösung von (LP). Wir wollen darauf hier nicht eingehen sondern verweisen z. B. auf [8].

Die beschriebene Vorgangsweise zur Lösung linearer Programme ist als *Simplexverfahren* bekannt. Wir geben noch eine Kurzbeschreibung an.

Algorithmus 9. Simplexverfahren zur Lösung eines linearen Programms

Anfangsdaten: Matrix C einer Basislösung mit der Indexmenge $B_0 := \{k_1^0, \ldots, k_s^0\}$.

0. Für $i \in I_s$ setze $k_i := k_i^0$. Für $j \in I_{t-s}$ setze $l_j := l_j^0$.

1. Bilde $c_{0r'} := \mathrm{Min}\ \{c_{0j} \mid j \in I_{t-s}\}$. Ist $c_{0r'} \geqslant 0$, gehe nach 5.

2. Bilde $K_0 := \{i \mid c_{ir'} > 0\}$. Ist $K_0 = \phi$, gehe nach 6.

3. Bilde $q := \mathrm{Min}\ \{c_{i0}/c_{ir'} \mid i \in K_0\}$ und $J_0 := \{i \mid c_{i0}/c_{ir'} = q, i \in K_0\}$.

   Enthält J_0 nur ein Element, so bezeichne dieses durch r und gehe nach 4.

   Für $1 \leqslant j \leqslant s$ führe aus:

   a) Ist $k_j^0 = l_{j'} \in N$, so bilde $q := \mathrm{Min}\ \{c_{ij'}/c_{ir'}\ i \in J_{j-1}\}$ und $J_j := \{i \mid c_{ij'}/c_{ir'} = q, i \in J_{j-1}\}$.

   Enthält J_j nur ein Element, so nenne dieses r und gehe nach 4.

   b) Ist $k_j^0 = k_{j'} \in B$, setze $J_j := J_{j-1} - \{j'\}$. Enthält J_j nur ein Element, so nenne dieses r und gehe nach 4.

4. Bilde $C := P_{rr'} C + Q_{rr'}$, vertausche k_r und $l_{r'}$ und gehe nach 1.

5. Ende: $z_{k_i} := c_{i0}, z_{l_j} := 0, c^T z = c_{00}$.

6. Ende: (LP) besitzt keine Maximallösung.

Beispiel 1.3.1. Man maximiere die Funktion

$$l(z) = 2z_1 + z_2$$

unter den Restriktionen

$$\begin{aligned}
z_1 - z_2 &\leqslant 6 \\
z_1 &\leqslant 8 \\
2z_1 + z_2 &\leqslant 18 \qquad z_1, z_2 \geqslant 0 \\
2z_1 + 3z_2 &\leqslant 26 \\
z_2 &\leqslant 6
\end{aligned}$$

Wir führen zunächst das Restriktionssystem durch Einführung von Schlupfvariablen in ein Gleichungssystem über:

$$\begin{aligned}
z_1 - z_2 + z_3 &= 6 \\
z_1 \qquad\qquad + z_4 &= 8 \\
2z_1 + z_2 \qquad\qquad + z_5 &= 18 \\
2z_1 + 3z_2 \qquad\qquad + z_6 &= 26 \\
z_2 \qquad\qquad\qquad + z_7 &= 6 \\
z_i \geqslant 0, i &\in I_7.
\end{aligned}$$

Wir haben also ein lineares Programm mit der Matrix A und den Vektoren b und c vorliegen:

$$A := \begin{pmatrix} 1 & -1 & 1 & 0 & 0 & 0 & 0 \\ 1 & 0 & 0 & 1 & 0 & 0 & 0 \\ 2 & 1 & 0 & 0 & 1 & 0 & 0 \\ 2 & 3 & 0 & 0 & 0 & 1 & 0 \\ 0 & 1 & 0 & 0 & 0 & 0 & 1 \end{pmatrix} \qquad b := \begin{pmatrix} 6 \\ 8 \\ 18 \\ 26 \\ 6 \end{pmatrix} \qquad c^T := (2,1,0,0,0,0,0)$$

Eine zulässige Basislösung ist hier leicht zu erkennen. Wir erhalten sie, wenn wir $z_1 := z_2 := 0$ und $z_{i+2} := b_i$ setzen, $i \in I_5$.

Zur übersichtlichen Durchführung der Rechnung erstellen wir in jedem Schritt ein sogenanntes Simplextableau, indem wir über den Spalten der zur vorliegenden Basislösung gehörenden Matrix C die Indizes $l_1, \ldots, l_{t-s}$ und neben den Zeilen von C die Indizes $k_1, \ldots, k_s$ anführen.

		l_1	l_2		l_{t-s}
	c_{00}	c_{01}	c_{02}	$\cdots$	$c_{0,t-s}$
k_1	c_{10}	c_{11}	c_{12}	$\cdots$	$c_{1,t-s}$
k_2	c_{20}	c_{21}	c_{22}	$\cdots$	$c_{2,t-s}$
	$\vdots$				
k_s	c_{s0}	c_{s1}	c_{s2}	$\cdots$	$c_{s,t-s}$

Aus diesem Schema sind alle benötigten Informationen abzulesen. Vor allem ist durch die Begutachtung der ersten Zeile unter den Indizes der Nichtbasisvariablen sofort zu erkennen, ob das Tableau zu einer Maximallösung gehört oder nicht.

In der bereits angegebenen Ausgangslösung in unserem Beispiel haben wir die Basisvariablen z_3 bis z_7 und die Nichtbasisvariablen z_1 und z_2. Also gilt $B_0 = \{3, 4, \ldots, 7\}$ und $N_0 = \{1, 2\}$. Der Zielfunktionswert ist 0. Wegen $A_{B_0} = A_{B_0}^{-1} = E$ haben wir

$$z_{B_0} = A_{B_0}^{-1} b = b, \quad A_{B_0}^{-1} A_{N_0} = A_{N_0} = \begin{pmatrix} 1 & -1 \\ 1 & 0 \\ 2 & 1 \\ 2 & 3 \\ 0 & 1 \end{pmatrix}, \quad c_{N_0}^T - c_{B_0}^T A_{B_0}^{-1} A_{N_0} = c_{N_0}^T.$$

Das zu dieser Ausgangslösung gehörende Tableau (A) ist daher:

(A)

		1	2
	0	−2	−1
3	6	1	−1
4	8	1	0
5	18	2	1
6	26	2	3
7	6	0	1

(B)

		3	2
	12	2	−3
1	6	1	−1
4	2	−1	1
5	6	−2	3
6	14	−2	5
7	6	0	1

(C)

		3	4
	18	−1	3
1	8	0	1
2	2	−1	1
5	0	1	−3
6	4	3	−5
7	4	1	−1

(D)

		5	4
	18	1	0
1	8	0	1
2	2	1	−2
3	0	1	−3
6	4	−3	4
7	4	−1	2

Wegen $c_{01} = \mathrm{Min}\ \{c_{01}, c_{02}\}$ wählen wir $r': = 1$. Da nur die nächsten vier Eintragungen in dieser Spalte positiv sind, bestimmen wir

$$q := \mathrm{Min}\ \{6, 8, 9, 13\} \ \text{und}\ J_0 := \{1\}.$$

Somit ist r bereits festgelegt. Das Pivotelement wird $c_{11} = 1$ und das Tableau (A) geht in dem nun folgenden Austauschschritt über in das Tableau (B). Im nächsten Schritt finden wir

$$r' := 2, \quad q := \mathrm{Min}\ \{2, 2, 14/5, 6\} = 2, \quad J_0 := \{2, 3\}.$$

Dadurch ist der Index r noch nicht festgelegt. Da $k_1^0 = 3$ nicht in $B = \{1, 4, 5, 6, 7\}$ enthalten ist, bilden wir nochmals

$$q : = \text{Min } \{-1, -2/3\} = -1, J_1 : = \{2\}.$$

Nun ist r fixiert und wir erhalten $c_{22} = 1$ als neues Pivotelement. (B) geht im folgenden Austauschschritt über in das Tableau (C). Im nächsten Schritt finden wir

$$r': = 1, q : = \text{Min } \{0, 4/3, 4\} = 0, J_0 : = \{3\}.$$

Dadurch ist auch r festgelegt. Das Pivotelement wird $c_{31} = 1$. Der nächste Austauschschritt liefert das Tableau (D), an dem zu erkennen ist, daß die Basislösung $z_1 : = 8, z_2 : = 2, z_3 : = z_4 : = z_5 : = 0, z_6 : = 4, z_7 : = 4$ eine Maximallösung des vorgelegten linearen Programms ist.

1.4 Das Transportproblem

Wir wenden nun die in Abschnitt 1.3 gewonnenen Erkenntnisse über lineare Programme auf das Transportproblem an:

$$- \sum_{i=1}^{m} \sum_{j=1}^{n} c_{ij} z_{ij} \rightarrow \text{Max}$$

$$\sum_{j=1}^{n} z_{ij} = s_i, i \in I_m$$

$$\sum_{i=1}^{m} z_{ij} = r_j, j \in I_n \tag{T}$$

$$z_{ij} \in N_0, \sum_{i=1}^{m} s_i = \sum_{j=1}^{n} r_j.$$

Allerdings kann diese Anwendung nicht auf direktem Wege erfolgen. Denn wir suchen eine ganzzahlige Lösung des linearen Programms, das aus (T) entsteht, wenn man die Bedingungen $z_{ij} \in N_0$ durch $z_{ij} \geqslant 0$ ersetzt. Dabei setzen wir $r_i \in N_0$ und $s_j \in N_0$ voraus. Durch die Ganzzahligkeitsforderungen werden die Verhältnisse erheblich komplizierter. Andererseits ist aber die Matrix der linearen Restriktionen von (T) von ganz spezieller und einfacher Bauart. Diese zusätzliche Information wiegt zum Großteil den durch die Ganzzahligkeitsforderungen bedingten Nachteil auf.

Wir denken uns die $t = nm$ Unbekannten z_{ij} nach ihren Indizes lexikographisch geordnet und zu einem nm-dimensionalen Vektor zusammengefaßt. Die $n + m$ linearen Restriktionen von (T) werden dann durch die folgende Matrix beschrieben:

$$A' := \begin{bmatrix} 11 \ldots 100 \ldots 0 & 00 \ldots 0 \\ 00 \ldots 011 \ldots 1 & 00 \ldots 0 \\ \cdots \cdots \\ 00 \ldots 000 \ldots 0 & 11 \ldots 1 \\ 10 \ldots 010 \ldots 0 & 10 \ldots 0 \\ 01 \ldots 001 \ldots 0 & 01 \ldots 0 \\ \cdots \cdots \\ 00 \ldots 100 \ldots 1 & 00 \ldots 1 \end{bmatrix}$$

164

A' hat in der (i, j)-ten Spalte, die der Variablen z_{ij} entspricht, in der i-ten Zeile und in der $m + j$-ten Zeile eine 1. Alle übrigen Elemente dieser Spalte sind 0.

Addiert man die ersten m Zeilen und die letzten n Zeilen, so erhält man in beiden Fällen dasselbe Ergebnis: einen Vektor, dessen sämtliche Komponenten gleich 1 sind. Der Rang von A' ist also kleiner als $m + n$. Aber auch der Rang von (A', b) ist höchstens gleich $m + n - 1$. Denn wegen

$$\sum_{i=1}^{m} s_i = \sum_{j=1}^{n} r_j$$

gilt auch

$$\sum_{i=1}^{m} b_i = \sum_{i=m+1}^{n+m} b_i.$$

Dabei haben wir wie bei den linearen Programmen in Abschnitt 1.3 die rechte Seite der linearen Restriktionen von (T) durch b bezeichnet. Zur genauen Bestimmung des Rangs von A' fassen wir die ersten m Zeilen von A' zu einer Matrix A_1 und die restlichen n Zeilen zu einer Matrix A_2 zusammen. Damit gewinnt A' die Darstellung

$$A' = \begin{pmatrix} A_1 \\ A_2 \end{pmatrix}$$

Die Matrix

$$B(G) := \begin{pmatrix} A_1 \\ -A_2 \end{pmatrix}$$

die man aus A' gewinnt, wenn man die letzten n Zeilen mit -1 multipliziert, ist eine Knoten-Kanten-Inzidenzmatrix des Graphen $G := (U \cup V, U \times V)$ mit

$$U := \{u_1, u_2, \ldots, u_m\} \text{ und } V := \{v_1, v_2, \ldots, v_n\}.$$

Nun zeigt man leicht:

Satz 1.4.1. *Jede Matrix, die man aus A' durch Streichen einer Zeile gewinnt, hat den Rang $m + n - 1$. Ist B eine Menge von $m + n - 1$ Indexpaaren $(i, j) \in I_m \times I_n$, so sind die Spalten von A' mit Indizes aus B genau dann linear unabhängig, wenn die Kantenmenge $W_B := \{(u_i, v_j) \mid (i, j) \in B\}$ ein Gerüst von G erzeugt.*

Beweis. Jede Menge von Spaltenvektoren von A' ist genau dann linear unabhängig, wenn die entsprechenden Spalten von $B(G)$ linear unabhängig sind. Der Rest folgt aus Satz 1.2.3 von Teil 2, da G zusammenhängend ist.

Wir bezeichnen nun die Matrix, die aus A' durch Streichen der letzten Zeile entsteht, durch A. A ist also die Matrix der ersten $m + n - 1$ unabhängigen linearen Restriktionen von (T).

Satz 1.4.2. (T) *besitzt eine ganzzahlige Basislösung.*

Beweis. Wir konstruieren eine Lösungsmatrix Z auf folgendem Weg. Wir wählen ein Element $z_{i_1 j_1}$ und versuchen es möglichst groß zu machen. Also setzen wir

$$z_{i_1 j_1} := \text{Min } \{s_{i_1}, r_{j_1}\}.$$

Ist $s_{i_1} < r_{j_1}$, so werden alle $z_{i_1 j}$, $j \neq j_1$, nullgesetzt und als Nichtbasisvariable betrachtet. Die i_1-te Zeile wird damit von der weiteren Betrachtung ausgeschlossen. Ist $s_{i_1} > r_{j_1}$, so werden alle $z_{i j_1}$, $i \neq i_1$, nullgesetzt und als Nichtbasisvariable betrachtet. In diesem Fall wird die Spalte j_1 von der weiteren Betrachtung ausgeschlossen. Ist $s_{i_1} = r_{j_1}$, so werden entweder alle $z_{i_1 j}$, $j \neq j_1$, oder alle $z_{i j_1}$, $i \neq i_1$, nullgesetzt und als Nichtbasisvariable betrachtet. Die entsprechende Zeile oder Spalte wird dann von der weiteren Betrachtung ausgeschlossen. Liegen in diesem Fall nur mehr eine Zeile aber mehrere Spalten vor, so ist eine Spalte zu streichen. Liegen nur noch eine Spalte aber mehrere Zeilen vor, so ist eine Zeile zu streichen. In allen Fällen ersetzt man anschließend s_{i_1} durch $s_{i_1} - z_{i_1 j_1}$ und r_{j_1} durch $r_{j_1} - z_{i_1 j_1}$.

Nun wird das Verfahren mit der reduzierten Lösungsmatrix und einem weiteren Element $z_{i_2 j_2}$ wiederholt. Auf diese Weise fortfahrend werden $m + n - 1$ Variable ausgewählt. Diese Behauptung beweist man leicht induktiv über $m + n$, wenn man offenbar für $m + n = 2$ gültige Aussage als Induktionsanfang nimmt.

Auf Grund des beschriebenen Vorgangs haben alle ausgewählten Variablen nicht negative ganzzahlige Werte. Es ist noch zu zeigen, daß die ihnen entsprechenden Spalten von A linear unabhängig sind.

Wir fassen die ausgewählten Indexpaare (i_k, j_k) zu einer Menge B zusammen und betrachten wie im Beweis zu Satz 1.4.1 die Kantenmenge W_B von G. Der von W_B erzeugte Untergraph von G heiße G_B. Wir behaupten, daß G_B ein Gerüst von G ist. Zunächst ist G_B ein Teilgraph. Denn bei der Auswahl der Elemente $z_{i_k j_k}$ von Z wird in jeder Spalte mindestens einmal eine Wahl getroffen. Zu jedem $i \in I_m$ existiert also ein $j \in I_n$ mit $(i, j) \in B$, und umgekehrt existiert zu jedem $j \in I_n$ ein $i \in I_m$ mit $(i, j) \in B$. Damit ist G_B als Teilgraph nachgewiesen.

Außerdem enthält G_B keinen Kreis. Denn da G nur Kanten von U nach V besitzt, müßte ein derartiger Kreis eine gerade Anzahl von Kanten enthalten. Einer Kantenanordnung dieses Kreises entspräche dann eine Folge von ausgewählten Variablen der Gestalt

$$z_{i'_1 j'_1}, \; z_{i'_2 j'_1}, \; z_{i'_2 j'_2}, \; z_{i'_3 j'_2}, \ldots, \; z_{i'_{s-1} j'_{s-1}}, \; z_{i'_1 j'_{s-1}}, \; z_{i'_1 j'_1}$$

mit $i'_k \neq i'_l$ und $j'_k \neq j'_l$ für $k \neq l$. Nun gelte $(i'_1, j'_1) = (i_k, j_k)$ und $(i'_2, j'_2) = (i_l, j_l)$. Wir dürfen $k < l$ annehmen. Dann wäre bei der Auswahl von (i'_1, j'_1) nicht die Spalte j'_1 sondern die Zeile i'_1 gestrichen worden. In dieser Zeile gäbe es also kein weiteres Element $z_{i'_1 j'_{s-1}}$, was einem Widerspruch liefert.

Schließlich ist G_B zusammenhängend. Denn enthielte G_B etwa $p > 1$ Komponenten mit den Knotenzahlen n_i und den Kantenzahlen m_i, $i \in I_p$, so müßte, da keine Komponente einen Kreis enthalten kann, nach Satz 2.4.3 und Satz 2.4.5 von Teil 1 auch $n_i - 1 = m_i$ gelten. Dann hätten wir aber

$$m + n - 1 = \sum_{i \in I_p} m_i = \sum_{i \in I_p} (n_i - 1) = m + n - p,$$

was einen Widerspruch zu $p > 1$ darstellt.

G_B ist daher ein Gerüst von G. Nach Satz 1.4.1 sind daher die zu B gehörenden Spalten von A' und damit die entsprechenden Spalten von A linear unabhängig.

Die konstruierte Lösung ist daher eine ganzzahlige Basislösung.

Bei der im Beweis zu Satz 1.4.2 benutzten Konstruktion bleibt noch die Wahl von $z_{i_k j_k}$ im k-ten Schritt vollkommen offen. Je nachdem, welches Kriterium man für diese Wahl heranzieht, unterscheiden sich die bekannten Verfahren zur Auffindung einer ganzzahligen Basislösung. Am bekanntesten ist die sogenannte *Nordwesteckenregel*, bei der man bei z_{11} beginnt und im k-ten Schritt (i_k, j_k) so bestimmt, daß die Indexsumme $i_k + j_k$ möglichst klein wird. Das Element mit diesem Indexpaar steht in der Nordwestecke (links oben) der nach allen bisherigen Streichungen noch vorhandenen Untermatrix von Z.

Satz 1.4.3. *Alle Basislösungen von (T) sind ganzzahlig.*

Beweis. Nach Satz 1.2.6 von Teil 2 ist $B(G)$ total unimodular. Die Determinante einer regulären $m + n - 1$-zeiligen Untermatrix von $B(G)$ hat also einen Wert $\delta \in \{1, -1\}$. Die entsprechende Unterdeterminante von A besitzt den Wert $(-1)^{n-1} \delta$. Damit sind die Werte der Elemente von A_B^{-1} entweder 1, 0 oder -1. Da die rechte Seite $b^T = (s_1, s_2, \ldots, s_m, r_1, r_2, \ldots, r_n)$ der linearen Restriktionen von (T) ganzzahlig ist, ist auch jede Basislösung ganzzahlig.

Eine zulässige Lösung für das (T) entsprechende lineare Programm ohne Ganzzahligkeitsforderungen erhält man mit $S := \sum\limits_{i \in I_m} s_i$ in

$$z_{ij} := \frac{s_i r_j}{S}, \, i \in I_m, j \in I_n. \tag{1.4.1}$$

Der Leser überzeugt sich leicht selbst, daß (1.4.1) alle linearen Restriktionen erfüllt. Diese Lösung ist zwar nicht ganzzahlig, aber nach Satz 1.3.5 schließen wir nun, daß (T) auch eine Basislösung und damit nach Satz 1.4.3 eine ganzzahlige Basislösung besitzt. Damit ergibt sich ein neuer Beweis von Satz 1.4.2. Der oben angeführte Beweis liefert jedoch gleichzeitig ein Verfahren zur Konstruktion einer zulässigen Basislösung für (T). Im Falle eines Transportproblems ist also der beschwerliche Umweg über ein Hilfsproblem zur Konstruktion einer Ausgangslösung für das Simplexverfahren überflüssig.

Nun bestimme B eine Basislösung. Will man mit Hilfe eines Austauschschritts zu einer besseren Basislösung übergehen, so muß man eine Nichtbasisvariable z_{ij} mit

$$(c^T A_B^{-1} A_N - c_N^T)_{ij} > 0$$

finden. Da wir die Koeffizienten der Zielfunktion in (T) durch $-c_{ij}$ bezeichnet haben, steht hier $>$ anstelle von $<$. Wir setzen

$$u^T := c_B^T A_B^{-1}$$

und unterscheiden die ersten m und die übrigen $n-1$ Komponenten von u durch die Schreibweise $u^T := (u_1, \ldots, u_m, v_1, \ldots, v_{n-1})$. Nun gilt

$$u^T A_B = c_B^T. \tag{1.4.2}$$

Komponentenweise lautet diese Beziehung

$$\begin{aligned} u_i + v_j &= c_{ij}, \, j < n \\ u_i &= c_{in} \end{aligned} \quad (i, j) \in B \tag{1.4.3}$$

Nun läßt sich zeigen:

Satz 1.4.4. *Die Größen* u_i, $i \in I_m$ *und* v_j, $j \in I_{n-1}$ *lassen sich rekursiv aus (1.4.3) berechnen.*

Beweis. Da B eine Basislösung bestimmt, erzeugt W_B ein Gerüst von G. Der Knoten v_n ist mit mindestens einer Kante dieses Gerüsts inzident, d. h. es gilt $(i, n) \in B$ für mindestnes ein $i \in I_m$. Damit läßt sich aus der letzten Gleichung von (1.4.2) mindestens ein u_i berechnen. Nun sei U' die Menge der bereits berechnenten u_i, V' die Menge der bereits berechneten v_j. Es gelte $z \in U \cup V - U' \cup V'$. Da W_B einen zusammenhängenden Graphen erzeugt, existiert ein Weg zwischen z und einem Knoten $y \in U' \cup V'$. y' sei der letzte Knoten dieses Weges, von y aus gezählt, der noch zu $U' \cup V'$ gehört, z' sei der erste Knoten, der nicht mehr zu $U' \cup V'$ gehört. Dann ist entweder (y', z') oder (z', y') eine Kante des von W_B erzeugten Gerüsts, und es existiert ein Indexpaar (i', j') so, daß

$$y' + z' = c_{i'j'}$$

eine Gleichung von (1.4.2) ist.

Damit läßt sich auch z' berechnen. Auf diese Weise fortfahrend erhält man alle Elemente von $U \cup V$.

Setzen wir nun

$$\bar{c}_N = u^T A_N,$$

so liefern mit $v_n = 0$ die Gleichungen

$$u_i + v_j = \bar{c}_{ij}, \ (i, j) \in N \tag{1.4.4}$$

die zur Auswahl der Pivotspalte benötigten Komponenten von $c_B^T A_B^{-1} A_N$. Als Pivotspalte wählen wir eine Spalte, deren Indexpaar (i', j') der Beziehung

$$\bar{c}_{i'j'} - c_{i'j'} = \text{Max} \ \{\bar{c}_{ij} - c_{ij} \mid (i, j) \in N\} \tag{1.4.5}$$

genügt. Gilt

$$\bar{c}_{i,j} - c_{ij} \leqslant 0 \text{ für } (i, j) \in N,$$

so ist die Basislösung $x_B : = A_B^{-1} b, x_N : = 0$ optimal.

Liegt noch keine Maximallösung vor, so ist ein Austauschschritt vorzunehmen. Die spezielle Struktur der Restriktionsmatrix A erlaubt auch dabei eine einfachere Vorgangsweise als beim allgemeinen Simplexverfahren in Abschnitt 1.3. Bei einem Austauschschritt ändern sich die Werte gewisser Basisvariablen und der Wert einer Nichtbasisvariablen $x_{i'j'}$. Wir behaupten nun:

Satz 1.4.5. $\bar{B}$ *sei die Indexmenge der Variablen, deren Wert bei einem Austauschschritt von* A_B *nach* $A_{B'}$ *geändert wird. Ferner gelte* $W_{\bar{B}} : = \{u_i, v_j) \mid (i, j) \in \bar{B}\}$. *Dann enthält* $G_{\bar{B}}$ *einen Kreis.*

Beweis. Der von $W_{\bar{B}}$ erzeugte Untergraph heiße $G_{\bar{B}}$. Wird x_{ij} abgeändert, so muß, damit die Restriktionen von (T) eingehalten werden können, in der i-ten Zeile und in der j-ten Spalte noch eine Änderung erfolgen. Die Knoten u_i von $G_{\bar{B}}$ besitzen daher einen äußeren Halbgrad $\geqslant 2$, die Knoten v_j besitzen einen inneren Halbgrad

$\geqslant 2$. Damit enthält aber $G_{\bar{B}}$ einen Kreis. Denn von einem beliebigen Knoten u_i beginnend kann man eine Knotenfolge so erzeugen, daß man jeweils zu einem neuen Nachbarn des gerade vorliegenden Knoten übergeht. Auf diese Weise muß man einmal zu einem bereits aufgenommenen Knoten zurückkommen.

Nach Satz 2.5.1 von Teil 1 entsteht durch Hinzunahme der Kante (i', j') zu den Kanten des Gerüsts G_B genau ein Kreis. Wegen $\bar{B} \subset B \cup \{i', j'\}$ enthält also $G_{\bar{B}}$ genau einen Kreis, und dieser ist durch B und (i', j') eindeutig bestimmt. Wir nennen ihn G'. Da in G nur Kanten von Knoten aus U nach Knoten aus V verlaufen, liegen die Kanten in G' bei einer fest gewählten Orientierung von G' abwechselnd in Richtung von G' und entgegengesetzt dazu. Wir wählen für G' die Orientierung, die mit der Richtung von (i', j') übereinstimmt. Nun ändern wir die Werte der Lösungsmatrix auf die folgende Weise ab:

$$\bar{z}_{ij} := \begin{cases} z_{ij} + \Delta & (u_i, v_j) \in K' \text{ und } (u_i, v_j) \parallel G' \\ z_{ij} - \Delta & (u_i, v_j) \in K' \text{ und } (u_i, v_j) \parallel G' \\ z_{ij} & \text{sonst} \end{cases}$$

Dabei bedeute $(u_i, v_j) \parallel G'$, daß die Kante (u_i, v_j) dieselbe Richtung hat wie G' bei der gewählten Orientierung. K' bedeute die Kantenmenge von G'. Durch diese Vorgangsweise entsteht wieder eine zulässige Lösung $\bar{Z}$, da sich die Änderungen in jeder Zeile und in jeder Spalte kompensieren.

Δ wählen wir so, daß

$$\Delta = \text{Min } \{z_{ij} \mid (u_i, v_j) \in K', (u_i, v_j) \parallel G'\}. \qquad (1.4.6)$$

Auf diese Weise bleiben alle Werte $\bar{z}_{ij} \geqslant 0$.

Nun sei $(\bar{\imath}, \bar{\jmath})$ ein Indexpaar, für das in (1.4.6) das Minimum erreicht wird. Dann bestimmt $B' := B \cup \{(\bar{\imath}, \bar{\jmath})\} - \{(i', j')\}$ eine Basislösung. $W_{B'}$ erzeugt nämlich wieder ein Gerüst von G. Sämtliche zu B' gehörenden Variablen haben den Wert 0. Die neue Basislösung entsteht offenbar aus der alten durch einen Austauschschritt mit dem Pivotelement $(A_B^{-1} A_N)_{rr'}$, wobei $r := (\bar{\imath}, \bar{\jmath})$ und $r' := (i', j')$. ($(\bar{\imath}, \bar{\jmath})$ bzw. (i', j') stehen wie seit Beginn dieses Abschnitts stellvertretend für die Nummern dieser Indexpaare bei einer lexikographischen Anordnung).

Bei der Anwendung des Simplexverfahrens auf das Transportproblem wird also ein Austauschschritt so bewältigt, daß man den eindeutig durch B und (i', j') festgelegten Kreis von G_B ermittelt und die Werte der Basisvariablen längs dieses Kreises bei $z_{i'j'}$ beginnend abwechselnd um Δ erhöht oder erniedrigt. Dies läßt sich rechentechnisch schnell durchführen. Es ist noch zu zeigen, wie man den Kreis von $G_{B \cup \{(i', j')\}}$ bestimmt. Auch diese Bestimmung ist rechentechnisch einfach durchführbar, man muß dazu nicht einmal G und G_B wirklich konstruieren. Man geht dabei auf die folgende Weise vor.

In der momentanen Lösungsmatrix, die zur momentanen Basislösung mit der Indexmenge B gehört, markiere man alle Basisvariablen, also alle Elemente z_{ij}, deren Indexpaar (i, j) zu B gehört. Ferner markiere man $z_{i'j'}$. Hierauf streiche man alle Spalten und alle Zeilen von Z, in denen nur eine Markierung aufscheint und setze anschließend diesen Streichungsprozeß so lange fort, bis eine Untermatrix von Z entsteht, in der jede Zeile und jede Spalte mindestens zwei Markierungen aufweist.

In diesem Fall enthalten sämtliche restlichen Zeilen und Spalten sogar genau zwei markierte Elemente. Die Indexpaare aller dieser verbleibenden markierten Variablen entsprechen den Kanten des gesuchten Kreises. Beim Element $z_{i'j'}$ beginnend kann man nun diesen Kreis in einer beliebigen Richtung abgehen und dabei das Indexpaar $(\bar{i},\bar{j})$ bestimmen, mit dem zusammen der Austauschschritt durchgeführt werden soll, das heißt also das Indexpaar $(\bar{i},\bar{j})$, das aus B zu eliminieren und in N' aufzunehmen ist und das gemäß (1.4.6) den Wert für Δ festlegt.

Das beschriebene Verfahren läßt sich an Hand von G_B so deuten. Man reduziere G_B um alle Knoten x mit $|T(x)|= 1$, d. h. um alle Knoten x, die nur einen Nachbarn besitzen. Diese Reduktion setze man anschließend so lange fort, bis ein Graph entsteht, in dem jeder Knoten mindestens zwei Nachbarn besitzt. Wir behaupten, daß dieser Restgraph gerade der gesuchte Kreis von G_B ist. Dazu beweisen wir:

Satz 1.4.5. *Ein zusammenhängender Graph* $\bar{G} := (\bar{X}, \bar{K})$ *besitze genau einen Kreis* G_W. *Gibt es einen Knoten x von $\bar{G}$, der nicht auf diesem Kreis liegt, so existiert ein Knoten $y \in \bar{X}$ mit $|T(y)|= 1$.*

Beweis. Entfernt man eine Kante von G_W aus $\bar{G}$, so entsteht ein Baum, der nach Satz 2.4.4 von Teil 1 mindestens zwei Endknoten hat. Von diesen Endknoten kann höchtens einer zu G_W gehören, der andere ist also auch Endknoten von $\bar{G}$.

Auf unser Problem übertragen besagt dieser Satz nun: Man kann in Z so lange eine Zeile oder eine Spalte mit nur einer markierten Eintragung streichen, bis nur mehr die markierten Variablen übrig sind, die dem gesuchten Kreis entsprechen.

Wir geben nun eine Kurzbeschreibung des für Transportprobleme adaptierten Simplexverfahrens an.

Algorithmus 10. Transportalgorithmus

Anfangsdaten: Matrix C mit beliebigen reellen Werten, Nullmatrix Z,

$$s_i \in N_0 \ \text{für} \ i \in I_m, \ r_j \in N_0 \ \text{für} \ j \in I_n.$$

1. Bestimmung einer Ausgangslösung:
   Setze $B := \phi$, $k := 1$, $I := I_m$ und $J := I_n$.

2. a) Setze $i_k := \text{Min} \ I$, $j_k := \text{Min} \ J$, $z_{i_k j_k} := \text{Min} \ \{s_{i_k}, r_{j_k}\}$ und $B := B \cup \{(i_k, j_k)\}$.
   b) Ist $s_{i_k} < r_{j_k}$, setze $I := I - \{i_k\}$ und $r_{j_k} := r_{j_k} - s_{j_k}$.
   Ist $s_{i_k} > r_{j_k}$, setze $J := J - \{j_k\}$ und $s_{i_k} := s_{i_k} - r_{j_k}$.
   Ist $s_{i_k} = r_{j_k}$ und $|I| = 1$, setze $J := J - \{j_k\}$ und $s_{i_k} := 0$, sonst setze
   $I := I - \{i_k\}$ und $r_{j_k} := 0$.

3. Setze $k := k + 1$. Ist $k < n + m$, gehe nach 2.

4. Lösung des Gleichungssystems (1.4.3):
   Setze $I := I_m$, $J := I_{n-1}$, $v_n := 0$, $I' := \phi$ und $J' := \{n\}$.

5. a) Für $i \in I$ und $j \in J'$ führe aus:
   Ist $(i, j) \in B$, setze $u_i := c_{ij} - v_j$, $I' := I' \cup \{i\}$ und $I := I - \{i\}$.
   b) Für $i \in I'$ und $j \in J$ führe aus:
   Ist $(i, j) \in B$, setze $v_j := c_{ij} - u_i$, $J' := J' \cup \{j\}$ und $J := J - \{j\}$.
   c) Ist $I = J = \phi$, gehe nach 6, sonst gehe nach 5.

6. Bestimmung der Pivotspalte:
   a) Setze $M := 0$. Für $(i, j) \notin B$ führe aus:
      Ist $u_i + v_j - c_{ij} > M$, setze $M := u_i + v_j - c_{ij}$ und $(i', j') := (i, j)$.
   b) Ist $M = 0$, gehe nach 12.
7. Bestimmung des Kreises in $G_{B \cup \{(i',j')\}}$.
   Setze $I := I_m$, $J := I_n$, $M := 0$ und $B := B \cup \{(i', j')\}$.
8. a) Für $i \in I$ führe aus:
      Ist $| \{j | (i, j) \in B\} \cap J | = 1$, setze $I := I - \{i\}$ und $M := 1$.
   b) Für $j \in J$ führe aus:
      Ist $| \{i | (i, j) \in B\} \cap I | = 1$, setze $J := J - \{j\}$ und $M := 1$.
   c) Ist $M = 1$, setze $M := 0$ und gehe nach 8.
9. Austauschschritt:
   a) Setze $i_1 := i'$, $j_1 := j'$, $k := 1$ und $\Delta := \infty$.
   b) Für $i \in I$ führe aus:
      Ist $(i, j_k) \in B$, und $i \neq i_k$, setze $i_{k+1} := i$ und $j_{k+1} := j_k$.
      Ist $z_{i_{k+1} j_{k+1}} < \Delta$, setze $\Delta := z_{i_{k+1} j_{k+1}}$ und $(\bar{i}, \bar{j}) := (i_{k+1}, j_{k+1})$.
      Ist $i_{k+1} \neq i'$, setze $k := k + 1$, sonst gehe nach 10.
   c) Für $j \in J$ führe aus:
      Ist $(i_k, j) \in B$ und $j \neq j_k$, setze $i_{k+1} := i_k$, $j_{k+1} := j$ und $k := k + 1$.
      Gehe nach 9 b.
10. Setze $B := B - \{(\bar{i}, \bar{j})\}$ und $l := 1$.
11. Setze $z_{i_l j_l} := z_{i_l j_l} + \Delta$ und $z_{i_{l+1} j_{l+1}} := z_{i_{l+1} j_{l+1}} - \Delta$.
    Ist $l < k$, setze $l := l + 2$ und gehe nach 11, sonst gehe nach 4.
12. Ende.

In Algorithmus 10 wurde zur Auswahl der Pivotzeile $(\bar{i}, \bar{j})$ das Kriterium (1.3.9 a) anstelle von (1.3.9 b) verwendet. Um Zykeln auszuschließen, müßte man allerdings die rechentechnisch aufwendigere Auswahlregel (1.3.9 b) heranziehen. Davon sieht man in der Praxis jedoch ab, da bisher beim Transportproblem keine Fälle bekannt wurden, in denen bei der Bestimmung einer Folge von Basislösungen Zykeln aufgetreten wären.

Algorithmus 10 kann unverändert auch bei nicht ganzzahligen Anfangswerten s_i und r_j angewandt werden. Die Ganzzahligkeit spielt dabei überhaupt keine Rolle. Wesentlich ist nur die spezielle Struktur der Matrix A. Nur ergeben sich im allgemeinen Fall eben auch keine ganzzahligen Lösungen mehr.

Die indirekte Anwendung des Simplexverfahrens auf das Transportproblem hat den Vorteil, daß man die Matrix $A_B^{-1} A_N$ im Laufe des Verfahrens nicht benötigt und daher bei Verwendung einer Rechenanlage der Speicherbedarf wesentlich geringer ist.

Beispiel 1.4.1. Wir wollen für ein Transportproblem mit $m = 3$, $n = 4$ und den folgenden Anfangsdaten eine Ausgangslösung berechnen und diese hierauf in einem Algorithmusschritt verbessern.

$$C := \begin{pmatrix} 5 & 7 & 7 & 9 \\ 3 & 9 & 10 & 1 \\ 7 & 2 & 7 & 1 \end{pmatrix} \quad s := \begin{pmatrix} 19 \\ 32 \\ 26 \end{pmatrix} \quad r := \begin{pmatrix} 17 \\ 21 \\ 13 \\ 26 \end{pmatrix}$$

Nach der Nordwesteckenregel erhalten wir:

$$\begin{pmatrix} 17 & 2 & \text{——} & \\ * & 19 & 13 & \\ | & | & 0 & 26 \\ 17 & 21 & 13 & 26 \end{pmatrix} \quad \begin{matrix} 19, 2, 0 \\ 32, 13, 0 \\ 26 \\ \end{matrix}$$
$$\cdot \quad 0 \quad 19 \quad 0$$
$$0$$

$$(1.4.7)$$

Die Striche in der Lösungsmatrix deuten an, welche Zeilen oder Spalten im Verlauf des der Auswahl gestrichen wurden. Das Element, das die Streichung veranlaßte, steht entweder links neben dem Strich oder unmittelbar darüber. Die Zahlen unter und rechts neben dem Schema bedeuten die ursprünglichen und die im Laufe des Verfahrens modifizierten Zahlen s_i und r_j.

Zur Berechnung der u_i und v_j erhält man das System

$$u_3 = 1, v_4 = 0$$
$$u_3 + v_3 = 7, v_3 = 6$$
$$u_2 + v_3 = 10, u_2 = 4$$
$$u_2 + v_2 = 9, v_2 = 5$$
$$u_1 + v_2 = 7, u_1 = 2$$
$$u_1 + v_1 = 5, v_1 = 3$$

Damit erhält man für die 6 nicht zu Basisvariablen gehörenden Indexpaare:

$$u_1 + v_3 - c_{13} = 1$$
$$u_1 + v_4 - c_{14} = -7$$
$$u_2 + v_1 - c_{21} = 4$$
$$u_2 + v_4 - c_{24} = 3$$
$$u_3 + v_1 - c_{31} = -3$$
$$u_3 + v_2 - c_{32} = 4$$

Dies liefert $(i', j') = (2, 1)$. Die entsprechende Stelle wurde in (1.4.7) durch * markiert. Nun sind in der momentanen Lösungsmatrix der Reihe nach die vierte Spalte, die dritte Zeile und die dritte Spalte zu streichen.

Es bleibt

$$\begin{matrix} 17 & 2 \\ * & 19 \end{matrix}$$

Offensichtlich ist $\Delta := 17$ zu setzen und die neue Lösungsmatrix lautet nun

$$\begin{pmatrix} - & 19 & - & - \\ 17 & 2 & 13 & - \\ - & - & 0 & 26 \end{pmatrix}, $$

wobei die Striche wieder die momentanen Nichtbasisvariablen bezeichnen. Damit ist ein Austauschschritt beendet.

1.5 Zuordnungsprobleme

Das Zuordnungsproblem

$$\sum_{i=1}^{n} \sum_{j=1}^{n} c_{ij} z_{ij} \to \text{Min}$$

$$\sum_{j=1}^{n} z_{ij} = 1,\, i \in I_n \qquad\qquad\qquad\qquad\text{(ZOP)}$$

$$\sum_{i=1}^{n} z_{ij} = 1,\, j \in I_n,\, z_{ij} \in \{0, 1\}.$$

ist ein Sonderfall des Transportproblems (T) für $m = n$ und $s_i = r_j = 1,\, i, j \in I_n$. Die Sätze 1.4.1 bis 1.4.5, die natürlich auch für diesen Spezialfall zuständig sind, garantieren daher, daß das Simplexverfahren eine ganzzahlige Lösung liefert, wenn man es auf das zu (ZOP) gehörige lineare Programm anwendet. Auf Grund der linearen Restriktionen von (ZOP) gilt dann für diese Lösung auch $z_{ij} \in \{0, 1\}$.

Das Kennzeichen der Transportprobleme ist die für alle solchen Probleme gleiche Restriktionsmatrix A mit ihrer einfachen Struktur. Bei den Zuordnungsproblemen kommt nun eine weitere Besonderheit hinzu. Auch die rechte Seite des linearen Restriktionssystems ist für alle derartigen Probleme gleich. Diese zusätzliche Information ist nun so wertvoll, daß man anstelle des Simplexverfahrens, das allgemeine lineare Programme zu behandeln erlaubt, besser ein Verfahren anwendet, das die Besonderheiten des Problems vollständig nützt. Ein derartiges Verfahren ist die sogenannte *Ungarische Methode*, die wir hier nun darlegen wollen.

Wir untersuchen zuerst, wie sich die Zielfunktion ändert, wenn man von den Elementen der i-ten Zeile von C den Wert $u_i^{(0)}$ und von den Elementen der j-ten Spalte von C den Wert $v_j^{(0)}$ subtrahiert. C geht dadurch über in eine neue Matrix $C^{(0)}$ mit den Elementen

$$c_{ij}^{(0)} = c_{ij} - u_i^{(0)} - v_j^{(0)}. \qquad\qquad\qquad\qquad (1.5.1)$$

Offenbar gilt dann

$$\sum_{i,j} c_{ij} z_{ij} = \sum_{i,j} c_{ij}^{(0)} z_{ij} + \sum_{i} u_i^{(0)} \sum_{j} z_{ij} + \sum_{j} v_j^{(0)} \sum_{i} z_{ij} =$$

$$= \sum_{i,j} c_{ij}^{(0)} z_{ij} + \sum_{i} u_i^{(0)} + \sum_{j} v_j^{(0)}.$$

Eine zulässige Lösung $z_{ij},\, i, j \in I_n$, also eine Permutationsmatrix Z, ist genau dann optimal bezüglich der Matrix C, wenn sie optimal bezüglich $C^{(0)}$ ist. Die Zielfunktionswerte unterscheiden sich um $\sum_{i} u_i^{(0)} + \sum_{j} v_j^{(0)}$. Da man $u_i^{(0)}$ und $v_j^{(0)}$ so wählen kann, daß für alle $i, j \in I_n$ gilt $c_{ij}^{(0)} \geqslant 0$, dürfen wir bereits $c_{ij} \geqslant 0$ voraussetzen. Dies bedeutet mithin keine Beschränkung auf einen besonderen Typ von Zuordnungsproblemen.

Zwei Nullelemente $c_{ij}^{(0)} = 0$ und $c_{i'j'}^{(0)} = 0$ der Matrix $C^{(0)}$ heißen *unabhängig*, wenn $i \neq i'$ und $j \neq j'$, d. h. also, wenn sie in verschiedenen Zeilen und Spalten liegen. Ein

System von n unabhängigen Nullelementen $c_{i_1 j_1}^{(0)}$, $c_{i_2 j_2}^{(0)}$, ..., $c_{i_n j_n}^{(0)}$ liefert sofort eine Minimallösung, wenn man $z_{i_k j_k} := 1$ setzt für $1 \leqslant k \leqslant n$ und den übrigen Elementen von Z den Wert 0 gibt. Für diese Lösung gilt nämlich

$$\sum_{i,j} c_{ij} z_{ij} = \sum_i u_i^{(0)} + \sum_j v_j^{(0)}.$$

Außerdem sind die Restriktionen von (ZOP) erfüllt. Wegen $\sum_{i,j} c_{ij}^{(0)} z_{ij} \geqslant 0$ liefert

keine weitere zulässige Lösung einen kleineren Zielfunktionswert. Für die Existenz von n unabhängigen Nullelementen in $C^{(0)}$ ist notwendig, daß in jeder Zeile und in jeder Spalte von $C^{(0)}$ mindestens eine Null vorkommt. Geht man von einer Matrix C mit $c_{ij} \geqslant 0$ aus, so kann man durch eine Transformation (1.5.1) mit

$$u_i^{(0)} := \underset{j}{\text{Min}}\ c_{ij},$$

$$v_j^{(0)} := \underset{i}{\text{Min}}\ (c_{ij} - u_i^{(0)})$$

erreichen, daß diese Bedingung erfüllt ist. Bei der ungarischen Methode startet man mit einer derartigen Matrix $C^{(0)}$ und führte diese nach gewissen Vorschriften über eine Folge $C^{(1)}$, $C^{(2)}$, ... von Matrizen in eine Matrix $C^{(p)}$ über, die n unabhängige Nullelemente besitzt. Der Übergang von $C^{(k)}$ zu $C^{(k+1)}$ erfolgt dabei mit Hilfe einer Transformation vom Typ (1.5.1), d. h. durch

$$c^{(k+1)} := c_{ij}^{(k)} - u_i^{(k+1)} - v_j^{(k+1)}, \tag{1.5.2}$$

so daß für die Zielfunktion der an Hand von $C^{(p)}$ ermittelten Lösungsmatrix gilt:

$$\sum c_{ij} x_{ij} = \sum_{k=0}^{p} \sum_{i=1}^{n} (u_i^{(k)} + v_i^{(k)}).$$

Zur detaillierten Beschreibung des Verfahrens benötigen wir einige Vorbereitungen. Wir nennen ein System von Zeilen und Spalten einer nicht notwendig quadratischen Matrix C eine *Nullüberdeckung*, wenn alle Nullelemente von C in den Zeilen oder Spalten dieses Systems vorkommen. Die Zeilen oder Spalten einer Nullüberdeckung sollen einfach Elemente der Überdeckung heißen. Nun gilt:

Satz 1.5.1. *Die maximale Anzahl von unabhängigen Nullelementen, die man aus einer Matrix C mit m Zeilen und n Spalten auswählen kann, ist gleich der minimalen Anzahl von Elementen einer Nullüberdeckung.*

Beweis. Eine Auswahl von unabhängigen Nullelementen von C mit der größtmöglichen Anzahl von Elementen, soll maximale Nullauswahl heißen. Der Satz ist offenbar für $m = 1$ richtig. Er gelte bereits für alle m mit $1 \leqslant m < \bar{m}$. Nun sei C eine Matrix mit $\bar{m}$ Zeilen und n Spalten. Die maximale Anzahl von unabhängigen Nullelementen von C sei q. Ist $q = 0$ oder ist $q = \bar{m}$, so ist der Satz auch für $m = \bar{m}$ richtig. Ist $0 < q < \bar{m}$, so konstruieren wir eine Nullüberdeckung aus q Elementen. Die Zeilen und Spalten von C seien so numeriert, daß die Nullelemente einer maximalen Nullauswahl in der Diagonale der Matrix C_{11} bei der folgenden Zerlegung von C liegen:

$$C := \begin{pmatrix} C_{11} & C_{12} \\ C_{21} & C_{22} \end{pmatrix}$$

C_{22} enthält keine Null. Denn eine solche wäre unabhängig von allen Diagonalgliedern von C_{11}, so daß C mehr als q unabhängige Nullelemente hätte. Enthält die i-te Zeile von C_{12} eine Null ($1 \leqslant i \leqslant q$), so enthält die i-te Spalte von C_{21} keine Null. Denn nehmen wir an, es gilt

$$c_{ik} = c_{li} = 0, \quad 1 \leqslant i \leqslant q, \quad q + 1 \leqslant k \leqslant n, q + 1 \leqslant l \leqslant \bar{m},$$

$$\begin{matrix} 0_{ii} & \ldots & 0_{ik} \\ \cdot & & \cdot \\ \cdot & & \cdot \\ \cdot & & \cdot \\ 0_{li} & \ldots & *_{lk} \end{matrix}$$

Dann könnte man aber die Null an der Stelle (i, i) gegen die beiden Nullen an den Stellen (i, k) und (l, i) vertauschen, wodurch man eine Nullauswahl von $q + 1$ unabhängige Nullen erhielte.

Wir streichen nun in C jene s Spalten, in denen C_{21} eine Null enthält, und jene z Zeilen, in denen C_{12} eine Null enthält. Die gestrichenen Spalten und Zeilen nehmen wir in die zu konstruierende Nullüberdeckung auf. Auf Grund der vorangehenden Überlegungen werden dadurch genau $z + s$ Diagonalelemente von C_{11} überdeckt. Ist $z + s = 0$ oder $z + s = q$, so sind wir fertig. Es sei also $0 < z + s < q$. Die aus C_{11} nach der Streichung entstandene Restmatrix $\bar{C}_{11}$ hat weniger als $\bar{m}$ Zeilen. Wir behaupten, daß in ihr gerade $q - z - s$ unabhängige Nullelemente existieren. Wenn diese Behauptung stimmt, so kann man alle Nullelemente der Restmatrix nach Induktionsannahme durch $q - z - s$ Elemente überdecken. Zusammen mit den $z + s$ bereits vorhin ausgewählten Elementen gibt das eine Nullüberdeckung von C durch q Elemente. Der Satz ist daher bewiesen, wenn wir zeigen können, daß in der aus C_{11} entstehenden Restmatrix $\bar{C}_{11}$ nicht mehr als $q - z - s$ unabhängige Nullelemente existieren.

Zu diesem Zweck ordnen wir zunächst die ersten q Zeilen von C so an, daß die z gestrichenen Zeilen die Indizes $q - z + 1$ bis q erhalten. Dann ordnen wir die ersten q Spalten von C so um, daß die zu den gestrichenen Zeilen gehörenden Elemente der maximalen Nullauswahl wieder in der Diagonale zu liegen kommen. Anschließend ordnen wir die ersten $q - z$ Spalten von C so an, daß die s gestrichenen Spalten die Indizes $q - z - s + 1$ bis $q - z$ erhalten. Zugleich ordnen wir die ersten $q - z$ Zeilen so um, daß die ausgewählten Nullelemente dieser gestrichenen Spalten wieder in der Diagonale von C_{11} liegen. Da sich die gestrichenen Zeilen und Spalten nie in einem Diagonalelement schneiden, ist eine derartige Anordnung möglich. Schließlich ordnen wir nun den Rest der ersten q Zeilen und Spalten ebenfalls so an, daß auch die restlichen Nullen der Nullauswahl wieder in der Diagonale liegen. Es ergibt sich so das Schema in Fig. 50 a.
Die Restmatrix $\bar{C}_{11}$ erhält dadurch die Gestalt

$$\bar{C}_{11} = \begin{pmatrix} D_{11} & D_{12} \\ D_{21} & D_{22} \end{pmatrix}$$

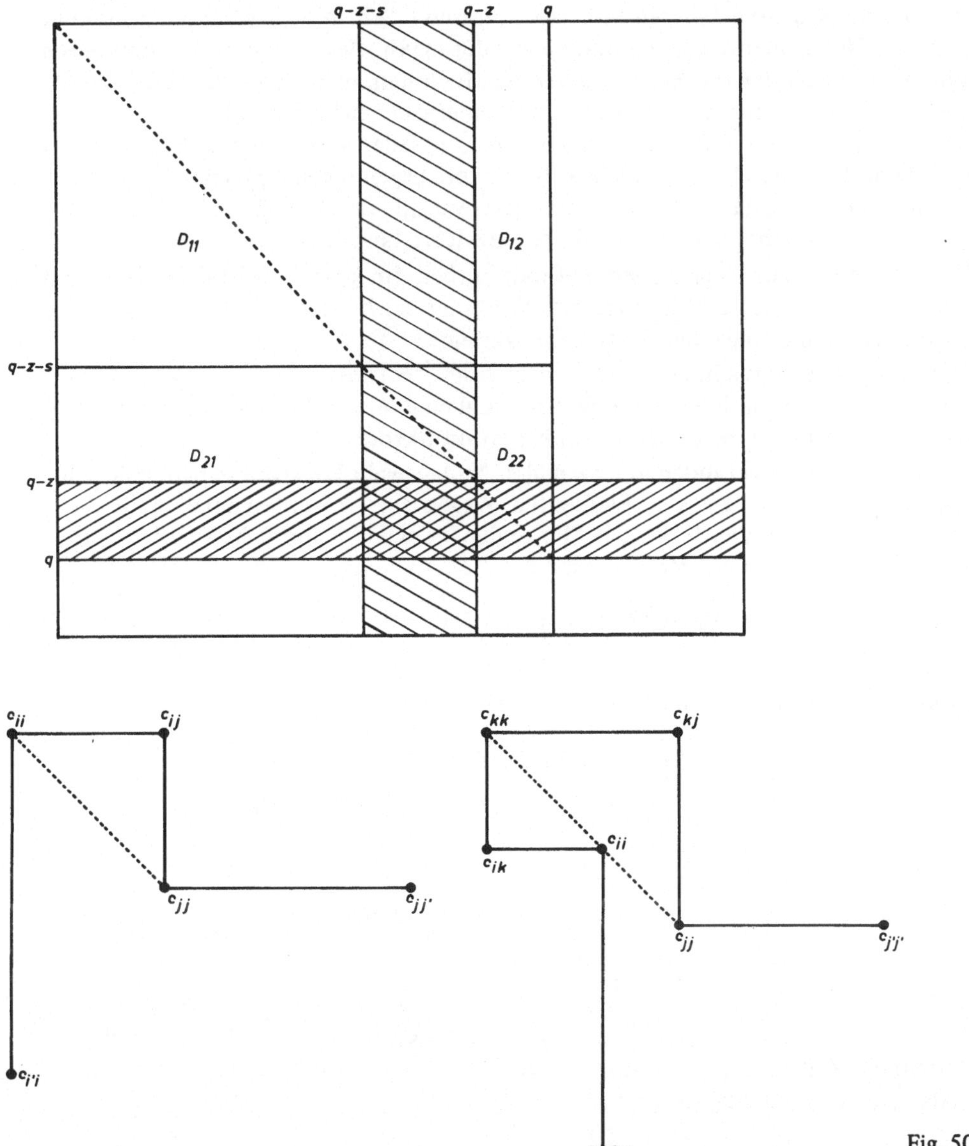

Fig. 50

In diesem Blockschema enthält D_{22} keine Null. Denn zu einem Nullelement c_{ij}, $q-z-s+1 \leqslant i \leqslant q-z$, $q-z+1 \leqslant j \leqslant q$, gäbe es Nullelemente $c_{i'i}$ und $c_{jj'}$ mit $i' > q$ und $j' > q$ (in den schraffierten Bereichen von Fig. 50 a), und man könnte die Nullelemente c_{ii} und c_{jj} durch die drei Nullelemente c_{ij}, $c_{i'i}$ und $c_{jj'}$ ersetzen (siehe Fig. 50 b), wodurch man eine Auswahl von mehr als q unabhängigen Nullelementen erhielte.

Außerdem besitzen die k-te Spalte von D_{21} und die k-te Zeile von D_{12} nicht gleichzeitig Nullelemente. Denn gilt $c_{ik} = c_{kj} = 0$, $1 \leqslant k \leqslant q-z-s$, $q-z-s+1 \leqslant i \leqslant q-z$,

$q-z+1 \leqslant j \leqslant q$, so existieren Indizes $i' > q$ und $j' > q$ mit $c_{i'i} = c_{jj'} = 0$, und man kann die Nullelemente c_{kk}, c_{ii} und c_{jj} aus der maximalen Nullauswahl eliminieren und dafür die Nullen c_{ik}, c_{kj}, $c_{i'i}$ und $c_{jj'}$ aufnehmen, wodurch sich wieder ein System von $q+1$ unabhängigen Nullelementen ergäbe (siehe Fig. 50 c).

Auf Grund der letzten Behauptung kann man in jeder maximalen Nullauswahl von $\overline{C}_{11}$ die in D_{12} und D_{21} liegenden Nullelemente gegen die entsprechenden Diagonalglieder von D_{11} austauschen. Die maximale Anzahl von unabhängigen Nullelementen von $\overline{C}_{11}$ ist daher $q-z-s$. Damit ist Satz 1.5.1 bewiesen.

Wir kehren nun zur Ungarischen Methode zurück. Im k-ten Schritt des Verfahrens habe man die Matrix $C^{(k)}$ konstruiert. Nun folgt der $k+1$-te Schritt, und zwar wird dieser in die folgenden Teilschritte zerlegt:

a) Man wähle eine maximale Nullauswahl von $C^{(k)}$. Diese bestehe aus n_k Elementen. Ist $n_k = n$, so definiert diese Nullauswahl eine Minimallösung und das Verfahren ist beendet. Ist $n_k < n$, so fahre man bei Punkt b) fort.

b) Zu der unter a) gefundenen maximalen Nullauswahl konstruiere man eine minimale Nullüberdeckung aus n_k Elementen. Wegen $n_k < n$ werden dabei nicht alle Elemente von $C^{(k)}$ überdeckt. Die Menge der Indexpaare der nicht überdeckten Elemente von $C^{(k)}$ sei L. Man bestimme

$$e_k := \mathrm{Min}\ \{c_{ij}^{(k)} \mid (i,j) \in L\ \}.$$

Es gilt $e_k > 0$.

c) Nun folgt die Transformation. Dazu setze man

$$u_i^{(k+1)} := \begin{cases} 0 & \text{falls die Zeile } i \text{ überdeckt ist} \\ e_k & \text{falls die Zeile } i \text{ nicht überdeckt ist} \end{cases}$$

$$v_j^{(k+1)} := \begin{cases} 0 & \text{falls die Spalte } j \text{ nicht überdeckt ist} \\ -e_k & \text{falls die Spalte } j \text{ überdeckt ist} \end{cases}$$

$$c_{ij}^{(k+1)} := c_{ij}^{(k)} - u_i^{(k+1)} - v_j^{(k+1)}.$$

Auf Grund der Wahl von $u_i^{(k+1)}$ und $v_j^{(k+1)}$ gilt weiterhin $c_{ij}^{(k+1)} \geqslant 0$. Ist z_k die Anzahl der Zeilen und s_k die Anzahl der Spalten der unter b) konstruierten minimalen Nullüberdeckung, so gilt

$$\sum_{i=1}^{n} u_i^{(k+1)} + \sum_{j=1}^{n} v_j^{(k+1)} = (n-z_k)\,e_k - s_k e_k = (n-n_k)\,e_k.$$

Für die Zielfunktion gilt dann

$$\sum_{i,j} c_{ij}x_{ij} = \sum_{i,j} c_{ij}^{(k+1)}x_{ij} + \sum_{i} u_i^{(0)} + \sum_{j} v_j^{(0)} + \sum_{s=1}^{k} (n-n_k)\,e_k. \qquad (1.5.3)$$

Sind die Elemente der Ausgangsmatrix ganzzahlig, so bleiben auch die Elemente aller weiteren Matrizen ganzzahlig. Damit gilt $(n-n_k)e_k \geqslant 1$. (Sind die Elemente c_{ij}, was man für eine numerische Behandlung des Problems voraussetzen muß, wenigstens rational, so kann man durch Multiplikation mit dem kleinsten gemeinsamen Vielfachen aller Nenner das Problem zurückführen auf ein Problem mit ganzzahligen c_{ij}). In 1.5.3 ist jede der Zahlen

$$g_k = \sum_{s=1}^{k} (n-n_k)e_k$$

eine untere Schranke für die Zielfunktion. Da die Zielfunktion auf dem Restriktionsbereich beschränkt ist, muß wegen $g_{k+1}-g_k \geqslant 1$ nach endlich vielen Schritten der Fall eintreten, daß sich aus $C^{(k)}$ genau n unabhängige Nullen auswählen lassen. Eine minimale Nullüberdeckung konstruiert man ausgehend von einer maximalen Nullauswahl wie im Beweis zu Satz 1.5.1. Dazu ist die dortige Umordnung der Zeilen und Spalten gar nicht nötig. Nehmen wir an, daß die Nullen einer maximalen Nullauswahl markiert seien. Dann nehmen wir alle Zeilen, die zwar Nullen, aber keine markierten Nullen enthalten. Diese Zeilen entsprechen der Matrix (C_{21}, C_{22}). Ferner nehmen wir alle Spalten, die zwar Nullen, aber keine markierten Nullen enthalten. Diese Spalten entsprechen der Matrix $(C_{12}^T, C_{22}^T)^T$. Aus (C_{21}, C_{22}) wählen wir nun alle Spalten, die Nullen enthalten, ebenso aus $(C_{12}^T, C_{22}^T)^T$ alle Zeilen, die Nullen enthalten. Die entsprechenden Zeilen und Spalten von C nehmen wir in die Überdeckung auf und streichen diese Elemente aus C. Mit der dabei aus C_{11} entstehenden Restmatrix $\bar{C}_{11}$ anstelle von C wird dann der Vorgang wiederholt.

Es bleibt somit nur mehr zu erklären, wie man im Teilschritt (a) zu einer maximalen Nullauswahl kommt. Dazu betrachten wir das folgende (X_1, X_2, b)-Netz (siehe Abschnitt 2.7 von Teil 1):

$$X_1 := X_2 := I_n,$$
$$K := \bigcup_{i \in X_1} \{(q, i)\} \cup \bigcup_{j \in X_2} (j, s) \cup \{(i, j) \mid c_{ij}^{(k)} = 0\}, \qquad (1.5.4)$$
$$b(k) := 1, \quad k \in K$$

(siehe Schema in Fig. 51).

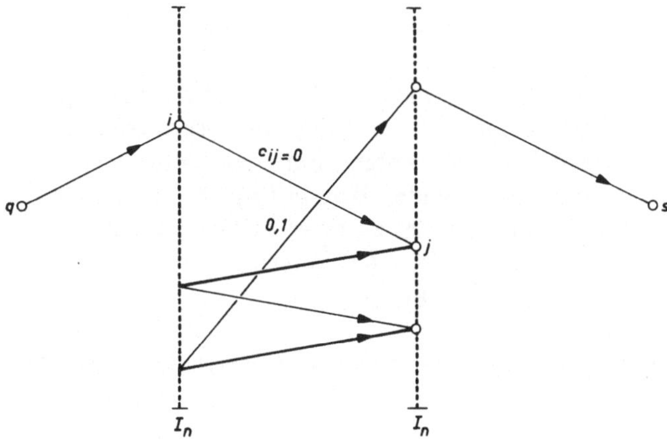

Fig. 51

Jeder Fluß von q nach s in diesem Netzwerk definiert durch

$$J := \{(i, j) \mid f(i, j) = 1\} \tag{1.5.5}$$

die Indexmenge einer unabhängigen Nullauswahl von $C^{(k)}$ und umgekehrt. Die Nullauswahl ist genau dann maximal, wenn f maximal ist.

Einen zulässigen Fluß bzw. die dazu gehörige Indexmenge J aus (1.5.5) bestimmt man ausgehend von $C^{(k)}$ so: Existiert eine Zeile oder Spalte von $C^{(k)}$, in der nur eine einzige Null vorkommt, so markiere man diese Null, nehme sie in die zu konstruierende Nullauswahl auf und streiche die dazu gehörige Zeile und Spalte. Dies ist erlaubt, denn enthält die i-te Zeile nur eine Null c_{ij} und enthält eine maximale Nullauswahl eine Null $c_{i'j}$, $i' \neq i$, so kann man die beiden Nullen c_{ij} und $c_{i'j}$ vertauschen. Existiert in der reduzierten Matrix eine weitere Zeile oder Spalte mit nur einer Null, so markiere man wieder diese Null, nehme sie in die Nullauswahl auf und streiche wieder die dazu gehörige Zeile und Spalte. Auf diese Weise fortfahrend gelangt man schließlich zu einer Matrix, die keine Null mehr enthält, dann ist die getroffene Auswahl maximal, oder zu einer Matrix, bei der in jeder Zeile und Spalte mindestens zwei Nullen vorkommen. In diesem Fall wählt man willkürlich eine weitere Null aus, markiert sie, streicht die dazu gehörige Zeile und Spalte und setzt das Verfahren wie bisher fort. Ist keine weitere Reduktion mehr möglich, so besitzt man nun zwar eine Auswahl von unabhängigen Nullen, aber diese Auswahl muß nicht maximal sein.

Der entsprechende Fluß f in (X_1, X_2, b) ist dann ebenfalls nicht maximal. Nach Satz 2.7.2 von Teil 1 existiert dann ein Weg zwischen q und s, längs dem man f abändern kann, um einen neuen Fluß mit einem um 1 höheren Wert zu erhalten. Ein derartiger Weg hat als erste Kante eine Kante (q, i_1), als letzte Kante eine Kante (j_r, s), und es muß gelten $f(q, i_1) = f(j_r, s) = 0$. Für die dazwischenliegenden Kanten (i_1, j_1), (i_2, j_1), (i_2, j_2), . . ., (i_r, j_r) gilt abwechselnd $f(i_s, j_s) = 0$ $(s \in I_r)$ und $f(i_{s+1} j'_s) = 1$ $(s \in I_{r-1})$. Die zwischen X_1 und X_2 verlaufenden Kanten des Weges entsprechen daher einer Folge von abwechselnd nicht markierten Nullen aus $C^{(k)}$, die mit einer nicht markierten Null beginnt und mit einer nicht markierten Null endet. Vertauscht man in dieser Folge die markierten mit den nicht markierten Elementen, so entsteht eine unabhängige Nullauswahl, die eine Null mehr enthält.

Läßt sich zu f kein Weg der beschriebenen Art mehr finden, so ist die dazu gehörige Nullauswahl maximal. Ein Algorithmus, der das Zuordnungsproblem nach der Ungarischen Methode löst, muß daher einen Programmteil enthalten, der zu gegebenem nicht maximalen f einen entsprechenden Weg in (X_1, X_2, b) findet, oder mit anderen Worten: einen Programmteil, der zu einer nicht maximalen Nullauswahl eine Nullfolge der oben beschriebenen Art liefert.

Wir geben nun eine Kurzbeschreibung des Verfahrens an.

Algorithmus 11. Lösung des Zuordnungsproblems nach der Ungarischen Methode
Anfangsdaten: Kostenmatrix C.
1. Setze $z := 0$ und $T := 0$.
2. Transformation der Matrix C nach (1.5.2).

a) Für $i \in I_n$ führe aus:

   Setze $u := \text{Min} \{c_{ij} | j \in I_n\}$.

   Ist $u > 0$, setze $z := z + u$ und $c_{ij} := c_{ij} - u$ für alle $j \in I_n$.

b) Für $j \in I_n$ führe aus:

   Setze $v := \text{Min} \{c_{ij} | i \in I_n\}$.

   Ist $v > 0$, setze $z := z + v$ und $c_{ij} := c_{ij} - v$ für alle $i \in I_n$.

3. Sukzessives Streichen aller Zeilen und Spalten, die nur eine Null enthalten. Aufnahme des Indexpaares dieser Null in die Menge J_1. Enthalten alle Zeilen und Spalten mehr als eine Null, so wird eine Null willkürlich gewählt.

   a) Setze $I := J := I_n$ und $K_1 := J_1 := \phi$.

   b) Für $i \in I$ führe aus:

      Gilt $c_{ij*} = 0$ und $c_{ij} > 0$ für alle $j \in J - \{j^*\}$, setze

      $I := I - \{i\}$, $J := J - \{j^*\}$ und $J_1 := J_1 \cup \{(i, j^*)\}$.

   c) Für $j \in J$ führe aus:

      Gilt $c_{i*j} = 0$ und $c_{ij} > 0$ für alle $i \in I - \{i^*\}$, setze

      $I := I - \{i^*\}$, $J := J - \{j\}$ und $J_1 := J_1 \cup \{(i^*, j)\}$.

   d) Ist $J_1 \neq \phi$, setze $K_1 := K_1 \cup J_1$, $J_1 := \phi$ und gehe nach 3 b.

   e) Ist $I = \phi$, gehe nach 7.

   f) Ist $c_{ij} > 0$ für $i \in I$, $j \in J$, gehe nach 4.

   g) Wähle ein $(i, j) \in I \times J$ mit $c_{ij} = 0$, setze $K_1 := K_1 \cup \{(i, j)\}$,

      $I := I - \{i\}$, $J := J - \{j\}$, $J_1 := \phi$, $T := 1$ und gehe nach 3 b.

4. Verbesserung der unter 3 gefundenen Nullauswahl

   a) Ist $T = 0$, gehe nach 5.

   b) Setze $U := I$ und $V := W := \phi$. Für $i \in U$ setze $q_i := q$.

   c) Für $i \in U$ führe aus:

      Für $j \in I_n - V$ führe aus:

         Ist $c_{ij} = 0$ und $(i, j) \notin K_1$, setze $p_j := i$ und $W := W \cup \{j\}$.

         Ist $(l, j) \notin K_1$ für alle $l \in I_n$ mit $c_{lj} = 0$, setze $J := J - \{j\}$

         und gehe nach 4 e.

      Ist $W = \phi$, gehe nach 5, sonst setze $V := V \cup W$ und $W := \phi$.

   d) Für $j \in V$ führe aus:

      Für $i \in I_n - U$ führe aus:

         Ist $c_{ij} = 0$ und $(i, j) \in K_1$, setze $q_i := j$ und $W := W \cup \{i\}$.

      Ist $W = \phi$, gehe nach 5, sonst setze $U := U \cup W$, $W := \phi$ und gehe nach 4 c.

   e) Setze $K_1 := K_1 \cup \{(p_j, j)\}$ und $i := p_j$.

      Ist $q_i = q$, setze $I := I - \{i\}$ und gehe nach 4 b.

      Setze $K_1 := K_1 - \{(i, q_i)\}$, $j := q_i$ und gehe nach 4 e.

5. Bestimmung einer minimalen Nullüberdeckung

   a) Ist $|K_1| = n$, gehe nach 7.

      Setze $U := I_n - I$, $V := I_n - J$, $U_1 := I$, $V_1 := J$, $U_2 := V_2 := \phi$ und

      $Z := S := \phi$.

   b) Für $i \in U_1$ führe aus:

      Für $j \in V$ führe aus:

         Ist $c_{ij} = 0$, setze $V_2 := V_2 \cup \{j\}$ und $S := S \cup \{j\}$.

   c) Für $i \in U$ führe aus:

      Für $j \in V_1$ führe aus:

         Ist $c_{ij} = 0$, setze $U_2 := U_2 \cup \{i\}$ und $Z := Z \cup \{i\}$.

d) Setze $U : = U - U_2$, $V : = V - V_2$ und $U_1 := V_1 : = \phi$.

Für $j \in V_2$ und $i \in U$ führe aus:

Ist $(i, j) \in K_1$, setze $U : = U - \{i\}$ und $U_1 : = U_1 \cup \{i\}$.

Für $i \in U_2$ und $j \in V$ führe aus:

Ist $(i, j) \in K_1$, setze $V : = V - \{j\}$ und $V_1 : = V_1 \cup \{j\}$.

Ist $U = \phi$, gehe nach 6, sonst gehe nach 5 b.

6. Transformation der Matrix C

Bilde $e : = \text{Min} \{c_{ij} | i \notin Z, j \notin S\}$.

Für $i \in I_n - Z$ und $j \in I_n$ setze $c_{ij} : = c_{ij} - e$.

Für $j \in S$ und $i \in I_n$ setze $c_{ij} : = c_{ij} + e$.

Setze $z : = z + e(n - |Z| - |S|)$. Gehe nach 3.

7. Für $(i, j) \in K_1$ setze $z_{ij} : = 1$. Für $(i, j) \notin K_1$ setze $z_{ij} : = 0$.

Ende. (z bedeutet den Zielfunktionswert.)

1.6 Das Rundreiseproblem. Verzweigungsverfahren

In Beispiel 1.2.4 wurde das schon früher besprochene Rundreiseproblem als lineares pseudoboolesches Programm formuliert, indem die Bedingungen des Problems in Form von linearen Beziehungen zwischen den Variablen z_{ijk} angegeben wurden. Wie bei den Problemen von Abschnitt 1.4 und 1.5 ist auch hier die Restriktionsmatrix bei jedem Einzelproblem dieselbe. Ihre Struktur ist jedoch viel komplizierter. Da man es bereits bei Rundreiseproblemen mit bescheidenem Umfang von etwa 20 Knoten mit 8000 Variablen zu tun hat, ist eine Vorgangsweise wie bei allgemeinen linearen Programmen unmöglich. Die in der Praxis vorliegenden Probleme sind meist umfangreicher. Ein brauchbares Lösungsverfahren wird man nur dann erhalten, wenn man die Besonderheiten des Problems bei der Lösungssuche voll berücksichtigt. Dies ist wegen der Unübersichtlichkeit der Restriktionsmatrix bei Rundreiseproblemen weit schwieriger als bei Transportproblemen oder bei Zuordnungsproblemen.

Es gibt andere Formulierungen des Rundreiseproblems als lineares Programm. Wir stellen die Kantenbewertung $c : K \to \overline{R}$ wie in Beispiel 1.2.4 durch eine Matrix C dar (wie in Abschnitt 1.5 dürfen wir $c_{ij} > 0$ voraussetzen) und gehen zum Beispiel vom Zuordnungsproblem aus:

$$\sum_{z_{ij}=1} c_{ij} z_{ij} \to \text{Min}$$

$$\sum_j z_{ij} = 1, \; i \in I_n \qquad\qquad (1.6.1 \text{ a})$$

$$\sum_i z_{ij} = 1, \; j \in I_n$$

$$z_{ij} \in \{0, 1\}.$$

Die zulässigen Lösungen dieses Problems sind Permutationsmatrizen, entsprechen also (1,1)-Faktoren in dem vollständigen Graphen $(I_n, I_n \times I_n)$. Ein (1,1)-Faktor ist ein Hamiltonscher Zykel, wenn er nur aus einem einzigen Zykel besteht. Diese Bedingung läßt sich auf die folgende Weise durch lineare Ungleichungen in den Variablen z_{ij} ausdrücken:

$$z_{i_1 i_2} + z_{i_2 i_3} + \ldots + z_{i_s i_1} \leqslant s-1$$

$$i_j \in I_n,\ i_j \neq i_k \ \text{für } j \neq k \text{ und } j,\ k \in I_s \qquad\qquad (1.6.1\ \text{b})$$

$$1 \leqslant s \leqslant \left[\frac{n}{2}\right].$$

Durch (1.6.1 b) wird vermieden, daß die (1.6.1 a) genügende Lösung einen Zykel mit weniger als n Kanten besitzt.

Da durch (1.6.1 b) für $s = 1$ insbesondere auch Schlingen aus der Betrachtung ausgeschlossen werden, dürfen wir voraussetzen, daß die Diagonalglieder der Bewertungsmatrix gleich ∞ sind.

Aber auch in der Formulierung (1.6.1) des Rundreiseproblems gewinnt man nicht so viele Vorteile, daß man die Standardverfahren der linearen Programmierung mit Erfolg adaptieren könnte. Die Anzahl der Variablen ist zwar vorderhand geringer, nämlich nur n^2, dafür ist aber die Anzahl der Restriktionen größer, und darüber hinaus treten bei den Restriktionen (1.6.1 b) Ungleichungen auf. Führt man diese mit Hilfe von Schlupfvariablen wieder in Gleichungen über, so wächst die Anzahl der Variablen noch stärker an.

Little, Murty, Sweeney und Karel — im Folgenden mit Little u. a. zitiert — haben ein Verfahren zur Lösung des Rundreiseproblems angegeben, das auf einem auch anderweitig verwendbarem Prinzip beruht. Man geht dabei auf die folgende Weise vor.

Die Menge der zulässigen Lösungen von (1.6.1) werde durch Z_0 bezeichnet. Jedes Element von Z_0 ist also eine Permutationsmatrix $(z_{ij})_{i,j\epsilon I_n}$, die einem einzigen, alle Knoten enthaltenden Zykel von $(I_n,\ I_n \times I_n)$, d. h. einem Hamiltonschen Zykel dieses Graphen entspricht. Wir fassen die n^2 Größen z_{ij} und c_{ij} zu je einem Vektor zusammen und schreiben abkürzend für die Zielfunktion $c^T z$. $(Z_s)_{s\epsilon S}$ sei eine Partition von Z_0 mit einer gewissen Indexmenge S. Ferner gelte für gewisse reelle Zahlen c_s:

$$c_s \leqslant c^T z \ \text{für alle } z \in Z_s,\ s \in S.$$

Die Größen c_s sollen also eine untere Schranke für die Werte der Zielfunktion auf den einzelnen Teilbereichen Z_s bedeuten. Gilt nun für ein $s^* \in S$:

$$c_{s*} = \text{Min}\,\{c_s \mid s \in S\}\ \text{und}\ c_{s*} = c^T z^*,\ z^* \in Z_{s*}, \qquad (1.6.2)$$

so ist z^*, wie man leicht einsieht, eine Minimallösung des Problems (1.6.1).

Beim Verfahren von Little u. a. konstruiert man ausgehend von der trivialen Partition (Z_0) eine Folge von Partitionen $(Z_s)_{s\epsilon S_k}$. Dabei wird in jedem Schritt die vorliegende Partition verfeinert. Das Verfahren setzt man so lange fort, bis eine der Partitionsmengen Z_{s*} nur mehr ein Element enthält und für dieses und die zugehörige Schranke c_{s*} die Beziehung (1.6.2) gilt.

Die Verfeinerung erfolgt so, daß man eine Partitionsmenge Z_{s*} mit minimalem c_{s*} in zwei nicht leere Mengen $Z_{s'}$ und $Z_{s''}$ mit $Z_{s'} \cup Z_{s''} = Z_{s*}$ aufspaltet und für die neuen Mengen untere Schranken $c_{s'}$ und $c_{s''}$ ermittelt. Die Indexmenge der neuen Partition ist dann $S_{k+1} = S_k \cup \{s',\ s''\} - \{s^*\}$. Diese Aufspaltung von Z_{s*} in zwei neue Partitionsmengen wird als *Verzweigung* (im Laufe des Lösungsweges) bezeichnet. Das Verfahren von Little u. a. heißt daher auch *Verzweigungsverfahren.*

Den momentanen Stand der Ermittlungen bei diesem Verfahren kann man übersichtlich durch einen gerichteten Baum darstellen, bei dem jeder Knoten einer Partitionsmenge entspricht. Die Endknoten des Baumes entsprechen dabei gerade den Partitionsmengen der letzten Partition $(Z_s)_{s \in S_k}$. Der Ausgangsmenge Z_0 entspricht die Wurzel des Baumes (siehe Fig. 52).

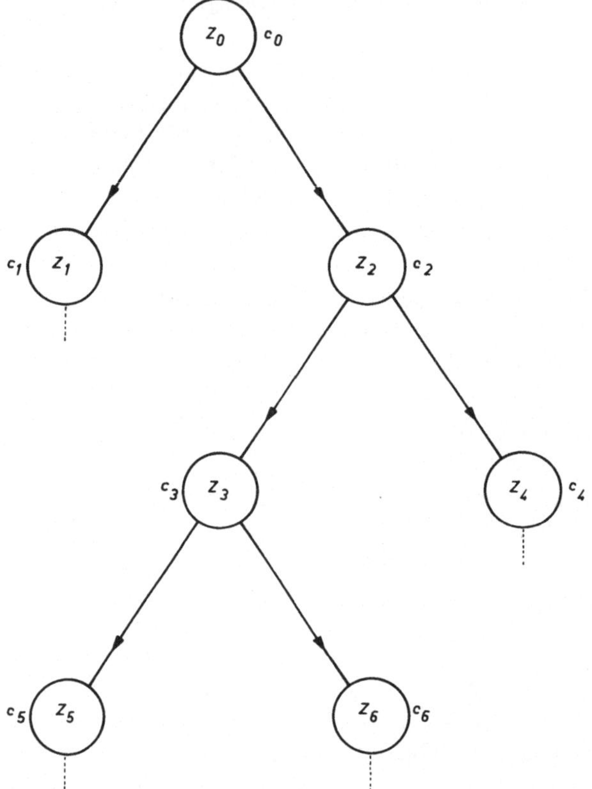

Fig. 52

Das Verfahren endet, wenn bei einer Verzweigung eine neue Partitionsmenge Z_{s*} mit nur einem Element $z*$ entsteht und c_{s*} minimal ist unter allen zu momentanen Partitionsmengen gehörigen unteren Schranken. Das Verfahren bricht aber auch dann ab, wenn alle unteren Schranken gleich ∞ werden. In diesem Fall existiert kein Hamiltonscher Zykel endlicher Bewertung in $(I_n, I_n \times I_n)$, d. h. in jedem Hamiltonschen Zykel dieses Graphen trägt mindestens eine Kante die Bewertung ∞. Ist $(I_n, I_n \times I_n)$ die Vervollständigung eines Graphen $G := (X, K)$, d. h. wurde $c_{ij} = \infty$ gesetzt für $(i, j) \notin K$, so bedeutet dies, daß in G selbst kein Hamiltonscher Zykel existiert.

Wir erklären die Vorschrift, nach der die Verzweigung durchgeführt und die unteren Schranken berechnet werden sollen, an Hand des Ausgangsknotens 0 von Fig. 52, der dem zulässigen Bereich Z_0 entspricht. Die Zerlegung in die beiden

Mengen Z_1 und Z_2 erfolgt so, daß man eine Kante (i, j) mit $c_{ij} < \infty$ auswählt und zu Z_1 alle jenen Hamiltonschen Zykel rechnet, die (i, j) nicht enthalten, und zu Z_2 alle jenen, die (i, j) enthalten. Z_1 entspricht also den Lösungen z mit $z_{ij} = 0$, Z_2 entspricht den Lösungen z mit $z_{ij} = 1$.

In einem vollständigen Graphen mit n Knoten existieren $(n-1)!$ Hamiltonsche Zykeln. Nur $(n-2)!$ davon enthalten die Kante (i, j). Also hat Z_2 die Mächtigkeit $(n-2)!$, Z_1 dagegen die Mächtigkeit $(n-1)!-(n-2)! = (n-2)\,(n-2)!$. Bei $n > 3$ enthält also Z_1 wesentlich mehr Elemente als Z_2. Durch geeignete Wahl von (i, j) kann man erreichen, daß die untere Schranke c_1 für die Zielfunktionswerte auf Z_1 — wenigstens in Hinblick auf die verwendete Abschätzungsvorschrift — möglichst groß ausfällt. Dadurch wird die Wahrscheinlichkeit, eine Minimallösung unter den Elementen von Z_2 und nicht unter den Elementen von Z_1 zu finden, erhöht. Da Z_2 weniger Elemente besitzt als Z_1, muß man zur Ermittlung einer solchen Minimallösung in Z_2 weniger oft verzweigen als zur Ermittlung einer Minimallösung in Z_1.

Eine untere Schranke für die Werte der Zielfunktion auf Z_0 ermittelt man so. Man unterwirft die Matrix C einer Transformation (1.5.2) mit

$$u_i^{(0)} := \operatorname*{Min}_{j} c_{ij} \quad \text{und} \quad v_j^{(0)} := \operatorname*{Min}_{i} (c_{ij}-u_i^{(0)}).$$

Dann gilt

$$c^T z = c^{(0)T} z + \sum_{i=1}^{n} u_i^{(0)} + \sum_{j=1}^{n} v_j^{(0)}. \tag{1.6.3}$$

Mit

$$c_0 := \sum_{i=1}^{n} u_i^{(0)} + \sum_{j=1}^{n} v_j^{(0)}$$

erhält man also eine zu Z_0 gehörige untere Schranke c_0.

Die Behandlung des Knoten 1 des Lösungsbaumes kann genauso erfolgen, wie die Behandlung des Ausgangsknoten 0. Um zu vermeiden, daß die Kante (i, j) weiterhin berücksichtigt wird, setzt man $c_{ij}^{(0)} := \infty$. Damit geht die reduzierte Matrix $C^{(0)}$ über in eine neue Matrix, die nun eventuell in der i-ten Zeile und in der j-ten Spalte keine Null mehr enthält. Daher führt man abermals eine Transformation (1.5.2) durch, wobei die Transformationsgrößen u und v nun an Hand der neuen Matrix zu bilden sind. Das Ergebnis der Transformation werde wieder durch $C^{(1)}$ bezeichnet. Die untere Schranke für die Werte der Zielfunktion auf Z_1 erhöht sich nun auf

$$c_1 := c_0 + \operatorname*{Min}_{l \neq j} c_{il}^{(0)} + \operatorname*{Min}_{l \neq i} c_{lj}^{(0)}, \tag{1.6.4}$$

denn der Zuwachs c_1-c_0 in (1.6.4) ist gerade die Summe der Komponenten von u und v bei der neuen Transformation (1.5.2).

Die Behandlung des Knoten 2 des Lösungsbaumes erfolgt ebenfalls analog zur Behandlung des Ausgangsknoten, allerdings nun mit einem reduzierten Graph $(I_{n-1}, I_{n-1} \times I_{n-1})$ als Grundlage. Man kann nämlich die Tatsache, daß die Kante (i, j) ausgewählt wurde, registrieren und anschließend in $(I_n, I_n \times I_n)$ die beiden Knoten i und j identifizieren. Dabei löscht man alle von i ausgehenden Kanten und alle in j endenden Kanten, d. h. man streicht die i-te Zeile und die j-te Spalte von $C^{(0)}$. Dem neuen Knoten erteilt man dann zum Beispiel die neue Nummer i und reduziert dann alle Knotennummern so, daß wieder alle Knoten von 1 bis n-1 durchnumeriert sind. Um den Kurzzyklus (i, j), (j, i) auszuschließen, hat man nach dieser Umnumerierung und entsprechender Umordnung der um eine Zeile und um eine Spalte reduzierten Matrix $\overline{C}^{(0)}$ noch $\overline{c}_{ii}^{(0)} := \infty$ zu setzen. Im neuen Graphen $(I_{n-1}, I_{n-1} \times I_{n-1})$ bedeutet das einfach, daß weiterhin keine Schlingen berücksichtigt werden sollen. Die Hamiltonschen Zykeln von Z_2 entsprechen dann umkehrbar eindeutig den Hamiltonschen Zykeln von $(I_{n-1}, I_{n-1} \times I_{n-1})$. Jedem Zykel dieser letzteren Art kann man durch Einfügen der Kante (i, j) zu einem Hamiltonschen Zykel aus Z_2 ergänzen. Die bisher aus $C^{(0)}$ konstruierte Matrix $\overline{C}^{(0)}$ hat unter Umständen nicht in jeder Zeile und in jeder Spalte eine Null. Man führt daher eine weitere Transformation (1.5.2) mit

$$u_i^{(2)} := \min_j \overline{c}_{ij}^{(0)} \quad \text{und} \quad v_j^{(2)} := \min_i (\overline{c}_{ij}^{(0)} - u_i^{(2)}) \tag{1.6.5}$$

durch und nennt die reduzierte Matrix $C^{(2)}$. Die untere Schranke für die Zielfunktionswerte auf Z_2 erhöht sich dann auf

$$c_2 := c_0 + \sum_{i=1}^{n} u_i^{(2)} + \sum_{j=1}^{n} v_j^{(2)}.$$

Bei einer Kantenwahl (i, j) mit $c_{ij}^{(0)} = 0$ und

$$\begin{aligned} w_{ij} &= \max \{w_{uv} \mid c_{uv}^{(0)} = 0\}, \\ w_{uv} &:= \min_{l \neq v} c_{ul}^{(0)} + \min_{l \neq u} c_{lv}^{(0)} \end{aligned} \tag{1.6.6}$$

fällt c_1 möglichst groß aus. Zur Bestimmung von (i, j) wird daher (1.6.6) herangezogen.

Jeder noch nicht verzweigte Knoten in Fig. 52 kann nun ebenfalls so behandelt werden. Es ist nur zu beachten, daß der zugrundeliegende Graph weniger Knoten oder wenigstens eine bereits modifizierte Bewertung besitzt. Das Verfahren endet spätestens, wenn durch

$$c_{s*} = \min_{s \in S} c_s$$

für den nächsten Verzweigungsschritt ein Knoten gewählt wird, dessen zugehöriger Graph nur mehr zwei Knoten besitzt. Da in der entsprechenden Bewertungsmatrix $C^{(s*)}$ in jeder Zeile und in jeder Spalte eine Null steht und Nullen nicht zur Diagonale gehören können, ist durch die beiden Elemente $c_{12}^{(s*)} = c_{21}^{(s*)} = 0$ ein Kantenpaar (i, j) und (i', j') bestimmt. Wegen

$$c^T z = c_{12}^{(s*)} z_{ij} + c_{21}^{(s*)} z_{i'j'} + c_{s*} = c_{s*}$$

ist dann c_{s*} der minimale Zielfunktionswert.

Falls bei der Verzweigung des Knoten s zu den Knoten t und $t + 1$ bei der Reduktion der Matrix $C^{(s)}$ nach (1.5.2) eine der Transformationsgrößen u_i oder v_j gleich ∞ wird, setzen wir die entsprechende untere Schranke ebenfalls gleich ∞. Tritt im Laufe des Verfahrens der Fall ein, daß $\underset{s \in S}{\text{Min}}\, c_s = \infty$ ist, so bricht man die Lösungssuche ab. Es existiert dann kein Hamiltonscher Zykel endlicher Länge.

Wir geben nun eine Kurzbeschreibung des Verfahrens von Little u. a. an.

Algorithmus 12. Lösung des Rundreiseproblems nach Little u. a.

Anfangsdaten: Bewertungsmatrix $C^{(0)}$ (mit $c_{ij}^{(0)} \geqslant 0$). Es bedeuten:

$C^{(s)}$ ... zum Knoten s gehörige Bewertungsmatrix

n_s ... Dimension von $C^{(s)}$

$c_{.0}^{(s)}$ ... n_s-dimensionaler Vektor, $c_{io}^{(s)}$ gibt die Nummer des Knoten an, zu dem die i-te Zeile von $C^{(s)}$ gehört

$c_{0.}^{(s)}$ ... n_s-dimensionaler Vektor, $c_{oj}^{(s)}$ gibt die Nummer des Knoten an, zu dem die j-te Spalte von $C^{(s)}$ gehört

$c_{00}^{(s)}$ ... untere Schranke c_s der Zielfunktion auf Z_s

1. Setze $S := \phi$, $r := s := c_{00}^{(0)} := 0$, $m := 3$ und $n_0 := n$.
 Für $i \in I_n$ setze $c_{io}^{(0)} := c_{oi}^{(0)} := i$.

2. a) Für $i \in I_{n_s}$ führe aus:
 Setze $u := \text{Min}\,\{c_{ij}^{(s)} \mid j \in I_{n_s}\}$ und $c_{00}^{(s)} := c_{00}^{(s)} + u$.
 Ist $u = \infty$, gehe nach 6.
 Für $j \in I_{n_s}$ setze $c_{ij}^{(s)} := c_{ij}^{(s)} - u$.

 b) Für $j \in I_{n_s}$ führe aus:
 Setze $v := \text{Min}\,\{c_{ij}^{(s)} \mid i \in I_{n_s}\}$ und $c_{00}^{(s)} := c_{00}^{(s)} + v$.
 Ist $v = \infty$, gehe nach 6.
 Für $i \in I_{n_s}$ setze $c_{ij}^{(s)} := c_{ij}^{(s)} - v$.

 c) Gehe nach (m).

3. Setze $a := -1$.
 Für $(i, j) \in I_{n_s} \times I_{n_s}$ führe aus:
 Ist $c_{ij}^{(s)} = 0$, führe aus:
 Bilde $u := \text{Min}\,\{c_{il}^{(s)} \mid l \in I_{n_s} - \{j\}\}$ und $v := \text{Min}\,\{c_{lj}^{(s)} \mid l \in I_{n_s} - \{i\}\}$.

 Ist $a < u + v$, setze $a := u + v$, $i_s := c_{io}^{(s)}$, $j_s := c_{oj}^{(s)}$,
 $p := i$, $q := j$, $u_1 := u$ und $v_1 := v$.

4. Setze $r := r + 1$ und $v_r := -s - 1$.
 Für $(i, j) \in I_{n_s} \cup \{0\} \times I_{n_s} \cup \{0\}$ setze $c_{ij}^{(r)} := c_{ij}^{(s)}$.
 Setze $c_{pq}^{(r)} := \infty$, $c_{00}^{(r)} := c_{00}^{(s)} + a$ und $n_r := n_s$.
 Für $j \in I_{n_r} - \{q\}$ setze $c_{pj}^{(r)} := c_{pj}^{(r)} - u_1$. Für $i \in I_{n_r} - \{p\}$ setze $c_{iq}^{(r)} := c_{iq}^{(r)} - v_1$.

5. a) Setze $r := r + 1$, $n_r := n_s - 1$ und $v_r := s$.
 b) Ist $p < q$, führe aus:
 Für $j \in I_{n_s} \cup \{0\}$ setze $c_{pj}^{(s)} := c_{qj}^{(s)}$. Setze $c_{pp}^{(s)} := \infty$
 Für $q \leqslant i \leqslant r$ führe aus:
 Für $j \in I_{n_s} \cup \{0\}$ setze $c_{ij}^{(s)} := c_{i+1,j}^{(s)}$.
 Für $q \leqslant j \leqslant n_r$ führe aus:
 Für $i \in I_{n_r} \cup \{0\}$ setze $c_{ij}^{(s)} := c_{i,j+1}^{(s)}$.

c) Ist $p > q$, führe aus:

    Für $i \in I_{n_s} \cup \{0\}$ setze $c_{iq}^{(s)} := c_{ip}^{(s)}$. Setze $c_{qq}^{(s)} := \infty$.

    Für $p \leqslant j \leqslant n_r$ führe aus:

        Für $i \in I_{n_s} \cup \{0\}$ setze $c_{ij}^{(s)} := c_{i,j+1}^{(s)}$.

    Für $p \leqslant i \leqslant n_r$ führe aus:

        Für $j \in I_{n_r} \cup \{0\}$ setze $c_{ij}^{(s)} := c_{i+1,j}^{(s)}$.

d) Für $(i, j) \in I_{n_r} \cup \{0\} \times I_{n_r} \cup \{0\}$ setze $c_{ij}^{(r)} := c_{ij}^{(s)}$.

    Setze $S := S - \{s\} \cup \{r-1, r\}$, $s := r$ und $m := 6$. Gehe nach 2.

6. a) Setze $b := \infty$.

  b) Für $t \in S$ führe aus:

        Ist $c_{00}^{(t)} < b$, setze $s := t$ und $b := c_{00}^{(t)}$.

  c) Ist $b = \infty$, gehe nach 8.

  d) Ist $n_s > 2$, gehe nach 3.

7. a) Setze $i_s := c_{10}^{(s)}$, $j_s := c_{02}^{(s)}$, $i_{s+1} := c_{20}^{(s)}$ und $j_{s+1} := c_{01}^{(s)}$.

  b) Setze $S := \{s, s+1\}$ und $t' := s$.

  c) Setze $t := v_{t'}$.

    Ist $t > 0$, setze $S := S \cup \{t\}$, $t' := t$ und gehe nach 7 c.

    Ist $t = 0$, setze $S := S \cup \{0\}$ und gehe nach 9.

    Ist $-t-1 > 0$, setze $t' := -t-1$ und gehe nach 7 c, sonst gehe nach 9.

8. Ende. Es existiert kein Hamiltonscher Zykel mit endlicher Bewertung.

9. Setze $W := \{(i_t, j_t) \mid t \in S\}$ und ende. W erzeugt einen Hamiltonschen Zykel mit minimaler Bewertung.

Beispiel 1.6.1. Wir berechnen an Hand der folgenden Bewertungsmatrix einen Hamiltonschen Zykel mit minimaler Bewertung

$$C := C^{(0)} := \begin{pmatrix} \infty & 30 & 25 & 20 & 0 \\ 40 & \infty & 50 & 40 & 0 \\ 10 & 50 & \infty & 45 & 0 \\ 25 & 30 & 40 & \infty & 0 \\ 0 & 0 & 0 & 0 & \infty \end{pmatrix}$$

In dieser Matrix enthält bereits jede Zeile und jede Spalte eine Null. Daher gilt $c_0 = 0$. Zur Ermittlung der Kante (i, j) berechnen wir:

$$w_{15} = 20, \quad w_{25} = 40, \quad w_{35} = 10, \quad w_{45} = 25$$
$$w_{51} = 10, \quad w_{52} = 30, \quad w_{53} = 25, \quad w_{54} = 20.$$

Wegen

$$w_{25} = \mathrm{Max}\{w_{uv} \mid c_{uv}^{(0)} = 0\}$$

setzen wir $i_0 := 2$ und $j_0 := 5$. Die erste Verzweigung ist festgelegt, und wir erhalten

$$C^{(1)} := \begin{pmatrix} \infty & 30 & 25 & 20 & 0 \\ 0 & \infty & 10 & 0 & \infty \\ 10 & 50 & \infty & 45 & 0 \\ 25 & 30 & 40 & \infty & 0 \\ 0 & 0 & 0 & 0 & \infty \end{pmatrix} \qquad c_1 = 40.$$

$$C' := \begin{pmatrix} \infty & 30 & 25 & 20 \\ 0 & \infty & 0 & 0 \\ 10 & 50 & \infty & 45 \\ 25 & 30 & 40 & \infty \end{pmatrix}$$

wobei C' aus $C^{(0)}$ durch Vertauschen der fünften mit der zweiten Zeile und anschließendem Streichen der fünften Zeile und Spalte entsteht. C' ist noch gemäß (1.5.2) zu reduzieren. Dies liefert

$$C^{(2)} = \begin{pmatrix} \infty & 5 & 5 & 0 \\ 0 & \infty & 0 & 0 \\ 0 & 35 & \infty & 35 \\ 0 & 0 & 15 & \infty \end{pmatrix} \begin{matrix} 1 \\ 5 \\ 3 \\ 4 \end{matrix} \qquad c_2 = 60.$$
$$\begin{matrix} 1 & 2 & 3 & 4 \end{matrix}$$

Die Zahlen unter und neben $C^{(2)}$ bedeuten die Nummern der Knoten, zu denen die Zeilen und Spalten von $C^{(2)}$ gehören.

Wegen $S = \{1, 2\}$ und $c_1 < c_2$ ist die nächste Verzweigung im Knoten 1 vorzunehmen (siehe Fig. 53). Wir berechnen daher weiter:

$$w_{15} = 20,\ w_{21} = 0,\ w_{24} = 0,\ w_{35} = 10,\ w_{45} = 25,$$
$$w_{51} = 0,\ w_{52} = 30,\ w_{53} = 10,\ w_{54} = 0,$$
$$w_{52} = \text{Max}\,\{w_{uv}\,|\,c_{uv}^{(1)} = 0\}.$$

Wir setzen also $i_1 := 5$ und $j_1 := 2$. Damit ergibt sich

$$C^{(3)} = \begin{pmatrix} \infty & 0 & 25 & 20 & 0 \\ 0 & \infty & 10 & 0 & \infty \\ 10 & 20 & \infty & 45 & 0 \\ 25 & 0 & 40 & \infty & 0 \\ 0 & \infty & 0 & 0 & \infty \end{pmatrix} \qquad c_3 = 70$$

und

$$C^{(4)} = \begin{pmatrix} \infty & 0 & 15 & 20 \\ 0 & \infty & 0 & 0 \\ 10 & 0 & \infty & 45 \\ 25 & 0 & 30 & \infty \end{pmatrix} \begin{matrix} 1 \\ 2 \\ 3 \\ 4 \end{matrix} \qquad c_4 = 50.$$
$$\begin{matrix} 1 & 5 & 3 & 4 \end{matrix}$$

Wegen $S = \{2, 3, 4\}$ und $c_4 < c_2 < c_3$ wird im Knoten 4 weiter verzweigt. Wir berechnen

$$w_{12} = 15, \ w_{21} = 10, \ w_{23} = 15, \ w_{24} = 20, \ w_{32} = 10, \ w_{42} = 25,$$
$$w_{42} = \mathrm{Max}\,\{w_{uv} \mid c_{uv}^{(4)} = 0\}.$$

Also setzen wir $i_4 := 4$ und $j_4 := 5$. Dies liefert

$$C^{(5)} = \begin{pmatrix} \infty & 0 & 15 & 20 \\ 0 & \infty & 0 & 0 \\ 10 & 0 & \infty & 45 \\ 0 & \infty & 5 & \infty \end{pmatrix} \begin{matrix} 1 \\ 2 \\ 3 \\ 4 \end{matrix} \qquad c_5 = 75$$
$$\begin{matrix} 1 & 5 & 3 & 4 \end{matrix}$$

und

$$C^{(6)} = \begin{pmatrix} \infty & 0 & 0 \\ 0 & \infty & \cdot \ 0 \\ 0 & 30 & \infty \end{pmatrix} \begin{matrix} 1 \\ 2 \\ 3 \end{matrix} \qquad c_6 = 80.$$
$$\begin{matrix} 1 & 4 & 3 \end{matrix}$$

Wegen $S = \{2, 3, 5, 6\}$ und $c_2 < c_3 < c_5 < c_6$ wird im Knoten 2 weiter verzweigt. Wir berechnen

$$w_{14} = 5, \ w_{21} = 0, \ w_{23} = 5, \ w_{24} = 0, \ w_{31} = 35, \ w_{41} = 0, \ w_{42} = 5$$
$$w_{31} = \mathrm{Max}\,\{w_{uv} \mid c_{uv}^{(2)} = 0\}.$$

Daher setzen wir $i_2 := 3$ und $j_2 := 1$. Dies liefert

$$C^{(7)} = \begin{pmatrix} \infty & 5 & 5 & 0 \\ 0 & \infty & 0 & 0 \\ \infty & 0 & \infty & 0 \\ 0 & 0 & 15 & \infty \end{pmatrix} \begin{matrix} 1 \\ 5 \\ 3 \\ 4 \end{matrix} \qquad c_7 = 95$$
$$\begin{matrix} 1 & 2 & 3 & 4 \end{matrix}$$

und

$$C^{(8)} = \begin{pmatrix} \infty & 5 & 0 \\ 0 & \infty & 0 \\ 15 & 0 & \infty \end{pmatrix} \begin{matrix} 1 \\ 5 \\ 4 \end{matrix} \qquad c_8 = 60.$$
$$\begin{matrix} 3 & 2 & 4 \end{matrix}$$

Wegen $S = \{3, 5, 6, 7, 8\}$ und $c_8 \leq c_s, s \in S$, wählen wir für die nächste Verzweigung den Knoten 8 und berechnen

$$w_{13} = 5, \ w_{21} = 15, \ w_{23} = 0, \ w_{42} = 20.$$

Also setzen wir $i_8 := 4$ und $j_8 := 2$. Dies liefert

$$C^{(9)} = \begin{pmatrix} \infty & 0 & 0 & 1 \\ 0 & \infty & 0 & 5 \\ 0 & \infty & \infty & 4 \end{pmatrix} \qquad c_9 = 80$$

$$\phantom{C^{(9)} =} \quad 3 \quad\ 2 \quad\ 4$$

und

$$C^{(10)} = \begin{pmatrix} \infty & 0 \\ 0 & \infty \end{pmatrix} \begin{matrix} 1 \\ 5 \end{matrix} \qquad c_{10} = 60.$$

$$\phantom{C^{(10)} =} \quad 3 \quad\ 4$$

Wegen $S = \{3, 5, 6, 7, 9, 10\}$ und $c_{10} \leqslant c_s,\, s \in S$, haben wir nun einen Knoten erreicht, dessen zugehörige Bewertungsmatrix nur mehr zwei Zeilen und zwei Spalten enthält. Wir setzen daher

$$i_{10} := 1,\, j_{10} := 4,\, i_{11} := 5 \text{ und } j_{11} := 3.$$

In der so konstruierten Lösung gilt

$$z_{14} = z_{53} = z_{42} = z_{31} = z_{25} = 1.$$

Alle anderen Variablen sind 0. Eine Knotenfolge des gefundenen Hamiltonschen Zykels ist (1, 4, 2, 5, 3, 1). Der dazu gehörige Zielfunktionswert ist 60.

Fig. 53 gibt eine Übersicht über den Verlauf des Verfahrens. Die Zahlen in den Kreisen bedeuten die Nummer des Knoten, die Zahlen daneben sind die Werte der unteren Schranken.

Das Verfahren von Little u.a. gehört zu einer Klasse von Verfahren, die man, wie bereits erwähnt wurde, als Verzweigungsverfahren bezeichnet. In Anlehnung an die englischsprachige Literatur spricht man auch häufig von *branch-and-bound-Verfahren*. Es handelt sich dabei um folgende Grundgedanken.

Wir nehmen an, es liege ein Minimierungsproblem

$$f(z) \to \text{Min},\ z \in Z^* \tag{1.6.7}$$

vor. Für eine gewisse Menge $Z_0 \supset Z^*$ sei aber das Minimierungsproblem

$$f(z) \to \text{Min},\ z \in Z_0 \tag{1.6.8}$$

leichter zu lösen. Ist Z^* durch einen Satz von Bedingungen (Gleichungen, Ungleichungen, Ganzzahligkeitsforderungen usw.) gegeben, so wird man Z_0 dadurch festlegen, daß man einen Teil dieser Bedingungen (z. B. die Ganzzahligkeitsforderungen) wegläßt. Das neue Minimierungsproblem mit Z_0 anstelle von Z^* ist dann meist leichter zu lösen.

Die Behandlung des Problems (1.6.8) ergebe eine Minimallösung $z^{(0)}$. Dann ist $f(z^{(0)})$ eine untere Schranke für die Werte der Zielfunktion f auf Z^*. Ist $z^{(0)} \in Z^*$, so ist $z^{(0)}$ natürlich auch Minimallösung von (1.6.7). Ist aber $z^{(0)} \notin Z^*$, so führen

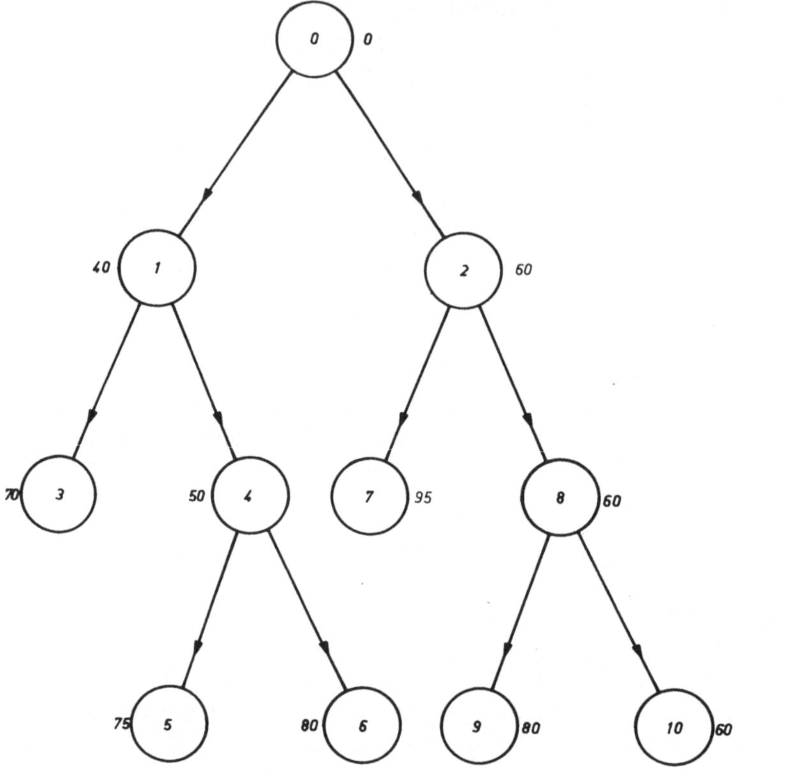

Fig. 53

wir einen *Verzweigungsschritt* durch. Dazu wähle man Z_0' so, daß

$$Z^* \subset Z_0' \subset Z_0 - \{z^{(0)}\},$$

und betrachte eine Partition $(Z_s)_{s \in S_0}$ von Z_0'. Die Mengen Z_s dieser Partition sollen so gewählt sein, daß auch die Minimierungsprobleme

$$f(z) \to \text{Min}, \ z \in Z_s \tag{1.6.9 s}$$

leicht (d. h. relativ leicht im Vergleich zu (1.6.7)) zu lösen sind. $z^{(s)}$ sei die Lösung von (1.6.9 s) für $s \in S_0$. Dann ist $f(z^{(s)})$ eine untere Schranke für die Werte der Zielfunktion f auf der Menge $Z^* \cap Z_s$. Nun gelte $f(z^{(s^*)}) = \text{Min} \{f(z^{(s)}) \mid s \in S_0\}$ für ein $s^* \in S_0$. Ist $z^{(s^*)} \in Z^*$, so ist $z^{(s^*)}$ auch Minimallösung von (1.6.7), wie man leicht erkennt. Ist aber $z^{(s^*)}$ nicht in Z^* enthalten, so wird ein neuer Verzweigungsschritt notwendig. Dabei tritt Z_{s^*} an die Stelle von Z_0 und wird zunächst durch eine Menge Z_{s^*}' mit $Z^* \cap Z_{s^*} \subset Z_{s}' \subset Z_{s^*} - \{z^{(s^*)}\}$ ersetzt, um den Knoten $z^{(s^*)}$ aus der weiteren Betrachtung auszuschließen. Hierauf bildet man eine Partition von Z_{s^*}' und untersucht die entsprechenden Minimierungsprobleme (1.6.9 s).

Eine Übersicht über den Ermittlungsstand im Laufe des Verfahrens gewinnt man, wenn man allen Partitionsmengen Z_s je einen Knoten eines gerichteten Baumes zuordnet. $(Z_s, Z_{s'})$ ist eine Kante dieses Baumes, wenn $Z_{s'} \subset Z_s$, d. h. wenn $Z_{s'}$ bei

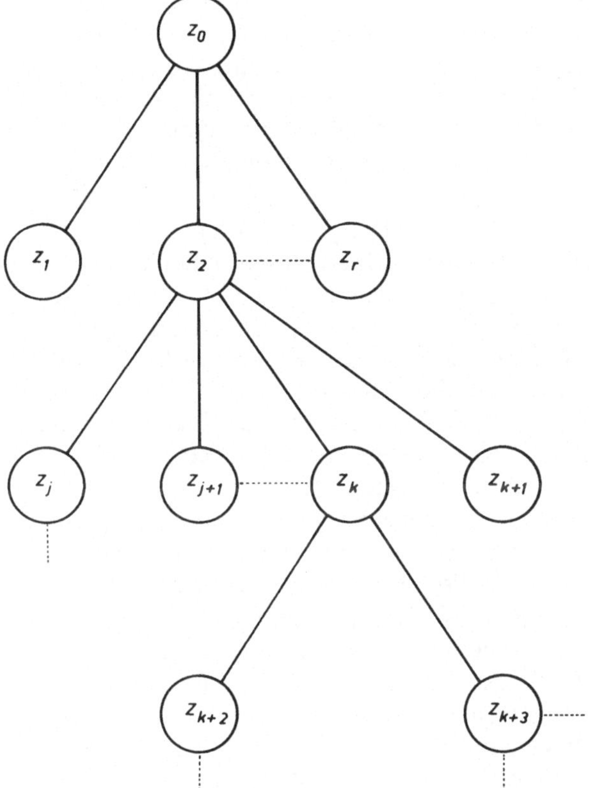

Fig. 54

einer Verzweigung der Menge Z_s als neue Partitionsmenge hinzukommt. Die Menge Z_0 entspricht der Wurzel dieses Baumes (siehe Fig. 54).

Die Auswahl des Knoten s^*, in dem verzweigt werden soll, d. h. die Auswahl der Menge Z_{s^*}, die durch ein System von Teilmengen ersetzt werden soll, erfolgt durch die Bedingung

$$f(z^{(s^*)}) = \text{Min}\{f(z^{(s)})\,|\,s \in S_k\}, \tag{1.6.10}$$

wobei im k-ten Schritt S_k die Menge der Indizes bedeutet, die zu Endknoten des momentanen Baumes gehören. Tritt im Schritt k der Fall ein, daß (1.6.11) ein Element $z^{(s^*)} \in Z^*$ liefert, so ist das Verfahren beendet. $z^{(s^*)}$ ist dann eine Lösung von (1.6.7). Sind alle unteren Schranken $f(z^{(s)}) = \infty$, so endet das Verfahren ebenfalls. In diesem Fall hat (1.6.7) keine Minimallösung.

Für ein Problem (1.6.7) kann es mehrere Verzweigungsverfahren geben. Diese unterscheiden sich dann in der Wahl von Z_0 und durch die Art der Partitionsbildung. Diese Bildung muß so erfolgen, daß das Verfahren in jedem Fall nach endlich vielen Schritten beendet werden kann.

Um das Verfahren von Little u. a. als Verzweigungsverfahren nachzuweisen, genügt der Hinweis, daß die dort berechneten unteren Schranken als minimale Werte der Zielfunktion interpretierbar sind, wenn man den zulässigen Bereich entsprechend modifiziert.

192

Ein weiteres Verzweigungsverfahren zur Lösung des Rundreiseproblems stammt
von Eastman. Man geht dabei so vor. Zuerst löst man das Zuordnungsproblem
(1.6.1 a). Die Menge Z^* der zulässigen Lösungen von (1.6.1) wird also ersetzt
durch die Menge Z_0 der zulässigen Lösungen von (ZOP). Besteht die Lösung $z^{(0)}$
aus einem einzigen Zykel, so ist damit auch (1.6.1) gelöst. Andernfalls sei $(i_1,
i_2, \ldots, i_t, i_1)$ die Knotenfolge eines Zykels des durch $z^{(0)}$ definierten (1,1)-Faktors.
Dann definieren wir $t + 1$ neue Zuordnungsprobleme, indem wir in der Bewertungs-
matrix $C^{(0)}$ jeweils eines der Elemente $c^{(0)}_{i_1 i_2}, \ldots, c^{(0)}_{i_{t-1} i_t}, c^{(0)}_{i_t i_1}$ gleich ∞ setzen.
Dadurch wird die Lösung $z^{(0)}$ ausgeschlossen und wir erhalten darüber hinaus
implizit eine Zerlegung von Z_0, wie sie oben allgemein beschrieben wurde. Das
Verfahren wird dann jeweils mit der Menge Z_{s*} anstelle von Z_0 fortgesetzt, die
den kleinsten Wert $f(z^{(s*)})$ liefert. Die Mengen Z_s werden dadurch festgelegt, daß
man zu den Restriktionen von (ZOP) eine weitere Restriktion $z_{ij} = 0$ hinzunimmt,
wobei (i, j) eines der Indexpaare ist, für die $c_{ij} = \infty$ gesetzt wurde. Ergibt eines der
Zuordnungsprobleme mit Z_{s*} eine Lösung, die einem einzigen Zykel entspricht,
so ist damit eine Lösung des Rundreiseproblems gefunden.

Verzweigungsverfahren sind nicht nur im Zusammenhang mit Rundreiseproblemen
bekannt. Man findet sie auch in anderen Bereich der linearen und nichtlinearen
Optimierung, die mit graphentheoretischen Problemen nichts zu tun haben.

Auch dem Verfahren von Little u. a. und dem Verfahren von Eastman sind wie
anderen Verfahren zur Lösung des Rundreiseproblems Grenzen gesetzt. Der Arbeitsaufwand wächst mit der Knotenzahl so rasch an, daß größere Probleme nur
mit Mühe oder gar nicht mehr zu bewältigen sind. Man verwendet daher mit Vor-
liebe zur Lösung des Rundreiseproblems auch heuristische Verfahren, die zwar in
der Regel keine Minimallösung liefern, einer Minimallösung aber mit hoher Wahrscheinlichkeit nahekommen . Ein derartiges Verfahren ist z. B. in [16] angegeben.

2. Mehrstufige Programme. Optimale Bahnen

2.1 Kürzeste Bahnen

In den Betrachtungen des vorangehenden Kapitels wurde stets in entscheidender
Weise die Linearität der Zielfunktion oder der Restriktionen herangezogen, um die
als mathematische Programme formulierten graphentheoretischen Probleme zu
bewältigen. So haben wir zum Beispiel in Abschnitt 1.4 das Standardverfahren der
linearen Programmierung zur Behandlung des Transportproblems adaptiert. Auch
die ungarische Methode ist schließlich nur auf Grund der Linearität der Zielfunktion des Zuordnungsproblems möglich. In diesem Kapitel stellen wir nun ein Verfahrensschema vor, das auf einer anderen Eigenschaft der Zielfunktion oder einer
daraus abgeleiteten Funktion beruht. Verfahren aus diesem Schema wollen wir
mehrstufige Programme nennen. Spezialfälle davon sind in der Literatur unter der
Bezeichnung dynamische Programme bekannt. Das vorzustellende Verfahrensschema
stellt aber eine größere Klasse von Verfahren in Beziehung.

Wir wenden uns nun zunächst dem Problem der Bestimmung kürzester Bahnen
in einem bewerteten Graphen $G := (X, K)$ zu. Wir dürfen dabei allerdings voraussetzen, daß es sich bei G um einen Digraph handelt. Denn Schlingen sind bei der
Suche nach Bahnen ohne Bedeutung. Und ist f eine Bewertung, die aus einer Kantenbewertung $c : K \to \bar{R}$ durch

$$f((X', K')) := \sum_{k \in K'} c(k) \qquad (2.1.1)$$

entsteht, so enthält eine kürzeste Bahn von mehreren Parallelkanten jeweils nur
eine kürzeste. In diesem Abschnitt wollen wir uns aber sogar auf den für die Praxis
wichtigsten Fall einer additiven Bewertung (2.2.1) beschränken. Erst in Abschnitt 2.4
werden wir es auch mit einer nicht additiven Bewertung zu tun bekommen.

Ferner setzen wir voraus, daß G keine Zykeln negativer Länge enthält. Diese Voraussetzung ist etwas schwächer als in Beispiel 1.1.2. Da wir jedoch hier auf die
Formulierung des Problems als pseudobooolesches Programm keinen Wert legen,
kommen wir auch mit dieser Voraussetzung ans Ziel. Zykeln der Länge 0 werden
von den beschriebenen Verfahren leicht bewältigt.

Liegt die Kantenbewertung $c : K \to \bar{R}$, wie wir stets annehmen wollen, in Form
einer Matrix C vor, so setzen wir in diesem Zusammenhang deren Diagonalglieder
gleich 0. Für $(i, j) \in K$ bedeutet im übrigen c_{ij} die Länge von (i, j). Ist (i, j) keine
Kante von K, so gelte $c_{ij} = \infty$. C heiße *Bewertungsmatrix* von G. Bei gegebener

Bewertung (2.1.1) bedeute $l(i, j)$ die Länge einer kürzesten Bahn von i nach j. Für $i = j$ setzen wir $l(i, i) := 0$. Existiert keine Bahn von i nach j in G, so setzen wir $l(i, j) := \infty$.

Die Systeme der Zahlen $l(i, j)$ und der dazu gehörigen optimalen Bahnen in G haben die folgende leicht erkennbare Eigenschaft, die wir hier zur leichteren Bezugnahme als Satz formulieren:

Satz 2.1.1. *Ist G_W eine kürzeste Bahn von i nach j und lautet die dazu gehörige Knotenfolge $(i, i_1, \ldots, i_p, j)$, so definieren für $s \in I_p$ die Folgen $(i, i_1, \ldots, i_s)$ und $(i_s, \ldots, i_p, j)$ je eine kürzeste Bahn von i nach i_s und von i_s nach j, und es gilt*

$$l(i, j) = l(i, i_s) + l(i_s, j).$$

Grundsätzlich unterscheiden wir drei Problemvarianten:

Problem 1. Gesucht ist je eine kürzeste Bahn von allen Knoten i nach allen Knoten j. Dieses Problem wird gelöst durch die Angabe der Zahlen $l(i, j)$ und einer quadratischen n-zeiligen Matrix W, deren Elemente w_{ij} den Vorgänger des Knoten j in einer kürzesten Bahn von i nach j angeben. Eine solche Matrix soll *Bahnmatrix* heißen.

Problem 2. Gesucht ist je eine kürzeste Bahn von einem festen Knoten i_1 zu allen anderen Knoten j.

Dieses Problem wird gelöst durch die Angabe der Zahlen $l(i_1, j)$ und eines n-dimensionalen Vektors w, dessen Komponenten w_j den Vorgänger von j in einer kürzesten Bahn von i_1 nach j bedeuten. Ein solcher Vektor soll *Bahnvektor* heißen.

Problem 3. Gesucht ist eine kürzeste Bahn von einem festen Knoten i_1 zu einem festen Knoten i_n.

Dieses Problem wird gelöst durch die Angabe von $l(i_1, i_n)$ und der Knotenfolge einer kürzesten Bahn von i_1 nach i_n.

Auf Grund von Satz 2.1.1 sind die Probleme 1 bis 3 nicht unabhängig. Liegt Problem 2 vor, so kann man zum Beispiel die Knotenmenge I_n von G durch Hinzunahme eines Knoten $n + 1$ erweitern und alle von i_1 verschiedenen Knoten mit diesem neuen Knoten durch eine Kante $(j, n+1)$ verbinden. Auch C erweitere man durch die Zahlen $c_{j, n+1} := c_{n+1, n+1} := 0$, $c_{i_1, n+1} := c_{n+1, j} := c_{n+1, i_1} := \infty$ für $j \in I_n - \{i_1\}$. Anstelle von Problem 2 kann man dann auch Problem 3 in dem so erweiterten Graphen lösen. Da dabei alle Bahnen von i_1 nach $I_n - \{i_1\}$ bezüglich ihrer Länge verglichen werden müssen, werden implizit auch die kürzesten Bahnen von i_1 nach $j \in I_n - \{i_1\}$ berechnet. Ebenso kann man ein Problem 1 in ein Problem 2 oder 3 einbetten. Andererseits liefert die Lösung von Problem 1 stets auch eine Lösung der Probleme 2 und 3.

2.2 Lösungsverfahren

Wir geben nun ein Lösungsverfahren für Problem 1 und zwei Lösungsverfahren für das Problem 2 an. An Hand dieser Beispiele erklären wir hierauf in Abschnitt 2.3 ein Verfahrensschema, dessen Realisierungen als mehrstufige Programme bezeichnet werden sollen.

Wir beginnen mit dem Verfahren von Dantzig zur Lösung des Problems 1. Bei diesem Verfahren konstruiert man ausgehend von der Bewertungsmatrix C und der Nullmatrix W eine Folge von Matrizen $C^{(s)}$ und $W^{(s)}$. $C^{(n)}$ ist dann identisch mit der Matrix der Größen $l(i, j)$, $W^{(n)}$ ist identisch mit einer Bahnmatrix, wie sie bei der Beschreibung der Lösung eines Problem 1 erklärt wurde.

Die Bildung der Matrizen $C^{(s)}$ erfolgt nach einer Vorschrift, die durch den folgenden Satz begründet wird.

Satz 2.2.1. *Für $s \in I_n$ sei G_s der von I_s erzeugte Untergraph von G. Wir setzen*

$$c_{ij}^{(1)} := c_{ij}, \quad i, j \in I_n,$$

$$c_{ij}^{(s)} := \begin{cases} \underset{1 \leq u \leq s-1}{\text{Min}} \ (c_{iu}^{(s-1)} + c_{uj}^{(s-1)}) & \text{für } i \in I_{s-1} \text{ und } j = s \\ & \text{oder } i = s \text{ und } j \in I_{s-1} \\ \text{Min}(c_{ij}^{(s-1)}, c_{is}^{(s)} + c_{sj}^{(s)}) & \text{für } i, j \in I_{s-1} \\ c_{ij}^{(s-1)} & \text{sonst} \\ s \geq 2. \end{cases} \tag{2.2.1}$$

Dann gilt für $s \in I_n$, $i, j \in I_s$ und $i \neq j$: $c_{ij}^{(s)}$ ist gleich der Länge einer kürzesten Bahn von i nach j in G_s. Ferner gilt $c_{ii}^{(s)} = 0$ für $i, s \in I_n$.

Beweis. Die Behauptung ist für $s = 1$ trivial. Sie stimmt für $s = 2$. Denn in diesem Fall haben wir

$$c_{12}^{(2)} = c_{12}^{(1)}, \ c_{21}^{(2)} = c_{21}^{(1)}, \ c_{11}^{(2)} = c_{11}^{(1)}, \ c_{22}^{(2)} = c_{22}^{(1)},$$

wie man aus (2.2.1) leicht erkennt.

Nun sei die Behauptung bereits für alle natürlichen Zahlen zwischen 2 und $s-1$ richtig.

Wir betrachten zuerst den Fall $i \in I_{s-1}$ und $j = s$. Die Knotenfolge einer kürzesten Bahn von i nach s in G_s sei $(i, i_1, \ldots, i_p, j)$. Dann gilt $i_p \in I_{s-1}$ und die Länge c dieser Bahn ist nach Satz 2.1.1 und der Induktionsannahme gleich

$$c = c_{ii_p}^{(s-1)} + c_{i_p s}^{(s-1)} = \underset{1 \leq u \leq s-1}{\text{Min}} \ (c_{iu}^{(s-1)} + c_{us}^{(s-1)}).$$

Existiert keine Bahn von i nach s in G_s, so ist in den Ausdrücken

$$c_{iu}^{(s-1)} + c_{us}^{(s-1)}, \ u \in I_{s-1},$$

entweder $c_{iu}^{(s-1)} = \infty$ oder $c_{us}^{(s-1)} = \infty$. Genauso schließt man im Fall $i = s$ und $j \in I_{s-1}$.

Ist $i, j \in I_{s-1}$ und $i \neq j$, so verläuft eine kürzeste Bahn von i nach j in G_s entweder nur in G_{s-1}, oder die Knotenfolge jeder derartigen Bahn enthält auch den Knoten s. Im ersten Fall gilt für die Länge c einer solchen Bahn $c = c_{ij}^{(s-1)}$. Im zweiten Fall gilt auf Grund des bereits Bewiesenen nach Satz 2.1.1 $c = c_{is}^{(s)} + c_{sj}^{(s)}$. Existiert keine Bahn von i nach j in G_s, so ergibt sich wieder $c_{ij}^{(s)} = \infty$. Schließlich gilt, da G keine Zykeln negativer Länge enthält, $c_{ii}^{(s)} = \text{Min} \ (0, c_{is}^{(s)} + c_{si}^{(s)}) = 0$ für $i \in I_{s-1}$ und $c_{ss}^{(s)} = c_{ss}^{(s-1)} = 0$. Damit ist Satz 2.2.1 bewiesen.

Beim Algorithmus von Dantzig erstellt man eine Folge von Matrizen nach der Formel (2.2.1). Gleichzeitig wird auch eine Folge von Bahnmatrizen berechnet. $W^{(1)}$ ist die Nullmatrix. $W^{(s)}$ stellt für $s > 1$ eine Bahnmatrix für die kürzesten Bahnen innerhalb $\mathbf{G}_s$ dar. Ihre Elemente genügen den Beziehungen

$$
w_{ij}^{(s)} := \begin{cases}
l & \text{falls } j = s,\ i \in I_{s-1} \text{ und falls } l \text{ der erste Index ist,} \\
 & \text{für den } c_{is}^{(s)} = c_{il}^{(s-1)} + c_{ls}^{(s-1)} < \infty \ \text{ gilt} \\[2mm]
l & \text{falls } j \in I_{s-1},\ i = s \text{ und falls } l \text{ der erste Index ist,} \\
 & \text{für den } c_{sj}^{(s)} = c_{sl}^{(s-1)} + c_{lj}^{(s-1)} < \infty \ \text{ gilt} \\[2mm]
s & \text{falls } i, j \in I_{s-1} \text{ und } c_{is}^{(s)} + c_{sj}^{(s)} < c_{ij}^{(s-1)} \\[2mm]
w_{ij}^{(s-1)} & \text{sonst.}
\end{cases}
\tag{2.2.2}
$$

Eine Kurzbeschreibung des Algorithmus lautet:

Algorithmus 13. Bestimmung der kürzesten Bahnen von allen Knoten i zu allen Knoten j (nach Dantzig).

Anfangsdaten: Bewertungsmatrix C, Nullmatrix W.

1. Setze $s := 2$.
2. Für $j \in I_{s-1}$ führe aus:
   a) Setze $\quad c_{sj} := c_{s1} + c_{1j},$
   $\qquad\qquad\ c_{js} := c_{j1} + c_{1s},$
   $\qquad\qquad\ w_{js} := w_{sj} := 1.$
   b) Für $2 \leqslant u \leqslant s-1$ führe aus:
   Ist $c_{su} + c_{uj} < c_{sj}$, setze $c_{sj} := c_{su} + c_{uj}$ und $w_{sj} := u$.
   Ist $c_{ju} + c_{us} < c_{js}$, setze $c_{js} := c_{ju} + c_{us}$ und $w_{js} := u$.
3. Für $i, j \in I_{s-1}$ führe aus:
   Ist $c_{ij} > c_{is} + c_{sj}$, setze $c_{ij} := c_{is} + c_{sj}$ und $w_{ij} := s$.
4. Setze $s := s + 1$. Ist $s \leqslant n$, gehe nach 2.
5. Drucke Ergebnis und ende. ($c_{ij} = l(i, j)$, w_{ij} ... Vorgänger von j auf einer kürzesten Bahn von i nach j. Existiert keine derartige Bahn oder ist $i = j$, so gilt $w_{ij} = 0$).

Wir wenden uns nun einem Verfahren zur Lösung von Problem 2 zu, das nach Dijkstra benannt ist. Man geht dabei so vor: Mit dem Startknoten i_1 beginnend sucht man zuerst jenen Knoten $j \in I_n - \{i_1\}$, zu dem die kürzeste Bahn unter allen Bahnen mit dem Anfangsknoten i_1 führt. Diesen Knoten nennt man i_2. Hierauf sucht man einen Knoten $i_3 \in I_n - \{i_1, i_2\}$, zu dem die kürzeste Bahn unter allen Bahnen von i_1 nach $I_n - \{i_1, i_2\}$ führt. Auf diese Weise fährt man fort und gelangt so zu einer Anordnung $(i_1, i_2, \ldots, i_n)$ der Knotenmenge I_n mit der Eigenschaft

$$
l(i_1, i_2) \leqslant l(i_1, i_3) \leqslant \ldots \leqslant l(i_1, i_n).
\tag{2.2.3}
$$

Ist man in dieser Folge bei i_s angekommen, so kann man mit Hilfe der Informationen, die die bisherige Anordnung $(i_1, i_2, \ldots, i_s)$ bietet, die Suche nach dem nächsten Knoten i_{s+1} geeignet organisieren und auch gleichzeitig eine kürzeste Bahn von i_1 nach i_{s+1} angeben. Das Verfahren ist aber nur für nicht negative Kantenbewertungen c_{ij} anwendbar. Wir setzen daher vorübergehend $c_{ij} \geqslant 0$ voraus.

Das Verfahren von Dijkstra läßt sich mit Hilfe des folgenden Satzes begründen.

Satz 2.2.2. *Für eine Knotenanordnung* $(i_1, \ldots, i_s)$ *mit* $s \in I_{n-1}$ *setze man*

$$a_{si} := \mathrm{Min}\,\{l(i_1, t) + c_{ti} \mid t \in J_s\},\ i \in I_n - J_s,$$

$$
\begin{aligned}
J_s &:= \{i_1, \ldots, i_s\},\\
N_s &:= N(J_s) - J_s,\\
Q_s &:= \mathop{\mathrm{Min}}_{j \notin J_s}\, l(i_1, j).
\end{aligned}
\qquad (2.2.4)
$$

Dann gilt $Q_s = \mathop{\mathrm{Min}}\limits_{j \in N_s}\, a_{sj}.$

Beweis. Zunächst sei $N_s = \phi$. Dann ist $\mathop{\mathrm{Min}}\limits_{j \in N_s}\, a_{sj} = \infty$. Wäre $Q_s < \infty$, so gäbe es eine Bahn von i_1 zu einem Knoten i'_p aus $I_n - J_s$. Die Knotenfolge dieser Bahn sei $(i'_1, i'_2, \ldots, i'_p)$ mit $i'_1 = i_1$. i'_l sei der erste Knoten dieser Folge, der nicht zu J_s gehört. Wegen $i'_1 \in J_s$ existiert ein derartiger Knoten. Dann gilt aber $i'_l \in N_s$ im Widerspruch zur Annahme. Also gilt $Q_s = \infty$, und die Behauptung des Satzes ist für $N_s = \phi$ richtig.

Nun sei $N_s \neq \phi$. Für jedes $j \in N_s$ gilt $l(i_1, j) \leqslant a_{sj}$, da mit a_{sj} die Länge der kürzesten Bahn von i_1 nach j über einen Knoten aus J_s berechnet wird. Daraus folgt

$$Q_s \leqslant \mathop{\mathrm{Min}}_{j \in N_s}\, l(i_1, j) \leqslant \mathop{\mathrm{Min}}_{j \in N_s}\, a_{sj}.$$

Ferner sei i'_p ein beliebiger Knoten aus $I_n - J_s$ und $(i'_1, i'_2, \ldots, i'p)$ die Knotenfolge einer Bahn G_W von $i'_1 = i_1$ nach i'_p. Der erste Knoten dieser Folge, der nicht zu J_s gehört, sei i'_l. Dann gilt für die Länge $c(W)$ dieser Bahn

$$
\begin{aligned}
c(W) &\geqslant l(i_1, i'_{l-1}) + c_{i'_{l-1} i'_l} \geqslant \mathrm{Min}\,\{l(i_1, t) + c_{t i'_l} \mid t \in J_s\} =\\
&= a_{si'_l} \geqslant \mathop{\mathrm{Min}}_{j \in N_s}\, a_{sj}.
\end{aligned}
$$

Daher gilt auch $l(i_1, i'_p) \geqslant \mathop{\mathrm{Min}}\limits_{j \in N_s}\, a_{sj}$ für jeden Knoten $i'_p \in I_n - J_s$. Somit haben wir schließlich auch

$$Q_s = \mathop{\mathrm{Min}}_{j \notin J_s}\, l(i_1, j) \geqslant \mathop{\mathrm{Min}}_{j \in N_s}\, a_{sj},$$

und der Satz ist damit bewiesen.

Auf Grund von Satz 2.2.2 kann man nun bei der Erstellung einer Knotenanordnung $(i_1, \ldots, i_n)$ mit der Eigenschaft (2.2.3) so vorgehen: Man beginnt mit i_1 und $s = 1$. Hat man im Laufe des Verfahrens bereits s Knoten $i_1, \ldots, i_s$ gefunden, so ermittelt man einen Knoten i_{s+1} aus der Bedingung

$$a_{s i_{s+1}} = \mathop{\mathrm{Min}}_{j \in N_s}\, a_{sj} = l(i_1, i_{s+1}).$$

Ist $N_s = \phi$, so endet das Verfahren, da dann entweder $s = n$ ist oder zu keinem der restlichen Knoten eine Bahn von i_1 aus existiert. Eine Kurzbeschreibung dieser Vorgangsweise lautet:

Algorithmus 14. Berechnung einer kürzesten Bahn von einem Knoten x zu allen anderen Knoten (nach Dijkstra).

Anfangsdaten: Bewertungsmatrix C (nicht negativ).

1. Setze $s := 1, J_1 := \{x\}, i_1 := x$.

   Für $i \in I_n - \{i_1\}$ setze $w_i := 0$ und $a_i := \infty$.

   Setze $w_{i_1} := i_1$ und $a_{i_1} := 0$.

2. Für $i \in N(J_s) - J_s$ führe aus:

   Ist $a_{i_s} + c_{i_s i} < a_i$, setze $a_i := a_{i_s} + c_{i_s i}$ und $w_i := i_s$.

3. Setze $a := \infty$.

   Für $i \in N(J_s) - J_s$ führe aus:

   Ist $a_i < a$, setze $i_{s+1} := i$ und $a := a_i$.

4. Setze $s := s + 1$ und $J_s := J_{s-1} \cup \{i_s\}$. Ist $s < n$ und $N(J_s) - J_s \neq t$, gehe nach 2.

5. Ende. w_j ist der Vorgänger von j auf einer kürzesten Bahn von i_1 nach j. Existiert keine solche Bahn, so ist $w_j = 0$.

Ein weiteres Verfahren zur Bewältigung von Problem 2 ist der Algorithmus von Ford. Dabei sind auch negative Kantenbewertungen zugelassen, nur darf **G** wie früher keine negativen Zykeln haben. Beim Algorithmus von Ford ermittelt man in einer Reihe von Verfahrensschritten je eine kürzeste Bahn von i_1 nach j unter allen Bahnen, die nur aus einer Kante, aus höchstens zwei Kanten, aus höchstens drei Kanten usw. bestehen. In jedem solchen Schritt wird eine gewisse zusätzliche Information über das Problem erarbeitet — nämlich die Längen der bisher kürzesten Bahnen —, und diese Information wird dann bereits im nächsten Schritt berücksichtigt.

Bevor wir die einzelnen Verfahrensschritte in einer Kurzbeschreibung näher ausführen, begründen wir die Vorgangsweise durch einen Satz. Dazu bedeute für $s \geqslant 1$ das Symbol L_s die Menge aller Knoten x aus $I_n - \{i_1\}$ mit den folgenden Eigenschaften:

a) Es existiert eine Bahn $\mathbf{G}_W$ von i_1 nach x mit $|W| = s$.

b) Ist $\mathbf{G}_{\overline{W}}$ eine kürzeste Bahn unter allen Bahnen $\mathbf{G}_W$ von i_1 nach x mit $|W| \leqslant s$, so gilt $|\overline{W}| = s$.

Ferner bedeute l_{si} für $i \in I_n - \{i_1\}$ die Länge einer kürzesten Bahn unter allen Bahnen $\mathbf{G}_W$ von i_1 nach i mit $|W| \leqslant s$. Existiert keine derartige Bahn, so gelte $l_{si} = \infty$. Für alle in Frage kommenden s gelte $l_{si_1} = 0$. Dann haben wir:

Satz 2.2.3. *Es gilt*

$$l_{1j} = c_{i_1 j}, \quad l_{s+1,j} = \text{Min} \left\{ l_{sj}, \underset{i \in L_s}{\text{Min}} (l_{si} + c_{ij}) \right\}, s \geqslant 1 \tag{2.2.5}$$

$$L_1 = \{ j \mid c_{i_1 j} < \infty, j \neq i_1 \},$$
$$L_{s+1} = \{ j \mid j \in N(L_s) \wedge l_{sj} > l_{s+1,j} \}, s \geqslant 1. \tag{2.2.6}$$

Ist $L_{s+1} = \phi$, so gilt $l_{sj} = l(i_1, j)$ für $j \in I_n$.

Beweis. Der erste Teil von (2.2.6) entspricht der Definition von L_1. Da **G** keine Zykeln negativer Länge enthält, kann nicht $0 > \underset{i \in L_s}{\text{Min}} (l_{si} + c_{ii_1})$ gelten. Also ist $i_1 \notin L_s$ für alle $s \geqslant 1$.

Wir zeigen nun, daß $L_{s+1} \subset N(L_s)$. Dazu gelte $j \in L_{s+1}$ und $(i_1, i_1', \ldots, i_s', j)$ sei die Knotenfolge einer kürzesten Bahn G_W von i_1 nach j unter allen Bahnen mit höchstens $s + 1$ Kanten. Dann gilt $i'_s \in L_s$. Denn die Knotenfolge $(i_1, i'_1, \ldots, i'_s)$ bestimmt eine Bahn $G_{W'}$ mit s Kanten von i_1 nach i'_s. Ist $G_{W''}$ eine solche Bahn mit weniger als s Kanten, so ist $G_{W''}$ länger als $G_{W'}$, sonst könnte man $G_{W''}$ durch Hinzunahme der Kange (i'_s, j) zu einer Bahn von i_1 nach j mit weniger als $s + 1$ Kanten ergänzen, die nicht länger als G_W wäre. Dies ist aber ein Widerspruch zu $j \in L_{s+1}$. Also gilt $i'_s \in L_s$ und daher $L_{s+1} \subset N(L_s)$. Damit ist (2.2.6) nachgewiesen.

Der erste Teil von (2.2.5) ist auf Grund der Definition von l_{sj} richtig. Den zweiten Teil beweist man nun leicht mit Hilfe von (2.2.6).

Ist $L_{s+1} = \phi$, so ist nach (2.2.6) wegen $L_j \subset N(L_{j-1})$ auch $L_j = \phi$ für $j > s + 1$. Existiert daher kein Knoten mehr, zu dem eine kürzeste Bahn von i_1 aus mehr als s Kanten verwendet. Für $i \in \bigcup_{j=1}^{s} L_j \cup \{i_1\}$ gilt also $l(i_1, i) = l_{si}$. Ist i nicht in dieser Vereinigung, so existiert überhaupt keine Bahn von i_1 nach i in G. Daher gilt dafür ebenfalls $l_{si} = l(i_1, i)$. Der Satz ist damit bewiesen.

Eine Kurzbeschreibung des Algorithmus von Ford lautet:

Algorithmus 15. Berechnung einer kürzesten Bahn von einem Knoten x zu allen übrigen Knoten (nach Ford).

Anfangsdaten: Bewertungsmatrix C.

1. Setze $i_1 := x, s := 1$ und $L := N(i_1)$. Für $i \in I_n$ setze $w_i := 0$ und $l_i := c_{i_1 i}$.
   Für $i \in L \cup \{i_1\}$ setze $w_i := i_1$.
2. Ist $N(L) = \phi$, gehe nach 5, sonst setze $I := \phi$.
3. Für $j \in N(L)$ führe aus:
   a) Setze $d_j := l_j$
   b) Für $i \in L$ führe aus:
      Ist $d_j > l_i + c_{ij}$, setze $d_j := l_i + c_{ij}, w_j := i$ und $I := I \cup \{j\}$.
4. Für $j \in I$ setze $l_j := d_j$.
   Setze $L := I$ und gehe nach 2.
5. Ende. ($l_i = l(i_1, i)$, w_i bedeutet den Vorgänger von i auf einer kürzesten Bahn von i_1 nach i, $w_i = 0$, wenn keine Bahn von i_1 nach i existiert.

Wir wollen nun vorübergehend den Graph G zykelfrei voraussetzen und eine nach Bellman benannte Variante des Algorithmus von Ford betrachten, die sich in diesem Fall als besonders günstig erweist. Zykelfreie Graphen treten im Zusammenhang mit der Bahnsuche zum Beispiel in der Netzplantechnik auf (siehe Beispiel 2.2.1 von Teil 1). Es ist dabei vorteilhaft, wenn man vor Beginn der Bahnsuche den Graph G etwas „vorbehandelt".

Da keine Bahn von i_1 aus eine Kante (j, i_1) enthalten kann, darf man ohne Beschränkung der Allgemeinheit $V(i_1) = \phi$ annehmen, also für $j \neq i_1$ das Element c_{ji_1} der Bewertungsmatrix gleich ∞ setzen. Außerdem darf man für $j \neq i_1$ voraussetzen, daß $V(j) \neq \phi$. Bei $V(j) = \phi$ gilt nämlich $l(i_1, j) = \infty$, es existiert keine Bahn von i_1 nach j. Erfüllt G diese Voraussetzung nicht, so streiche man alle von i_1 verschiedenen Knoten ohne Vorgänger und entferne die von diesen Knoten ausgehenden Kanten. Diesen Streichungsprozeß setze man so lange fort, bis ein Graph $G' := (I_{n'}, K')$ entsteht, in dem jeder von i_1 verschiedene Knoten mindestens einen Vorgänger hat. In diesem Graph existiert dann zu jedem Knoten $j \neq i_1$ mindestens eine Bahn von

i_1 nach j. Nach dieser Reduktion von G werden die restlichen n' Knoten neu angeordnet. Wir suchen bei i_1 beginnend eine Anordnung $(i_1, i_2, \ldots, i_{n'})$ mit der Eigenschaft, daß aus $i_s \in N(i_t)$ folgt $s > t$. Setzen wir wie früher

$$J_s := \{i_1, \ldots, i_s\}, \quad s \in I_n,$$

so ist diese Bedingung gleichbedeutend mit

$$V(i_s) \subset J_{s-1}, \quad s \geqslant 2.$$

Eine derartige Anordnung erhält man so: Man beginnt mit i_1 und streicht diesen Knoten samt den davon ausgehenden Kanten (i_1, j). In dem restlichen Graphen sucht man einen neuen Knoten ohne Vorgänger — wegen der Zykelfreiheit von G existiert ein solcher — nennt ihn i_2 und streicht ihn samt den davon ausgehenden Kanten (i_2, j). Auf diese Weise fortfahrend gelangt man nach n' Schritten zum Ziel (siehe auch Algorithmus 6 und dessen Beschreibung in Abschnitt 2.4 von Teil 2). Der Algorithmus von Bellman unterscheidet sich nun — sieht man von der Vorbehandlung des Graphen ab — in der Durchführung von Schritt 3 in Algorithmus 15. Die spezielle Knotenanordnung erlaubt nämlich eine einfachere Berechnung der Größen $l(i_1, j)$. Wir beweisen deshalb:

Satz 2.2.4. *Man setze*

$$l_1 := 0, \quad l_j := \min_{1 \leqslant k \leqslant j} (l_k + c_{i_k i_j}), \quad 2 \leqslant j \leqslant n'. \tag{2.2.7}$$

Dann gilt $l_j = l(i_1, i_j)$.

Beweis. Die Behauptung $l_j = l(i_1, i_j)$ stimmt für $j = 1$. Sie gelte für $j = \overline{j} \geqslant 1$. Nun sei $j = \overline{j} + 1$. Die Knotenfolge einer kürzesten Bahn von i_1 nach i_j in G sei $(i_1, i'_1, \ldots, i'_p, i_j)$. Dann gilt auf Grund der Wahl unserer Knotenanordnung $i'_p = i_k$ für ein $k \leqslant \overline{j}$. Nach Satz 2.1.1 gilt also

$$l(i_1, i_j) = l(i_1, i_k) + c_{i_k i_j} = l_k + c_{i_k i_j}.$$

Dieser Wert ergibt sich auch aus (2.2.7).
Zur Ermittlung der Größen $l(i_1, i_j)$ und einem dazu gehörigen Bahnvektor legen wir daher die rekursive Beziehung (2.2.7) zugrunde. Eine Kurzbeschreibung des Algorithmus von Bellman lautet nun:

Algorithmus 16. Berechnung einer kürzesten Bahn von einem Knoten x nach allen übrigen Knoten (nach Bellman).

Anfangsdaten: Bewertungsmatrix C eines zykelfreien Graphen ($c_{xj} < \infty$ für mindestens ein $j \neq i_1$).

1. Setze $i_1 := x$. Für $i \in I_n - \{i_1\}$ setze $c_{ii_1} := \infty$.
2. Entfernung aller Knoten, zu denen von i_1 aus keine Bahn existiert:
   a) Setze $J := \phi$ und $I := I_n$.
   b) Für $j \in I - \{i_1\}$ führe aus:
      Ist $c_{ij} = \infty$ für alle $i \in I - \{j\}$, setze $J := J \cup \{j\}$.
   c) Ist $J \neq \phi$, so führe aus:
      Setze $I := I - J$. Gehe nach 2 b.

3. Numerierung der Knoten ($i_s \in N(i_t) \to s > t$):
   a) Setze $s := 2$ und $I := I - \{i_1\}$.
   b) Für $j \in I$ führe aus:
      Ist $c_{ij} = \infty$ für alle $i \in I - \{j\}$, so setze $i_s := j$ und gehe nach 3 c.
   c) Setze $I := I - \{i_s\}$ und $s := s + 1$. Ist $I \neq \phi$, gehe nach 3 b.
4. Berechnung von $l(i_1, i_j)$:
   Setze $n' := s - 1$ und $s := 1$. Für $j \in I_{n'}$ setze $l_j := c_{i_1 i_j}$.
5. a) Setze $w_1 := w_2 := i_1$ und $j := 3$.
   b) Ist $l_j < \infty$, setze $w_j := i_1$.
   c) Für $k \in I_{j-1}$ führe aus:
      Ist $l_k + c_{i_k i_j} < l_j$, setze $l_j := l_k + c_{i_k i_j}$ und $w_j := i_k$.
   d) Setze $j := j + 1$. Ist $j \leq n'$, gehe nach 5 c, sonst gehe nach 6.
6. Ende. ($l_j = l(i_1, i_j)$, w_j bedeutet den Vorgänger des Knoten i_j auf einer kürzesten Bahn von i_1 nach i_j).

Ändert man in Algorithmus 16 die Befehlsfolge 3 a bis 3 c geringfügig ab, so daß im Laufe des Verfahrens erkannt und registriert wird, wenn bei der Umordnung der Knoten der Fall eintritt, daß alle noch nicht berücksichtigten Knoten einen Vorgänger haben, so darf man die Voraussetzung der Zykelfreiheit von G fallenlassen. Ein eventuell vorhandener Zykel wird dann im Laufe des Verfahrens erkannt und das Verfahren in diesem Fall unterbrochen. Dies ist zum Beispiel bei Verwendung des Algorithmus in der Netzplantechnik von Vorteil, weil man dadurch die Möglichkeit erhält, Fehler bei der Erstellung von Netzplänen zu erkennen.

2.3 Mehrstufige Programme

Wir wollen zuerst den Algorithmus von Dantzig von einem etwas anderen Standpunkt aus betrachten.

Es bedeute $\Sigma \subset P(K)$ die Menge aller Teilmengen W von K, die irgendeine Bahn von G erzeugen. $M_1 \subset M_2 \subset \ldots \subset M_p = K$ sei eine aufsteigende Folge von Teilmengen von K, wobei die M_s zunächst vollkommen willkürlich gewählt sein sollen. Σ_s bedeute die Spur von Σ auf M_s, d. h.

$$\Sigma_s := \Sigma \cap M_s, s \in I_p.$$

Dabei bezeichnet $\Sigma \cap M_s$ die Menge aller Durchschnitte von Elementen von Σ mit M_s. Σ_s enthält also die Kantenmengen der in G_{M_s} verlaufenden Bahnen, darüber hinaus aber auch noch Vereinigungen von disjunkten solchen Mengen. Eine Bahn von G kann nämlich aus mehreren Teilstücken bestehen, die abwechselnd in G_{M_s} und außerhalb davon verlaufen (siehe Fig. 55).

Wir führen nun auf einer Teilmenge von $P(K)$ eine Äquivalenzrelation ein. Zunächst sollen zwei Kantenmengen W und W' aus Σ äquivalent heißen, wenn sie Bahnen mit demselben Anfangsknoten i und demselben Endknoten j erzeugen, in Zeichen:

$$W \sim W': \leftrightarrow \text{ wenn } G_W \text{ und } G_{W'} \text{ Bahnen von } i \text{ nach } j. \qquad (2.3.1)$$

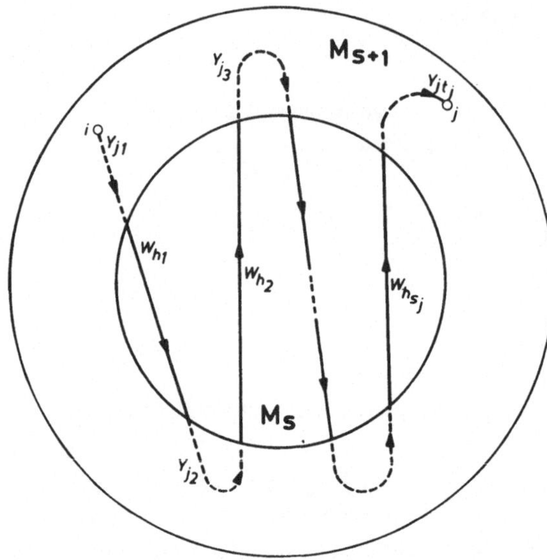

Fig. 55

Diese Definition erweitern wir nun auf eine Obermenge von Σ. Wir führen dazu den Begriff einer *Bahnzerlegung* ein. Eine Partition $(W_1, \ldots, W_t)$ der Kantenmenge $W \in P(K)$ soll eine Bahnzerlegung von W heißen, wenn gilt:

a) $$W = \bigcup_{i=1}^{t} W_i, \ W_i \in \Sigma \ \text{für } i \in I_t,$$

b) $$G_{W_i} \cap G_{W_j} = (\phi, \phi) \ \text{für } i \neq j.$$

Mit anderen Worten: Eine Partition $(W_1, \ldots, W_t)$ ist eine Bahnzerlegung von W, wenn die W_i knoten- und kantendisjunkte Bahnen von G erzeugen. Natürlich besitzt nicht jede Teilmenge W von K eine Bahnzerlegung, wenn sie aber eine besitzt, so ist die Bahnzerlegung durch W eindeutig bestimmt. Nun definieren wir:

$$\begin{aligned}
W \sim W' : &\leftrightarrow W \text{ besitzt eine Bahnzerlegung } (W_1, \ldots, W_t),\\
&W' \text{ besitzt eine Bahnzerlegung } (W'_1, \ldots, W'_t) \text{ und} \qquad (2.3.2)\\
&\text{es gilt } W_i \sim W'_i \text{ für } i \in I_t.
\end{aligned}$$

Man beachte, daß die Relation $\sim$ auf der rechten Seite von (2.3.2) bereits durch (2.3.1) erklärt ist.

Die Elemente von Σ_s besitzen offenbar alle eine Bahnzerlegung. Wir führen nun noch eine Bezeichnung ein. Es gelte für $s \in I_p$ und $W \in \Sigma_s$:

$$Q_s(W) := \{Y \mid Y \subset K - M_s \ \wedge \ W \cup Y \in \Sigma_{s+1}\}. \qquad (2.3.3)$$

Mit dieser Bezeichnungsweise haben wir nun:

Satz 2.3.1. *Es gelte* $W, W' \in \Sigma_s$, $s \in I_{p-1}$. *Ist* $W \sim W'$, *so gilt* $Q_s(W) = Q_s(W')$ *und* $W \cup Y \sim W' \cup Y$ *für alle* $Y \in Q_s(W)$.

Beweis. Nach Voraussetzung gilt

$$W = \bigcup_i W_i, \; W' = \bigcup_i W'_i, \; W_i \sim W'_i.$$

Für $Y \in Q_s(W)$ gilt ferner:

$$W \cup Y = \bigcup_j W_j^* \in \Sigma_{s+1},$$

wobei $(W_1^*, \ldots, W_{t^*}^*)$ die Bahnzerlegung von $W \cup Y$ darstellt. Nun haben wir

$$W_j^* \cap M_s = \bigcup_{i \in H_j} W_i, \; j \in I_{t^*}$$

für eine gewisse Indexmenge $H_j := \{h_1, \ldots, h_{s_j}\}$. Wir setzen $Y_j := W_j^* - W_j^* \cap M_s$. Dann gilt $\bigcup_j Y_j = Y$. Ist $Y_j \neq \phi$, so besitzt auch Y_j eine Bahnzerlegung $(Y_{j1}, Y_{j2}, \ldots, Y_{jt_j})$ und die Bahnen $G_{W_{h_1}}, G_{Y_{j1}}, G_{W_{h_2}}, \ldots$ ergeben abwechselnd aneinandergereiht die Bahn $G_{W_j^*}$ (siehe Fig. 55). Ersetzt man darin die Bahnen G_{W_i} durch die Bahnen $G_{W'_i}$, so entsteht eine Bahn $G_{W_j^{*\prime}}$, $W_j^{*\prime}$ ist äquivalent zu W_j^* und $\bigcup_j W_j^{*\prime}$ ist eine Bahn-zerlegung von $W' \cup Y$. Also gilt $W' \cup Y \in \Sigma_{s+1}$ und $W \cup Y \sim W' \cup Y$. Der Satz ist damit bewiesen.

Die Äquivalenzklassen der Relation (2.3.2) sollen $E_1, \ldots, E_q$ heißen. Für $W \in \Sigma_s$ sei $\nu(W)$ die Nummer der Äquivalenzklasse von W. Ferner gelte für beliebige Mengen $W \subset K$:

$$c(W) := \sum_{(i,j) \in W} c_{ij}.$$

Durch

$$(x, y) \leqslant (x', y') : \leftrightarrow x \leqslant y' \wedge y = y'$$

wird eine Halbordnung auf $\mathbf{R}^2$ definiert. Wir betrachten nun eine Abbildung $\tilde{f} : P(K) \to (\mathbf{R}^2, \leqslant)$, die auf die folgende Weise definiert sei:

$$\tilde{f}(W) := \begin{cases} (c(W), \nu(W)) & \text{falls } W \in \Sigma_s \text{ für ein } s \in I_p \\ \text{beliebig sonst.} \end{cases} \qquad 2.3.4)$$

Wie in Kapitel I von Teil 1 bezeichnen wir für eine beliebige Funktion f die Menge $f^{-1}(\mathrm{Min}(f(\Sigma))) \wedge \Sigma$ durch $\mathrm{Min}(f, \Sigma)$. Es gilt:

Satz 2.3.2. *Die Elemente von* $\mathrm{Min}(\tilde{f}, \Sigma)$ *entsprechen eineindeutig den kürzesten Bahnen von* **G**.

Beweis. Gilt $W \in \mathrm{Min}(\tilde{f}, \Sigma)$, so gilt $W \in \Sigma$. Vergleichbar mit $\tilde{f}(W)$ sind nur die Bildwerte von Kantenmengen W', die eine Bahn mit demselben Anfangs- und End-knoten wie W erzeugen. Da $\tilde{f}(W)$ minimal ist in $\tilde{f}(\Sigma)$, kann keine solche Bahn kürzer sein als G_W.

Ist G_W eine kürzeste Bahn von i nach j, so gilt für alle Bahnen $G_{W'}$ von i nach j, daß $c(W) \leqslant c(W')$, also ist $\tilde{f}(W) = (c(W), \nu(W))$ minimal in $\tilde{f}(\Sigma)$.

Die Abbildung $\tilde{f}$ ist eine weitere Bewertung von G, die aus der Bewertung (2.1.1) abgeleitet ist. Sie besitzt eine interessante Eigenschaft, die in dem nun folgenden Satz formuliert wird.

Satz 2.3.3. *Für $s \in I_{p-1}$ gilt*

$$\text{Min}(\tilde{f}, \Sigma_{s+1}) \cap M_s \subset \text{Min}(\tilde{f}, \Sigma_s). \tag{2.3.5}$$

Beweis. Es gelte $W \in \text{Min}(\tilde{f}, \Sigma_{s+1}) \cap M_s$. Dann gibt es ein $Y \subset M_{s+1} - M_s$ mit $W \cup Y \in \Sigma_{s+1}$ und $\tilde{f}(W \cup Y)$ minimal in $\tilde{f}(\Sigma_{s+1})$. Ist $W' \in \Sigma_s$ und $W' \sim W$, so folgt nach Satz 2.3.1 $W' \cup Y \sim W \cup Y$, und wir haben

$$\tilde{f}(W \cup Y) \lesssim \tilde{f}(W' \cup Y),$$

also

$$c(W) + c(Y) = c(W \cup Y) \leqslant c(W' \cup Y) = c(W') + c(Y).$$

Daher gilt $c(W) \leqslant c(W')$ und damit $\tilde{f}(W) \lesssim \tilde{f}(W')$, womit der Satz bewiesen ist. Wir wollen nun vorläufig von der Bedeutung der Menge K als Kantenmenge eines Graphen absehen. K sei eine beliebige nicht leere Menge, $P(K)$ deren Potenzmenge und Σ eine Teilmenge von $P(K)$. Weiterhin sei $M_1 \subset M_2 \subset \ldots \subset M_p = K$ eine aufsteigende Folge von Teilmengen von K. Die Spur von Σ auf M_s werde durch Σ_s bezeichnet, $Q_s(W)$ stehe wieder für die nach (2.3.3) gebildeten Mengen. Eine Abbildung $O : P(A) \to P(A)$ von der Potenzmenge einer Menge A in sich selbst heiße *monton*, wenn aus $A' \subset A'' \subset A$ folgt $O(A') \subset O(A'')$.

Neben K, Σ und den Mengen M_s, $s \in I_p$, sei eine Abbildung $\tilde{f} : P(K) \to H$ von $P(K)$ in eine Halbordnung H und für jedes $s \in I_p$ eine monotone Abbildung $O_s : P(\Sigma_s) \to P(\Sigma_s)$ gegeben. Gesucht sei die Menge $\text{Min}(f, \Sigma)$. Nun definieren wir:
Die Abbildung $\tilde{f}$ erfüllt die Optimalitätsbedingung bezüglich der Folge $(M_s)_{s \in I_p}$, wenn für $s \in I_{p-1}$ gilt:

$$\text{Min}(\tilde{f}, \Sigma_{s+1}) \cap M_s \subset O_s(\text{Min}(\tilde{f}, \Sigma_s)). \tag{2.3.6}$$

Erfüllt $\tilde{f}$ die Optimalitätsbedingung, so kann man die Menge $\text{Min}(\tilde{f}, \Sigma)$ stufenweise auf die folgende Art bilden:

1.   Bilde $B_1 := \text{Min}(\tilde{f}, \Sigma_1)$.
2.   Für $s \in I_{p-1}$ bilde

$$\begin{aligned}
C_s &:= O_s(B_s) \\
D_s &:= \bigcup_{Y \in C_s} (Y \cup Q_s(Y)) \\
B_{s+1} &:= \text{Min}(\tilde{f}, D_s).
\end{aligned} \tag{2.3.7}$$

Dabei bedeute $Y \cup Q_s(Y)$ die Menge aller Vereinigungen von Y mit einer Menge aus $Q_s(Y)$. Ein Algorithmus der Gestalt (2.3.7) soll *mehrstufiges Programm* heißen. Die dabei eingehaltene Vorgangsweise wird durch den folgenden Satz gerechtfertigt.

Satz 2.3.4. *Für $s \in I_p$ gilt $B_s \supset \text{Min}(\tilde{f}, \Sigma_s)$. Existiert zu jedem W ein $\bar{W} \in \text{Min}(\tilde{f}, \Sigma)$ mit $\tilde{f}(W) \geqslant \tilde{f}(\bar{W})$, so gilt $B_p = \text{Min}(\tilde{f}, \Sigma)$.*

Beweis. Es gilt $B_1 \supset \text{Min}(\tilde{f}, \Sigma_1)$. Es sei $B_s \supset \text{Min}(\tilde{f}, \Sigma_s)$ für ein $s \in I_{p-1}$. Auf Grund

der Optimalitätsbedingung (2.3.6) und der Monotonie von O_s ist $\mathrm{Min}(\tilde{f}, \Sigma_{s+1}) \cap$
$\cap M_s \subset C_s$. Daraus erhält man $\mathrm{Min}(\tilde{f}, \Sigma_{s+1}) \subset D_s \subset \Sigma_{s+1}$, also $\mathrm{Min}(\tilde{f}, \Sigma_{s+1}) \subset$
$\subset \mathrm{Min}(\tilde{f}, D_s) = B_{s+1}$.

Es sei andererseits $W \in \mathrm{Min}(\tilde{f}, D_{p-1})$ und $\bar{W} \in \mathrm{Min}(\tilde{f}, \Sigma)$ mit $\tilde{f}(W) \geqslant \tilde{f}(\bar{W})$. Nach
dem vorhergehenden gilt wegen $\Sigma = \Sigma_p$ dann $\bar{W} \in \mathrm{Min}(\tilde{f}, D_{p-1})$. Daraus folgt
$\tilde{f}(W) = \tilde{f}(\bar{W})$ und $W \in \mathrm{Min}(\tilde{f}, \Sigma)$.

Beispiel 2.3.1. Das Verfahren von Dantzig ist ein mehrstufiges Programm vom Typ
(2.3.7). Man wähle, um dies zu zeigen, als aufsteigende Folge (M_s) die Folge
$(K_s)_{s \in I_n}$ der Kantenmengen der von I_s erzeugten Untergraphen von G, also
$K_s := K_{I_s}$. Die Elemente von Σ_s sind dann die Kantenmengen der ganz in G_s
verlaufenden Bahnen und die Kantemengen von kanten- und knotendisjunkten
Paaren solcher Bahnen (siehe Fig. 53). Für $W \in \Sigma_s$ gilt

$$Q_s(W) \subset \{ \{(i, s+1)\}, \{(s+1, j)\}, \{(i, s+1), (s+1, j)\} \mid i, j \in I_s \} \cap P(K).$$

Nach Satz 2.3.3 erfüllt die Abbildung (2.3.4) die Optimalitätsbedingung bezüglich
jeder aufsteigenden Folge, also auch bezüglich der Folge $(K_s)_{s \in I_n}$. Als monotone
Abbildungen O_s dienen dabei die Identitäten auf $P(\Sigma_s)$. Im Schritt s des Verfahrens von Dantzig werden die Mengen $\mathrm{Min}(\tilde{f}, \Sigma_s)$ ermittelt, und zwar im wesentlichen nach dem in (2.3.7) gegebenem Schema. Auf Grund der speziellen Gestalt
der Zielfunktion $\tilde{f}$ sind bei der Durchführung der einzelnen Programmschritte
Vereinfachungen möglich. So braucht man zum Beispiel nicht die gesamte Menge
$\mathrm{Min}(\tilde{f}, \Sigma_s)$ registrieren. Es genügt die Angabe eines Repräsentanten aus $\mathrm{Min}(\tilde{f}, \Sigma_s) \cap E_i$
pro Äquivalenzklasse E_i.

Die Ermittlung von $\mathrm{Min}(\tilde{f}, \Sigma)$ erfolgt also beim Algorithmus von Dantzig in mehreren Stufen. Die Berechnung von $\mathrm{Min}(\tilde{f}, \Sigma_s)$ wollen wir als Abschluß der Stufe s
betrachten. Da die Mengen K_s, welche die Stufen festlegen, hier im voraus bestimmt
sind, könnte man dieses Verfahren als „statisches" mehrstufiges Programm bezeichnen, im Gegensatz zu „dynamischen" mehrstufigen Programmen, bei denen
man die Mengen M_s erst im Laufe des Verfahrens je nach Ausgang der Berechnun-
gen auf den vorangehenden Stufen ermittelt.

Beispiel 2.3.2. Auch das Verfahren von Dijkstra ist ein mehrstufiges Programm.
Man wähle dazu

$$M_s := \{k \mid k \in K \wedge p_1(k) \in J_s\}, \quad s \in I_{n-1}.$$

Σ bedeute die Menge aller Teilmengen von K, die Bahnen mit dem Anfangsknoten
i_1 erzeugen, Σ_s bezeichne wieder die Spur von Σ auf M_s. Dazu übernehme man
die Definitionen (2.3.2), (2.3.3) und (2.3.4). Man überlegt sich leicht, daß $\tilde{f}$
weiterhin die Eigenschaft (2.3.5) besitzt. $\tilde{f}$ erfüllt als die Optimalitätsbedingung,
und zwar wieder mit den Identitäten auf $P(\Sigma_s)$ als monotone Abbildungen O_s.

Auch beim Algorithmus von Dijkstra berechnet man auf der Stufe s des Verfahrens
die Menge $\mathrm{Min}(\tilde{f}, \Sigma_s)$. Auf Grund der Äquivalenzrelation $\sim$ kann man sich dabei
wieder auf die Ermittlung eines Vertreters pro Äquivalenzklasse beschränken.
Wie beim Algorithmus von Dantzig erhält man $\mathrm{Min}(\tilde{f}, \Sigma_s)$ aus $\mathrm{Min}(\tilde{f}, \Sigma_{s-1})$ durch
Untersuchung der Bildwerte der Elemente aus $W \cup Q_{s-1}(W)$. Die Tatsache, daß in

diesem Fall $\mathrm{Min}(\tilde{f}, \Sigma_{s-1}) \subset \mathrm{Min}(\tilde{f}, \Sigma_s)$ gilt, wird formal dadurch berücksichtigt, daß für jedes $W \in \mathrm{Min}(\tilde{f}, \Sigma_{s-1})$ die Menge $Q_{s-1}(W)$ auch die leere Menge als Element enthält.

Am Ende der Stufe s wird nun auf Grund der Information, die das Ergebnis der bisherigen Rechnung bietet, die Menge M_{s+1} bestimmt und eine neue Stufe definiert. Im Gegensatz zum Algorithmus von Dantzig, wo die Mengen Σ_s schon am Beginn des Verfahrens bekannt sind, werden hier diese Mengen erst im Laufe des Verfahrens nach Erhalt zusätzlicher Information über das Problem festgelegt. Aus diesem Grund würde das Verfahren von Dijkstra als mehrstufiges Programm wohl das Attribut „dynamisch" verdienen. Da jedoch der Term „dynamisches Programm" in der bisherigen Literatur für eine fest umrissene Klasse von Verfahren in Verwendung steht und Algorithmus 14 gewöhnlich nicht dazu gerechnet wird, sprechen wir auch hier nur von einem mehrstufigen Programm.

Beispiel 2.3.3. Auch das Verfahren von Bellman läßt sich als mehrstufiges Programm deuten. Durch die spezielle Knotenanordnung wird allerdings diese Struktur etwas verwischt. Im übrigen ist in diesem Fall (2.3.5) nichts anderes als die, mit etwas anderen Worten formulierte Optimalitätsbedingung der dynamischen Programmierung, wie sie von Bellman eingeführt wurde [1].

Das Verfahren von Ford schließlich ließe sich ähnlich erklären. Dazu müßte man dem Problem allerdings eine etwas andere Formulierung erteilen. Zur Beschreibung der Verfahren aus Abschnitt 2.2 sind die Betrachtungen aus diesem Abschnitt natürlich unnötig. Sämtliche Verfahren sind durch die Sätze 2.2.1 bis 2.2.4 begründbar. Abschnitt 2.3 deckt jedoch das Gemeinsame dieser Verfahren auf und liefert schließlich in (2.3.7) ein Verfahrensschema, das mehr Realisierungen zuläßt, als bisher bekannt sind. Denn Satz 2.3.3 beweist für die Zielfunktion (2.3.4), daß sie die Optimalitätsbedingung bezüglich beliebiger Folgen $M_1 \subset M_2 \subset \ldots \subset M_p$ erfüllt.

2.4 Bestimmung optimaler Flüsse

Wir kommen nun zu der in Abschnitt 2.8 von Teil 1 dargelegten Problematik zurück. G sei ein antisymmetrischer, im übrigen aber beliebiger Digraph. $a : K \to Z$ und $b : K \to Z$ seien zwei ganzzahlige Kantenbewertungen, deren Bildwerte wir zu zwei Vektoren a und b zusammenfassen. Es gelte $0 \leqslant a \leqslant b$. Für $q, s \in X$ sei $f : K \to Z$ ein zulässiger Fluß von q nach s vom Wert w, wenn

$$W(f, x) = \sum_{y \in N(x)} f(x, y) - \sum_{y \in V(x)} f(y, x) = \begin{cases} w > 0 & \text{für } x = q \\ 0 & \text{für } x \neq q, s \\ -w & \text{für } x = s \end{cases} \qquad (2.4.1)$$

und zusätzlich $a \leqslant f \leqslant b$ gilt. Das Problem besteht in der Konstruktion eines zulässigen Flusses von q nach s mit maximalem Wert w. Ein solcher Fluß heißt im Folgenden *maximaler Fluß*.

Ist f nicht maximal, so existiert nach Satz 2.7.2 von Teil 1 ein Weg G_V zwischen q und s, so daß $f + g_V$ zulässig ist, wenn g_V der entsprechende Einheitsfluß in G_V ist. Es kommt also nun darauf an, einen Weg zwischen q und s zu finden, längs dem man f geeignet abändern kann. Ist k eine Kante dieses Weges, die in Richtung von

G_V (von q nach s) liegt, so muß dort f erhöht werden. Eine Erhöhung kann ohne Verletzung der Zulässigkeit nur dann stattfinden, wenn $f(k) < b(k)$ ist. Ist k eine Kante von G_V, die entgegengesetzt zu G_V orientiert ist, so muß $f(k)$ erniedrigt werden. Dies ist nur dann statthaft, wenn $f(k) > a(k)$ gilt.

Ist G_V ein Weg zwischen q und s und gilt

$$\alpha(V) := \text{Min}\,\{f(k){-}a(k)\mid k \in V \text{ und } k \nparallel G_V\},$$
$$\beta(V) := \text{Min}\,\{b(k){-}f(k)\mid k \in V \text{ und } k \parallel G_V\}, \qquad (2.4.2)$$
$$\gamma(V) := \text{Min}\,\{\alpha(V), \beta(V)\},$$

wobei $k \parallel G_V$ bedeute, daß k und G_V gleich orientiert sind, so ist mit f auch $f + \gamma(V)g_V$ zulässig und hat den Wert $w + \gamma(V)$. $\gamma(V)$ kann größer als 1 sein.

Beim Standardverfahren zur Ermittlung eines maximalen Flusses ausgehend von einem zulässigen Fluß f, das auf Ford-Fulkerson zurückgeht, konstruiert man in jedem Schritt mit Hilfe eines Markierungsprozesses einen Weg zwischen q und s mit positivem γ. Der Markierungsprozeß verläuft so:

a) Man markiere q durch $(+, 0, q)$

b) Trägt der Knoten i die Marke $(\pm, u(i), z)$ und gilt $(i, j) \in K$ und $f(i, j) < b(i, j)$, so markiere man j durch $(+, u(j), i)$, wobei $u(j) := \text{Min}\,\{u(i), b(i, j){-}f(i, j)\}$.

c) Trägt i die Marke $(\pm, u(i), z)$ und gilt $(j, i) \in K$ und $f(j, i) > a(j, i)$, so markiere man j durch $(-, u(j), i)$, wobei $u(j) := \text{Min}\,\{u(i), f(j, i){-}a(j, i)\}$.

Der Prozeß endet entweder, wenn s markiert wird oder wenn kein neuer Knoten mehr markiert werden kann. Wurde auf diese Weise der Knoten s markiert, so läßt sich von s ausgehend ein Weg G_V zwischen q und s mit positivem γ konstruieren. Man beginnt dabei bei der Marke $(\pm, u(s), i)$ von s. Ist die erste Eintragung $+$, so ist die letzte Kante dieses Weges (i, s) und hat dieselbe Richtung wie G_V. Ist die erste Eintragung $-$, so ist die letzte Kante (s, i) und diese Kante ist entgegengesetzt zu G_V gerichtet. Mit i anstelle von s ist dann die Konstruktion des Weges fortzusetzen. Längs des gefundenen Weges wird dann f abgeändert, und zwar addiert man auf den in Richtung von G_V liegenden Kanten den Wert $\gamma(V) = u(s)$, auf den entgegengesetzt gerichteten Kanten wird dieser Wert subtrahiert. Mit dem so abgeänderten Fluß wird dann der Vorgang im nächsten Schritt wiederholt.

Endet der Markierungsprozeß, ohne daß s markiert wird, so existiert kein Weg G_V zwischen q und s mit positivem $\gamma(V)$. In diesem Fall ist nach Satz 2.7.2 von Teil 1 der momentane Fluß f maximal.

Beim Verfahren von Ford-Fulkerson muß G nicht antisymmetrisch vorausgesetzt werden. Wir geben eine Kurzbeschreibung des Verfahrens an.

Algorithmus 17. Bestimmung eines maximalen Flusses nach Ford-Fulkerson.

Anfangsdaten: untere Schranken $a(i, j)$

$\qquad\qquad\qquad$ obere Schranken $b(i, j)$ $\qquad\qquad\qquad$ $(i, j) \in K$

$\qquad\qquad\qquad$ momentaner zulässiger Fluß $f(i, j)$

1. Für $i \in I_n$ setze $w_i := u_i := m_i := 0$. Setze $m_q := 1$, $u_q := \infty$ und $T := 0$.
2. Für $(i, j) \in I_n^2$ führe aus:

$\qquad$ Ist $m_i \neq 0$ und $m_j = 0$, so führe aus:

$\qquad\qquad$ Ist $(i, j) \in K$ und $f(i, j) < b(i, j)$, setze $m_j := 1$,

$$u_j : = \mathrm{Min}\,\{u_i,\, b(i,j)-f(i,j)\},\ w_j : = i \text{ und } T : = 1.$$

Ist $(j,i) \in K$ und $f(j,i) > a(j,i)$, setze $m_j : = -1$,

$$u_j : = \mathrm{Min}\,\{u_i,\, f(j,i)-a(j,i)\},\ w_j : = i \text{ und } T : = 1.$$

3. Ist $m_s \neq 0$, gehe nach 4. Ist $T = 0$, gehe nach 5, sonst setze $T : = 0$ und gehe nach 2.

4. Änderung des Flusses:
   a) Setze $i : = s$.
   b) Ist $m_i > 0$, setze $f(w_i, i) : = f(w_i, i) + u_s$.

   Ist $m_i < 0$, setze $f(i, w_i) : = f(i, w_i) - u_s$.

   c) Ist $w_i = q$, gehe nach 1, sonst setze $i : = w_i$ und gehe nach 4 b.

5. Ende. f ist maximal.

Die Antisymmetrie von $\mathbf{G}$ kann man ausnützen, um das Verfahren in besonders kompakter Form darzustellen. Es sei $\mathbf{G}_{SH}$ die symmetrische Hülle von $\mathbf{G}$ und D eine Bewertungsmatrix von $\mathbf{G}_{SH}$, die ausgehend von den Schranken a und b und dem zulässigen Fluß f auf die folgende Art definiert ist:

$$d_{ij} : = \begin{cases} b(i,j)-f(i,j) & \text{für } (i,j) \in K \\ f(j,i)-a(j,i) & \text{für } (j,i) \in K \\ 0 & \text{für } (i,j) \notin K \text{ und } (j,i) \notin K \end{cases} \qquad (2.4.3)$$

Mit Hilfe von D definieren wir ferner eine Bewertung $h : U_{\mathbf{G}_{SH}} \to R$ von $\mathbf{G}_{SH}$ durch

$$h((X', K')) : = \mathrm{Min}\,\{d_{ij} \mid (i,j) \in K'\}. \qquad (2.4.4)$$

Jedem Weg $\mathbf{G}_V$ zwischen q und s in $\mathbf{G}$ entspricht dann eine Bahn $\mathbf{G}_{V'}$ in $\mathbf{G}_{SH}$ und umgekehrt entspricht jeder Bahn von q nach s in $\mathbf{G}_{SH}$ ein Weg zwischen q und s in $\mathbf{G}$. Diese Beziehung ist bijektiv. Außerdem gilt $\gamma(V) = h(\mathbf{G}_{V'})$. Die Bestimmung eines Weges zwischen q und s mit $\gamma(V) > 0$ ist damit zurückgeführt auf die Bestimmung einer Bahn von q nach s in $\mathbf{G}_{SH}$ mit positiver Bewertung $h(\mathbf{G}_{V'})$.

Da $f + \gamma(V)g_V$ zulässig ist und den Wert $w + \gamma(V)$ hat, wird bei einer Änderung von f längs eines Weges zwischen q und s ein möglichst großer Effekt dann erzielt, wenn man $\mathbf{G}_V$ so wählt, daß $\gamma(V)$ möglichst groß ausfällt. Dies läuft auf die Bestimmung einer „längsten" Bahn $\mathbf{G}_{V'}$ von q nach s in $\mathbf{G}_{SH}$ hinaus, wenn man $h(\mathbf{G}_{V'})$ als „Länge" von $\mathbf{G}_{V'}$ deutet. Hier ist nun ein Zusammenhang mit den Problemen der vorangehenden Abschnitte erkennbar. Wieder handelt es sich um die Bestimmung optimaler Bahnen, diesmal um die Bestimmung längster Bahnen von einem festen Anfangsknoten q zu einem festen Endknoten s. Die vorliegende Bewertung ist jedoch nicht additiv. Trotzdem kann man zum Beispiel ein Verfahren von Ford aus Abschnitt 2.2 für diesen Fall adaptieren. Wir gehen darauf hier jedoch nicht näher ein.

Es ist nun noch zu beschreiben, wie man einen zulässigen Ausgangsfluß erhält. Sind alle unteren Schranken gleich Null, so ist der Nullfluß ($f(i,j) = 0$ für alle $(i,j) \in K$) zulässig und man kann damit beginnen. Sind die unteren Schranken jedoch zum Teil größer als Null, so muß ein zulässiger Ausgangsfluß konstruiert werden. Dies ist auf verschiedenen Wegen möglich. Einer dieser Wege führt über ein Hilfsproblem mit einer Erweiterung von $\mathbf{G}$ als zugrunde liegender Digraph und mit modifizierten Schranken. Bei diesem Hilfsproblem sind alle unteren Schranken Null. Aus einem maximalen Fluß in dem neuen Graphen läßt sich dann entweder ein zulässiger Fluß in G konstruieren oder man gewinnt die Information, daß in G bei den gegebenen Schranken a und b kein zulässiger Fluß existiert. Dieser Weg ist zum Beispiel in [7] beschrieben. Wir verfolgen hier einen anderen Weg, der über Satz 2.7.3 von Teil 1 zum Ziel führt. Bei diesem Verfahren wird ausgehend vom Nullfluß direkt ein maximaler zulässiger Fluß konstruiert.

Zu diesem Zweck setzen wir zunächst alle unteren Schranken gleich Null und konstruieren mit Hilfe von Algorithmus 17 in einer ersten Phase einen maximalen Fluß f mit Wert w, der den oberen Schranken b genügt. Hierauf bilden wir

$$K_f : = \{(i, j) \mid f(i, j) < a(i, j)\},$$
$$M_f : = \sum_{(i, j) \in K_f} (a(i, j) - f(i, j)). \tag{2.4.5}$$

M_f ist ein Maß für die Nichtzulässigkeit von f. Ist $M_f = 0$, so ist f zulässig und maximal. Ist dagegen $M_f > 0$ und existiert ein zulässiger Fluß mit Wert w, so gibt es nach Satz 2.7.3 von Teil 1 und einer leichten zusätzlichen Überlegung durch jede Kante $(i, j) \in K_f$ einen Kreis G_W mit $f + g_W \leqslant b$ und $M_{f+g_W} < M_f$. Wegen der Konformität aller Einheitsflüsse g_W gilt dabei für $(i, j) \in K_f$ sogar $(f + g_W)(i, j) \geqslant f(i, j)$.

In der zweiten Phase der Konstruktion eines zulässigen Flusses bestimmen wir daher Kreise in G, längs denen man f abändern kann. Dazu gehen wir so vor: Es sei $(i_0, j_0) \in K_f$. Wir entfernen diese Kante aus G und suchen in dem neuen Graphen G' einen Weg G_V zwischen j_0 und i_0, den wir durch (i_0, j_0) zu einem Kreis G_W ergänzen, der wie (i_0, j_0) gerichtet sein soll. j_0 tritt also an die Stelle von q, i_0 an die Stelle von s. Dieser Weg darf wegen der Konformität der zu konstruierenden Einheitsflüsse keine Kante $(i, j) \in K_f$ in entgegengesetzter Richtung enthalten. $\gamma(V)$ wird wie unter (2.4.2) ermittelt. Ferner setzen wir

$$r(V) : = \operatorname{Min}\{\gamma(V), b(i_0, j_0) - f(i_0, j_0)\}.$$

g_W sei wieder der zu G_W gehörige Einheitsfluß. Ist $r(V) > 0$, dann gilt $f + r(V)g_W \leqslant b$ und $M_{f+r(V)g_W} < M_f$.
Die Wegsuche in G' läßt sich als Bahnsuche in der symmetrischen Hülle G'_{SH} mit der Bewertungsmatrix D' formulieren, wobei D' definiert ist durch

$$d'_{ij} : = \begin{cases} b(i, j) - f(i, j) & \text{für } (i, j) \in K - \{(i_0, j_0)\} \\ f(i, j) - a(i, j) & \text{für } (j, i) \in K - K_f \\ 0 & \text{sonst} \end{cases} \tag{2.4.6}$$

Läßt sich auf diese Weise ein Fluß $\bar{f}$ mit $\bar{f}(i_0, j_0) - a(i_0, j_0) \geqslant 0$ konstruieren, so wird das Verfahren mit $\bar{f}$ anstelle von f und einer anderen Kante aus $M_{\bar{f}}$ fortgesetzt. Existiert kein Kreis durch (i_0, j_0), längs dem man f geeignet abändern könnte, so existiert also auch kein zulässiger Fluß vom Wert w. Jeder zulässige Fluß $\tilde{f}$ hat dann einen Wert $\tilde{w} \leqslant w - a(i_0, j_0) + f(i_0, j_0)$. Dies erkennt man mit Hilfe von Satz 2.7.1 aus Teil 1 angewandt auf $f - \tilde{f}$:

$$\tilde{f} = f - \sum_{i=1}^{w - \tilde{w}} f_i - \sum g_j. \tag{2.4.7}$$

Auf Grund unserer Annahme gilt $f_i(i_0, j_0) \leqslant 0$ und $g_j(i_0, j_0) = 0$ für alle in Frage kommenden i und j. Wegen

$$f(i_0, j_0) - \sum_{i=1}^{w-\widetilde{w}} f_i(i_0, j_0) \geqslant a(i_0, j_0)$$

folgt aber

$$a(i_0, j_0) - f(i_0, j_0) \leqslant - \sum_{i=1}^{w-\widetilde{w}} f_i(i_0, j_0) \leqslant w - \widetilde{w},$$

womit unsere Behauptung bewiesen ist.

An Hand von (2.4.7) erkennt man ferner: Die Nichtzulässigkeit von f auf der Kante (i_0, j_0) kann man nur durch Addition von Einheitsflüssen $-f_i$ in Wegen G_V zwischen s und q, die von s nach q gerichtet sind und die Kante (i_0, j_0) in positiver Richtung enthalten, beseitigen. Aus einem solchen Weg G_V wird durch Hinzunahme der Kante (s, q) ein Kreis, der (s, q) in entgegengesetzter Richtung enthält. Wegen der Konformität der f_i und g_j in (2.4.7) darf ein derartiger Kreis keine Kante $(i, j) \in K_f$ in entgegengesetzter Richtung enthalten. Zur Ermittlung eines derartigen Kreises gehen wir nun so vor: Wir entfernen wie vorhin die Kante (i_0, j_0) und nehmen dafür die Kante (s, q) hinzu. Es bedeutet keine Einschränkung der Allgemeinheit, wenn wir voraussetzen, daß (q, s) keine Kante von G ist. Die Antisymmetrie von G wird dann durch (s, q) nicht gestört. Auch a, b und f erweitern wir durch

$$a(s, q) := 0, \; b(s, q) := \infty, \; f(s, q) := w.$$

Der so entstandene Graph heiße G''. Nun suchen wir in G'' einen Weg $G_{V'}$ zwischen j_0 und i_0, den wir wieder durch (i_0, j_0) zu einem Kreis $G_{W'}$ ergänzen. $\gamma(V')$ wird wie oben ermittelt. Ferner setzen wir

$$r(V') := \mathrm{Min}\,\{\gamma(V'), a(i_0, j_0) - f(i_0, j_0)\}.$$

Der Weg G_W, der aus $G_{W'}$ durch Weglassen von (s, q) entsteht, ist von s nach q gerichtet und enthält (i_0, j_0) in positiver Richtung. Ist $r(V') > 0$, so gilt $f + r(V')g_W \leqslant b$ und $M_{f+r(V')g_W} < M_f$.

Läßt sich auf diese Weise ein Fluß $\bar{f}$ mit $\bar{f}(i_0, j_0) = a(i_0, j_0)$ konstruieren, so wird das Verfahren mit $\bar{f}$ anstelle von f und einer anderen Kante aus $M_{\bar{f}}$ fortgesetzt. Gelingt die Beseitigung der Nichtzulässigkeit auf diese Weise nicht, so existiert kein zulässiger Fluß.

Die Wegsuche in G'' läßt sich wieder als Bahnsuche in G''_{SH} formulieren. Die Bewertungsmatrix D' ist dabei durch

$$d'_{sq} := \infty \quad \text{und} \quad d'_{qs} := w$$

abzuändern.

Das beschriebene Verfahren liefert nach endlich vielen Schritten einen maximalen zulässigen Fluß oder die Information, daß kein zulässiger Fluß existiert. Man kann die erste Phase des Verfahrens etwas wirksamer gestalten, wenn man nach jedem Iterationsschritt von Algorithmus 17 bei der Wegsuche jene von Null verschiedenen unteren Schranken bereits berücksichtigt, die vom momentanen Fluß erfüllt sind. Die folgende Kurzbeschreibung des Verfahrens benützt die Antisymmetrie von **G**.

Algorithmus 18. Bestimmung eines maximalen Flusses ausgehend vom Nullfluß. Anfangsdaten:

$$b_{ij} := \begin{cases} b(i,j) & \text{für } (i,j) \in K \\ 0 & \text{sonst} \end{cases}$$

$$a_{ij} := \begin{cases} a(i,j) & \text{für } (i,j) \in K \\ 0 & \text{sonst} \end{cases}$$

$$f_{ij} := 0 \quad \text{für } (i,j) \in I_n \times I_n$$
$$(q,s),(s,q) \notin K.$$

1. Setze $q_1 := q, s_1 := s, M := 2$ und $p := \infty$. Gehe nach 7.
2. Bilde $H := \{(i,j) \mid f_{ij} < a_{ij}\}$. Ist $H = \phi$, gehe nach 12.
3. Wähle ein $(i_0, j_0) \in H$. Setze $q_1 := j_0, s_1 := i_0, p := a_{i_0 j_0} - f_{i_0 j_0}$ und $M := 4$.
   Setze $b_{sq} := b_{qs} := 0, u := b_{i_0 j_0} - p$ und gehe nach 7.
4. Ist $p = 0$, setze $b_{i_0 j_0} := u$ und gehe nach 2.
5. Setze $b_{sq} := 0, b_{qs} := f_{sq}, M := 6$ und gehe nach 7.
6. Ist $p = 0$, setze $b_{i_0 j_0} := u$ und gehe nach 2. Ist $p > 0$, gehe nach 11.
7. Für $i \in I_n$ setze $w_i := u_i := m_i := 0$. Setze $u_{q_1} := \infty, m_{q_1} := 1$ und $T := 0$.
8. Für $(i,j) \in I_n^2$ führe aus:
   Ist $m_i \neq 0$ und $m_j = 0$, führe aus:
   Ist $b_{ij} > 0$, setze $w_j := i, u_j := \text{Min}\{u_i, b_{ij}\}, m_j := 1$ und $T := 1$.
9. Ist $w_{s_1} \neq 0$, gehe nach 10. Ist $T = 0$, gehe nach (M), sonst gehe nach 8.
10. Änderung des Flusses und der Bewertungsmatrix:
    a) Setze $i := s_1, u_{s_1} := \text{Min}\{u_{s_1}, p\}$ und $f_{s_1 q_1} := f_{s_1 q_1} + u_{s_1}$.
       Setze $p := p - u_{s_1}$.
    b) Ist $(w_i, i) \in K$, setze $f_{w_i i} := f_{w_i i} + u_{s_1}, b_{w_i i} := b_{w_i i} - u_{s_1}$ und
       $b_{i w_i} := \text{Max}\{0, f_{w_i i} - a_{w_i i}\}$.
       Ist $(i, w_i) \in K$, setze $f_{i w_i} := f_{i w_i} - u_{s_1}, b_{i w_i} := b_{i w_i} + u_{s_1}$ und
       $b_{w_i i} := b_{w_i i} - u_{s_1}$.
    c) Ist $w_i \neq q_1$, setze $i := w_i$ und gehe nach 10 b. Ist $p > 0$, gehe
       nach 7, sonst gehe nach M.
11. Ende. Es existiert kein zulässiger Fluß.
12. Ende. f ist ein zulässiger maximaler Fluß im Wert f_{sq}.

2.5 Kostenminimale Zirkulationen

Wie im vorangehenden Abschnitt sei **G** eine antisymmetrische Relation. Neben den Schranken $a : K \to Z$ und $b : K \to Z$ mit $0 \leq a \leq b$ sei ferner eine weitere Kantenbewertung $c : K \to Z$ gegeben. Wir suchen eine zulässige Zirkulation f, für die der Ausdruck

$$c^T f := \sum_{(i,j)\in K} c(i,j)\, f(i,j)$$

minimal ist. Die Größen $c(i,j)$ spielen in manchen konkreten Problemen der Praxis die Rolle der Transportkosten pro Flußeinheit längs der Kante (i,j). Eine Lösung des vorliegenden Problems heißt daher *kostenminimale Zirkulation*.

Ein Standardverfahren zur Bestimmung kostenminimaler Flüsse geht auf Ford-Fulkerson zurück und ist unter dem Namen *out-of-kilter-Algorithmus* bekannt. Bei diesem Verfahren geht man von einer beliebigen (im allgemeinen nicht zulässigen) Zirkulation f aus und versucht durch schrittweise Änderung der gegebenen Bewertung $c : K \to Z$ und gleichzeitiger Änderung der Zirkulation eine zulässige Zirkulation f zu erzeugen, die den Bedingungen von Satz 2.7.5 aus Teil 1 genügt. Eine derartige Zirkulation ist dann eine Lösung des Problems.

Wir wollen hier eine Variante des out-of-kilter-Algorithmus beschreiben, bei der wir zuerst eine zulässige Zirkulation f erzeugen und mit dieser dann das eigentliche Optimierungsverfahren beginnen. Die Beschreibung des Verfahrens wird damit erheblich einfacher. Eine zulässige Zirkulation finden wir so: Ist (i,j) eine beliebige Kante von G, so erzeugen wir mit Hilfe von Algorithmus 17 einen maximalen zulässigen Fluß f' von j nach i. Ist der Wert w' dieses Flusses kleiner als $a(i,j)$, so existiert keine zulässige Zirkulation. Ist $a(i,j) \leqslant w' \leqslant b(i,j)$, so ergänzen wir f' durch $f'(i,j) := w'$ zu einer zulässigen Zirkulation. Ist $w' > b(i,j)$, so fassen wir f' als zulässigen Fluß von i nach j mit Wert $-w'$ auf und verbessern diesen mit Hilfe von Algorithmus 16 oder mit Hilfe der ersten Phase von Algorithmus 17 zu einem Fluß f'' mit Wert $-w''$, und zwar so lange, bis $a(i,j) \leqslant w'' \leqslant b(i,j)$ gilt. Durch $f''(i,j) := w''$ wird dann f'' wieder zu einer zulässigen Zirkulation.

Auf Grund dieser Überlegungen dürfen wir also eine zulässige Zirkulation als bekannt voraussetzen. Mit dieser beginnen wir den out-of-kilter-Algorithmus. Die Zulässigkeit bleibt im Laufe des Verfahrens stets erhalten.

Es sei $p : X \to Z$ eine beliebige ganzzahlige Knotenbewertung. Wir bilden daraus die Kantenbewertung $c_1 : K \to Z$:

$$c_1(i,j) := c(i,j) + p(i) - p(j).$$

Dann gilt

$$c_1^T f = \sum_{(i,j)\in K} c(i,j) f(i,j) + \sum_{(i,j)\in K} (p(i)-p(j)) f(i,j).$$

Der zweite Summand ist wegen (2.4.1) für jede Zirkulation gleich Null. Wir haben daher $c_1^T f = c^T f$. Ist f Minimallösung bezüglich c_1, so auch bezüglich c.

Ausgehend von einer zulässigen Zirkulation f werden nun p oder f so lange abgeändert, bis die momentane Zirkulation f^* minimal bezüglich der momentanen Bewertung c^* ist. Die Minimalitätsbedingung ist nach Satz 2.7.5 von Teil 1:

$$\begin{aligned}
c^*(i,j) > 0 &\to f^*(i,j) = a(i,j),\\
c^*(i,j) < 0 &\to f^*(i,j) = b(i,j).
\end{aligned} \tag{2.5.1}$$

Im einzelnen gehen wir dabei so vor: Es sei c_s die momentane Bewertung und f_s die momentane Zirkulation. Wir setzen

$$K^+(f_s) := \{(i,j)\,|\,c_s(i,j)\,(f_s(i,j)-a(i,j)) > 0\},$$

$$K^-(f_s) := \{(i,j)\,|\,c_s(i,j)\,(b(i,j)-f_s(i,j)) < 0\}, \tag{2.5.2}$$

$$M(f_s, c_s) := \sum_{(i,j)\in K^+} c_s(i,j)\,(f_s(i,j)-a(i,j)) - \sum_{(i,j)\in K^-} c_s(i,j)\,(b(i,j)-f_s(i,j)).$$

$M(f_s, c_s)$ ist ein Maß für die Stärke der Abweichung von f_s von einer kostenminimalen Zirkulation.

Ist $(i, j) \in K^+(f_s)$, so suchen wir f_s durch Addition von Einheitsflüssen in Kreisen durch (i, j), die diese (out-of-kilter) Kante in entgegengesetzter Richtung enthalten, so lange abzuändern, bis f_s auf (i, j) die untere Schranke erreicht. Ist dagegen $(i, j) \in K^-(f_s)$, so suchen wir f_s durch Addition von Einheitsflüssen in Kreisen durch (i, j), die diese Kante in positiver Richtung enthalten, so lange abzuändern, bis f_s auf (i, j) die obere Schranke erreicht. Die zur Bildung dieser Kreise verwendeten Kanten (u, v) müssen jedoch die Bedingung

$$c_s(u, v) \quad \begin{cases} \leqslant 0 & \text{bei } (u, v) \text{ in Kreisrichtung} \\[2mm] \geqslant 0 & \text{bei } (u, v) \text{ in entgegengesetzter Richtung} \end{cases} \tag{2.5.3}$$

erfüllen. Denn während die Bedingungen (2.5.1) auf (i, j) angesteuert werden, soll man sich auf den übrigen Kanten von diesen Bedingungen nicht weiter entfernen. Hält man diese Regeln ein, so entsteht ein Fluß $\bar{f}_s$ mit $M(\bar{f}_s, c_s) < M(f_s, c_s)$. Die Kreissuche in G kann man wieder als Zykelsuche in G_{SH} formulieren. Dazu verwenden wir die in Abschnitt 2.4 eingeführte Bewertungsmatrix D und die daraus resultierende Bewertung (2.4.4).

Erhalten wir auf diese Weise eine Zirkulation $\bar{f}_s$ mit $c_s(i, j)\,(\bar{f}_s(i, j)-a(i, j)) = 0$ bzw. $c_s(i, j)\,(b(i, j)-\bar{f}_s(i, j)) = 0$, so wählen wir eine andere Kante aus $K^+(\bar{f}_s) \cup K^-(\bar{f}_s)$ und wiederholen das Verfahren. Existiert keine derartige Kante mehr, so liegt eine kostenminimale Zirkulation vor.

Läßt sich auf die beschriebene Weise keine Änderung von $\bar{f}_s$ auf (i, j) mehr erzielen und gilt nach wie vor $c_s(i, j)\,(\bar{f}_s(i, j)-a(i, j)) > 0$ oder $c_s(i, j)\,(b(i, j)-\bar{f}_s(i, j)) < 0$, so ist c_s abzuändern. Ist $(i, j) \in K^+(\bar{f}_s)$, so sei X_s die Menge aller Knoten u, die von i aus durch Wege erreichbar sind, deren Kanten den Bedingungen (2.5.3) genügen. Ferner gehöre i zu X_s. Gilt $(i, j) \in K^-(\bar{f}_s)$, so sei X_s die Menge aller Knoten u, die von j aus durch entsprechende Wege erreichbar sind, außerdem gehöre j zu X_s. Nun setzen wir:

$$A_1 := \{(u, v)\,|\,u \in X_s, v \notin X_s, c_s(u, v) > 0\},$$

$$A_2 := \{(u, v)\,|\,u \notin X_s, v \in X_s, c_s(u, v) < 0\},$$

$$c_1 := \operatorname{Min}\{c_s(u, v)\,|\,(u, v)| \in A_1\},$$

$$c_2 := \operatorname{Min}\{-c_s(u, v)\,|\,(u, v) \in A_2\},$$

$$c := \operatorname{Min}\{c_1, c_2\},$$

$$p_s(u) := \begin{cases} c & \text{für } u \notin X_s \\[2mm] 0 & \text{für } u \in X_s \end{cases}$$

$$c_{s+1}(u, v) := c_s(u, v) + p_s(u) - p_s(v), \quad (u, v) \in K.$$

Im Falle $(i, j) \in K^+(\bar{f}_s)$ gilt $A_1 \neq \phi$. Im Falle $(i, j) \in K^-(\bar{f}_s)$ gilt $A_2 \neq \phi$. In jedem Fall gilt also $0 < c < \infty$ und damit $M(\bar{f}_s, c_{s+1}) < M(\bar{f}_s, c_s)$. Da die Testgröße $M(f, c)$

214

also in jeder Verfahrensphase um mindestens 1 abnimmt, kommt man nach endlich vielen Schritten zu einer kostenminimalen Zirkulation.

Wir geben nun noch eine Kurzbeschreibung des Verfahrens an.

Algorithmus 19. Variante des out-of-kilter-Algorithmus zur Bestimmung kostenminimaler Zirkulationen

Anfangsdaten: untere Schranken $a_{ij} := a(i, j)$
obere Schranken $b_{ij} := b(i, j)$
zulässige Zirkulation $f_{ij} := f(i, j)$
Kosten $c_{ij} := c(i, j), (i, j) \in K$.

1. Für $(i, j) \in K$ bilde $d_{ij} := b_{ij} - f_{ij}$ und $d_{ji} := a_{ij} - f_{ij}$.
2. Bilde $U := \{(i, j) \mid (i, j) \in K \text{ und } c_{ij}(f_{ij} - a_{ij}) > 0\}$ Ist $U = \phi$, gehe nach 5.
3. Wähle $(i_0, j_0) \in U$, setze $q := i_0, s := j_0, v := d_{i_0 j_0}, w := p := -d_{j_0 i_0}$,
   $d_{i_0 j_0} := d_{j_0 i_0} := 0, M := 4$ und gehe nach 8.
4. Ist $p > 0$, gehe nach 12, sonst setze $f_{i_0 j_0} := f_{i_0 j_0} - w, d_{i_0 j_0} := v + w$
   und gehe nach 2.
5. Bilde $U := \{(i, j) \mid (i, j) \in K \text{ und } c_{ij}(b_{ij} - f_{ij}) < 0\}$. Ist $U = \phi$, gehe nach 14.
6. Wähle $(i_0, j_0) \in U$, setze $q := j_0, s := i_0, v := d_{j_0 i_0}, w := p := d_{i_0 j_0}$,
   $d_{i_0 j_0} := d_{j_0 i_0} := 0, M := 7$ und gehe nach 8.
7. Ist $p > 0$, gehe nach 12, sonst setze $f_{i_0 j_0} := f_{i_0 j_0} + w, d_{j_0 i_0} := v - w$
   und gehe nach 5.
8. Für $i \in I_n$ setze $u_i := w_i := m_i := 0$.
   Setze $u_q := \infty, w_q := q, m_q := 1$ und $T := 0$.
9. Für $(i, j) \in I_n^2$ führe aus:
   Ist $m_i \neq 0$ und $m_j = 0$, führe aus:
   Ist $d_{ij} > 0$ und $c_{ij} \leqslant 0$, setze $m_j := 1, w_j := i$,
   $u_j := \text{Min } \{u_i, d_{ij}\}$ und $T := 1$.
   Ist $d_{ij} < 0$ und $c_{ij} \geqslant 0$, setze $m_j := 1, w_j := i$,
   $u_j := \text{Min}\{u_i, -d_{ij}\}$ und $T := 1$.
10. Ist $w_s \neq 0$, gehe nach 11. Ist $T = 0$, gehe nach M, sonst gehe nach 9.
11. a) Setze $i := s, u_s := \text{Min }\{u_s, p\}$ und $p := p - u_s$.
    b) Ist $m_i > 0$, setze $f_{w_i i} := f_{w_i i} + u_s, d_{w_i i} := d_{w_i i} - u_s$ und $d_{i w_i} := d_{i w_i} - u_s$.
    Ist $m_i < 0$, setze $f_{i w_i} := f_{i w_i} - u_s, d_{i w_i} := d_{i w_i} + u_s$ und $d_{w_i i} := d_{w_i i} + u_s$.
    c) Ist $w_i \neq q$, setze $i := w_i$ und gehe nach 11 b. Ist $p > 0$, gehe nach 8,
    sonst gehe nach M.
12. a) Setze $c := \infty$.
    b) Für $(i, j) \in I_n^2$ führe aus:
    Ist $m_i \neq 0$ und $m_j = 0$, führe aus:
    Ist $(i, j) \in K$ und $0 < c_{ij} < c$, setze $c := c_{ij}$.
    Ist $(j, i) \in K$ und $0 < -c_{ij} < c$, setze $c := -c_{ij}$.
13. Für $(i, j) \in I_n^2$ führe aus:
    Ist $m_i \neq 0$ und $m_j = 0$ führe aus:
    Ist $(i, j) \in K$, setze $c_{ij} := c_{ij} - c$.
    Ist $(j, i) \in K$, setze $c_{ji} := c_{ji} + c$.
    Gehe nach 8.
14. Ende. f ist eine kostenminimale Zirkulation.

3. Problemorientierte Methoden

3.1 Minimalgerüste

In den letzten drei Abschnitten sollen noch einige Verfahren zur Lösung graphentheoretischer Probleme besprochen werden, die sich nicht unmittelbar in ein Verfahrensschema einordnen lassen. Diese Verfahren sind einfach von der Art der Probleme her bestimmt, zu deren Lösung sie dienen. Aus diesem Grunde fassen wir sie in einem letzten Kapitel unter dem Titel „Problemorientierte Verfahren" zusammen, obwohl weder die Verfahren noch die damit behandelten Probleme viel Gemeinsames aufweisen.

Wir beginnen mit der Darstellung eines Verfahrens zur Erstellung eines Minimalgerüsts in einem zusammenhängenden Graphen G (siehe Abschnitt 2.4 von Teil 1). Mit $G := (X, K)$ sei ferner eine Kantenbewertung $c : K \to \bar{R}$ gegeben. Unter der Länge eines Gerüsts $G' := (X, K')$ von G verstehen wir den Ausdruck

$$f(G') := \sum_{k \in K'} c(k).$$

Da ein Gerüst minimaler Länge von mehreren Parallelkanten jeweils nur eine kürzeste enthalten kann, dürfen wir G als parallelkantenfrei annehmen. Da ein Gerüst keine Schlingen enthalten kann, sei G auch als schlingenfrei vorausgesetzt. Da ein Minimalgerüst von zwei entgegengesetzt gerichteten Kanten (i, j) und (j, i) höchstens die kürzere enthalten kann, dürfen wir schließlich G noch als antisymmetrisch voraussetzen. Nun zeigen wir:

Satz 3.1.1. *Es gelte $c(k_i) < c(k_j) < \infty$ für $i < j$. Dann besitzt G genau ein Minimalgerüst (X, K'). Die Kantenmenge K' dieses Gerüsts gestattet eine Anordnung $(k_{i_1}, k_{i_2}, \ldots, k_{i_{n-1}})$ mit der folgenden Eigenschaft:*

$$i_1 = 1, \quad i_j = \mathrm{Min}\{l \mid G_{\{k_{i_1}, \ldots, k_{i_{j-1}}, k_l\}} \text{ ist ein Baum}\}, \quad 2 \leq j \leq n-1. \qquad (3.1.1)$$

Beweis. Es sei (X, K') irgendein Gerüst von G, dessen Kantenmenge eine Anordnung der angegebenen Eigenschaft gestattet. Ein derartiges Gerüst existiert. (X, K'') sei ein beliebiges Gerüst mit $K'' \neq K'$. Die erste Kante von K', die nicht zu K'' gehört, sei k_{i_u}. $K'' \cup \{k_{i_u}\}$ erzeugt einen Teilgraph, der einen Kreis G_W enthält. Da $G_{\{k_{i_1}, \ldots, k_{i_u}\}}$ keinen Kreis besitzt, enthält W mindestens eine Kante k_j mit $j > i_u$. Streicht man diese Kante aus $K'' \cup \{k_{i_u}\}$, so erzeugt der Rest ein Gerüst von G mit kleinerer Gesamtlänge. Ein von (X, K') verschiedenes Gerüst (X, K'') ist daher kein Minimalgerüst. Damit ist der Satz bewiesen.

In den Voraussetzungen des Satzes wird verlangt, daß die Kantenbewertung $c : K \to R$ injektiv ist. Ist dies der Fall, so kann man das eindeutig bestimmte Minimalgerüst auf die folgende Art konstruieren: Wir wählen zuerst die Kante mit der kleinsten Bewertung und nennen sie k_{i_1}. Ist im Laufe des Verfahrens bereits eine Anordnung $(k_{i_1}, k_{i_2}, \ldots, k_{i_s})$, $s \geqslant 1$, gefunden, so setzen wir $X_s : = p(\{k_{i_1}, \ldots, k_{i_s}\})$ und wählen $k_{i_{s+1}}$ so, daß

a) $p(k_{i_{s+1}}) \cap X_s \neq \phi$ und $p(k_{i_{s+1}}) \cap \bar{X}_s \neq \phi$ und, daß

b) $k_{i_{s+1}}$ unter allen Bedingungen (a) erfüllenden Kanten die kleinste Bewertung besitzt.

Die Bedingung (a) garantiert, daß der von $\{k_{i_1}, \ldots, k_{i_{s+1}}\}$ erzeugte Untergraph zusammenhängend ist und keinen Kreis enthält. Auf diese Weise finden wir ein $n-1$-tupel $(k_{i_1}, \ldots, k_{i_{n-1}})$ von Kanten, dessen Komponenten $\{k_{i_1}, k_{i_2}, \ldots, k_{i_{n-1}}\}$ ein Gerüst mit der Eigenschaft (3.1.1), also ein Minimalgerüst erzeugen.

Ist c nicht injektiv, so ist $k_{i_{s+1}}$ bei Einhaltung von (a) durch die Bedingung (b) nicht eindeutig bestimmt. Dies spielt in Wirklichkeit keine Rolle. Stehen für $k_{i_{s+1}}$ mehrere Kanten zur Wahl, so darf man unter diesen beliebig wählen. Jede solche Wahl läßt sich nämlich durch eine leichte Abänderung der Bewertung c begründen. Es gelte etwa

$$c(k_{i_s}) < c(k_{u_1}) = c(k_{u_2}) = \ldots = c(k_{u_r}) < c(k_v).$$

Wird nun k_{u_p} als $k_{i_{s+1}}$ gewählt, so erhöhen wir für $q \neq p$ die Bewertungen $c(k_{u_p})$, indem wir einen Wert e mit $0 < e < c(k_v) - c(k_{u_p})$ addieren. Diese Abänderung wiederholen wir, so oft sie notwendig ist. Liegen ferner nach Auswahl der Kante $k_{i_{n-1}}$ noch Kanten mit gleichen Bewertungen vor, so ändern wir diese Bewertungen durch Addition eines geeigneten $e > 0$ so lange ab, bis eine injektive Kantenbewertung entsteht.

Bezüglich dieser Bewertung ist nach Satz 3.1.1 das gefundene Gerüst ein Minimalgerüst. Die Änderung der Zielfunktionswerte, die bei diesem Vorgang bewirkt wird, läßt sich dann, da nur endlich viele Operationen vorgenommen werden, mit einer gewissen positiven Konstanten M durch Me nach oben abschätzen. Da e beliebig klein sein darf, wird auch die Änderung der Zielfunktionswerte beliebig klein. Die ursprüngliche Länge des gefundenen Gerüst unterscheidet sich von der nach der modifizierten Bewertung berechneten Länge um beliebig wenig. Wir haben daher auch ein bezüglich der ursprünglichen Bewertung ein Minimalgerüst vorliegen. Schließlich ist das Verfahren auch dann anwendbar, wenn c eine numerische Bewertung $c : K \to \bar{R}$ ist. Ein Minimalgerüst findet man in diesem Fall natürlich nur dann, wenn überhaupt ein Gerüst endlicher Länge in $\mathbf{G}$ existiert. Gilt dies nicht, so endet das Verfahren, wenn alle Kanten, welche der Bedingung (a) genügen, die Bewertung ∞ besitzen. Durch Zuordnung von ∞ als Bewertung kann man verhindern, daß unerwünschte Kanten in ein Minimalgerüst aufgenommen werden.

Wir geben nun noch eine Kurzbeschreibung des Verfahrens an und nehmen dabei an, daß die Bewertung c in Form einer Bewertungsmatrix C gegeben ist, wobei für $(i, j) \notin K$ wie üblich $c_{ij} : = \infty$ gesetzt wird. Damit können wir auch die Voraussetzung fallen lassen, daß $\mathbf{G}$ zusammenhängend ist. Denn ist $\mathbf{G}$ nicht zusammenhängend, so existiert kein Gerüst endlicher Länge in **G**, was nach der vorangehenden Bemerkung im Laufe des Verfahrens erkannt wird.

Algorithmus 20. Bestimmung eines Minimalgerüsts

Anfangsdaten: Bewertungsmatrix C

1. Wähle eine Kante (i, j) mit $c_{ij} \leqslant c_{i'j'}$ für alle $(i', j') \in I_n^2$.
   Setze $I : = \{i, j\}$, $J : = I_n - \{i, j\}$ und $K' : = \{(i, j)\}$.
   Setze $k : = 1$.
2. Setze $k : = k + 1$. Ist $k = n$, gehe nach 5.
3. Bestimme ein (u, v) mit $c_{uv} = \text{Min}\{c_{ij} \,|\, i \in I, j \in J\}$.
   Bestimme ein (u', v') mit $c_{u'v'} = \text{Min}\{c_{ij} \,|\, i \in J, j \in I\}$.
   Ist $c_{uv} = c_{u'v'} = \infty$, gehe nach 4.
   Ist $c_{uv} \leqslant c_{u'v'}$, setze $i_k : = u$ und $j_k : = v$, sonst setze $i_k : = u'$ und $j_k : = v'$.
   Setze $I : = I \cup \{i_k, j_k\}$ und $J : = J - \{i_k, j_k\}$. Setze $K' : = K' \cup \{(i_k, j_k)\}$
   und gehe nach 2.
4. Ende. **G** enthält kein Gerüst endlicher Länge.
5. Ende. K' erzeugt ein Minimalgerüst.

3.2 Färbungsverfahren

Es sei **G** : $= (I_n, K)$ ein symmetrischer Digraph. Bei der Bestimmung einer optimalen Färbung $f : I_n \rightarrow I_{c(G)}$ mit $c(G)$ Farben ist eine Vorgangsweise angebracht, die wir hier nun beschreiben wollen.

Ist **G** vollständig, so haben wir keine Wahl: Die chromatische Zahl $c(G)$ ist in diesem Fall gleich n und in der Numerierung der Knoten liegt bereits eine optimale Färbung vor. Es sei daher **G** nicht vollständig und $(x, y) \notin K$. Dann unterscheiden wir zwei Möglichkeiten:

a) Für jede optimale Färbung $f : I_n \rightarrow I_{c(G)}$ gilt $f(x) \neq f(y)$. In diesem Fall hat **G** dieselbe chromatische Zahl wie der Graph $G^* : = (I_n, K \cup \{(x, y), (y, x)\})$, der aus **G** durch Hinzunahme der Kanten (x, y) und (y, x) entsteht, und jede optimale Färbung von G^* ist auch eine optimale Färbung von **G**.

b) Es gibt eine optimale Färbung f von **G** mit $f(x) = f(y)$. In diesem Fall hat **G** dieselbe chromatische Zahl wie der Graph G^{**}, der aus **G** durch die folgende Konstruktion entsteht:

$$X^{**} : = (I_n - \{x, y\}) \cup \{z\},\ z \notin I_n$$
$$K^{**} : = (K - K') \cup K'',$$
$$K' : = \bigcup_{u \in I_n} \{(x, u), (y, u), (u, x), (u, y)\},$$

$$K'' : = \{(u, z) \,|\, u \in T(\{x, y\})\} \cup \{(z, u) \,|\, u \in T(\{x, y\})\}.$$

Mit anderen Worten: G^{**} entsteht aus **G**, indem man die beiden Knoten x und y mit einem neuen Knoten z identifiziert und z durch je ein Kantenpaar mit allen Nachbarn von x und y verbindet. Aus jeder optimalen Färbung f von G^{**} erhält man eine optimale Färbung von **G**, wenn man f durch $f(x) : = f(y) : = f(z)$ auf I_n fortsetzt.

Bei der Bestimmung einer optimalen Färbung für G ersetzen wir nun zuerst G durch G* und dann durch G** und verfahren mit diesen beiden Digraphen ebenso. Ist z. B. G* vollständig, so kennen wir bereits eine optimale Färbung, ist aber G* nicht vollständig, so wählen wir eine neues Paar $(x^*, y^*) \notin K^*$ und bilden ausgehend von G* wie vorhin zwei neue Graphen (G*)* und (G*)**, von denen einer dieselbe chromatische Zahl wie G* besitzt.

Wie bei einem Verzweigungsverfahren (Abschnitt 1.6) läßt sich auch hier das Verfahren übersichtlich an Hand eines Lösungsbaumes darstellen (vgl. Fig. 52). Die Wurzel dieses Baumes entspricht hier dem Ausgangsgraph G. Jeder Endknoten entspricht einem durch eine Folge von Operationen * oder ** aus G abgeleiteten Graphen, dessen chromatische Zahl größer oder gleich $c(G)$ ist. Die Knoten des Lösungsbaumes markiert man am besten durch die Marken (x, y), (x^*, y^*) usw. Diese geben das Knotenpaar an, das für die nächste Verzweigung herangezogen wurde. Ein Übergang auf einem Ast des Baumes nach links unten entspricht zum Beispiel der Operation *, ein Übergang nach rechts unten der Operation **.

Der Lösungsbaum wird im Laufe des Verfahrens laufend erweitert. Entspricht einem Endknoten des momentanen Baumes ein noch nicht vollständiger Graph, so wird an diesem Knoten eine Verzweigung vorgenommen. Das Verfahren ist beendet, wenn allen Endknoten des momentanen Lösungsbaumes ein vollständiger Graph entspricht. Wir wählen dann unter all diesen vollständigen Graphen einen Graphen G_{min} mit minimaler Knotenzahl aus. Diese Knotenzahl ist dann gleich $c(G)$. Von einer optimalen Färbung für G_{min} schließen wir dann auf eine optimale Färbung des (einzigen) Vorgängers von G_{min} im Lösungsbaum, von dieser auf eine optimale Färbung des nächsten Vorgängers usw. Auf solche Art fortfahrens gelangen wir schließlich zu einer optimalen Färbung von G.

Das beschriebene Verfahren ist unter dem Namen Methode der *Adjunktion* (von Kanten) *und Retraktion* (von Knoten) bekannt. Es wird bei höherer Knotenzahl und geringer Kantendichte (d. h. bei kleinem n/m) jedoch sehr aufwendig. In der Praxis muß man daher meist auf eine optimale Färbung verzichten und sich mit einer „guten" Färbung begnügen, wobei eine Färbung als gut gilt, wenn die Anzahl der benötigten Farben wenigstens nicht größer ist als eine im voraus berechenbare obere Schranke für die chromatische Zahl $c(G)$. Aus diesem Grund geben wir hier auch keine Kurzbeschreibung des obigen Verfahrens an sondern wenden uns der Beschreibung von Methoden zu, die eine im erwähnten Sinn gute Färbung liefern.

Es sei $(v_1, \ldots, v_n)$ eine Anordnung der Knoten von G, die der Permutation $v : I_n \to I_n$ der Knotenmenge I_n entspricht. Unter der *zu v gehörigen Färbung f_v* von G verstehen wir die folgende Abbildung:

$$f_v(v_1) := 1,$$
$$f_v(v_j) := \text{Min}\{I_n - \{f_v(v_i) \mid v_i \in T(v_j) \wedge i < j\}\}, \quad 2 \leqslant j \leqslant n. \qquad (3.2.1)$$

Bei f_v färbt man also die Knoten in der durch v gegebenen Reihenfolge, wobei der Knoten v_j die Farbe erhält, die unter allen nicht schon für Nachbarn von v_j verwendeten Farben die kleinste Nummer trägt. Es ist klar, daß die Anzahl der bei f_v verwendeten Farben von v abhängt. Ferner ist klar, daß diese Anzahl erheblich größer sein kann als $c(G)$. Es gilt aber wenigstens:

Satz 3.2.1. *Ist* G *ein vollständiger Digraph, so ist die Anzahl der bei* f_v *verwendeten Farben unabhängig von* v *gleich der chromatischen Zahl* $c(G)$.

Beweis. Wir zeigen, daß unter der Voraussetzung des Satzes gilt $f_v(v_j) = j$ für alle $j \in I_n$. Diese Behauptung ist für $j = 1$ richtig. Sie gelte bereits für alle Zahlen i mit $1 \leqslant i \leqslant j < n$. Dann gilt

$$f_v(v_{j+1}) = \text{Min}\{I_n - \{f_v(v_i)\mid v_i \in T(v_{j+1}) \wedge\ i \leqslant j\}\} =$$
$$= \text{Min}\{I_n - \{i \mid v_i \in T(v_{j+1}) \wedge\ i \leqslant j\}\} =$$
$$= \text{Min}\{I_n - \{1, 2, \ldots, j\}\} = j + 1.$$

Damit ist der Satz bewiesen.

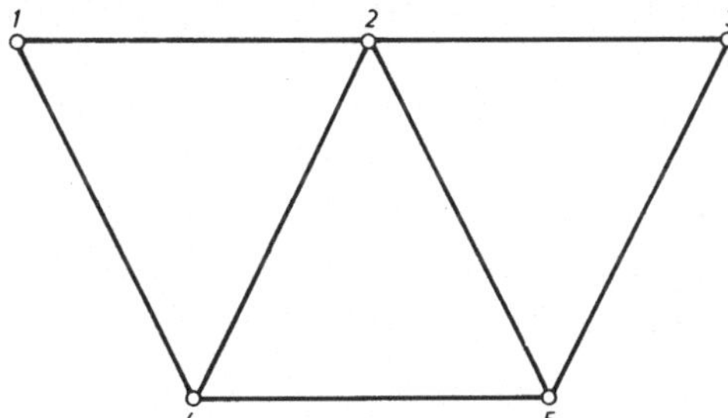

Fig. 56

Beispiel 3.2.1. Wir betrachten den symmetrischen Digraph in Fig. 56 (antiparallele Kantenpaare sind durch eine Linie ohne Richtungsangabe dargestellt). Bei der Anordnung (1, 2, 3, 4, 5) benötigt man vier Farben, bei der Anordnung (5, 4, 3, 2, 1) nur drei.

Die Anzahl Max $f_v(I_n)$ der bei f_v verwendeten Farben läßt sich leicht nach oben abschätzen. Man erhält dadurch gleichzeitig eine obere Schranke für $c(G)$. Es gilt:

Satz 3.2.2. *Für beliebige Permutationen* v *der Knotenmenge* I_n *gilt*

$$c(G) \leqslant c_v := \underset{1 \leqslant j \leqslant n}{\text{Max}}\ \text{Min}\{j, 1 + n_{vj}\}, \quad n_{vj} := |T(v_j)|.$$

Beweis. Nach (3.2.1) gilt $f_v(v_j) \leqslant j$. Diese Behauptung ist nämlich für $j = 1$ richtig. Sie gelte bereits für alle i mit $1 \leqslant i \leqslant j$. Dann haben wir

$$\text{Max}\{f_v(v_i)\mid i \leqslant j\} \leqslant j$$

und daher

$$f_v(v_{j+1}) = \text{Min}\{I_n - \{f_v(v_i)\mid v_i \in T(v_{j+1})\ \Delta\ i < j + 1\}\} \leqslant j + 1.$$

Nach (3.2.1) gilt aber auch $f_v(v_j) \leqslant 1 + n_{vj}$, und zwar wegen

$$|\{f_v(v_i)\mid v_i \in T(v_j) \wedge\ i < j\}| \leqslant n_{vj}.$$

Daraus ergibt sich schließlich

$$f_v(v_j) \leqslant \text{Min}\{j, 1 + n_{vj}\},$$

also auch

$$c(G) \leqslant \operatorname*{Max}_{1\leqslant j\leqslant n} f_v(v_j) \leqslant \operatorname*{Max}_{1\leqslant j\leqslant n} \operatorname{Min}\{j, 1 + n_{vj}\}.$$

Damit ist der Satz bewiesen.

Es ergibt sich nun die Frage, bei welcher Anordnung die obere Schranke c_v am kleinsten ausfällt. Diese Frage beantwortet der folgende Satz:

Satz 3.2.3. *Es sei P die Menge aller Permutationen von I_n. v sei eine Permutation mit der Eigenschaft*

$$n_{vj} \geqslant n_{v,j+1}, \quad j \in I_{n-1}. \tag{3.2.2}$$

Dann gilt

$$c_v = \operatorname*{Min}_{v'\epsilon P} c_{v'}.$$

Beweis. Wir zeigen zuerst: Alle Permutationen v mit der Eigenschaft (3.2.2) liefern dieselbe Schranke c_v. Verschiedene solche Permutationen unterscheiden sich nur durch die Anordnung der Knoten mit gleichen Graden untereinander. Vertauscht man jedoch zwei Knoten v_j und v_{j+1} mit $n_{vj} = n_{v,j+1}$, so gilt, wenn wir die dadurch aus v entstehende Permutation mit v' bezeichnen:

$$\operatorname{Min}\{j, 1 + n_{v'j}\} = \operatorname{Min}\{j, 1 + n_{v,j+1}\} = \operatorname{Min}\{j, 1 + n_{vj}\},$$
$$\operatorname{Min}\{j+1, 1 + n_{v',j+1}\} = \operatorname{Min}\{j+1, 1 + n_{vj}\} = \operatorname{Min}\{j+1, 1 + n_{v,j+1}\}.$$

Daraus schließen wir auf $c_v = c_{v'}$.

Ferner zeigen wir: Ist v eine beliebige Permutation mit $n_{vj} < n_{v,j+1}$, so gilt für die Permutation v', die aus v entsteht, wenn man v_j mit v_{j+1} vertauscht, daß $c_{v'} \leqslant c_v$. Damit ist dann der Satz bewiesen, da man von v ausgehend durch eine Folge von Vertauschungen eine Permuation $\bar{v}$ mit der Eigenschaft (3.2.2) gewinnen kann. Nun gilt:

$$\operatorname{Min}\{j, 1 + n_{v'j}\} = \operatorname{Min}\{j, 1 + n_{v,j+1}\} \leqslant \operatorname{Min}\{j + 1, 1 + n_{v,j+1}\},$$
$$\operatorname{Min}\{j + 1, 1 + n_{v',j+1}\} = \operatorname{Min}\{j + 1, 1 + n_{vj}\} \leqslant \operatorname{Min}\{j + 1, 1 + n_{v,j+1}\}.$$

Wegen $v'_i = v_i$ für $i \in I_n - \{j, j + 1\}$ haben wir so

$$\operatorname{Min}\{i, 1 + n_{v'i}\} \leqslant \operatorname*{Max}_{1\leqslant j\leqslant n} \operatorname{Min}\{j, 1 + n_{vj}\},$$

und daraus schließen wir auf $c_{v'} \leqslant c_v$.

Beispiel 3.2.2. Bei dem Digraph aus Fig. 56 liefert die Anordnung (2, 4, 5, 1, 3), welche die Eigenschaft (3.2.2) besitzt, die Schranke 3. Die Anordnung (4, 5, 1, 3, 2) liefert dagegen die Schranke 4.

Satz 3.2.3 liefert die Information: In bezug auf die Vorhersage einer oberen Schranke für die Anzahl der benötigten Farben nach dem durch Satz 3.2.2 bereitgestellten Kriterium ist eine Anordnung $(v_1, v_2, \ldots, v_n)$ mit der Eigenschaft (3.2.2) optimal. f_v ist dann eine in diesem Sinne gute Färbung.

Satz 3.2.4. *Für eine Permutation v von I_n bedeute t_{vj} die Anzahl der Nachbarn von v_j in $G_{v(I_j)}$, d. h. es gelte*

$$t_{vj} := |\,T(v_j) \cap \{v_1, \ldots, v_{j-1}\}\,|.$$

Dann gilt

$$c(G) \leqslant \operatorname*{Max}_{1 \leqslant j \leqslant n} f_v(v_j) \leqslant t_v := \operatorname*{Max}_{1 \leqslant j \leqslant n} \{1 + t_{vj}\}.$$

Beweis. Offenbar gilt

$$f_v(v_j) = \operatorname{Min}\{I_n - \{f_v(v_i)\,|\,v_i \in T(v_j) \cap \{v_1, \ldots, v_{j-1}\}\}\} \leqslant 1 + t_{vj}.$$

(Man beachte $f_v(v_j) \leqslant j$, siehe Beweis zu Satz 3.2.2). Daraus folgt die Behauptung.
Wegen $|\,T(v_j) \cap \{v_1, \ldots, v_{j-1}\}\,| < j$ gilt $1 + t_{vj} \leqslant j$, also

$$1 + t_{vj} \leqslant \operatorname{Min}\{j,\, 1 + n_{vj}\}.$$

Daraus folgt $t_v \leqslant c_v$ für alle Permutationen v. Die Schranke t_v ist also unter Umständen besser als die Schranke c_v. c_v ist dafür leichter im voraus zu berechnen.
Auch bezüglich der Schranke t_v existieren optimale Knotenanordnungen. Es gilt:

Satz 3.2.5. *v sei eine Permutation der Knotenmenge I_n mit der Eigenschaft*

$$
\begin{aligned}
t_{vn} &= \operatorname{Min}\{\,|\,T(i)\,|\,\big|\,i \in I_n\,\}, \\
t_{vj} &= \operatorname{Min}\{\,|\,T(i) \cap v(I_j)\,|\,\big|\,i \in v(I_j)\,\}, \quad 1 \leqslant j < n.
\end{aligned}
\tag{3.2.3}
$$

Dann gilt

$$t_v = \operatorname*{Min}_{v' \in P} t_{v'},$$

Ein Beweis dieses Satzes findet sich bei Matula [13].
Eine Knotenanordnung mit der Eigenschaft (3.2.3) erreicht man sehr leicht auf die folgende Weise: Man bezeichnet einen Knoten mit minimaler Nachbarnanzahl durch v_n, entfernt diesen Knoten mit allen damit inzidenten Kanten aus G, sucht in dem restlichen Graphen einen weiteren Knoten mit minimaler Nachbarnanzahl, nennt in v_{n-1}, entfernt ihn samt allen damit inzidenten Kanten, usw. Die so nach n Schritten erhaltene Knotenanordnung $(v_1, \ldots, v_n)$ hat die Eigenschaft (3.2.3).
Eine weitere obere Schranke für $c(G)$ stammt von Szekeres und Wilf [19]. Bei der Berechnung dieser Schranke sind jedoch die Knotengrade in allen Untergraphen von G zu untersuchen. Für eine numerische Auswertung ist das Kriterium von Szekeres und Wilf daher ungeeignet. Eine leicht berechenbare obere Schranke für $c(G)$ wurde dagegen von Brooks [2] angegeben. Diese Schranke läßt sich jedoch nicht mit einer Färbung f_v in Verbindung bringen.
Läßt man sich bei der Bestimmung einer Färbung von G von den Sätzen 3.2.2 bis 3.2.5 leiten, so ist eine Färbung f_{v_1} mit einer Permutation v_1 der Eigenschaft (3.2.3) einer Färbung f_{v_2} mit einer Permutation der Eigenschaft (3.2.2) wegen $t_{v_1} \leqslant c_{v_2}$ vorzuziehen. Aus $t_{v_1} \leqslant c_{v_2}$ folgt allerdings noch nicht $\operatorname{Max} f_{v_1} \leqslant \operatorname{Max} f_{v_2}$. Die Praxis zeigt aber, daß im allgemeinen eine Färbung f_{v_1} besser ist als eine Färbung f_{v_2}

(siehe dazu [14]). Wir geben daher zum Abschluß dieses Abschnitts die Kurzbeschreibung eines Verfahrens an, bei dem eine Knotenanordnung $(v_1, \ldots, v_n)$ mit der Eigenschaft (3.2.3) erzeugt und die dazu gehörige Färbung f_v ermittelt wird.

Algorithmus 21. Bestimmung einer t_v-optimalen Färbung.

Anfangsdaten: Adjazenzmatrix M.

1. Für $i \in I_n$ bilde $d_i := \sum\limits_{j=1}^{n} m_{ij}$.

2. Setze $I := I_n$ und $s := n$.

3. a) Setze $t := n$.
   b) Für $j \in I$ führe aus:

   Ist $d_j < t$, setze $t := d_j$ und $i := j$.
   c) Setze $v_s := i, s := s-1$ und $I := I - \{i\}$. Ist $I = \phi$, gehe nach 4.
   d) Für $j \in I$ setze $d_j := d_j - m_{ij}$. Gehe nach 3a.

4. a) Setze $f_1 := 1$ und $j := 1$.
   b) Setze $j := j + 1$. Ist $j > n$, gehe nach 5.
   c) Setze $I := I_n$.
   d) Für $i \in I_{j-1}$ führe aus:

   Ist $m_{v_i v_j} = 1$, setze $I := I - \{f_i\}$.
   e) Setze $f_j := \text{Min}(I)$ und gehe nach 4 b.

5. Ende. $f(v_i) := f_i, i \in I_n$ liefert eine t_v-optimale Färbung.

3.3 Algorithmischer Nachweis der Isomorphie von Graphen

Wir betrachten zwei Relationen $G_1 := (X_1, K_1^{\cdot})$ und $G_2 := (X_2, K_2)$, die auf Isomorphie hin zu testen seien. G_1 kann nur dann isomorph G_2 sein, wenn $|X_1| = |X_2|$ und $|K_1| = |K_2|$. Wir dürfen bei der Behandlung des Problems also voraussetzen, daß G_1 und G_2 die Menge I_n als gemeinsame Knotenmenge besitzen und beide Relationen gleich viele Kanten aufweisen. Das Problem liegt dann in der Bestimmung einer Permutation $v : I_n \to I_n$ von I_n mit der Eigenschaft

$$(i, j) \in K_1 \leftrightarrow (v(i), v(j)) \in K_2, \quad (i, j) \in I_n^2. \tag{3.3.1}$$

Genügt v dieser Bedingung, so kann man v leicht durch $h_v((i, j)) := (v(i), v(j))$ zu einem Isomorphismus im Sinne der Definition von Abschnitt 1.2 in Teil 1 ergänzen. Wir bezeichnen aus diesem Grund eine Permutation v von I_n mit der Eigenschaft (3.3.1) kurz als Isomorphismus zwischen G_1 und G_2.

Das Isomorphieproblem tritt oft mit einer zusätzlichen Bedingung in Erscheinung. Neben G_1 und G_2 können noch zwei weitere Abbildungen $f_1 : I_n \to I_t$ und $f_2 : I_n \to I_t$ mit beliebigem $t > 1$ vorliegen und die Nebenbedingung an v kann lauten:

$$f_2(v(i)) = f_1(i), i \in I_n. \tag{3.3.2}$$

Diese Bedingung läßt sich so deuten: Der Knoten i hat im Graph G_1 die „Marke" $f_1(i)$, im Graph G_2 dagegen die „Marke" $f_2(i)$. Gesucht ist ein Isomorphismus, bei dem einander entsprechende Knoten von G_1 und G_2 auch gleiche Marken aufweisen.

Eine zusätzliche Bedingung an die Lösung eines Problems wirkt meist erschwerend. Hier ist es eher umgekehrt. Sämtliche derzeitigen Verfahren zum algorithmischen Nachweis der Isomorphie, die keine besonderen Eigenschaften von G_1 und G_2 voraussetzen, arbeiten so, daß sie in einer ersten Phase durch eine Reihe von Kriterien die Menge aller überhaupt in Betracht kommenden Permutationen stark einschränken und in einer zweiten Phase alle verbleibenden Permutationen auf die Isomorphiebedingung hin testen. Die Bedingung (3.3.2) eignet sich, wegen ihrer leichten Überprüfbarkeit ausgezeichnet zur Beschränkung der in Betracht kommenden Permutationen und erleichtert daher die Aufgabe.

Anstelle von Knotenmarkierungen f_1 und f_2 können auch Kantenmarkierungen $g_1 : K_1 \to I_t$ und $g_2 : K_2 \to I_t$ gegeben sein. In diesem Fall ist eine Permutation dann zulässig, wenn

$$g_1((i,j)) = g_2((v(i), v(j))), \ (i,j) \in I_n^2. \tag{3.3.3}$$

Auch diese Bedingung erleichtert die Aufgabe. Mit (3.3.3) kommen wir darüber hinaus vom speziellen Problem der Isomorphie zwischen Relationen zum Problem der Isomorphie zwischen beliebigen Graphen G_1 und G_2 zurück, nämlich dann, wenn wir G_1 und G_2 durch die zu $M(G_1)$ und $M(G_2)$ assoziierten Graphen $G(M(G_1))$ und $G(M(G_2))$ ersetzen — das sind nämlich Relationen — und als Knotenmarkierungen die Multiplizitätenfunktionen $m_1 : K_1 \to I_m$ und $m_2 : K_2 \to I_m$ verwenden, die jedem Paar (i,j) die Anzahl der Kanten von i nach j in G_1 bzw. in G_2 zuordnen. Eine Permutation v von I_n mit

$$m_1(i,j) = m_2(v(i), v(j)), \ (i,j) \in I_n^2$$

erfüllt dann auch die Bedingung (3.3.1) für die Isomorphie von $G(M(G_1))$ und $G(M(G_2))$ und läßt sich leicht zu einem Isomorphismus $h : I_n + K_1 \to I_n + K_2$ im Sinne der Definition von Abschnitt 1.2 in Teil 1 ergänzen.

Wir beschränken uns nun in der Folge auf das Problem der Isomorphie von Relationen, ohne die Nebenbedingungen (3.3.2) oder (3.3.3) in Betracht zu ziehen. Alle folgenden Überlegungen bleiben auch gültig, wenn solche Nebenbedingungen vorliegen.

Aus der Isomorphiebedingung (3.3.1) folgt für die Knotengrade $d_1 : I_n \to N_0$ und $d_2 : I_n \to N_0$ der beiden Graphen G_1 und G_2 für jeden Isomorphismus v :

$$d_1(i) = d_2(v(i)), \ i \in I_n. \tag{3.3.4}$$

Ferner muß $d_1(I_n) = d_2(I_n)$ gelten. Ist dies der Fall, so setzen wir $D := d_1(I_n)$ und definieren für $d \in D$:

$$J_d^{(1)} := \{i \mid d_1(i) = d\}, \ J_d^{(2)} := \{i \mid d_2(i) = d\}.$$

Offenbar gilt für jeden Isomorphismus v, daß

$$v(J_d^{(1)}) = J_d^{(2)}, \ d \in D. \tag{3.3.5}$$

Es können daher nur Knoten von $J_d^{(1)}$ auf Knoten von $J_d^{(2)}$ abgebildet werden, und für jedes $d \in D$ muß gelten:

$$|J_d^{(1)}| = |J_d^{(2)}|. \tag{3.3.6}$$

Die Systeme $(J_d^{(1)})_{d \in D}$ und $(J_d^{(2)})_{d \in D}$ bilden je eine Partition von I_n. Falls nicht eine Verletzung der Bedingung (3.3.6) eine Isomorphie zwischen G_1 und G_2 bereits ausschließt, kommen wegen (3.3.5) von den n! Permutationen von I_n nur mehr $\prod\limits_{d \in D} |J_d^{(1)}|$! für einen Isomorphismus in Frage.

Die Partitionen $(J_d^{(1)})$ und $(J_d^{(2)})$ kann man verfeinern, wenn man z. B. die Knoten auch nach ihrem äußeren und inneren Halbgrad unterscheidet. Für jeden Isomorphismus ν gilt nämlich auch:

$$\begin{aligned} d_1^+(i) &= d_2^+(\nu(i)), \; i \in I_n, \\ d_1^-(i) &= d_2^-(\nu(i)), \; i \in I_n. \end{aligned} \tag{3.3.7}$$

Im Falle einer Isomorphie zwischen G_1 und G_2 gilt ferner

$$d_1^+(I_n) = d_2^+(I_n), \, d_1^-(I_n) = d_2^-(I_n). \tag{3.3.8}$$

Ist dies erfüllt, so setzen wir

$$\begin{aligned} D^+ &:= d_1(I_n), \; D^- := d_1^-(I_n), \\ J_{bc}^{(1)} &:= \{i \,|\, d_1^+(i) = b, \; d_1^-(i) = c \,\}, \\ J_{bc}^{(2)} &:= \{i \,|\, d_2^+(i) = b, \, d_2^-(i) = c \,\}. \end{aligned}$$

Wieder gilt für jeden Isomorphismus ν :

$$\nu(J_d^{(1)} \cap J_{bc}^{(1)}) = J_d^{(2)} \cap J_{bc}^{(2)}, d \in D, \, b \in D^+, \, c \in D^-, \, b + c = d. \tag{3.3.9}$$

Es können also nur Knoten von $J_d^{(1)} \cap J_{bc}^{(1)}$ auf Knoten von $J_d^{(2)} \cap J_{bc}^{(2)}$ abgebildet werden, und für jedes Tripel $(b, c, d) \in D^+ \times D^- \times D$ mit $b + c = d$ muß gelten

$$|J_d^{(1)} \cap J_{bc}^{(1)}| = |J_d^{(2)} \cap J_{bc}^{(2)}|. \tag{3.3.10}$$

Die von ϕ verschiedenen Mengen $J_d^{(1)} \cap J_{bc}^{(1)}$ bilden eine Partition von I_n, die feiner ist als $(J_d^{(1)})_{d \in D}$. Dasselbe gilt für die von ϕ verschiedenen Mengen $J_d^{(2)} \cap J_{cb}^{(2)}$. Falls nicht eine Verletzung der Bedingung (3.3.8) oder (3.3.10) eine Isomorphie zwischen G_1 und G_2 bereits ausschließt, kommen jetzt von den n! Permutationen von I_n nur mehr die n' Permutationen ν in Frage, die (3.3.9) erfüllen. Für n' findet man, wenn man die Mächtigkeiten (3.3.10) durch n_{bcd} bezeichnet:

$$n' = \prod n_{bcd}!$$

Dabei ist das Produkt über alle von 0 verschiedenen n_{bcd} zu bilden.

Auf analoge Art kann man noch feinere Partitionen bilden, indem man weitere Invarianten zur Differenzierung der Knoten heranzieht. Auch eine Knotenmarkierung kann eine Verfeinerung liefern, wenn man alle Knoten einer Partitionsmenge mit gleicher Marke zu einer neuen Partitionsmenge zusammenfaßt und dies für alle Marken ausführt. Eine Bedingung der Form (3.3.2) liefert daher eine vollkommen gleich geartete Information wie eine Bedingung (3.3.5) oder (3.3.9).

Sämtliche bisher veröffentlichten Verfahren zum algorithmischen Nachweis der

Isomorphie beliebiger Relationen arbeiten im wesentlichen auf dieselbe Weise. In einer ersten Phase des Verfahrens werden je eine Partition der Knotenmenge von G_1 und G_2 ermittelt, also zwei im allgemeinen verschiedene Partitionen von I_n. Die Mengen dieser Partitionen werden so aufeinander bezogen, daß bei jedem Isomorphismus nur Elemente einander entsprechender Mengen aufeinander abgebildet werden können. Diese einander entsprechenden Partitionsmengen müssen daher gleiche Mächtigkeiten haben. Ist dies der Fall, so werden in einer zweiten Verfahrensphase jene Permutationen, die sich entsprechende Partitionsmengen ineinander überführen, auf die Isomorphiebedingung (3.3.1) hin getestet.

Die einzelnen Verfahren unterscheiden sich dadurch, wie die Partitionen durchgeführt werden. Bei allen Verfahren wird zuerst mit Hilfe der Knotengrade unterteilt. Bei Unger [21], Sirovich [18] und Levi [12] wird dann die Anzahl der Knoten, die von i aus auf Wegen oder Bahnen verschiedener Länge erreichbar sind, zur weiteren Differenzierung herangezogen. Levi verwendet darüber hinaus neben Knotenpartitionen auch Kantenpartitionen mit analoger Wirkung auf die Menge der noch zu überprüfenden Permutationen. Knödel [11] verwendet die Anzahl der vollständigen Untergraphen, zu denen ein Knoten i gehört, als Unterscheidungsmerkmal.

Wir wollen die dargelegte Vorgangsweise etwas systematisieren.

Von zwei Partitionen $\mathfrak{P} := (J_u)_{u \in U}$ und $\mathfrak{P}' := (J'_{u'})_{u' \in U'}$ heißt $\mathfrak{P}$ bekanntlich feiner als $\mathfrak{P}'$, wenn eine Abbildung $\varphi: U \to U'$ existiert mit

$$J_u \subset J'_{\varphi(u)}, \quad u \in U.$$

Unter dem Durchschnitt beliebiger Partitionen $\mathfrak{P}$ und $\mathfrak{P}'$ von I_n verstehen wir die Partition

$$\mathfrak{P} \cap \mathfrak{P}' := (J_u \cap J'_{u'} \mid (u, u') \in U \times U', J_u \cap J'_{u'} \neq \phi).$$

$\mathfrak{P} \cap \mathfrak{P}'$ ist feiner als $\mathfrak{P}$ und feiner als $\mathfrak{P}'$.

Zwei Partitionen $\mathfrak{P}_1 := (J_u^{(1)})_{u \in U}$ und $\mathfrak{P}_2 := (J_u^{(2)})_{u \in U}$ der Menge I_n sollen *adjungiert* heißen, wenn für jeden Isomorphismus v zwischen G_1 und G_2 gilt:

$$v(J_u^{(1)}) = J_u^{(2)}, \quad u \in U. \tag{3.3.11}$$

Die Mengen $J_u^{(1)}$ und $J_u^{(2)}$ heißen dann ebenfalls adjungiert. Sind $(\mathfrak{P}_1, \mathfrak{P}_2)$ und $(\mathfrak{P}'_1, \mathfrak{P}'_2)$ zwei Paare von adjungierten Partitionen, so soll $(\mathfrak{P}_1, \mathfrak{P}_2)$ feiner als $(\mathfrak{P}'_1, \mathfrak{P}'_2)$ heißen, wenn $\mathfrak{P}_1$ feiner als $\mathfrak{P}'_1$ und damit $\mathfrak{P}_2$ feiner als $\mathfrak{P}'_2$ ist. Unter dem Durchschnitt von $(\mathfrak{P}_1, \mathfrak{P}_2)$ und $(\mathfrak{P}'_1, \mathfrak{P}'_2)$ verstehen wir das Paar $(\mathfrak{P}_1 \cap \mathfrak{P}'_1, \mathfrak{P}_2 \cap \mathfrak{P}'_2)$.

Der Durchschnitt zweier Paare von adjungierten Partitionen ist wieder ein Paar von adjungierten Partitionen.

Zu einer Partition $\mathfrak{P}_1 := (J_u^{(1)})_{u \in U}$ von I_n konstruieren wir den folgenden sogenannten *Indikatorgraph* $G(\mathfrak{P}_1)$ bezüglich G_1:

$$G(\mathfrak{P}_1) := (X(\mathfrak{P}_1), K(\mathfrak{P}_1)),$$
$$X(\mathfrak{P}_1) := \{J_u^{(1)} \mid u \in U\},$$
$$K(\mathfrak{P}_1) := \{(J_u^{(1)}, J_{u'}^{(1)}) \mid (u, u') \in U^2 \wedge (J_u^{(1)} \times J_{u'}^{(1)}) \cap K \neq \phi\}.$$

Für ein Paar von adjungierten Partitionen werde der Indikatorgraph bezüglich P_2 und G_2 analog definiert.

Wir stellen nun die Frage nach der maximalen Feinheit eines Paares von adjungierten Partitionen, die man erreichen kann, ohne einen Isomorphismus v zwischen G_1 und G_2 zu kennen. Die Antwort auf diese Frage wird erst mit Hilfe einer Reihe von Sätzen möglich, die wir nun im Folgenden formulieren und beweisen wollen.

Zu diesem Zweck definieren wir: Ein Isomorphismus von einem Graphen G auf sich selbst heißt *Automorphismus* von G. Ist G eine Relation und v eine Permutation der Knotenmenge von G, so beschreibt v genau dann einen Automorphismus von G, wenn

$$(i, j) \in K \leftrightarrow (v(i), v(j)) \in K, \ (i, j) \in I_n^2. \tag{3.3.12}$$

Die Menge der Automorphismen eines Graphen $G := (X, K)$ bildet mit der Hintereinanderausführung als innere Verknüpfung eine Gruppe, die wir durch A_K bezeichnen. Der erste der angekündigten Sätze lautet nun:

Satz 3.3.1. *Sind die Relationen G_1 und G_2 isomorph, so sind die Automorphismengruppen A_{K_1} von G_1 und A_{K_2} von G_2 (als Untergruppen der symmetrischen Gruppe) zueinander konjugiert. Ist v ein Isomorphismus zwischen G_1 und G_2, $a_1 \in A_{K_1}$ und $a_2 \in A_{K_2}$, so sind $a_2 o v$ und $v o a_1$ wieder Isomorphismen zwischen G_1 und G_2.*

Beweis. Es gilt wegen (3.3.1) und (3.3.12):

$$(i, j) \in K_2 \leftrightarrow (v^{-1}(i), v^{-1}(j)) \in K_1$$
$$\leftrightarrow ((a_1 o v^{-1})(i), \ (a_1 o v^{-1})(j)) \in K_1$$
$$\leftrightarrow ((v o a_1 o v^{-1})(i), \ (v o a_1 o v^{-1})(j)) \in K_2.$$

Also haben wir $v o a_1 o v^{-1} \in A_{K_2}$. Genauso zeigt man $v^{-1} o a_2 o v \in A_{K_1}$. Damit gilt $A_{K_2} = v o A_{K_1} o v^{-1}$.

Den Rest des Satzes beweist man auf analogem Weg.

Die Menge aller $j \in I_n$, die bei irgendeinem Automorphismus von G_1 auf den Knoten i abgebildet werden, bezeichnet man als *transitive Klasse* von i bezüglich A_{K_1}. Wir schreiben dafür

$$A_1(i) := \{j | \exists a_1 \in A_{K_1} \text{ mit } a_1(j) = i\}.$$

Analog definieren wir die transitiven Klassen bezüglich A_{K_2} und setzen

$$A_2(i) := \{j | \exists a_2 \in A_{K_2} \text{ mit } a_2(j) = i\}.$$

Die Relationen

$$i \sim_1 j : \leftrightarrow j \in A_1(i),$$
$$i \sim_2 j : \leftrightarrow j \in A_2(i)$$

sind Äquivalenzrelationen. Die transitiven Klassen $A_1(i)$, $i \in I_n$ und $A_2(i)$, $i \in I_n$ bilden daher je eine Partition $\mathfrak{A}_1 := (A_1(i_u))_{u \in U}$ und $\mathfrak{A}_2 := (A_2(i_{u'}))_{u' \in U'}$. Dabei bedeuten $(i_u)_{u \in U}$ und $(i_{u'})_{u' \in U'}$ je ein Vertretersystem zur Beschreibung der transitiven Klassen. Aus Satz 3.3.1 folgt nun:

Satz 3.3.2. *Ist v ein Isomorphismus zwischen den Relationen G_1 und G_2, so sind die Partitionen $\mathfrak{A}_1 := (A_1(i_u))_{u \in U}$ und $\mathfrak{A}_2 := (A_2(v(i_u)))_{u \in U}$ adjungiert. Das Paar*

($\mathfrak{A}_1$, $\mathfrak{A}_2$) *ist feiner als jedes andere Paar von adjungierten Partitionen.*
Beweis. Nach Satz 3.3.1 gilt

$$v(A_1(i_u)) = A_2(v(i_u)). \tag{3.3.13}$$

Denn aus $a_1(j) = i_u$ folgt $(voa_1ov^{-1})(v(j)) = v(a_1(j)) = v(i_u)$. Damit gilt $v(A_1(i_u)) \subset$ $\subset A_2(v(i_u))$. Aus $a_2(j) = v(i_u)$ folgt dagegen $(v^{-1}oa_2ov)(v^{-1}(j)) = v^{-1}(a_2(j)) =$ $= v^{-1}(v(i_u)) = i_u$. Damit gilt auch $v^{-1}(A_2(v(i_u)) \subset A_1(i_u)$. Daraus folgt (3.3.13). Damit ist also bewiesen: $\mathfrak{A}_2$ ist eine Partition von I_n und die zu gleichen Indizes u gehörenden Partitionsmengen von A_1 und A_2 erfüllen die Bedingung (3.3.11). Schließlich sei $((J_{u'}^{(1)}, J_{u'}^{(2)})_{u' \in U'}$ ein beliebiges Paar von adjungierten Partitionen und $i \in J_{u'}^{(1)}$. Dann gilt wegen (3.3.11) und Satz 3.3.1

$$v(A_1(i)) = A_2(v(i)) \subset J_{u'}^{(2)},$$

also auch

$$A_1(i) \subset J_{u'}^{(1)}.$$

Damit ist der Satz bewiesen.

Die Menge der Nachfolger eines Knoten i in $\mathbf{G}_1$ bezeichnen wir durch $N_{K_1}(i)$, die Menge der Nachfolger in $\mathbf{G}_2$ durch $N_{K_2}(i)$. Ist (I_n, K) ein beliebiger Untergraph von $(I_n, I_n \times I_n)$, so schreiben wir analog $N_K(i)$ für die Menge der Nachfolger von i in (I_n, K).

Eine Partition $\mathfrak{P} := (J_u)_{u \in U}$ heißt *abgeschlossen* bezüglich N_K ($K \subset I_n \times I_n$), wenn

$$|N_K(i) \cap J_{u'}| = |N_K(j) \cap J_{u'}| \tag{3.3.14}$$

für alle $(u, u') \in U^2$ und alle $(i, j) \in J_u \times J_u$.

Für $K \subset I_n \times I_n$ bedeute M_K die Menge aller $K' \subset I_n \times I_n$ mit der Eigenschaft, daß die Automorphismengruppe A_K von (I_n, K) in der Automorphismengruppe $A_{K'}$ von (I_n, K') enthalten ist, d. h.

$$M_K := \{K' \mid K' \subset I_n \times I_n \wedge A_K \subset A_{K'}\}.$$

Für $K' \in M_K$ ist also jeder Automorphismus von (I_n, K) auch ein Automorphismus von (I_n, K'). Nun gilt:

Satz 3.3.3. *Ist* $K' \in M_{K_1}$, *so ist* $\mathfrak{A}_1$ *abgeschlossen bezüglich* $N_{K'}$. *Dasselbe gilt auch für* $K' \in M_{K_2}$ *und die Partition* $\mathfrak{A}_2$.

Beweis. Es gelte $a \in A_{K_1}$, $K' \subset M_{K_1}$ und $j = a(i_u)$. Wir setzen

$$B_{i_u} := N_{K'}(i_u) \cap A_1(i_{u'}), \quad B_j := N_{K'}(j) \cap A_1(i_{u'}).$$

Wegen $a \in A_{K'}$ gilt für $i' \in A_1(i_{u'})$

$$(i_u, i') \in K' \to (j, a(i')) \in K',$$

d. h.

$$a(B_{i_u}) \subset B_j.$$

Andererseits gilt für $j' \in A_1(i_{u'})$.

$$(j, j') \in K' \to (i_u, a^{-1}(j')) \in K',$$

d. h.

$$a^{-1}(B_j) \subset B_{i_u}.$$

Daraus folgt $a(B_{i_u}) = B_j$. Der Satz ist damit bewiesen.

Die Mengen M_K besitzen eine interessante Struktur. Um diese zu erläutern, setzen wir für beliebige Mengen K', $K'' \subset I_n \times I_n$:

$$K'^T := \{(i, j) \mid (j, i) \in K'\}$$
$$K'K'' := \{(i, j) \mid \exists i'((i, i') \in K' \wedge (i', j) \in K'')\}.$$

Sind M' und M'' die Adjazenzmatrizen der Relationen (I_n, K') und (I_n, K''), so ist M'^T die Adjazenzmatrix von (I_n, K'^T) und $M'M''$ die Adjazenzmatrix von $(I_n, K'K'')$. (I_n, K'^T) heißt zu (I_n, K') *konvers*. $K'K''$ bezeichnen wir als *Boolesches Produkt* oder kurz als *Produkt von K' mit K''*. Wir zeigen nun:

Satz 3.3.4. *K' und K'' seien Elemente von M_K. Dann sind auch $K' \cap K''$, $K' \cup K''$, $\overline{K}'$, K'^T und $K'K''$ Elemente von M_K.*

Beweis. Jeder Automorphismus a von (I_n, K) ist auch ein Automorphismus von (I_n, K') und (I_n, K''). Dies liefert für $a \in A_K$:

$$(i,j) \in K' \cap K'' \leftrightarrow (i, j) \in K' \wedge (i, j) \in K'' \leftrightarrow$$
$$\leftrightarrow (a(i), a(j)) \in K' \wedge (a(i), a(j)) \in K'' \leftrightarrow$$
$$\leftrightarrow (a(i), a(j)) \in K' \cap K''.$$

Analog beweist man auch die entsprechenden Aussagen für $K' \cup K''$, $\overline{K}'$ und K'^T. Ferner gilt für $a \in A_K$:

$$(i, j) \in K'K'' \leftrightarrow \exists i'((i, i') \in K' \wedge (i', j) \in K'') \leftrightarrow$$
$$\leftrightarrow \exists i'((a(i), a(i')) \in K' \wedge (a(i'), a(j)) \in K'') \leftrightarrow$$
$$\leftrightarrow \exists j'((a(i), j') \in K' \wedge (j', a(j)) \in K'') \leftrightarrow$$
$$\leftrightarrow (a(i), a(j)) \in K'K''.$$

Damit ist der Satz bewiesen.

Wir kehren nun wieder zu den Relationen G_1 und G_2 zurück, deren Isomorphie in Frage steht. $h_v : I_n^2 \to I_n^2$ bedeute die durch eine Permutation v von I_n und

$$h_v((i, j)) := (v(i), v(j))$$

festgelegte Abbildung, deren Einschränkung auf K_1 eine Permutation v mit der Eigenschaft (3.3.1) zu einem Isomorphismus im Sinne von Abschnitt 1.2 in Teil ergänzt. Dann gilt:

Satz 3.3.5. *Ist v ein Isomorphismus zwischen G_1 und G_2, so definiert die Abbildung h_v durch ihre Erweiterung auf die Potenzmenge $P(I_n^2)$ von I_n^2 eine Bijektion zwischen M_{K_1} und M_{K_2}, und es gilt für K', $K'' \in M_{K_1}$:*

$$h_v(K' \cap K'') = h_v(K') \cap h_v(K'')$$

$$h_v(K' \cup K'') = h_v(K') \cup h_v(K'')$$
$$h_v(\overline{K'}) = \overline{h_v(K')}$$
$$h_v(K'^T) = h_v(K')^T \tag{3.3.15}$$
$$h_v(K'K'') = h_v(K')h_v(K'').$$

Beweis. Es gelte K', $K'' \in M_{K_1}$. Wir zeigen, daß jeder Automorphismus a_2 von (I_n, K_2) auch ein Automorphismus von $(I_n, h_v(K'))$ ist. Es gilt

$$(i, j) \in h_v(K') \leftrightarrow (v^{-1}(i), v^{-1}(j)) \in K' \leftrightarrow$$
$$\leftrightarrow ((v^{-1}oa_2ov)(v^{-1}(i)), (v^{-1}oa_2ov)(v^{-1}(j))) =$$
$$= (v^{-1}oa_2(i), v^{-1}oa_2(j)) \in K' \leftrightarrow$$
$$\leftrightarrow (a_2(i), a_2(j)) \in h_v(K').$$

Damit gilt $h_v(K') \in M_{K_2}$. Da h_v injektiv ist, ist die Zuordnung $K' \to h_v(K')$ injektiv. Genauso schließt man von $H' \in M_{K_2}$ auf $h_{v-1}(H') \in M_{K_1}$. Wegen $h_voh_{v-1}(H') = H'$ ist die Zuordnung $K' \to h_v(K')$ also auch surjektiv. Damit ist der erste Teil des Satzes bewiesen. Der zweite Teil ist eine einfache Folgerung aus der Injektivität von h_v.

Wenden wir uns nochmals den Partitionen $\mathfrak{A}_1$ und $\mathfrak{A}_2$ zu, die aus den transitiven Klassen bezgülich A_{K_1} und A_{K_2} gebildet sind. Da $\mathfrak{A}_1$ bezüglich aller $N_{K'}$, $K' \in M_{K_1}$ abgeschlossen ist, ist durch

$$g_{K'}((A_1(i_u), A_1(i_{u'}))) := |N_{K'}(i_u) \cap A_1(i_{u'})|, \quad (u, u') \in U^2$$

eine vom Vertretersystem $(i_u)_{u \in U}$ unabhängige Kantenbewertung des Indikatorgraphs $G(\mathfrak{A}_1)$ gegeben. Dasselbe gilt mit $H' \in M_{K_2}$ für

$$g_{H'}((A_2(i_u), A_2(i_{u'}))) := |N_{H'}(i_u) \cap A_2(i_{u'})|, \quad (u, u') \in U^2$$

und den Indikatorgraph $G(\mathfrak{A}_2)$. Darüber hinaus gilt:

Satz 3.3.6. *v sei ein Isomorphismus zwischen G_1 und G_2. Dann gilt mit $K' \in M_{K_1}$ und $H' := h_v(K')$: $G(\mathfrak{A}_1)$ ist isomorph zu $G(\mathfrak{A}_2)$ unter der Nebenbedingung*

$$g_{K'}((A_1(i_u), A_1(i_{u'}))) = g_{H'}((A_2(v(i_u)), A_2(v(i_{u'})))), \quad (u, u') \in U^2.$$

Beweis. Wir bezeichnen die Zuordnung $A_1(i_u) \to A_2(v(i_u))$ durch $V : X(\mathfrak{A}_1) \to X(\mathfrak{A}_2)$ und zeigen:

a) V erfüllt die Bedingung (3.3.1) für die Relationen $G(\mathfrak{A}_1)$ und $G(\mathfrak{A}_2)$. Es gilt

$$(A_1(i_u), A_1(i_{u'})) \in K(A_1) \leftrightarrow \exists (i, j) (i \in A_1(i_u) \wedge j \in A_1(i_{u'}) \wedge (i, j) \in K_1) \leftrightarrow$$
$$\leftrightarrow \quad (i, j) (v(i) \in A_2(v(i_u)) \wedge v(j) \in A_2(v(i_{u'})) \wedge (v(i), v(j)) \in K_2) \leftrightarrow$$
$$\leftrightarrow (A_2(i_u), A_2(i_{u'})) \in K(\mathfrak{A}_2).$$

b) V erfüllt die Bedingung (3.3.3) mit den „Kantenmarkierungen" $g_{K'}$ und $g_{H'}$ anstelle von g_1 und g_2.

Es gelte $i \in N_{K'}(i_u) \cap A_1(i_{u'})$. Dann haben wir $(i_u, j) \in K'$, also $h_v((i_u, j)) = (v(i_u), v(j)) \in h_v(K') = H'$. Also gilt $v(j) \in N_{H'}(v(i_u)) \cap A_2(v(i_{u'}))$.

Damit folgt

$$v(N_{K'}(i_u) \cap A_1(i_{u'})) \subset N_{H'}(v(i_u)) \cap A_2(v(i_{u'})).$$

Genauso zeigt man

$$v^{-1}(N_{H'}(v(i_u)) \cap A_2(v(i_{u'}))) \subset N_{K'}(i_u) \cap A_2(i_{u'}).$$

Also folgt

$$v(N_{K'}(i_u) \cap A_1(i_{u'})) = N_{H'}(i_u) \cap A_2(v(i_{u'})).$$

Satz 3.3.7. *Ist* $\mathfrak{A}_1 = (A_1(i_u))_{u \in U}$ *feiner als die Partition* $\mathfrak{P} := (J_{u'})_{u' \in U'}$ *und ist* $\mathfrak{P}$ *abgeschlossen bezüglich aller* $N_{K'}$, $K' \in M_{K_1}$, *so ist auch* $\mathfrak{P}$ *feiner als* $\mathfrak{A}_1$, *d. h.* $\mathfrak{A}_1$ *und* $\mathfrak{P}$ *unterscheiden sich nur durch die Anordnung der Partitionsmengen.*

Beweis. Es gelte $K_{u\bar{u}} := (A_1(i_u) \times A_1(i_{\bar{u}})) \cap K_1$ für $(u, \bar{u}) \in U^2$. Wir zeigen, daß $K_{u\bar{u}} \in M_{K_1}$. Dazu sei $a \in A_{K_1}$. Dann gilt

$$(i, j) \in K_{u\bar{u}} \leftrightarrow (i \in A_1(i_u) \wedge j \in A_1(i_{\bar{u}}) \wedge (i, j) \in K_1) \leftrightarrow$$
$$\leftrightarrow (a(i) \in A_1(i_u) \wedge a(j) \in A_1(i_{\bar{u}}) \wedge (a(i), a(j)) \in K_1) \leftrightarrow$$
$$\leftrightarrow (a(i), a(j)) \in K_{u\bar{u}}.$$

Es sei $\varphi : U \to U'$ die Abbildung, die ausdrückt, daß $\mathfrak{A}_1$ feiner als $\mathfrak{P}$ ist, d. h. es gelte $A_1(i_u) \subset J_{\varphi(u)}$ für $u \in U$. Nehmen wir an, es gelte $\varphi(u_1) = \varphi(u_2)$ und $u_1 \neq u_2$. Wäre dann $K_{u_1 u} \cup K_{u_2 u} = \phi$ für alle $u \in U$, so bestünde sowohl $A_1(i_{u_1})$ als auch $A_1(i_{u_2})$ nur aus isolierten Knoten von (I_n, K_1). Dies wäre ein Widerspruch zur Definition der transitiven Klassen. E sei daher etwa $K_{u_1 u_3} \neq \phi$. Wegen $N_{K_{u_1 u_3}}(i) \neq \phi$ für $i \in A_1(i_{u_1})$ und $N_{K_{u_1 u_3}}(i) = \phi$ für $i \in A_1(i_{u_2})$ ist dann aber die Partition $\mathfrak{P}$ nicht abgeschlossen bezüglich $K_{u_1 u_3}$. Das ist wegen $K_{u_1 u_3} \in M_{K_1}$ ein Widerspruch zur Annahme. φ ist daher injektiv, womit alles bewiesen ist.

Die aus den vorangehenden Sätzen gewonnene Information ist nun auf die folgende Weise verwertbar.

Es liege ein Paar von adjungierten Partitionen $(\mathfrak{P}_1, \mathfrak{P}_2) := ((J_u^{(1)}), (J_u^{(2)}))_{u \in U}$ vor. Kennen wir zu einer Menge $K \in M_{K_1}$ die ihr auf Grund irgendeines Isomorphismus v entsprechende Menge $H := h_v(K)$, so gelangen wir unter Umständen von $(\mathfrak{P}_1, \mathfrak{P}_2)$ zu einem feineren Paar $(\mathfrak{P}_1', \mathfrak{P}_2')$ von adjungierten Partitionen. Wir untersuchen dazu ein beliebiges Paar $(J_u^{(1)}, J_u^{(2)})$ von adjungierten Partitionsmengen und setzen

$$n_{u'}^{(1)}(i) := |N_K(i) \cap J_u^{(1)}|, \quad u' \in U, \ i \in J_u^{(1)}$$
$$n_{u'}^{(2)}(i) := |N_H(i) \cap J_u^{(2)}|, \quad u' \in U, \ i \in J_u^{(2)}. \tag{3.3.16}$$

Dann gilt:

Satz 3.3.8. *Für jeden Isomorphismus* v' *zwischen* $\mathbf{G}_1$ *und* $\mathbf{G}_2$ *gilt* $n_{u'}^{(1)}(i) = n_{u'}^{(2)}(v'(i))$, $u' \in U$, $i \in J_u^{(1)}$.

Beweis. Wir setzen $a_2 := v \circ v'^{-1}$ Dann gilt $a_2 \in A_{K_2}$ und $v = a_2 \circ v'$. a_2 ist auch ein Automorphismus von (I_n, H), und wir haben daher

$$(i, j) \in K \leftrightarrow (v(i), v(j)) \in H \leftrightarrow ((a_2 \circ v')(i), (a_2 \circ v')(j)) \in H \leftrightarrow (v'(i), v'(j)) \in H.$$

Daraus folgt $v'(N_K(i) \cap J_{u'}^{(1)}) \subset N_H(v'(i)) \cap J_{u'}^{(2)}$. Genauso folgt auch
$v'^{-1}(N_H(v'(i)) \cap J_{u'}^{(2)}) \subset N_K(i) \cap J_{u'}^{(1)}$ und damit

$$v'(N_K(i) \cap J_{u'}^{(1)}) = N_H(v'(i)) \cap J_{u'}^{(2)},$$

womit alles bewiesen ist.

Nach Satz 3.3.8 können sich also nur Knoten i_1 von $J_u^{(1)}$ und i_2 von $J_u^{(2)}$ entsprechen, für die $n_{u'}^{(1)}(i_1) = n_{u'}^{(2)}(i_2)$ gilt für alle $u' \in U$. Wir fassen daher die Größen (3.3.16) zu je einem Vektor $n^{(1)}(i)$ und $n^{(2)}(i)$ zusammen. Dann muß gelten

$$\{n^{(1)}(i) \mid i \in J_u^{(1)}\} = \{n^{(2)}(i) \mid i \in J_u^{(2)}\}.$$

Ist dies nicht der Fall, so ist eine Isomorphie zwischen G_1 und G_2 bereits ausgeschlossen. Sind die Mengen gleich, so sei

$$\psi : \{n^{(1)}(i) \mid i \in J_u^{(1)}\} \to I_{t_u}$$

eine surjektive Abbildung von dieser Vektormenge auf ein Intervall I_{t_u}. Wir setzen dann für $t \in I_{t_u}$:

$$\begin{aligned}
J_{ut}'^{(1)} &:= \{i \mid i \in J_u^{(1)} \wedge \psi(n^{(1)}(i)) = t\}, \\
J_{ut}'^{(2)} &:= \{i \mid i \in J_u^{(2)} \wedge \psi(n^{(2)}(i)) = t\}.
\end{aligned} \tag{3.3.17}$$

Nach Satz 3.3.8 ist $|J_{ut}'^{(1)}| = |J_{ut}'^{(2)}|$ für $t \in I_{t_u}$ notwendig für eine Isomorphie zwischen G_1 und G_2. Sind auch diese Bedingungen erfüllt und ist $t_u > 1$, so kann man in $(\mathfrak{P}_1, \mathfrak{P}_2)$ die Menge $J_u^{(1)}$ durch die Mengen $J_{ut}'^{(1)}$ und die Menge $J_u^{(2)}$ durch die Mengen $J_{ut}'^{(2)}$ ersetzen und erhält dadurch ein feineres Paar $(\mathfrak{P}_1', \mathfrak{P}_2')$ von adjungierten Partitionen. Den Übergang von $(\mathfrak{P}_1, \mathfrak{P}_2)$ zu $(\mathfrak{P}_1', \mathfrak{P}_2')$ wollen wir als Verfeinerung $T_K^u(\mathfrak{P}_1, \mathfrak{P}_2)$ bezeichnen.

Die Operation T_K^u kann man nun für verschiedene $u \in U$ wiederholen und zwar so lange, bis entweder eine Isomorphie zwischen G_1 und G_2 ausgeschlossen werden kann, weil gewisse Mächtigkeiten nicht übereinstimmen, oder im Ergebnis der Verfeinerung die erste Partition abgeschlossen bezüglich N_K wird. Die zweite Partition ist dann auch abgeschlossen bezüglich N_H. Dieses Ergebnis bezeichnen wir dann durch $T_K(\mathfrak{P}_1, \mathfrak{P}_2)$ und sprechen vom *Abschluß* von $(\mathfrak{P}_1, \mathfrak{P}_2)$ bezüglich N_K. Man kann zeigen, daß dieser Abschluß unabhängig von der Reihenfolge ist, in der man die verschiedenen Verfeinerungen T_K^u durchführt [20].

Wir versuchen nun eine Antwort auf die eingangs gestellte Frage nach dem feinsten Paar von adjungierten Partitionen zu geben, das man ohne Kenntnis eines Isomorphismus zwischen G_1 und G_2 erreichen kann. Nach dem bisherigen Stand der Informationen lautet diese Antwort so: Grundsätzlich ist $(\mathfrak{A}_1, \mathfrak{A}_2)$ das feinste Paar. Um $\mathfrak{A}_1$ und $\mathfrak{A}_2$ zu ermitteln und die Partitionsmengen $\mathfrak{A}_1(i)$ und $\mathfrak{A}_2(j)$ zu adjungieren, könnte man von dem adjungierten Paar $((I_n), (I_n))$ ausgehen und der Reihe nach die Verfeinerungen T_K bilden, und zwar so lange, bis das Ergebnis abgeschlossen bezüglich aller N_K für $K \in M_{K_1}$ ist. Dazu müßte man jedoch einerseits M_{K_1} kennen und andererseits die den Mengen K entsprechenden Mengen H aus M_{K_2}. Dies ist im allgemeinen jedoch nicht der Fall, so daß wir auf diese Weise im allgemeinen auch nicht $(\mathfrak{A}_1, \mathfrak{A}_2)$ erreichen können. Andererseits kennen wir jedoch gewisse Mengen aus M_{K_1} und die diesen bei jedem Isomorphismus ν entsprechenden Mengen aus M_{K_2}. Es gilt $K_1 \in M_{K_1}$ und $h_\nu(K_1) = K_2$, ferner gilt $\Delta := \{(i, i) | i \in I_n\} \in M_{K_1}$ und $h_\nu(\Delta) = \Delta$ für jeden Isomorphismus ν. Außerdem ist nach Satz 3.3.4 und Satz 3.3.5 jede Hilfe der Operationen $\cap$, $\cup$, $^-$, ^{T} oder der Booleschen Produktbildung aus K_1 und Δ abgeleiteten Mengen wieder aus M_{K_1} und ihr entspricht die durch analoge Operationen aus K_2 und Δ gewonnene Menge aus M_{K_2}.

Die Menge M_1^* sei daher auf die folgende Weise definiert:

1. $K_1 \in M_1^*$ und $\Delta \in M_1^*$.
2. Aus $K, K' \in M_1^*$ soll folgen, daß $K \cap K'$, $K \cup K'$, $\bar{K}$, K^T, $KK' \in M_1^*$.

M_1^* ist eine Untermenge von M_{K_1}. Das feinste Paar von adjungierten Partitionen, das wir ohne spezielle Information über die Relationen G_1 und G_2 gewinnen können, erhalten wir demnach ausgehend von $((I_n), (I_n))$ durch fortlaufende Verfeinerungen T_K mit $K \in M_1^*$ in jener Verfeinerung, die bezüglich aller N_K, $K \in M_1^*$ abgeschlossen ist.

Für die Rechenpraxis ist aber auch die Bildung von M_1^* meist noch zu aufwendig. Man beschränkt sich daher meist im voraus auf eine Teilmenge $C := \{K^{(1)}, \ldots, K^{(s)}\}$ von M_1^* und geht nach dem folgenden Schema vor:

1. Setze $(\mathfrak{P}_1, \mathfrak{P}_2) := ((I_n), (I_n))$ und $t := 0$.
2. Für $i \in I_s$ führe aus:
   a) Bilde $T_{K^{(i)}}(\mathfrak{P}_1, \mathfrak{P}_2)$. Ergibt sich dabei die Information, daß kein Isomorphismus zwischen G_1 und G_2 existiert, so gehe nach 5.
   b) Ist $T_{K^{(i)}}(\mathfrak{P}_1, \mathfrak{P}_2) \neq (\mathfrak{P}_1, \mathfrak{P}_2)$, setze $t := 1$ und $(\mathfrak{P}_1, \mathfrak{P}_2) := T_{K^{(i)}}(\mathfrak{P}_1, \mathfrak{P}_2)$.
3. Ist $t = 1$, gehe nach 2.
4. Teste die gemäß $(\mathfrak{P}_1, \mathfrak{P}_2)$ noch möglichen Permutationen auf die Bedingung (3.3.1). Ist diese erfüllt, so ist ein Isomorphismus gefunden. Ende.
5. Ende. G_1 und G_2 sind nicht isomorph.

Literatur

[1] Bellman, R. E.: Dynamic Programming. Princeton: 1957.
[2] Brooks, R. L.: On Coloring the Nodes of a Network. Proc. Cambridge Philos. Soc. **37**, 194–197 (1941).
[3] Burkard, R. E.: Methoden der ganzzahligen Optimierung. Wien-New York: Springer. 1972.
[4] Corneil, D. G., Gotlieb, C. C.: An Efficient Algorithm for Graph Isomorphism. J. ACM **17**, 51–64 (1970).
[5] Domschke, W.: Kürzeste Wege in Graphen: Algorithmen, Verfahrensvergleiche, Mathematical Systems in Economics, Vol. 2. Meisenheim: 1972.
[6] Dörfler, W., Mühlbacher, J.: Graphentheorie für Informatiker (Sammlung Göschen). Berlin-New York: 1973.
[7] Ford, L. R., Jr., Fulkerson, D. R.: Flows in Networks. Princeton: 1962.
[8] Gass, S. I.: Linear Programming: Methods and Application. New York: 1964.
[9] Hammer, P. L., Rudeanu, S.: Boolean Methods in Operations Research and Related Areas. Berlin-Heidelberg-New York: Springer. 1970.
[10] Knödel, W.: Graphentheoretische Methoden und ihre Anwendungen. Berlin-Heidelberg-New York: Springer. 1969.

[11] Knödel, W.: Ein Verfahren zur Feststellung der Isomorphie von endlichen zusammenhängenden Graphen. Computing **8**, 329–334 (1971).

[12] Levi, G.: Graph Isomorphism: A Heuristic Edge-Partitioning-Oriented Algorithm. Computing **12**, 291–313 (1974).

[13] Matula, D. W.: k-Components, Clusters and Sclicing in Graphs. SIAM J. Appl. Math. **22** (1972).

[14] Matula, D. W., Marble G., Isaacson, J. D.: Graph Coloring Algorithms, in: Graph Theory and Computing (Read, R. C., ed.).New York-London: 1972.

[15] Müller-Merbach, H.: Optimale Reihenfolgen. Berlin-Heidelberg-New York: Springer. 1970.

[16] Neumann, K.: Operations Research Verfahren, Bd. III. München-Wien: 1975.

[17] Piehler, J.: Ganzzahlige lineare Optimierung. Leipzig: 1970.

[18] Sirovich, F.: Isomorfismi fra grafi: un algoritmo efficiente per trovare tutti gli isomorfismi. Calcolo **8**, 301–337 (1971).

[19] Szekeres, G., Wilf,H. S.: An Inequality for the Chromatic Number of a Graph. J. Combinatorial Theory **4**, 1–3 (1968).

[20] Tinhofer, G.: Zur Bestimmung der Automorphismen eines endlichen Graphen. Computing **15**, 147–156 (1975).

[21] Unger, S. H.: GIT – A Heuristic Program for Testing Pairs of Directed Line Graphs for Isomorphism. Comm. ACM **7**, 26–34 (1964).

Sachverzeichnis

IBM-Composersatz: Springer-Verlag Wien; Umbruch und Druck: Novographic, Ing. Wolfgang Schmid, Wien.